浙江省高校重点教材建设项目
项目化教学教改教材

生物药物制剂技术

胡　英　杨凤琼　主编
乐　威　倪丹蓉　主审

化学工业出版社
·北京·

本书基于生物制药企业制剂生产操作这一岗位的职业活动，将内容分为总论和制剂各论两篇，每篇中划分出不同教学模块。即：①制剂工作的基础；②药物制剂的稳定性和有效性；③液体类制剂生产技术；④固体制剂生产技术；⑤半固体制剂及其他制剂生产技术；⑥微粒给药载体和其他给药系统。每个模块又分解成若干项目，每一项目内容由必备知识、拓展知识及具体实践项目组成，以各剂型典型实例生产操作技术为核心，以与其必备知识、拓展知识为依托整合教学内容，教材编排有利于项目导向和任务驱动的教学方式的实施与开展，以强化学生职业能力及职业素养。

本书融理论与实践一体化，“教、学、做”相结合。具体施教时，各学校可根据自身教学条件灵活采用书中的体验式教学模式组织课堂教学，使学生在“做中学，学中做”；并可以根据教学内容、教学条件，采取案例教学、任务引领、分组讨论、角色扮演、微格教学等教学方法。

本书的适用对象主要是高职高专院生物制药、生物技术及药学相关专业的学生，也可以作为医药研发单位技术人员的参考用书。

图书在版编目（CIP）数据

生物药物制剂技术/胡英，杨凤琼主编. —北京：化学工业出版社，2010.10（2018.2重印）
浙江省高校重点教材建设项目　项目化教学教改教材
ISBN 978-7-122-09346-2

Ⅰ. 生…　Ⅱ. ①胡…②杨…　Ⅲ. 生物制品：药物-制剂-技术-高等学校-教材　Ⅳ. TQ464

中国版本图书馆 CIP 数据核字（2010）第 164072 号

责任编辑：李植峰　　文字编辑：周　倜
责任校对：洪雅姝　　装帧设计：刘丽华

出版发行：化学工业出版社（北京市东城区青年湖南街 13 号　邮政编码 100011）
印　　刷：三河市延风印装有限公司
装　　订：三河市宇新装订厂
787mm×1092mm　1/16　印张 17　字数 438 千字　　2018 年 2月北京第 1 版第 3 次印刷

购书咨询：010-64518888（传真：010-64519686）　售后服务：010-64518899
网　　址：http://www.cip.com.cn
凡购买本书，如有缺损质量问题，本社销售中心负责调换。

定　　价：42.00 元

《生物药物制剂技术》编审人员

主　　编　胡　英

杨凤琼

副 主 编　刘红煜

夏晓静

参编人员　（按姓名汉语拼音排列）

高显峰（浙江医药高等专科学校）

郭维儿（浙江医药高等专科学校）

胡　英（浙江医药高等专科学校）

计竹娃（浙江医药高等专科学校）

刘红煜（黑龙江生物科技职业学院）

刘黎红（长春职业技术学院）

刘艳新（黑龙江省佳木斯市药品检验所）

钦富华（浙江医药高等专科学校）

夏晓静（浙江医药高等专科学校）

徐晓辉（吉林工业职业技术学院）

杨凤琼（广东岭南职业技术学院）

赵黛坚（浙江医药高等专科学校）

主　　审　乐　威（宁波荣安生物药业有限公司）

倪丹蓉（牡丹江医学院）

前　言

生物药物制剂技术是高职高专生物制药专业的核心课程。教材是实现专业教育目标的主要载体，但目前没有一本比较适合于生物制药专业所需的制剂技术教材，各学校基本选用了药物制剂技术专业的《药物制剂技术》教材，但是生物技术药物毕竟不同于其他化学药物，存在着制剂的处方组成、制备工艺等方面的差异性。基于以上情况，本教材编写组成员经过几年的教学探索，结合生物技术药物的特点与药物制剂技术课程特点，编写了这本具有自身特色的《生物药物制剂技术》教材。

本教材的编写是根据教育部《关于全面提高高等职业教育教学质量的若干意见》(教高【2006】16号) 精神，针对高等职业教育培养高素质技能型人才的定位及培养目标，将“以就业为导向，重视教学过程的实践性、开放性和职业性，走工学结合道路，培养高素质技能型人才”作为教材编写的指导思想。为体现“理论够用、突出实践”的原则，在教材内容的编排上，淡化了学科性，克服理论偏多、偏深的弊端，注重理论在具体运用中的要点、方法和技术操作，通过实际范例的配合，逐层分析、总结，使学生在模仿中掌握策划要领、操作程序、技能要点，章节后的实践项目给学生充分的发挥空间，借以培养学生的创造性思维与创新能力。整个教材编写突出培养职业技能的理念，使学生毕业后能适应并胜任生物药物制剂生产岗位工作。

本教材在编写中有如下特点。

1. 在内容的侧重点上，突出实践操作能力的培养，将教材内容与工作岗位对专业人才的知识要求、技能要求结合起来，将实践教学提升到重要位置，构建“理论—范例（模仿）—实践（仿真训练）”三位一体的教材组织结构，基于生物制药企业制剂生产操作这一岗位的职业活动，教材分为总论和制剂各论两篇，每篇中划分出不同教学模块。即：①制剂工作的基础；②药物制剂的稳定性和有效性；③液体类制剂生产技术；④固体制剂生产技术；⑤半固体制剂及其他制剂生产技术；⑥微粒给药载体和其他给药系统。

2. 每个模块又分解成若干项目，每一项目内容由必备知识、拓展知识及具体实践项目组成，以各剂型典型实例生产操作技术为核心，以与其必备知识、拓展知识为依托整合教学内容，教材编排有利于项目导向和任务驱动的教学方式的实施与开展，以强化学生职业能力及职业素养。

3. 实训操作项目中既包含了常见生物制品的生产，如胃蛋白酶合剂的制备，注射用辅酶A的制备等，也有新剂型的制备和制剂新技术的应用，如氟尿嘧啶脂质体的制备及各种生物膜给药系统的介绍。每个项目在实施过程中提升学生动手实践能力的同时，注重培养其创新思维能力，体现了科学性、时代性和适用性。

4. 本教材融理论与实践一体化，“教、学、做”相结合。具体施教时，各学校可根据自身教学条件灵活采用书中的体验式教学模式组织课堂教学，使学生在“做中学，学中做”；并可以根据教学内容、教学条件，采取不同的教学方法，如案例教学、任务引领、分组讨论、角色扮演、微格教学等。

目前，我国的高职高专教学改革如火如荼，相应的教改教材编写也正处于探索发展阶段，本书是项目化改革过程中教材编写工作的尝试，因编写经验有限，书中难免存有偏差和不妥之处，敬请广大读者批评指正。

编者

2010 年 7 月

目 录

第一篇 总 论

第二篇　制剂各论

第一篇 总论

模块一

制剂工作的基础

项目一　制剂工作依据

[知识点]

生物技术药物、生物药物制剂技术等术语

剂型的分类、成型的必要性

药物剂型选择和制剂设计的基本原理

[能力目标]

知道什么是生物技术药物

知道生物技术药物需制成的剂型及成型的意义

知道生物药物制剂应遵循的规范

必备知识

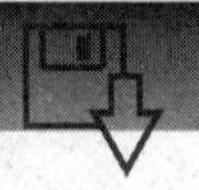

一、概述

生物技术也称生物工程，是应用生物体（包括微生物、动物及植物细胞）或其组成部分（细胞器和酶），在最适条件下，生产出有价值的产物或进行有益过程的技术。

我国的生物技术发展主要分为 3 个阶段：传统生物技术、近代生物技术、现代生物技术。现代生物技术是以重组 DNA 技术和杂交瘤技术为基础，主要包括基因工程、细胞工程和酶工程，另外还有发酵工程（微生物工程）和生化工程。经过 30 余年的发展历程，生物技术的飞速发展为世界各国医疗业、制药业、农业、畜牧业、环保业的发展开辟了广阔的前景，因此越来越为各国政府和企业界所关注，与信息、新材料和新能源技术并列成为影响国计民生的四大科学技术支柱，是 21 世纪高新技术产业的先导。

生物技术药物（简称为生物药物）是来自细菌、酵母、昆虫、植物或哺乳动物细胞等各种表达系统，通过细胞培养，或重组 DNA 技术，或转基因技术制备（即通过生物技术手段所得到的），用于预防、诊断或治疗的物质。按照化学本质和化学特性分类，生物技术药物主要包括多肽类药物、蛋白质类药物、核酸类药物、维生素类药物等。

将药物应用临床时，一般不能直接使用原料药，必须制备成具有一定形状和性质，适合于治疗或预防的应用形式，以充分发挥药效、减少毒副作用、便于使用与保存，这便是药剂学学科的主要任务。药剂学是研究药物制剂的处方设计、基本理论、制备工艺与合理应用的综合性技术科学。

生物药物制剂技术是指在药剂学理论指导下，研究生物技术药物制剂的处方组成、生产工艺技术、质量控制等方面的综合性应用技术科学。是药剂学理论在生物药品生产制备过程中的体现和应用。

生物药物制剂指根据药典、药品标准、处方手册等所收载的应用比较普遍并较稳定的处方，将生物技术药物按某种剂型要求制成一定规格并具有一定质量标准的具体品种，如环孢霉素片、注射用胸腺肽、鲑鱼降钙素鼻喷剂等。制剂可直接用于临床治疗或预防疾病，也可作为其他制剂的原料。在制剂中除主药以外的一切附加材料的总称称为辅料，是生产药品和调配处方时所用的赋形剂和附加剂，是制剂生产中必不可少的组成部分。

生产新药或者已有国家标准的药品的，须经国务院药品监督管理部门批准，并在批准文件上规定该药品的专有编号，此编号称为药品批准文号。药品生产企业在取得药品批准文号后，方可生产该药品。药品批准文号格式为国药准字+1位字母+8位数字，试生产药品批准文号格式为国药试字+1位字母+8位数字。其中化学药品使用字母“H”，中药使用字母“Z”，通过国家食品药品监督管理局整顿的保健药品使用字母“B”，生物制品使用字母“S”，体外化学诊断试剂使用字母“T”，药用辅料使用字母“F”，进口分包装药品使用字母“J”。

在规定限度内具有同一性质和质量，并在同一连续生产周期内生产出来的一定数量的药品为一批。批号是用于识别“批”的一组数字或字母加数字，用于追溯和审查该批药品的生产历史。每批药品均应编制生产批号。

二、药物剂型

药物剂型是指药物在临床应用前，为适合于疾病的诊断、治疗或预防的需要而制备的不同给药形式，简称为剂型。如片剂、胶囊剂、注射剂等。

《中华人民共和国药典》2010年版一部（中药）附录收载了26种剂型，二部（化学药）附录收载了21种剂型，三部（生物制品）附录收载了13种剂型。这些剂型基本包括了目前国际市场流通与临床所使用的常见品种，但是还没有包括一些发展中的剂型，如脂质体、微球等。药物剂型的种类繁多，为了便于研究、学习和应用，有必要对剂型进行分类。

（一）剂型的分类

1. 按形态分类

可将剂型分为固体剂型（如散剂、丸剂、颗粒剂、胶囊剂、片剂等）、半固体剂型（如软膏剂、糊剂等）、液体剂型（如溶液剂、芳香水剂、注射剂等）和气体剂型（如气雾剂、吸入剂等）。一般形态相同的剂型，在制备特点上有相似之处。但剂型的形态不同，药物作用的速度也不同，对于同样的给药方式，如口服给药，液体制剂较快，固体制剂较慢。

这种分类方式纯粹是按物理外观，因此具有直观、明确的特点，而且对药物制剂的设计、生产、保存和应用都有一定的指导意义。不足之处是没有考虑制剂的内在特点和给药途径。

2. 按分散系统分类

一种或几种物质（分散相）分散于另一种物质（分散介质）所形成的系统称为分散系统。将剂型视为分散系统，可根据分散介质存在状态不同以及分散相在分散介质存在的状态特征不同，可作如下分类。

(1) 分子型　是指药物以分子或离子状态均匀地分散在分散介质中形成的剂型。通常药物分子的直径小于 1nm，又称为溶液型。分子型的分散介质包括常温下为液体（如口服液）、气体（如芳香吸入剂）或半固体（如油性药物的凡士林软膏等）的剂型。为均相系统，属于热力学稳定体系。

(2) 胶体溶液型　是指固体或高分子药物分散在分散介质中所形成的不均匀（溶胶）或均匀的（高分子溶液）分散系统的液体制剂。分散相的直径在 1～100nm。如溶胶剂、胶浆剂。其中，高分子胶体溶液（胶浆剂）属于均相的热力学稳定系统，而溶胶则是非均相的热力学不稳定体系。

(3) 乳剂型　是指液体分散相以小液滴形式分散在另一种互不相溶液体分散介质中组成非均相的液体制剂。分散相的直径通常在 0.1～50μm，如乳剂、静脉乳剂等。

(4) 混悬液型　是指固体药物分散在液体分散介质中组成非均相分散系统的液体制剂。分散相的直径通常在 0.1～50μm，如洗剂、混悬剂等。

(5) 气体分散型　是指液体或固体药物分散在气体分散介质中形成的分散系统的制剂，如气雾剂、喷雾剂等。

(6) 固体分散型　是指固体药物以聚集体状态与辅料混合呈固态的制剂，如散剂、丸剂、胶囊剂、片剂等。这类制剂在药物制剂中占有很大的比例。

(7) 微粒型　药物通常以不同大小微粒呈液体或固体状态分散，主要特点是粒径一般为微米级（如微囊、微球、脂质体、乳剂等）或纳米级（如纳米囊、纳米粒、纳米脂质体、亚微乳等），这类剂型可改变药物在体内的吸收、分布等，是近年来大力研发的靶向剂型。生物技术药物主要为多肽、蛋白、激素、酶、疫苗、生物化学因子等，大多在体内的半衰期短，需要频繁给药，如将生物技术药物与微粒给药系统的载体结合后，可隐藏生物技术药物的理化特性，故微粒给药系统作为生物药物剂型是新趋势。

按分散系统对制剂进行分类，可以基本上反映出制剂的均匀性、稳定性以及制法的要求，但不能反映给药途径对剂型的要求，可能会出现一种剂型由于辅料或制法不同而属于不同的分散系统，如注射剂可以是溶液型，也可以是乳状液型、混悬型或微粒型等。

3. 按给药途径分类

这种分类方法是将同一给药途径的剂型分为一类，紧密结合临床，能够反映出给药途径对剂型制备的要求。

(1) 经胃肠道给药剂型　此类剂型是指药物经胃肠道吸收后发挥疗效。如溶液剂、糖浆剂、颗粒剂、胶囊剂、散剂、丸剂、片剂等。口服给药虽简单，但大部分生物技术药物易受胃酸破坏或肝脏代谢，引起生物利用度的问题。

(2) 非经胃肠道给药剂型　此类剂型是指除胃肠道给药途径以外的其他所有剂型，包括注射剂和局部组织给药。

注射剂包括静脉注射、肌内注射、皮下注射、皮内注射及穴位注射等。

局部组织给药根据不同的用药部位，又可以细分为以下几种。

① 皮肤给药　如外用溶液剂、洗剂、软膏剂、贴剂、凝胶剂等。

② 口腔给药　如漱口剂、含片、舌下片剂、膜剂等。

③ 鼻腔给药　如滴鼻剂、喷雾剂、粉雾剂等。

④ 肺部给药　如气雾剂、吸入剂、粉雾剂等。

⑤ 眼部给药　如滴眼剂、眼膏剂、眼用凝胶、植入剂等。

⑥ 直肠给药　如灌肠剂、栓剂等。

此分类方法与临床使用结合比较密切，并能反映给药途径与应用方法对剂型制备的特殊要求。但此分类会产生同一种剂型由于用药不同而出现多次。如临床上的氯化钠生理盐水，可以是注射剂，也可以是滴眼剂、滴鼻剂、灌肠剂等。因此，无法体现具体剂型的内在特点。

4. 按作用时间进行分类

可分为速释（快效）、普通和缓控释制剂等。这种分类方法能直接反映用药后起效的快慢和作用持续时间的长短，因而有利于正确用药，但无法区分剂型之间的固有属性。如注射剂和片剂都可以设计成速释和缓释产品，但两种剂型制备工艺截然不同。

总之，药物剂型种类繁多，剂型的分类方法也不局限于一种。剂型的任何一种分类方法都有其局限性、相对性和相容性。因此，人们习惯于采用综合分类方法，即将不同的两种或更多分类方法相结合，目前更多的是以临床用药途径与剂型形态相结合的原则，既能够与临床用药密切配合，又可体现出剂型的特点。

（二）制成不同剂型的目的

任何一种药物都不可能直接应用于临床，必须将其制成剂型。一种药物可制成多种剂型，可用于多种给药途径，而一种药物可制成何种剂型主要由药物的性质、临床应用的需要、运输、贮存等方面的要求决定。

剂型作为药物的给药形式，对药效的发挥起到至关重要的作用。将药物制成不同类型的剂型可达到以下几方面的目的。

（1）可改变药物的作用性质　如硫酸镁口服剂型用作泻下药，但5%注射液静脉滴注，能抑制大脑中枢神经，具有镇静、镇痉作用；又如依沙吖啶（利凡诺）1%注射液用于中期引产，但0.1%～0.2%溶液局部涂敷有杀菌作用。

（2）可调节药物的作用速度　如注射剂、吸入气雾剂等，发挥药效很快，常用于急救；丸剂、缓控释制剂、植入剂等属长效制剂。医生可按疾病治疗的需要选用不同作用速度的剂型。

（3）可降低（或消除）药物的毒副作用　如氨茶碱治疗哮喘病效果很好，但有引起心跳加快的毒副作用，若改成栓剂则可消除这种毒副作用；缓释与控释制剂能保持血药浓度平稳，从而在一定程度上降低药物的毒副作用。

（4）可产生靶向作用　如脂质体是具有微粒结构的剂型，在体内能被网状内皮系统的巨噬细胞所吞噬，使药物在肝、脾等器官浓集性分布，即发挥靶向作用。

（5）可提高药物的稳定性　同种主药制成固体制剂的稳定性高于液体制剂，对于主药易发生降解的，可以考虑制成固体制剂。

（6）影响疗效　固体剂型如片剂、颗粒剂、丸剂的制备工艺不同会对药效产生显著的影响，药物晶型、药物粒子大小的不同，也可直接影响药物的释放，从而影响药物的治疗效果。

三、药典和药品标准

药典是一个国家记载药品规格和标准的法典。大多数由国家组织药典委员会编印并由政府颁布发行，所以具有法律的约束力。药典中收载的是疗效确切、副作用小、质量较稳定的常用药物及其制剂，规定其质量标准、制备要求、鉴别、杂质检查与含量测定等，作为药品生产、检验、供应与使用的依据。一个国家的药典在一定程度上可以反映这个国家药品生产、医疗和科学技术水平。药典在保证人民用药安全有效、促进药品研究和生产有重大作用。

随着医药科学的发展，新的药物和试验方法不断出现，为使药典的内容能及时反映医药学方面的新成就，药典出版后，一般每隔几年须修订一次。各国药典的再版修订时间多在5年以上。我国药典自1985年后，每隔5年修订一次。有时为了使新的药物和制剂能及时得到补充和修改，往往在下一版新药典出版前，还出现一些增补版。

（一）中华人民共和国药典

新中国成立后的第一版中国药典于1953年8月出版，定名为《中华人民共和国药典》，简称《中国药典》。现行版是2010年版，在此之前颁布了1953年、1963年、1977年、1985年、1990年、1995年、2000年、2005年共8个版本。

从2005年版药典开始，将生物制品从二部中单独列出，作为第三部，这也是为了适应生物技术药物在今后医疗中作用将日益扩大所做的修订，同时也说明生物技术药物在医疗领域中的地位显现。

（二）其他药品标准

国家药典是法定药典，并未包罗所有已生产与使用的全部药品品种。对于不符合国家药典要求的其他药品，一般都作为药典外标准加以编订，作为国家药典的补充。

药品标准是国家对药品的质量、规格和检验方法所作的技术规定，是保证药品质量，进行药品生产、经营、使用、管理及监督检验的法定依据。我国的国家药品标准是《中华人民共和国药品标准》，简称《国家药品标准》，由国家食品药品监督管理局（SFDA）对临床常用、疗效确切、生产地区较多的原地方标准品种进行质量标准的修订、统一、整理、编纂并颁布实施的，主要包括以下几个方面的药物。

① 药品监督管理局审批的国内创新的重大品种，国内未生产的新药，包括放射性药品、麻醉性药品、中药人工合成品、避孕药品等。

② 药典收载过而现行版未列入的疗效肯定、国内几省仍在生产、使用并需修订标准的药品。

③ 疗效肯定，但质量标准仍需进一步改进的新药。

其他国家除药典外，尚有国家处方集的出版。如美国的处方集（National Formulary，NF），英国的处方集（British National Formulary）和英国准药典（British Pharmacopoeia Codex，BPC），日本的《日本药局方外医药品成分规格》、《日本抗生物质医药品基准》、《放射性医用品基准》等。

我国除了药典以外的标准，还有药典配套用书，这类出版物的主旨是对药典的内容进行注释或引申性补充，如《临床用药须知》、《药典注释一部》、《药典注释二部》及各年的增补版等。

知识链接：国外药典简介

据不完全统计，世界上已有近40个国家编制了国家药典，另外还有3种区域性药典和世界卫生（WHO）编制的《国际药典》等，这些药典无疑对世界医药科技交流和国际医药贸易具有极大的促进作用。

例如，美国药典（The United States Pharmacopoeia）简称USP，由美国政府所属的美国药典委员会（The United States Pharmacopeial Convention）编辑出版。USP于1820年出第一版，1950年以后每5年出一次修订版，到2005年已出至第28版。美国国家处方集（National Formulary，NF）1883年第一版，1980年15版起并入USP，但仍分两部分，前面为USP，后面为NF。2005年以后，每年出版一次，2010年版为USP33-NF28，召回重印后于2010年4月发行，10月1日生效。英国药典（British Pharmacopoeia）简称 BP，最新版本是 2010 年版 BP 2010，共 5 卷，出版时间 2009 年 8 月，2010 年 1 月生效。欧洲药典（European Pharmacopoeia）简称 EP，欧洲药典委员会于 1964 年成立，1977 年出版第一版《欧洲药典》。从 1980 年到 1996 年期间，每年将增修订的项目与新增品种出一本活页本，汇集为第二版《欧洲药典》各分册，未经修订的仍按照第一版执行。1997 年出版第三版《欧洲药典》合订本，并在随后的每一年出版一部增补本，由于欧洲一体化及国际间药品标准协调工作不断发展，增修订的内容显著增多。最新版本为 EP6，2007 年 6 月出版，2008 年 1 月生效，增补版已经出版到增补 6。日本药典称为日本药局方（Pharmacopoeia of Japan），简称 JP，由日本药局方编集委员会编纂，由厚生省颁布执行。分两部出版，第一部收载原料药及其基础制剂，第二部主要收载生药、家庭药制剂和制剂原料。日本药局方，现行版为第 15 版，生效日期为 2006 年 4 月 1 日。国际药典（Pharmacopoeia Internationalis）简称 Ph. Int.，是世界卫生组织（WHO）为了统一世界各国药品的质量标准和质量控制的方法而编纂的，自 1951 年出版了第一版本《国际药典》，最新版为 2006 年第四版，但《国际药典》对各国无法律约束力，仅作为各国编纂药典时的参考标准。

四、相关法规

（一）药品生产管理规范

药品生产质量管理规范（good manufacturing practice，GMP）是药品在生产全过程中，用科学、合理、规范化的条件和方法来保证生产出优良制剂的一整套系统的、科学的管理规范，是药品生产和质量全面管理监控的通用准则。GMP 三大目标要素是将人为的差错控制在最低的限度，防止对药品的污染，保证高质量产品的质量管理体系。GMP 总的要求是：所有医药工业生产的药品，在投产前，对其生产过程必须有明确规定，所有必要设备必须经过校验；所有人员必须经过适当培训；厂房建筑及装备应合乎规定；使用合格原料；采用经过批准的生产方法；还必须具有合乎条件的仓储及运输设施。对整个生产过程和质量监督检查过程应具备完善的管理操作系统，并严格付诸执行。

实践证明，GMP 是防止药品在生产过程中发生差错、混杂、污染，确保药品质量的必要、有效的手段。国际上早已将是否实施 GMP 作为药品质量有无保障的先决条件，它作为指导药品生产和质量管理的法规，在国际上已有 40 多年历史，在我国推行也有将近 20 年的历史。我国在 1998 年国家药品监督管理局成立后，建立了国家药品监督管理局药品认证管理中心，为了加强对药品生产企业的监督管理，采取监督检查的手段，即规范 GMP 认证工作，由国家药品监督管理局药品认证管理中心承办，经资料审查与现场检查审核，报国家药品监督管理局审批，对认证合格的企业（车间）颁发"药品 GMP 证书"，并予以公告，有效期 5 年（新开办的企业为 1 年），期满复查合格后为 5 年，期满前 3 个月内，按药品 GMP 认证工作程序重新检查、换证。

到目前为止，已有 100 多个国家和地区制定了 GMP，随着 GMP 的不断发展和完善，GMP 对药品生产过程中的质量保证作用得到了国际的公认。

（二）药品生产管理文件

药品生产单位的生产管理必须要按照 GMP 的基本准则来实施，要依据批准的生产工艺，制定必要的、严密的生产管理文件，用各类文件来规范生产过程的各项活动，使每项操作、每个产品都有严谨科学的技术标准。同时，生产记录也要完整准确，能如实反映生产进行情况，以利于药品质量的监控、分析与处理。

1. 生产管理文件的种类与内容

（1）生产工艺规程　生产工艺规程是规定为生产一定数量成品所需起始原料和包装材料的数量，以及工艺、加工说明、注意事项，包括生产过程中控制的一个或一套文件。

生产工艺规程属于技术标准，是各个产品生产的蓝图，是对产品设计、处方、工艺、规格标准、质量监控的基准性文件，是制定其他生产文件的重要依据。每个正式生产的制剂产品必须制定生产工艺规程，并严格按照生产工艺规程进行生产，以保证每一批产品尽可能与原设计相符。

制剂生产工艺规程的内容一般包括：品名、剂型、类别、规格、处方、批准生产的日期、批准文号，生产工艺流程，生产工艺操作要求及工艺技术参数，生产过程的质量控制，物料、中间产品、成品的质量标准与检验方法，成品容器、包装材料质量标准与检验方法，贮存条件，标签，使用说明书的内容，设备一览表及主要设备生产能力（包括仪表），技术安全、工艺卫生及劳动保护，物料消耗定额，技术经济指标及其计算方法，物料平衡计算公式，操作工时与生产周期，劳动组织与岗位，附录（如理化常数、换算方法）等。

（2）岗位操作法　岗位操作法是对各具体生产操作岗位的生产操作、技术、质量管理等方面所作的进一步详细要求。

制剂岗位操作法主要内容包括：生产操作方法与要点，重点操作的复核、复查制度，中间产品质量标准及控制，安全、防火与劳动保护，设备使用、清洗与维修，异常情况的处理与报告，技术经济指标计算，工艺卫生与环境卫生，计量器具检查与校正，附录、附页等。

（3）标准操作规程　标准操作规程（SOP）是经批准用以指示操作的通用性文件或管理办法。

标准操作规程是企业用于指导员工进行管理与操作的标准，它不一定适用于某一个给定的产品或物料，而是通用性的指示，如设备操作、清洁卫生管理、厂房环境控制等。

标准操作规程的内容包括：题目、编号（码）、制定人及制定日期、审核人及审核日期、批准人及批准日期、颁发部门、生效日期、分发部门、标题及正文。

岗位标准操作程序又称岗位 SOP，可以看作是组成岗位操作法的基础单元，是对某项具体操作的书面指示情况说明并经批准的文件。组织生产时，企业可根据自己实际情况选用岗位操作法或标准操作程序。

岗位标准操作程序的内容主要有：操作名称，所属产品，编写依据，操作范围及条件（注明时间、地点、对象、目的），操作步骤或程序（准备过程、操作过程、结束过程），操作标准，操作结果的评价，操作过程复核与控制，操作过程的事项与注意事项，操作中使用的物料、设备、器具名称、规格及编号，操作异常情况处理，附录等。

（4）批生产记录　批生产记录是一个批次的待包装品或成品的所有生产记录，批生产记录能提供该批产品的生产历史以及与质量有关的情况。

生产记录内容包括：产品名称、剂型、规格、有效期、批号、计划产量、生产操作方法、工艺要求、技术质量指标、作业顺序、SOP 编号、生产地点、生产线与设备及其编号、作业条件、物料名称及代码，投料量、折算投料量、实际投料量、称量人与复核人签名，开始生产日期与时间，各步操作记录，操作者签名及日期、时间，生产结束日期与时间，生产过程控制记录，各相关生产阶段的产品数量，物料平衡的计算，设备清洁、操作、保养记录，结退料记录，异常、偏差问题分析、解释、处理及结果记录，特殊问题记录等。

批生产记录是生产过程的真实写照，其项目和内容应包含影响质量的关键因素，并能标示与其他相关记录之间的关联信息，使其具有可追踪性。

2. 生产文件的使用与管理

生产管理文件一般由文件使用部门组织编写，各相关职能部门审核，由质量控制部门负责人签名批准。如文件的内容涉及不同的专业，应组织相关部门会审，并会签批准。涉及全厂的文件应由总工程师或技术厂长批准。

生产文件一旦经批准，应在执行之前发至有关人员或部门并做好记录，新文件在执行之前应进行培训并记录。任何人不得任意改动文件，如需更改时，应按制定时的程序办理修订和审批手续。

批生产记录填写后，应有专人审核，经审核符合要求的应及时归档，建立批生产档案。

拓展知识

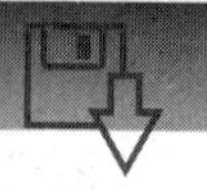

一、生物药物的简介

自1953年科学家发现DNA双螺旋结构，为现代分子生物学奠定了基础；1973年美国科学家尝试基因重组获得成功，从而提出了“基因克隆”的设想；随后在很短的时间内开发出了大量行之有效的分离、鉴定和克隆基因的方法，基因重组技术得以迅速发展；近20年来，生物技术在医药方面的应用取得了惊人的成就，已有不少生物技术药物应用于临床。1981年第一个单克隆抗体诊断试剂盒在美国被批准使用；1982年世界上第一个基因工程药物——重组人胰岛素正式批准生产；目前国内外已批准上市的生物技术药物约100多种，目前已上市的生物技术药物主要为多肽类药物、蛋白质类药物、核酸类药物、维生素类药物。与小分子化学药物相比，生物药物具有以下特点：药理活性高，使用剂量小；结构复杂，理化性质不稳定；口服给药易受胃肠道pH、菌群及酶系统破坏；生物半衰期短，体内消除速度快；具有多功能性，作用广泛；检测手段不多等特点。

二、药物剂型选择和制剂设计的基本原理

（一）根据临床用药目的和给药途径确定剂型

研究开发药物剂型和制剂的主要目的是为了满足临床治疗和预防疾病的需要，而临床疾病种类繁多，对用药的形式上要求各不相同。有的要求全身用药，有的则要求局部用药（避免全身吸收）；有的要求快速起效，而有的则要求缓慢持续起效。因此，针对疾病的种类和特点，应采用不同的给药途径和对应的剂型。因不同给药部位的生理及解剖特点不同，给药后在体内的转运过程存在很大差异，不同的给药途径对制剂的要求也不尽相同。因此，选择适宜的给药途径及药物制剂对药效的发挥、减少药物不良反应、方便使用具有重要意义。

1. 口服给药

口服给药是指经口摄入药物，主要在胃肠道内吸收而转运至体循环的给药方式，通常以全身治疗为目的，亦可用于胃肠道局部疾病（如制酸药、泻药等）。口服给药是最易为疾病患者所接受的最常用给药途径之一，适合于各种类型的疾病和人群，尤其适合于需长期治疗的慢性疾病患者。其中片剂是目前临床应用最为广泛的口服剂型。口服给药虽然方便、安全，但药物疗效易受胃肠道生理因素的影响，临床疗效常有较大的波动。

口服剂型设计时一般要求：①药物在胃肠道内吸收良好；②制剂具有良好的释药、吸收性能；③避免或降低药物对胃肠道的刺激作用；④克服或降低药物的胃肠道和肝首过效应；⑤具有良好的外部特征，方便使用，如芳香的气味、可口的味感、适宜的大小及给药方法、适于特殊用药人群（如老年人与儿童常有吞咽困难，应采用液体剂型或易于吞咽的小体积剂型）等。现已上市的口腔崩解片因其在口腔内接触唾液后在极短的时间内崩解，不仅受到吞咽困难患者的欢迎，而且适合于无水情况下服药。

2. 注射给药

注射给药是指要求无菌专供注入机体内的给药方式，常见的有静脉注射、皮下注射、肌内注射、皮内注射、脊椎腔注射以及动脉内注射等。注射给药是应用最广泛的剂型之一，其突出特点是起效快、作用可靠，尤其适用于急救、需快速给药的情况或无法采用其他方式给

药的情况。注射给药的缺点是患者的依从性较差，在多数情况下不仅有疼痛感或不适感，而且需医护人员的帮助。另外，注射给药后，药物瞬间到达体内，产生的血药浓度高峰有可能超过其治疗窗，引起不良反应。

设计注射剂型时，根据药物的性质与临床要求可选用溶液剂、混悬剂、乳剂和注射用无菌粉末，并要求无菌、无热原、刺激性小等。需长期注射给药时，可采用缓释注射剂，如油性注射剂、混悬型注射剂等；对于在溶液中不稳定的药物，可考虑制成粉针剂，临用时配成溶液或混悬液（如头孢类抗生素、胰岛素等生物技术药物）。

3. 皮肤或黏膜部位给药

皮肤给药首先要求制剂与皮肤有良好亲和性、铺展性或黏着性，需无明显皮肤刺激性，不影响人体汗腺、皮脂腺的正常分泌及毛孔正常功能。皮肤给药可用于局部和全身治疗，起局部治疗作用的皮肤用制剂应避免皮肤吸收，而起全身作用的透皮制剂则要求药物能有效地穿透皮肤，进入血液循环系统，故用于局部和全身治疗目的的皮肤用制剂在处方设计时有着本质的区别。

应用于眼、鼻腔、口腔、耳道、直肠等黏膜或腔道部位的药物也可起局部或全身治疗作用，其中眼、耳道部位给药主要用于局部治疗。适合于腔道给药的剂型有固体（如栓剂）、液体（滴眼剂）、气体（气雾剂）和半固体（软膏剂）制剂，一般要求体积小、剂量小、刺激性小。

（二）药物的理化性质及给药途径和剂型的确定

药物的理化性质是药物剂型和制剂设计中的基本要素之一。全面地把握药物的理化性质，可有目的地选择适宜的剂型、辅料、制剂技术或工艺，是成功研发高质量制剂的关键。药物的某些理化性质在某种程度上可能限制了其给药途径和剂型的选择。因此在进行药物的制剂设计时，应充分考虑理化性质的影响，其中最重要的是溶解度和稳定性。

1. 溶解度

溶解度是药物的最基本性质之一。由于药物必须处于溶解状态才能被吸收，所以不管采用哪种途径给药，药物都需具有一定的溶解度。对于易溶于水的药物，可制成各种固体或液体剂型，适合于各种给药途径。对于难溶性药物，药物的溶解或溶出是吸收的限速过程，可加入适量增溶剂、助溶剂或潜溶剂等以提高药物溶解度。若制成口服固体剂型，亦应考虑减小药物粒径或加入吸收促进剂，以促进药物的溶出与吸收。

2. 稳定性

一般包括药物制剂制备、贮存过程等体外稳定性，以及吸收入血前的体内稳定性。

药物由于受到外界因素（如空气、光、热、氧化、金属离子等）的作用，常常发生分解等化学变化，使药物疗效降低，甚至产生毒性。在处方设计和制备过程均需考虑采取措施增加药物稳定性，确保用药的安全有效。

三、处方药、非处方药及国家基本药物

（一）处方

处方是指医疗和生产部门用于药剂调制的一种重要书面文件，有以下几种。

（1）法定处方　国家药品标准收载的处方。它具有法律的约束力，在制备或医师开写法定制剂时均需遵照其规定。

（2）医师处方　医师对患者进行诊断后对特定患者的特定疾病而开写给药局的有关药品、给药量、给药方式、给药天数以及制备等的书面凭证。该处方具有法律、技术和经济的意义。

（二）处方药与非处方药

《中华人民共和国药品管理法》规定了“国家对药品实行处方药与非处方药的分类管理制度”，这也是国际上通用的药品管理模式。

（1）处方药　必须凭执业医师或执业助理医师的处方才可调配、购买，并在医生指导下使用的药品。处方药可以在国务院卫生行政部门和药品监督管理部门共同指定的医学、药学专业刊物上介绍，但不得在大众传播媒介发布广告宣传。

（2）非处方药　不需凭执业医师或执业助理医师的处方，消费者可以自行判断购买和使用的药品。经专家遴选，由国家食品药品监督管理局批准并公布。在非处方药的包装上，必须印有国家指定的非处方药专有标识。非处方药又称为“可在柜台上买到的药物”（over the counter，OTC）。目前，OTC已成为全球通用的非处方药的简称。

处方药和非处方药不是药品本质的属性，而是管理上的界定。无论是处方药，还是非处方药都是经过国家食品药品监督管理部门批准，其安全性和有效性是有保障的。其中非处方药主要是用于治疗各种消费者容易自我诊断、自我治疗的常见轻微疾病。

（三）国家基本药物

WHO对国家基本药物的定义：是那些能满足大部分人口卫生保健需要的药物。在任何时候都应当能够以充分的数量和合适的剂型提供应用。WHO提出了基本药物示范目录，现行示范目录为第16修订目录，包括药物27类345个品种。我国于1982年首次公布国家基本药物目录，以后每两年公布一次。国家基本药物是从已有国家药品标准药品和进口药品中遴选。遴选的原则为：临床必需、安全有效、价格合理、使用方便、中西药并重。

实践项目

参观GMP车间

【实践目的】

1. 认识GMP在制剂生产中的重要性。

2. 熟悉生产过程中GMP要求，包括人员、物料进入制剂生产车间的程序规定。

【实践场地】GMP实训车间。

【实践步骤】

1. 参观前的指导（熟悉基本的GMP要求）

（1）厂址选择　厂址应设立在自然环境好，远离空气污染、水质污染、噪声污染严重区域。厂区应按生产、行政、生活和辅助等功能合理布局；总体原则是流程合理，卫生可控，运输方便，道路规整，厂容美观。

（2）车间布局　车间布局应包括一般生产区和空气洁净级别要求的洁净室（区），人流、物流分开，工艺流畅。同时配套足够面积的生产辅助室，包括原料暂存室、称量室、备料室，中间产品、内包装材料、外包装材料等各自的暂存室，洁具室、工具清洗间、工具存放间，工作服的洗涤、整理、保管室，配有制水间、空调机房和配电房等。

洁净级别不同的房间应按以下原则布置：①洁净级别高的洁净室宜布置在人员较少到达的地方；②空气洁净级别相同的洁净室宜相对集中；③不同洁净级别的洁净室按洁净级别由高到低由里向外布置，相邻房间不同洁净级别的静压差大于5Pa，洁净室与室外大气静压差大于10Pa，并有压差计的指示压差；④除另有规定外，一般洁净室温度控制在18～26℃，相对湿度45%～65%。

（3）室内装修　室内装修的原则是不易积尘，容易清洁；装饰材料应选择气密性好，在温度、湿度变化时变异小、非燃或难燃材料。

（4）空气净化系统　应采用空气净化系统进行空气净化，达到一定的洁净级别。GMP 09年修订版对无菌及非无菌要求的制剂生产洁净度要求具体为：无菌药品生产所需的洁净区可分为以下4个级别，A级，相当于100级（层流）；B级，相当于100级（动态），指无菌配制和灌装等高风险操作A级区所处的背景区域；C级（相当于10000级）和D级（相当于100000级），指生产无菌药品过程中重要程度较次的洁净操作区。

（5）生产设备　生产设备尤其是洁净区设备应符合结构简单、表面光洁、易清洁（不便移动的设备应有在线清洗的设施）的特点；与药物接触的设备内表面所用材料不得对药物造成污染；设备的传动部件密封良好，润滑油、冷却剂等泄漏不造成对药品的污染；生产中发尘量大的设备（如粉碎、过筛、混合、干燥、制粒、包衣等设备）应具有自身除尘能力，密封性能良好，必要时局部加设防尘、捕尘装置设施；能满足验证要求。

特殊药品的生产、加工、包装设备必须专用，如青霉素类等高致敏性药品，避孕药品，*β*-内酰胺类药品，放射性药品，卡介苗和结核菌素，激素类、抗肿瘤类化学药品应避免与其他药品使用同一设备，不可避免时，应采用有效的防护措施和必要的验证；生物制品生产过程中需使用某些特定活生物体阶段设备专用；以人血、人血浆或动物脏器、组织为原料生产的制品；毒性药材和重金属矿物药材。

应建立设备管理制度，如设备管理规程、设备档案管理规程、设备维护保养管理规程、设备操作程序、维护保养操作程序、清洁消毒操作程序等。

每一设备应建立设备档案，内容应包括：设备概况、技术资料、安装位置及施工图、检修、维护、保养内容、周期和记录、改进记录、验证记录、事故记录等。

（6）人员要求　人是药品生产中最大的污染源和最主要的传播媒介，一方面由操作人员的健康状况产生，另一方面由操作人员个人卫生习惯造成。因此应采取合理、有效措施，加强人员的卫生管理和监督是保证药品质量的重要方面，以防止或减少人员对药品的污染。操作人员应严格执行卫生管理制度。

① 药品的生产人员至少每年体检一次，建立健康档案，患有传染病、隐性传染病、精神病者不得从事药品生产工作，经常洗澡、理发、刮胡须、修剪指甲、换洗衣服，保持个人清洁。

② 直接接触药品生产人员不得化妆，不得佩戴饰物与手表。按规定洗手、更衣，戴帽应不露头发。工作衣、帽、鞋等不得穿离本区域。

③ 无菌室（区）操作人员宜戴无菌手套并经常用酒精消毒手，出入本区域的人员更衣程序需按无菌室（区）要求进行。

洁净区的操作人员必须进行一系列的脱衣换衣程序才能进入操作区作业。参见图1-1和图1-2。

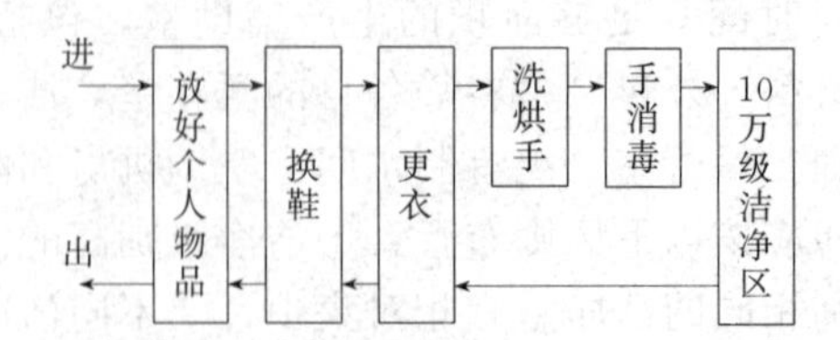

图1-1　进出10万级洁净区人员净化程序

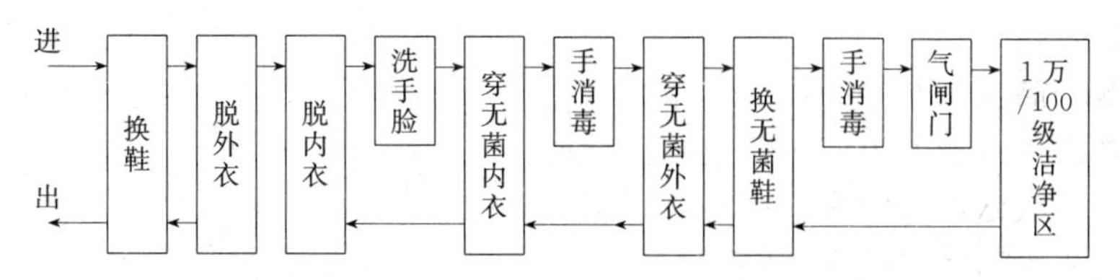

图 1-2　进出 1 万级、100 级洁净区人员净化程序

其中洗手与消毒是一项重要工作，需认真履行。一般的程序见图 1-3。

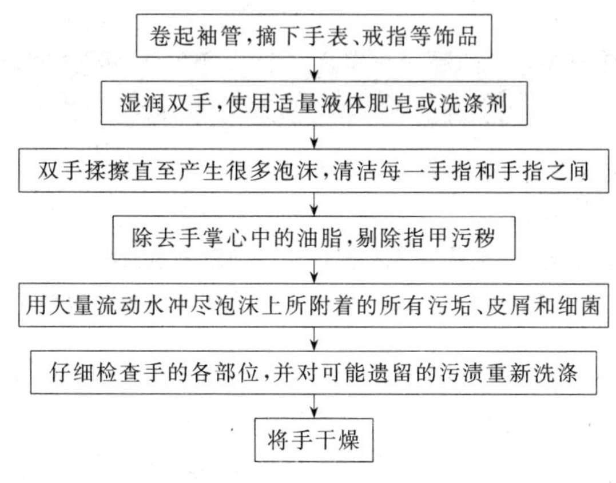

图 1-3　洗手与消毒程序

(7) 物料的要求

① 物料的购入、贮存、发放、使用等均应制定管理制度。

② 所用的物料应符合国家药品标准、包装材料标准、生物制品规程或其他有关标准，不得对药品的质量产生不良影响。

③ 物料应从符合规定的单位购进。

④ 待验、合格、不合格物料要严格管理，要有易于识别的明显状态标识。

⑤ 对有温度、湿度或者其他要求的物料中间产品和成品，应按规定条件贮存。

⑥ 物料应按规定的使用期限贮存，无规定贮存期限的，其贮存一般不超过 3 年，期满后应复验。

任何原辅料和包装材料，均应按各自的标准检验合格后才能使用，进入洁净区的物料均需脱去外包装经过一定的净化程序，以保证生产区域内的清洁状态。

物料进入洁净生产区程序见图 1-4 和图 1-5。

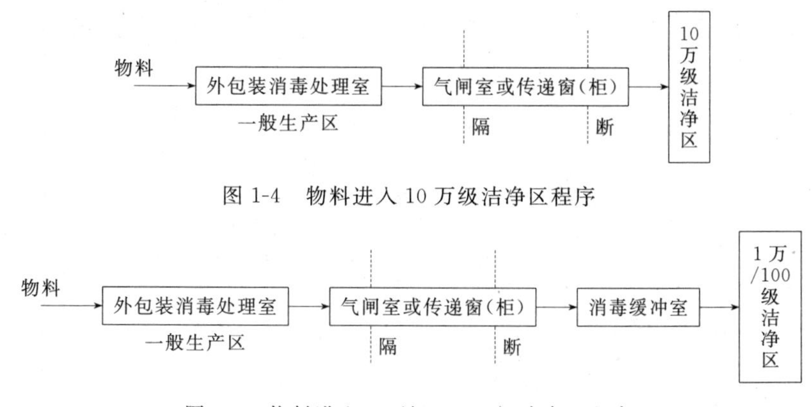

图 1-4　物料进入 10 万级洁净区程序

图 1-5　物料进入 1 万级、100 级洁净区程序

2. 参观内容

① 参观药品生产车间的设计、布局。

② 参观常用剂型的生产工艺及制药设备。

③ 人员进入洁净室的净化练习。

④ 物料进入洁净室的净化练习。

【实践报告】写出对药品生产车间参观后的认识，分析在药品生产过程中如何进行实施 GMP 管理以保证药品的质量。

复习思考题

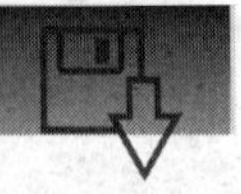

1. 简述生物药物制剂技术与药剂学的关系。
2. 简述生物药物的分类、特点。
3. 何谓剂型？剂型如何分类？药物制成不同剂型有何重要意义？
4. 何谓药品的通用名称、批准文号、生产批号、有效期和制剂的物料？
5. 药典的性质和作用是什么？
6. 除《中华人民共和国药典》之外，国家药品标准还包括什么？其收载的药品包括哪些？
7. 简述 GMP 的性质、适用范畴及其实施的重要意义。
8. 药品生产管理文件包括哪些？各具有何种性质或作用？

项目二　常用制剂的辅料、附加剂介绍

［知识点］

表面活性剂的概念、特点、种类、基本性质及在制剂中的应用

液体制剂中常用的附加剂

注射剂中的介质和常用的附加剂

固体制剂中常用的辅料

［能力目标］

能分析处方中各辅料的作用

能根据剂型的质量要求和主药的性质，选择合适的辅料或附加剂

药物制剂是由主药和辅料组成，制剂中除药物以外的所有物质均称为辅料。辅料是制剂生产中不可或缺的重要组成部分，可以说“没有辅料就没有制剂”。在制剂技术中使用辅料的目的如下。

① 有利于制剂形态的形成　如在液体制剂中加入溶剂，片剂中加入稀释剂、黏合剂，软膏剂中加入基质等使主药呈现制剂的形态特征。

② 使制备过程顺利进行　如固体制剂中加润滑剂可改善其物料的流动性。

③ 提高药物的稳定性　如助悬剂、乳化剂、pH 调节剂、防腐剂可分别增加药物的物理、化学、生物学方面的稳定性。

④ 调节有效成分的作用或改善生理作用　如辅料可使制剂具有速释性、缓释性、肠溶性、靶向性等。

辅料的应用不仅仅是制剂成型以及工艺过程顺利进行的需要，而且是多功能化发展的需要。新型药用辅料对于制剂性能的改良、生物利用度的提高及药物的缓释、控释等都有非常重要的作用。药用辅料将继续向安全性、功能性、适应性、高效性等方向发展，并在实践中不断得到广泛应用。

必备知识

一、表面活性剂

（一）概述

溶液的表面张力与溶质的性质和浓度有关，当两亲性（既有亲水基团，又有亲油基团）的物质溶解后，分子以一定方式定向排列并吸附在液体表面或两种不相混溶液体的界面，或吸附在液体和固体的界面，能明显降低表面张力（或界面张力），这种物质称为表面活性剂。它广泛应用于制剂生产中，是一大类辅料。其分子结构特征为由亲水基团和亲油基团组成。亲水基团常为羧酸及其盐、氨基等强亲水基团；亲油基团常为烃链，碳原子在 8 个以上的强疏水基团。

（二）表面活性剂的种类

表面活性剂根据其是否解离，分为离子型和非离子型。离子型的表面活性剂根据其起表面作用的是何种离子又可分为阴离子型、阳离子型、两性表面活性剂。

1. 阴离子型表面活性剂

阴离子表面活性剂起表面活性作用的是其阴离子部分，可分为肥皂类、硫酸化物、磺酸化物三类。详见表 2-1。

表 2-1　阴离子型表面活性剂的类型、常用品种和用途

类　型	常用品种	用　　途
肥皂类： 高级脂肪酸酯，通式为 $(RCOO-)_nM^{n+}$。	碱金属皂(一价皂)：如钾皂、钠皂	有一定刺激性，一般作外用，可作 O/W 型乳剂的乳化剂
	碱土金属皂(多价皂)：钙皂、镁皂	有较好的耐酸性能且不溶于水，仅限外用，可作 W/O 型乳剂的乳化剂
	有机胺皂：如三乙醇胺皂	可溶于水，对皮肤无刺激性，多用于外用乳剂、软膏剂
硫酸化物： 通式为 $ROSO_3^- M^+$	硫酸化蓖麻油(土耳其红油)、十二烷基硫酸钠(SDS)、十六烷基硫酸钠	对黏膜有一定刺激性，易溶于水，常用作润湿剂及外用乳剂、软膏剂的乳化剂
磺酸化物： 通式为 $RSO_3^- M^+$	丁二酸二辛酯磺酸钠(阿洛索 OT)、十二烷基苯磺酸钠、甘胆酸钠	在酸性介质中不水解，对热也较稳定。用作润湿剂或与其他乳化剂合用作软膏及其他外用乳剂的乳化剂

2. 阳离子型表面活性剂

阳离子表面活性剂起表面活性的是其阳离子部分，主要是季铵化物，不能与大分子的阴离子药物共用。本类表面活性剂表面活性弱、毒性大、杀菌力强，常用作消毒、杀菌防腐剂。

常用品种有：新洁尔灭、洁尔灭、氯化苯甲烃铵、度米芬（消毒宁）、消毒净等。

3. 两性离子型表面活性剂

两性离子型表面活性剂分子中同时具有正、负电荷基团，在酸性介质中，其性质如同阳离子型表面活性剂，具有良好的杀菌力；在碱性介质中，表现出阴离子型表面活性剂的性质，具有很好的起泡、去污作用。

天然的两性离子型表面活性剂，如卵磷脂、脑磷脂等，毒性很小，是制备注射用乳剂及脂质体制剂的主要辅料。

合成的两性离子型表面活性剂，如商品名"Tego"的毒性比阳离子型表面活性剂小，但杀菌力很强。目前，两性离子型表面活性剂因价格较贵，应用较少。

4. 非离子型表面活性剂

该类表面活性剂的特点如下：在水中不解离（不易受电解质和 pH 值的影响），配伍禁忌少，毒性小（毒性、刺激性、溶血作用均小）。广泛用于外用制剂、口服制剂和注射剂。常用品种和用途详见表 2-2。

表 2-2　非离子型表面活性剂的常用品种和用途

常用品种	用　　途
脱水山梨醇脂肪酸酯(脂肪酸山梨坦，Span)	不溶于水，是常用的 W/O 型乳化剂
聚氧乙烯脱水山梨醇脂肪酸酯(聚山梨酯，Tween)	吐温 20、吐温 40、吐温 60、吐温 80，多溶于水，常用作增溶剂、O/W 型乳化剂、分散剂和润湿剂
聚氧乙烯-聚氧丙烯共聚物(泊洛沙姆，Pluronic)	具有乳化、润湿、分散、起泡和消泡等作用，但增溶能力较弱。毒性低、刺激性小、不过敏，能高压灭菌，常用于静脉注射用的脂肪乳剂中

（三）表面活性剂的物理化学性质

1. 临界胶束浓度

表面活性剂在低浓度时主要在水表面吸附。随着浓度升高，表面活性剂在水表面形成的正吸附达到饱和后，溶液表面不能再吸附，表面活性剂分子转入溶液内部，由于其具有两亲性，致使表面活性剂分子的亲油基团之间相互吸引而缔合成胶团（或称胶束），即亲水基团朝外、亲油基团朝内、大小不超过胶体粒子范围（1～100nm）、在水中稳定分散的聚合体（图 2-1）。表面活性剂分子缔合成胶束的最低浓度即为临界胶束浓度（CMC）。超过 CMC 后，所增加表面活性剂的量主要形成胶束。溶液性质从近似真溶液突然转变成类似胶体溶液。

在 CMC 时出现以下特殊现象：表面张力降低，增溶作用增强，起泡性能及去污能力增大，出现丁达尔效应，渗透压增大，黏度增大。

2. 亲水亲油平衡值（HLB 值）

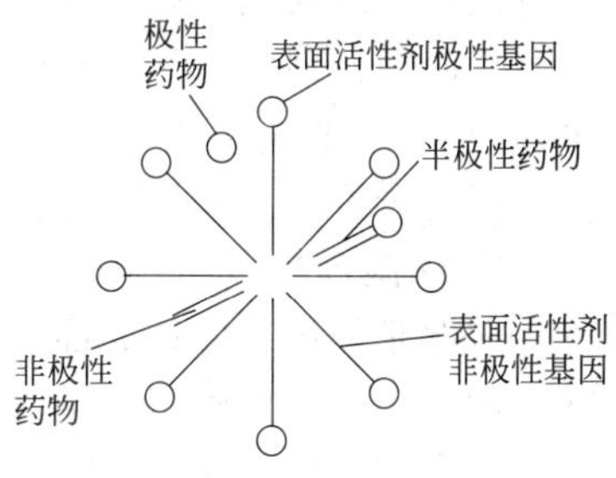

图 2-1　胶团的形状

表面活性剂分子中亲水基团和亲油基团对油或水的综合亲和力的大小，表示表面活性剂亲水亲油性能的强弱。1949 年由 W. C. Griffin 率先提出 HLB 值论点，将非离子表面活性剂的 HLB 值的范围定为 0～20，将完全没有亲水基的石蜡的 HLB 值定为 0，将亲水性很强的聚乙二醇的 HLB 值定为 20，其他的表面活性剂的 HLB 值则介于 0～20。HLB 值越大，其亲水性越强；HLB 值越小，其亲油性越强。现已有亲水性更强的品种，如月桂醇硫酸钠（SLS）的 HLB 值为 40。HLB 值与表面活性剂的应用的关系见表 2-3。

表 2-3　HLB 值与表面活性剂的应用的关系

应用	HLB 值	应用	HLB 值
W/O 型乳化剂	3～6	O/W 型乳化剂	8～18
增溶剂	15～18	润湿剂	7～9
消泡剂	0.5～3	去污剂	13～16

知识链接：表面活性剂的 K 氏点与浊点

一般而言，表面活性剂的溶解度与温度有关，并随温度的升高而增大。随温度升高至某一温度，表面活性剂的溶解度急剧升高，该温度称为 K 氏点。K 氏点是离子型表面活性剂的特征值，也是表面活性剂应用温度的下限，即只有在温度高于 K 氏点时表面活性剂才能发挥作用。

某些表面活性剂到达某温度后，溶解度急剧下降使溶液由澄明变为混浊，这种现象称起浊或起昙，该温度称为浊点或昙点。起浊与表面活性剂氢键的形成与否有关。含聚氧乙烯基的表面活性剂具起浊现象。浊点多在 70～100℃。普流罗尼虽含有聚氧乙烯基，但极易溶于水，与水形成的氢键很牢固，无浊点。

几种不同的表面活性剂混合后的 HLB 值可按下式计算：

$$HLB_{AB}=\frac{HLB_A\times W_A+HLB_B\times W_B}{W_A+W_B}$$

式中，W_A 和 W_B 分别代表两种表面活性剂 A 和 B 的质量。

（四）表面活性剂的应用

1. 增溶剂

增溶是指由于表面活性剂胶团的作用而增大难溶性药物溶解度的过程。

增溶的基础是表面活性剂在水中形成胶团（胶束）。胶团是表面活性剂的亲油基团向内（形成非极性中心区）而亲水基团向外形成的球状体。由于胶团是微小的胶体粒子，其分散体系属于胶体溶液，肉眼观察为澄明溶液，难溶性药物被胶团包裹或吸附而使溶解量增大。

增溶剂的选用原则如下：①HLB 值在 15～18；②增溶量大；③无毒、无刺激性。

2. 乳化剂

乳化是能使一种液体以小液滴的形式分散在另一种互不相溶的液体中的过程。表面活性剂能使乳浊液易于形成并使之稳定，用作乳化剂。由于表面活性剂分子在油、水混合液的界面上发生定向排列，使油水界面张力降低，并在分散相液滴的周围形成了一层保护膜，以防止分散相液滴的相互碰撞而聚结合并。

表面活性剂的 HLB 值可决定乳剂的类型，HLB 值 3～6 可作为水/油型乳化剂，8～18 可作为油/水型乳化剂。

阴离子型常作外用；非离子型则可外用、口服。

3. 润湿剂

润湿是液体在固体表面上的黏附现象。表面活性剂分子在固/液界面上的定向吸附，排除了固体表面上所吸附的空气，降低了接触角，用作润湿剂。

润湿剂一般要求 HLB 值为 7～9，有适宜的溶解度。可用于增加混悬剂的物理稳定性、渗漉前药材粉末的湿润、软膏中药物与皮肤更加紧密接触等。

4. 起泡剂与消泡剂

作为起泡剂主要应用于腔道及皮肤用药，还可用于消防。

表面张力小且水溶性也小的表面活性剂（HLB 值 0.5～3）具有较强的消泡作用，如硅酮、豆油等。消泡剂要求 HLB 值 0.5～3，亲油性较强。可用于微生物发酵生产抗生素、维生素；中药材有效成分提取等。

5. 去污剂

去污是润湿、渗透、分散、乳化、发泡或增溶的综合作用的结果。一般要求是 HLB 值 13～16，亲水。常用的是阴离子型表面活性剂。

6. 其他

阳离子型常用于器械消毒、外科手术前消毒及眼用溶液的抑菌剂。

阴离子型和非离子型可用作经皮吸收的促透剂、片剂崩解剂，在靶向给药系统中也有应用。

二、液体制剂常用的分散介质和附加剂

液体制剂是由分散相（往往是主药成分）和分散介质所组成的分散体系。在液体制剂中除需要加入各种不同的分散介质形成其液体的形状外，为了使制剂形成并符合制剂的质量要求还需加入各种附加剂。

（一）液体制剂中常用的分散介质

液体制剂中分散介质对药物作用的发挥、制剂的稳定性、制备工艺的选择都至关重要，在制备液体制剂时应选择适宜的分散介质。一种优良的分散介质所具备的条件：①对药物具有良好的溶解性能或分散性能；②无毒、无刺激性、无不良嗅味；③化学性质稳定，不与主药和其他的附加剂发生反应，不影响主药成分的含量测定；④便于安全生产且成本低。选择具体的分散介质应综合考虑因素，也可考虑选择复合分散介质。

制成的液体制剂为溶液型时，其分散介质亦可称为溶剂。常用的溶剂按其极性大小分为极性溶剂、半极性溶剂和非极性溶剂。

1. 极性溶剂

（1）水　是最常用的溶剂，能与其他极性和半极性溶剂混溶，能溶解绝大多数的无机盐

类和极性大的有机药物。但使用时注意药物在水中不稳定，水性制剂易霉变等问题。除另有规定外，应使用药典规定的纯化水。

（2）甘油　无色黏稠性澄明液体，有甜味，毒性小，能与水、乙醇、丙二醇等任意比例混溶。可内服，更多的则应用于外用。可单独作溶剂，也可与水、乙醇等溶剂以一定的比例混合应用。在水中加入一定比例的甘油，可起到保湿、增稠和润滑的作用。

（3）二甲基亚砜　无色澄明液体，具有大蒜臭味，能与水、乙醇、丙二醇、甘油等溶剂以任意比例混溶，且溶解范围广。本品能促进药物在皮肤和黏膜上的渗透，但有轻度刺激性，且对孕妇禁用。

2. 半极性溶剂

（1）乙醇　常用溶剂，可与水、甘油、丙二醇等溶剂任意比例混溶，能溶解多种有机药物和药材中的有效成分。含乙醇20%以上具有防腐作用。但有易挥发、易燃烧等缺点。

（2）丙二醇　药用丙二醇一般为1,2-丙二醇，毒性小，无刺激性。性质与甘油相似，但黏度较甘油小，可作为内服及肌内注射用药的溶剂。可与水、乙醇、甘油等溶剂任意比例混溶，能溶解多种药物。丙二醇具有皮肤和黏膜促透作用。但因其辛辣味，口服应用受限。

（3）聚乙二醇（PEG）　液体药剂中常用的聚乙二醇相对分子质量为300～600，为无色澄明黏性液体。有轻微的特殊臭味。能与水、乙醇、丙二醇、甘油等溶剂混溶。聚乙二醇的不同浓度水溶液是一种良好的溶剂，能溶解许多水溶性无机盐和水不溶性的有机药物。对易水解的药物有一定的稳定作用。在外用液体药剂中对皮肤无刺激性而具柔润性。

3. 非极性溶剂

（1）脂肪油　为多种精制植物油。能溶解油溶性药物如激素、挥发油、游离生物碱和许多芳香族药物。脂肪油可用作内服药剂（如维生素A和维生素D溶液剂）的溶剂，也作外用药剂（如洗剂、搽剂、滴鼻剂）的溶剂等。脂肪油易酸败，也易受碱性药物的影响而发生皂化反应。

（2）液体石蜡　为饱和烃类化合物的混合物，是无色透明的油状液体，有轻质和重质两种，轻质密度为0.828～0.860g/mL，重质密度为0.860～0.890g/mL。能与非极性溶剂混合。能溶解生物碱、挥发油及一些非极性药物等。液状石蜡在肠道中不分解也不吸收，有润肠通便作用，但多作外用药剂，如搽剂的溶剂。

（3）乙酸乙酯　无色液体，有气味。可溶解甾体药物、挥发油及其他油溶性药物。可作外用液体药剂的溶剂。具有挥发性和可燃性，在空气中易被氧化，需加入抗氧剂。

（4）肉豆蔻酸异丙酯　本品为无色澄明、几乎无气味的流动性油状液体，不易氧化和水解，不易酸败，不溶于水、甘油、丙二醇，但溶于乙醇、丙酮、乙酸乙酯和矿物油。能溶解甾体药物和挥发油。本品无刺激性和过敏性。可透过皮肤吸收，并能促进药物经皮吸收。常用作外用药剂的溶剂。

（二）增加药物溶解度所需的附加剂

制剂的分散度直接影响药物的吸收速率与疗效。液体制剂中的药物在液体介质的分散度越大，吸收越快，起效也越迅速。因此，一般来说，吸收速度快慢顺序为：溶液型>胶体制剂>乳剂型及混悬型。因为药物必须溶解或溶出成为分子态或离子态后才能被吸收，当吸收达到一定的浓度才能显示药效，所以控制药物的分散度而改变药物的溶解度是一种控制药物疗效的重要手段，也是制备速效或缓释制剂的一种方法。

有些药物由于溶解度较小，即使制成饱和溶液也达不到治疗的有效浓度，因此，增加难溶性药物的溶解度是药剂工作的一个重要问题。增加难溶性药物溶解度所加的附加剂有以下几种。

1. 增溶剂

是将药物分散于表面活性剂形成的胶团中而增加了药物的溶解度，具有增溶能力的表面活性剂称为增溶剂，被增溶的药物称为增溶质。以水为溶剂的制剂，增溶剂的最适 HLB 值为 15～18。

2. 助溶剂

在难溶性药物中加入第三种物质，在分散介质中形成可溶性的配合物、复盐等以增加药物的溶解度，此第三种物质称为助溶剂。多为低分子化合物。如美洛昔康为疏水难溶性药物，而葡甲胺可以与美洛昔康以物质的量比 1∶1 形成易溶于水的分子复合物。

3. 潜溶剂

使用两种或多种混合溶剂时，各溶剂达到某一比例时，药物的溶解度出现极大值而提高了药物的溶解度，这种现象称为潜溶，此时的混合溶剂为潜溶剂。常用与水形成潜溶剂的有乙醇、甘油、丙二醇、聚乙二醇、二甲基亚砜等。如氯霉素在水中的溶解度仅 0.25%，若采用含有 25%乙醇、55%甘油的水溶液，则可制成 12.5%氯霉素溶液。

（三）防止微生物污染的附加剂

1. 防腐的重要性

液体制剂尤其是以水为溶剂的液体药剂，容易被微生物污染而变质。特别是含有营养成分如糖类、蛋白质等的液体制剂，更易引起微生物的滋长与繁殖。微生物的污染会导致药物理化性质发生变化而严重影响制剂的质量。

《中华人民共和国药典》2010 年版规定了微生物限度标准：口服给药制剂及直肠给药制剂均为每毫升含细菌数不得超过 100cfu（cfu：菌落形成单位），每克不得超过 1000cfu。而耳、鼻及呼吸道吸入给药制剂，阴道、尿道给药制剂及其他局部给药制剂每 1g、1mL 或 $10cm^2$ 不得超过 100cfu。口服给药制剂及直肠给药制剂，每 1g 或 1mL 霉菌和酵母菌数不得超过 100cfu，耳、鼻及呼吸道吸入给药制剂，阴道、尿道给药制剂每 1g、1mL 或 $10cm^2$ 霉菌和酵母菌数不得超过 10cfu。口服给药制剂、鼻及呼吸道给药制剂等不得检出大肠埃希菌；耳、鼻及呼吸道吸入给药制剂，阴道、尿道给药制剂、直肠给药制剂及其他局部给药制剂不得检出金黄色葡萄球菌、铜绿假单胞菌等。含动物组织（包括提取物）的口服给药制剂每 10g 或 10mL 还不得检出沙门菌。

制剂生产时必须严格遵照 GMP 要求控制微生物的污染和增长，并严格执行微生物限度标准，以确保用药安全性。除此之外，必要时在制剂处方中添加防腐剂。防腐剂系指抑制微生物生长、繁殖所加的附加剂，在注射剂、滴眼剂等灭菌制剂处方中常称为抑菌剂。对微生物繁殖体有杀灭作用，对芽孢则使其不能发育为繁殖体而逐渐死亡。

知识链接：防腐剂的作用机理及优良防腐剂的条件

不同的防腐剂其作用机理不完全相同。如醇类使病原微生物蛋白质变性；苯甲酸、尼泊金类与病原微生物酶系统结合，影响和阻断其新陈代谢过程；阳离子型表面活性剂类有降低表面张力作用，增加菌体细胞膜的通透性，使细胞膜破裂、溶解。

作为优良防腐剂的条件：①在抑菌浓度范围内无毒性和刺激性，用于内服应无异味；②抑菌范围广，抑菌力强；③在水中的溶解度可达到所需的抑菌浓度；④不影响主药的理化性质和药效的发挥；⑤防腐剂不受处方中药物及其他附加剂的影响；⑥性质稳定，不易受热和 pH 值的变化而影响其防腐效果，长期贮存不分解失效。

防腐剂的分类及举例见表 2-4。

表 2-4 防腐剂的分类及举例

类别	举例
有机酸及其盐类	苯酚、甲酚、氯甲酚、麝香草酚、羟苯酯类、苯甲酸及其盐类、山梨酸及其盐、硼酸及其盐类、丙酸、脱氢醋酸、甲醛、戊二醛等
中性化合物类	苯甲醇、苯乙醇、三氯叔丁醇、氯仿、氯己定、氯己定碘、聚维酮碘、挥发油等
有机汞类	硫柳汞、醋酸苯汞、硝酸苯汞、硝甲酚汞等
季铵化合物类	氯化苯甲烃铵、氯化十六烷基吡啶、溴化十六烷铵、度米芬等

2. 常用的防腐剂

防腐剂品种较多，以下主要介绍口服和外用液体制剂中常用的防腐剂。

(1) 羟苯酯类　也称尼泊金类，是对羟基苯甲酸与醇经酯化而得，是一类优良的防腐剂，无毒、无味、无臭，化学性质稳定，在 pH 3～8 的范围内能耐 100℃/2h 灭菌。常用的是尼泊金甲酯、尼泊金乙酯、尼泊金丙酯、尼泊金丁酯等。在酸性溶液中作用较强。本类防腐剂配伍使用有协同作用。表面活性剂对本类防腐剂有增溶作用，能增大其在水中的溶解度，但不增加其抑菌效能，甚至会减弱其抗微生物活性。本类防腐剂用量一般不超过 0.05%。

(2) 苯甲酸及其盐　为白色结晶或粉末，无气味或微有气味。苯甲酸未解离的分子抑菌作用强，故在酸性溶液中抑菌效果较好，最适 pH 值为 4，用量一般为 0.1%～0.25%。苯甲酸钠和苯甲酸钾必须转变成苯甲酸后才有抑菌作用，用量按酸计。苯甲酸和苯甲酸盐适用于微酸性和中性的药剂。苯甲酸防霉作用较尼泊金类弱，而防发酵能力则较尼泊金类强，可与尼泊金类联合应用。

(3) 山梨酸及其盐　为白色至黄白色结晶性粉末，无味，有微弱特殊气味。山梨酸的防腐作用是未解离的分子，故在 pH 值为 4 的水溶液中抑菌效果较好。常用浓度为 0.05%～0.2%。山梨酸钾、山梨酸钙作用与山梨酸相同，水中溶解度较大，用量按酸计。山梨酸与其他防腐剂合用产生协同作用。本品稳定性差，易被氧化，在水溶液中尤其敏感，遇光时更甚，可加入适宜稳定剂。可被塑料吸附使抑菌活性降低。

(4) 苯扎溴铵　又称新洁尔灭，是阳离子型表面活性剂。为淡黄色黏稠液体，低温时呈蜡状固体。味极苦，有特臭，无刺激性，溶于水和乙醇，水溶液呈碱性。本品在酸性、碱性溶液中稳定，耐热压。对金属、橡胶、塑料无腐蚀作用。仅用于外用药剂中，使用浓度为 0.02%～0.2%。

(5) 其他防腐剂　醋酸氯己定又称醋酸洗必泰，为广谱杀菌剂，用量为 0.02%～0.05%。邻苯基苯酚微溶于水，具杀菌和杀霉菌作用，用量为 0.005%～0.2%。桉叶油用量为 0.01%～0.05%，桂皮油用量为 0.01%，薄荷油用量为 0.05%。

3. 常用的抑菌剂

凡采用低温灭菌、滤过除菌或无菌操作法制备的注射剂和多剂量装的注射剂，均应加入适宜的抑菌剂。对注射量超过 5mL 的注射剂添加抑菌剂时，应特别慎重选择。供静脉输液与脑池内、硬膜外、椎管内用的注射剂，均不得添加抑菌剂。除另有规定外，一次注射量超过 15mL 的注射剂也不得加入抑菌剂。

抑菌剂的用量应能抑制注射液中微生物的生长，并对人体无毒、无害。加有抑菌剂的注射剂，仍应用适宜的方法灭菌，并在标签或说明书上注明抑菌剂的名称和用量。

常用抑菌剂见表 2-5。

(四) 增加药物化学稳定性的附加剂

许多药物易发生氧化、水解等降解反应，尤其在含水的制剂中。因而需加入增加药物化学稳定性的附加剂。

表 2-5 常用的抑菌剂浓度及应用范围

抑菌剂	使用浓度	应用范围
甲酚	0.3%	适用于偏酸性药液，常用于生物制品
苯酚	0.5%	适用于偏酸性药液
三氯叔丁醇	0.5%	适用于偏酸性药液，在高温下易分解，有局部止痛作用
羟苯酯类	0.01%～0.015%	在酸性药液中作用强，在微碱性药液中作用减弱

1. 防止氧化的附加剂

某些药物容易氧化而变质，致使溶液发生变色、分解、沉淀而失效。因此为防止其氧化，在处方中可采取以下方式。

(1) 抗氧剂　抗氧剂本身是还原剂，是一类比药物更易氧化的还原性物质。当抗氧剂与易氧化成分同时存在时，空气中的氧先与抗氧剂发生作用，而使药物保持稳定。选择抗氧剂应视药物的性质而定，同时还应考虑抗氧剂还原性的强弱、使用量的大小及是否影响药物的效果等问题。常见的抗氧剂见表 2-6。

表 2-6 常见的抗氧剂

类型	常见品种
水溶性抗氧剂	焦亚硫酸钠、亚硫酸氢钠用于偏酸性药液 亚硫酸钠、硫代硫酸钠用于偏碱性药液 其他如硫脲、抗坏血酸、硫代甘油、谷胱甘肽、丙氨酸、半胱氨酸
油溶性抗氧剂	丁基羟基茴香醚(BHA)、没食子酸及其酯、二丁基羟基对甲酚、生育酚等

(2) 金属离子络合剂　微量金属离子常是某些物质自动氧化反应的催化剂，如 Cu^{2+}、Fe^{3+}、Pb^{2+}、Mn^{2+} 存在时使溶液加速变色或分解。为防止药物的氧化，加入一些金属离子络合剂来消除金属离子的影响，常用的有依地酸钙钠或依地酸二钠（$EDTA\text{-}Na_2$）。

(3) 惰性气体　为避免溶于水中的氧和容器空间的氧对药物的氧化，除加入抗氧剂和金属离子络合剂外，必要时需通入惰性气体以驱除容器及水中的氧气。生产上常用的高纯度惰性气体有氮气和二氧化碳两种，使用较多的是氮气，因二氧化碳易溶于水，在水中显酸性，不宜用于强碱弱酸盐及钙盐中，否则会引起溶液 pH 的变化及沉淀现象。可在配制溶液时通入液体中除氧，或在灌注时通入容器中以置换空气。

2. pH 调节剂

液体制剂包括注射剂需调节 pH 在适宜范围，使药物稳定，保证用药安全。药物的氧化、水解、分解、变旋及脱羧等化学变化，多与溶液的 pH 有关。因此，在配制液体制剂、注射液等液体状态制剂时，将其溶液调整至反应速率最小的 pH（最稳定 pH）是保持制剂稳定性的首选措施。

调节 pH 时需考虑：①能减少制剂对机体的刺激性；②能加速机体对药物的吸收；③能增加制剂的稳定性。

pH 调节对于注射剂尤其重要。正常人血液 pH 在 7.35～7.45，可保证机体细胞的代谢活动和生理功能的正常运转。若注入体内的药液对血液的 pH 有很大改变，对细胞及生命会有极大的危害。而注射液的 pH 只要不超过血液的缓冲极限，机体能自行调节。因此，一般对肌内和皮下注射液及小剂量的静脉注射液，要求其 pH 在 4～9；大剂量的静脉注射液原则上要求尽可能接近正常人血液 pH，以防引起酸碱中毒；椎管注射液的 pH 应接近 7.4，因脊髓液只有 60～80mL，且循环较慢，易受酸碱影响，故应严格控制。

常用的pH调节剂有盐酸、枸橼酸及其盐、氢氧化钠、碳酸氢钠、磷酸氢二钠和磷酸二氢钠等。枸橼酸盐和磷酸盐均可配制成缓冲溶液，使注射液具有一定的缓冲能力，以维持适宜的pH。需注意的是，pH调节并非简单的加酸或加碱，而应选择最佳的pH调节剂。例如，维生素C注射液用碳酸氢钠调节pH，既可防止碱性过强而影响药液稳定性，又可产生CO_2，驱除药液中的氧，有利于药物稳定。

（五）增加药物物理稳定性的附加剂

药物制成特殊的液体制剂如混悬剂时，容易出现结晶增长、沉淀等物理不稳定的现象；制成乳剂时不加入乳化剂则无法制成稳定的乳剂。因而处方中应加入增加药物物理稳定性的附加剂。

1. 混悬剂的稳定剂

为增加混悬剂的物理稳定性，可加入适当的稳定剂。助悬剂、润湿剂、絮凝剂与反絮凝剂可从不同角度有助于制剂稳定。

（1）助悬剂　常用助悬剂可分为低分子类、高分子类助悬剂以及触变胶。助悬机理如下：利用自身的黏性增加分散介质的黏度，从而降低混悬微粒沉降速率；吸附在混悬微粒的表面形成一层保护膜，防止结晶长大、转型及微粒间的聚集；触变胶则是使混悬液具有触变性。

低分子类助悬剂如糖浆、甘油等。糖浆兼有矫味作用，用于内服药剂；甘油对疏水性药物兼有润湿作用，并且外用可滋润皮肤。

高分子类助悬剂根据来源不同可分为天然高分子化合物、合成及半合成的高分子化合物。天然高分子化合物作为助悬剂时，易被微生物污染而发霉，处方中要加防腐剂。常用的有5%～15%的阿拉伯胶、0.5%～1.0%的西黄蓍胶、0.35%～0.5%的琼脂和0.5%的海藻酸钠。此外，淀粉浆、明胶、果胶均可作助悬剂。合成及半合成的高分子化合物一般用量为0.1%～1%，性质稳定，不易受pH值的影响，水溶液为澄明黏稠液体。常用的有聚乙烯吡咯烷酮（PVP）、聚乙烯醇（PVA）、卡波普（为丙烯酸与丙烯基蔗糖交联的高分子聚合物，Carbopol，pH 6～11时最黏稠）、甲基纤维素（MC）、羧甲基纤维素钠（CMC-Na）、羟乙基纤维素（HEC）、羟丙基甲基纤维素（HPMC）等。

触变胶是一种在等温条件下可进行凝胶-溶胶转变的胶体，静止时形成凝胶防止微粒沉降，振摇后变为溶胶有利于倾倒。如2%硬脂酸铝在植物油中可形成触变胶，可以作滴眼剂、混悬型注射剂的助悬剂。现也利用硅酸镁铝、硅酸铝等硅酸盐类物质在水中形成触变胶。

（2）润湿剂　常用的润湿剂有乙醇、甘油，但润湿效果较差。也可选用HLB值7～9的表面活性剂，如吐温、泊洛沙姆等。疏水性药物制备混悬液时需要加入润湿剂，加快其润湿，产生较好的分散效果。

（3）絮凝剂与反絮凝剂　在混悬液中加入适量的电解质，可使ζ电位适当下降，微粒间斥力减小，而形成疏松的絮状聚集体，可防止微粒的快速沉降与结块，从而提高混悬液的稳定性，所加入的电解质为絮凝剂。反之，在混悬液中加入电解质，可使ζ电位升高，微粒间斥力增大，以防止微粒聚集、沉降，此时所加入的电解质为反絮凝剂。常用的絮凝剂和反絮凝剂有酒石酸盐、枸橼酸盐、磷酸盐等。具体使用时，应通过实验确定合适的电解质及其用量。

2. 乳剂的乳化剂

乳化剂是为了使乳剂易于形成和稳定而加入的物质。乳化剂是乳剂的重要组成部分。乳化剂可分为天然乳化剂、表面活性剂类乳化剂、固体微粒乳化剂，根据需要还可加入辅助乳化剂。

(1) 天然乳化剂　一般为亲水性高分子化合物，常用于制备O/W型乳剂。溶于水后黏度大，形成高分子乳化膜，增加乳剂的稳定性。因其天然来源，需注意防腐。

① 阿拉伯胶　主要含阿拉伯胶酸的钾、钙、镁盐，pH值为4～10均稳定，可形成O/W型乳剂。适用于乳化植物油、挥发油，多用于制备内服乳剂。常用量为10%～15%。常与西黄蓍胶、果胶、琼脂等合用。

② 西黄蓍胶　由于乳化能力较差，一般不单独作乳化剂，而是与阿拉伯胶合并使用。其水溶液黏度大，增加连续相的黏度，防止乳剂分层。pH为5时黏度最大。

③ 明胶　为两性蛋白质，作O/W型乳化剂，用量为油量的1%～2%。A型明胶等电点为8～9，B型明胶等电点为4.7～5，等电点时易产生凝聚，应注意pH值的变化对其溶解度的影响。

④ 磷脂　由卵黄或大豆提取，能显著降低油水界面张力，乳化能力强，为O/W型乳化剂。可供内服或外用，精制品可供静脉注射用。常用量为1%～3%。

其他天然乳化剂还有：白及胶、果胶、桃胶、海藻酸钠、琼脂、酪蛋白、胆酸钠等。

(2) 表面活性剂类乳化剂　此类乳化剂具有较强的亲水性亲油性，容易在乳滴周围形成单分子乳化膜，乳化能力强，性质较稳定。

常用表面活性剂类乳化剂主要为非离子型表面活性剂和阴离子表面活性剂。其中非离子型表面活性剂，如聚山梨酯（Tween）和脂肪酸山梨坦类（Span）毒性、刺激性均较小，性质稳定，应用广泛。常用HLB值3～6者为W/O型乳化剂，而HLB值8～18者为O/W型乳化剂。表面活性剂类乳化剂混合使用效果更好。

(3) 固体微粒乳化剂　这类乳化剂为不溶性固体微粉，可聚集于油水界面上形成固体微粒膜而起乳化作用。可分为两种类型，一类如氢氧化镁、氧氧化铝、二氧化硅、皂土等易被水润湿，可促进水滴的聚集成为连续相，故是O/W型的固体乳化剂；氢氧化钙、氢氧化锌、硬脂酸镁等易被油润湿，可促进油滴的聚集成为连续相，故是W/O型的固体乳化剂。固体微粒乳化剂不受电解质影响。与非离子表面活性剂或与增加黏度的高分子化合物（辅助乳化剂）合用效果更好。

(4) 辅助乳化剂　辅助乳化剂一般乳化能力很弱或无乳化能力，但能提高乳剂黏度，并能使乳化膜强度增大，防止乳剂合并，提高稳定性。可增加水相黏度的辅助乳化剂有：甲基纤维素、羧甲基纤维素钠、羟丙基纤维素、海藻酸钠、琼脂、西黄蓍胶、阿拉伯胶、果胶、黄原胶等。可增加油相黏度的辅助乳化剂有：鲸蜡醇、蜂蜡、单硬脂酸甘油酯、硬脂酸、硬脂醇等。

（六）增加口服制剂适口度和改善外观的附加剂

1. 矫味剂

为掩盖和矫正药剂的不良嗅味而加入制剂中的物质称为矫味、矫嗅剂。味觉器官是舌上的味蕾，嗅觉器官是鼻腔中的嗅觉细胞，矫味、矫嗅与人的味觉和嗅觉有密切关系，从生理学角度看，矫味也应能矫嗅。具体种类详见表2-7。

2. 着色剂

着色剂又称色素，可分为天然色素和人工合成色素两大类。使用着色剂便于识别药剂的浓度或区分应用方法，同时可改善药剂的外观。在选用颜色上注意与所加的矫味剂协调，更易被患者所接受，如薄荷味用绿色，橙皮味用橙黄色。可供食用的色素称为食用色素，只有食用色素才可用作内服药剂的着色剂。

表 2-7 常用矫味剂类别及常见品种

类别		常见品种
甜味剂	天然甜味剂	蔗糖及各类糖浆，如单糖浆、芳香糖浆等 其他如甜菊苷、山梨醇、甘露醇等
	合成甜味剂	糖精钠、阿司帕坦等
芳香剂	天然香料	从植物中提取的芳香挥发性物质（如柠檬、茴香、薄荷油等）及以此为原料制成的芳香水剂、酊剂、醑剂等
	合成香料（香精）	在合成香料中添加适量溶剂调配而成，如苹果香精、橘子香精、香蕉香精等
胶浆剂		利用黏稠缓和的性质干扰味蕾的味觉而具有矫味作用，常用海藻酸钠、阿拉伯胶、明胶、甲基纤维素、羧甲基纤维素钠等的胶浆
泡腾剂		利用产生的大量二氧化碳溶于水呈酸性，能麻痹味蕾而矫味，常用有机酸（如枸橼酸、酒石酸）与碳酸氢钠配合使用

（1）天然色素　天然色素有植物性与矿物性，常用的天然植物性色素有焦糖、叶绿素、胡萝卜素和甜菜红等；矿物性的有氧化铁（外用使药剂呈肤色）。

（2）人工合成色素　人工合成色素的特点是色泽鲜艳，价格低廉，但大多数毒性较大，用量不宜过多。我国准许使用的食用色素主要有以下几种：苋菜红、柠檬黄、胭脂红、胭脂蓝和日落黄，其用量不得超过万分之一。外用色素有伊红、品红、美蓝等。

使用着色剂时应注意溶剂和溶液的 pH 值对色调产生影响。大多数色素会受到光照、氧化剂和还原剂的影响而褪色。

三、注射剂的溶剂和附加剂

注射剂因其特殊的给药方式提出了对所用溶剂及附加剂的特殊要求。

（一）注射剂的溶剂

注射剂的溶剂有水性溶剂、非水溶剂两大类。水性溶剂最常用的为注射用水，它对机体最为安全且来源广，也可用 0.9%氯化钠溶液或其他适宜的水溶液。只有当注射用水或其他的水性溶剂对药物溶解度或稳定性不合要求时，才考虑选用非水溶剂。非水溶剂又分为注射用油及其他注射用非水溶剂。

1. 注射用水

在制药用水中，目前有饮用水、纯化水、注射用水、灭菌制药用水四类。

制药用水的原水为饮用水，是天然水经净化处理所得的水，其质量必须符合现行中华人民共和国国家标准《生活饮用水卫生标准》。饮用水可作为制药用具的粗洗用水。

（1）纯化水　为饮用水经蒸馏法、离子交换法、反渗透法或其他适宜的方法制得供药用的水，不含任何附加剂，其质量应符合纯化水项下的规定。纯化水可作为配制普通药物制剂的溶剂或试验用水，口服、外用制剂配制用溶剂或稀释剂，非灭菌制剂用器具的精洗用水。

（2）注射用水　为纯化水经蒸馏制得的水，应符合细菌内毒素试验要求。可作为配制注射剂、滴眼剂等的溶剂或稀释剂及容器的精洗。为保证注射用水质量，应减少原水中的细菌内毒素，监控蒸馏法制备注射用水的各生产环节，并防止微生物的污染。要定期清洗与消毒注射用水系统，并采取 80℃以上保温或 70℃以上保温循环或 4℃以下的状态下存放。

（3）灭菌注射用水　为注射用水按照注射剂生产工艺制备所得。用于注射用灭菌粉末的溶剂或注射剂的稀释剂或泌尿外科内腔镜手术冲洗剂。

在注射剂生产中，注射用水用于无菌药品的配液和直接接触药品的设备、容器具的最后清洗，无菌原料药的精制及直接接触药品的设备、容器具的最后清洗。

注射用水的质量必须符合《中华人民共和国药典》2010 年版的规定：应为无色的澄明液体；无臭无味；pH 为 5.0～7.0；每 1mL 中细菌内毒素量应小于 0.25EU；符合微生物限

度检查要求，氨、硝酸盐与亚硝酸盐、电导率、总有机碳、不挥发物与重金属等均应符合药典规定。

注射用水的制备详见项目三。

2. 注射用大豆油

水中难溶而在油中溶解的药物或为达到长效目的的药物，可选用注射用油作溶剂。《中华人民共和国药典》2010 版收载的注射用油为大豆油（注射用），其质量应符合以下要求：应为淡黄色的澄明液体，无臭或几乎无臭；密度为 0.916～0.922g/mL，折光率为 1.472～1.476；酸值应不大于 0.1，皂化值为 188～195，碘值为 126～140。并检查过氧化物、不皂化物、棉子油、碱性杂质、水分、重金属、砷盐、脂肪酸组成、微生物限度等。

注射用油应贮于避光密闭洁净容器中，避免日光、空气接触，可加入没食子酸丙酯、维生素 E 等抗氧剂延缓氧化过程。

知识链接：酸值、碘值、皂化值

酸值、碘值、皂化值是评定注射用油的重要指标。酸值表示油中游离脂肪酸的多少，也反映酸败的程度，酸值高说明质量差，生成醛类、酮类等，引起注射疼痛，同时影响药物稳定性。碘值表示油中不饱和键的多少，碘值高，则不饱和键多，油易氧化，不适合供注射用。皂化值表示油中游离脂肪酸和结合成酯的脂肪酸的总量，可表示油的种类和纯度。

（二）注射剂的特殊附加剂

注射剂除根据需要加入前述液体制剂相同的增加溶解度的附加剂、防止药物被氧化的附加剂、pH 调节剂外，同时为满足注入体内这一要求需加入渗透压调节剂，肌内及皮下等需加入止痛剂，制成冻干粉针则需加入冻干保护剂。以下主要介绍注射剂的特殊附加剂。

1. 渗透压调节剂

溶剂通过半透膜由低浓度向高浓度一侧扩散的现象称为渗透，阻止渗透所需施加的压力即渗透压。生物膜如人体的细胞膜或毛细血管壁具有半透膜的性质，在制备注射剂或用于黏膜组织的药液如滴眼剂、洗眼剂、滴鼻剂等时，应维持等渗以保证细胞正常生命活动。

常用的等渗调节剂有氯化钠、葡萄糖等。

根据物理化学原理，可通过以下计算方法来调节等渗。

（1）渗透压摩尔浓度法　《中华人民共和国药典》2010 年版规定对静脉输液、营养液、电解质或渗透利尿药（如甘露醇注射液）等制剂，应在药品说明书上注明溶液的渗透压摩尔浓度，以便临床医生根据实际需要对所用制剂进行适当的处置（如稀释）。

渗透压摩尔浓度（Osmolality）的单位，通常以每千克溶剂中溶质的毫渗透压摩尔来表示。可按下列公式计算毫渗透压摩尔浓度（mOsmol/kg）：

$$\text{毫渗透压摩尔浓度(mOsmol/kg)}=\frac{\text{每千克溶剂中溶解溶质的质量(g)}}{\text{分子量}}\times n\times 1000$$

式中，n 为一个溶质分子溶解或解离时形成的粒子数，在理想溶液中，如葡萄糖 $n=1$，氯化钠或硫酸镁 $n=2$，氯化钙 $n=3$，枸橼酸钠 $n=4$。

在生理范围及很稀的溶液中，渗透压摩尔浓度与理想状态下计算值偏差较小，随着溶液浓度的增加，与计算值比较，实际渗透压摩尔浓度下降。

例如 0.9%氯化钠注射液，按上式计算，毫渗透压摩尔浓度是 $\frac{9}{58.4}\times 2\times 1000=308$ (mOsmol/kg)，而实际上在此浓度时氯化钠溶液的 n 稍小于 2，其实际测得值是 286mOsmol/kg。复杂混合物如水解蛋白注射液的理想渗透压摩尔浓度不容易计算，因此通常采用实际测定值表示。有关渗透压摩尔浓度测定法参见《中华人民共和国药典》2010年版二部附录。

（2）冰点下降数据法　是依据冰点相同的稀溶液具有相等的渗透压。人的血浆和泪液的冰点均为－0.52℃。根据物理化学原理，任何溶液只要将其冰点调整为－0.52℃时，即与血浆等渗，成为等渗溶液。

根据表2-8所列举的一些药物的1%水溶液冰点降低值，可以计算出该药物配成等渗溶液时的浓度。当低渗溶液需加等渗调节剂调整渗透压时，其用量可按下列公式计算。

$$W=\frac{0.52-a}{b} \tag{2-1}$$

式中，W为配制100mL等渗溶液需加等渗调节剂的质量，g；a为未调节的药物溶液冰点降低值，若溶液中含有两种或两种以上的物质时，则a为各物质冰点降低值的总和；b为1%（g/mL）等渗调节剂的冰点降低值。

知识链接：等渗溶液和等张溶液

制剂学上的等渗溶液是指与血浆、泪液等体液具有相等渗透压的溶液。维持血浆渗透压关系到红细胞的生存和保持体内水分的平衡。若血液中注入大量低渗溶液，水分子可迅速通过红细胞膜（半透膜）进入红细胞内，使之膨胀乃至破裂，产生溶血，可危及生命。反之，如注入大量的高渗溶液时，红细胞内的水分会大量渗出，而使红细胞呈现萎缩，引起原生质分离，有形成血栓的可能。故注射液的渗透压最好与血浆相等。

药物的等渗溶液是通过物理化学实验方法计算出来的，但人体生物膜与物理化学的理想半透膜是有区别的，故有人提出生物学等张的概念。等张溶液是指与红细胞张力相等的溶液。当红细胞置于某一溶液中时，无论药物是否进出红细胞，均不干扰红细胞内外水分的正常平衡，不影响红细胞膜的张力及细胞形态、结构和正常功能，这种溶液即称为等张溶液。大多数药物的等渗溶液可视为等张溶液，不会破坏或影响红细胞的生物活性。但某些药物的等渗溶液与红细胞实际接触时，会破坏或影响红细胞的生物活性，呈现不同程度的溶血现象，表现为低张或高张，如尿素、维生素C、盐酸普鲁卡因、甘油、丙二醇等。

【例2-1】 配制2%盐酸普鲁卡因注射液100mL，使其成等渗溶液需要加多少克氯化钠？

解：查表2-8可知1%盐酸普鲁卡因冰点降低值为－0.12℃，1%氯化钠$b=0.58$，代入式(2-1)得：

$$W=\frac{0.52-(2\times0.12)}{0.58}=0.48\ (\mathrm{g})$$

答：需加入0.48g的氯化钠，可使2%的盐酸普鲁卡因注射液100mL成为等渗溶液。

表2-8　一些药物水溶液的冰点降低值与氯化钠等渗当量

名称	1%(g/mL)水溶液冰点降低值/℃	1g氯化钠等渗当量	名称	1%(g/mL)水溶液冰点降低值/℃	1g氯化钠等渗当量
硼酸	0.28	0.47	氢溴酸后马托品	0.097	0.17
盐酸乙基吗啡	0.19	0.15	盐酸吗啡	0.086	0.15
硫酸阿托品	0.08	0.1	碳酸氢钠	0.381	0.65
盐酸可卡因	0.09	0.14	氯化钠	0.58	—
氯霉素	0.06	—	青霉素G钾	—	0.16
依地酸钙钠	0.12	0.21	硝酸毛果芸香碱	0.133	0.22
盐酸麻黄碱	0.16	0.28	聚山梨酯80	0.01	0.02
无水葡萄糖	0.10	0.18	盐酸普鲁卡因	0.12	0.18
葡萄糖(H_2O)	0.091	0.16	盐酸狄卡因	0.109	0.18

（3）氯化钠等渗当量　氯化钠等渗当量系指能与1g药物呈现等渗效应的氯化钠的质量，一般用E表示。例如从表2-8查出硼酸的氯化钠等渗当量为0.47，即1g硼酸在溶液中能产生与0.47g氯化钠相等的质点，即同等渗透压效应。因此，查出药物的氧化钠等渗当量后，可计算出等渗调节剂的用量。公式如下：

$$X=0.009V-EW \tag{2-2}$$

式中，X为配成VmL等渗溶液需加入的氯化钠质量，g；E为药物的氯化钠等渗当量；W为药物的质量，g；0.009为每1mL等渗氯化钠溶液中所含氯化钠的质量，g。

【例2-2】 欲配制2%盐酸普鲁卡因注射液150mL，应加入多少克氯化钠，使其成为等渗溶液？

解：查表2-8可知$E=0.18$，$W=2\%\times150$，代入式(2-2)，得：

$$X=0.009\times150-0.18\times2\%\times150=0.81\ (\text{g})$$

答：配制2%盐酸普鲁卡因注射液150mL，加入0.81g氯化钠可成为等渗溶液。

由于溶液的渗透压、冰点、蒸气压降低值均取决于溶液中溶质数的总量。因此，用1%药物水溶液冰点降低值计算较浓溶液冰点降低值时，会出现一定偏差，这对一般注射剂和滴眼剂是允许的。但对椎管内用的注射剂应加以注意。

2. 局部止痛剂

有些注射剂在皮下和肌内注射时，对组织产生刺激而引起疼痛。在提高注射剂的质量和调节适宜的pH与渗透压后，仍可能产生疼痛，可考虑加入适量的局部止痛剂。常用的局部止痛剂有：0.3%～0.5%三氯叔丁醇，0.25%～0.2%盐酸普鲁卡因，0.25%利多卡因等。

3. 冻干保护剂

制备注射用冻干制品时，由于单独的药物溶液往往不易冻干，或蛋白质药物易变性等，故在冻干处方中常需加入冻干保护剂。冻干保护剂可改善冻干产品的溶解性和稳定性，或使冻干产品有美观的外形。优良的保护剂应在整个冻干过程中以及成品贮藏期间保护蛋白质类药物的稳定性。

常用的保护剂有如下几类：①糖类、多元醇，如蔗糖、海藻糖、乳糖、葡萄糖、麦芽糖、甘露醇等；②聚合物，如聚维酮（PVP）、聚乙二醇（PEG）、右旋糖酐等；③无水溶剂，如乙烯乙二醇、甘油、二甲基亚砜（DMSO）、二甲基甲酰胺（DMF）等；④表面活性剂，如吐温80等；⑤氨基酸，如脯氨酸、L-色氨酸、谷氨酸钠、丙氨酸、甘氨酸、肌氨酸等；⑥盐和胺，如磷酸盐、醋酸盐、柠檬酸盐等。

蛋白质药物种类很多，且物理化学性质各异，为扩大保护作用，常需要在冻干制品中使用两种类型以上的保护剂。因此针对不同的蛋白质选择保护剂时，需要经过实验研究才能确认处方。

四、固体制剂中常用辅料

固体制剂包括散剂、颗粒剂、胶囊剂、片剂、丸剂等，以下主要介绍颗粒剂、胶囊剂、片剂等的常用辅料。

制备固体制剂，尤其是片剂，所用的物料应具备以下特性：良好的流动性可使物料均匀地流出，使剂量准确；良好的可压性则使物料受压时易于成型，得到硬度适宜的片剂；良好的润滑性，使片剂压制成型后能顺利脱离冲模，表面美观光洁；遇体液应能迅速崩解并溶出药物，以发挥应有的疗效。然而药物本身大多并不完全具备这些特性，加入辅料的目的是为了使药物具有一定的黏合性、流动性、润滑性、崩解性及硬度，以获得满意的效果。

（一）填充剂（稀释剂与吸收剂）

填充剂包括稀释剂和吸收剂，稀释剂是指用来增加物料的体积和重量以便于压片的辅料。在片剂的生产过程中，由于工艺、设备等因素的限制，片重一般都要求在100mg以上，片剂的直径6mm以上，当药物的剂量过小（100mg以下）而难以压片时，应加入填充剂（稀释剂）来增大物料的体积和重量，以利于片剂压制成型。吸收剂是指用来吸收挥发油或液体组分的辅料。片剂处方中如含挥发油或液体成分，不利于压片，应用吸收剂将其吸收后，再与其他固体成分混合，可解决压片的困难。

常用的填充剂有以下几种。

（1）淀粉　为片剂最常用的辅料，生产中常用玉米淀粉，外观色泽好，性质稳定，与大多数药物不起作用，不溶于水和乙醇，吸湿性小，遇水膨胀而不潮解，且价廉易得，是常用的稀释剂和吸收剂。但应注意单独使用时，因可压性差，制成的片剂较疏松，常与适量糖粉或糊精合用以增加其黏合性。

（2）预胶化淀粉　又称可压性淀粉，是将普通淀粉经物理方法进行加工处理所得到的产品，为新型的多功能药用辅料。本品性质稳定，不与主药起作用，能稳定药物的功能；吸湿性与淀粉相似；具有良好的流动性、可压性、自身润滑性和崩解性，还具有干黏合作用。制成的片剂有较好的硬度，且崩解性好、释药速度快，是性能优良的稀释剂，最常用于粉末直接压片。

（3）糊精　为淀粉水解的中间产物。在冷水中溶解缓慢，较易溶于热水，具有较强的黏结性，对不能用淀粉的药物可加糊精作稀释剂。使用时应控制用量，用量过多会使颗粒过硬，使片剂的表面出现麻点、水印、松散等现象，还可使片剂的崩解迟缓，往往会影响某些药物含量测定结果的准确性和重现性，所以极少单独用作片剂的稀释剂，常与淀粉、糖粉等混合使用。

（4）微晶纤维素　是纤维素部分水解而得到的聚合度较小的结晶性纤维素。不溶于水，有一定的吸湿性；压缩时，粒子间有较强的结合力，有良好的可压性；且具有良好的流动性并兼有崩解作用及润滑性，多用于粉末直接压片。除用作稀释剂外，还具有其他多种用途。采用本品压片时一般不需加入润滑剂。

（5）乳糖　是由等分子葡萄糖及半乳糖组成。本品易溶于水，性质稳定，与大多数药物不起化学反应，无吸湿性，故特别适于引湿性药物。制成的片剂表面光亮美观，释放药物快，溶出度好，是优良的稀释剂。用喷雾干燥法制得的乳糖有良好的流动性，但可压性较差，如加入微晶纤维素合用，可用于粉末直接压片。

（6）糖粉　是由结晶性蔗糖经低温干燥后粉碎得到的微细粉末。味甜，有矫味和黏合作用，为可溶性药物片剂的良好稀释剂，多用于含片和咀嚼片。由于有黏合作用，用作稀释剂时，容易制粒，制得的片剂外观和硬度均好，亦常用于中草药或其他疏松药物制片时的稀释剂或黏合剂。但因其易受潮结块，如用量过多，片剂在贮藏过程中会逐渐变硬，影响药物的溶出速率。

（7）甘露醇　本品化学性质稳定，与多数药物无反应；无吸湿性，用于吸湿性药物便于颗粒的干燥，所制片剂表面光滑美观；有一定甜味，无砂砾感；易溶于水，在口腔中溶解时吸热，因而有清凉感，适于作咀嚼片的稀释剂。

（8）无机化合物

① 硫酸钙　化学性质稳定，与多种药物配伍不起变化，防潮性能好。制成的片剂外观光洁，硬度、崩解度均好。可作片剂的稀释剂和挥发油的吸收剂，适于多种药物片剂的制备。使用时应控制湿粒干燥时的温度，以免失去结晶水后遇水产生固化现象。

② 磷酸氢钙　不溶于水，无引湿性，性质类似于硫酸钙，有良好的流动性和稳定性，但可压性较差，仅用于制湿颗粒。为中草药浸出物、膏剂及油类药物的良好吸收剂。

③ 氢氧化铝　用其干燥品，不溶于水及醇，常作挥发油的吸收剂，亦可用于粉末直接压片的干黏合剂和助流剂。

（二）润湿剂与黏合剂

药物本身往往黏结性比较差，不利于形成颗粒，也不利于片剂的成型，所以常需要加入一定量的润湿剂或黏合剂，两者在使用中应根据药物的性质加以选择。

润湿剂是指能润湿物料，诱发物料产生黏性的液体辅料。润湿剂本身是没有黏性的，故只适用于具有黏性的药物。

黏合剂是指能使物料黏结聚集形成颗粒并能压缩成型的辅料。黏合剂可以是液体或是固体粉末，其本身具有黏性，故适用于无黏性或黏性较小的药物。

1. 常用的润湿剂

（1）水　其本身无黏性，当物料中加水润湿诱发其黏性，即可制成适宜的颗粒。但对遇湿、热不稳定或易溶于水的药物不宜使用，且水容易被物料迅速吸收，难以分散均匀，容易造成结块现象，制成的颗粒松紧不一，因此很少单独使用，制粒时往往采用低浓度淀粉浆或乙醇。

（2）乙醇　当药物遇水能引起变质，物料润湿后黏性过强或制成的颗粒干后变硬时，可选用适宜浓度的乙醇作润湿剂。一般使用浓度为30%～70%，乙醇的浓度越高，物料润湿后所产生的黏性越低，因此乙醇的使用浓度应视药物的性质和环境温度而定，若药物的水溶性大、黏性强或环境温度高时，乙醇的浓度应高一些，反之则浓度可稍低。加入乙醇后应迅速搅拌，立即制粒，以免挥发。

2. 常用的黏合剂

（1）淀粉浆　具有良好的黏合作用，是制备片剂最常用的黏合剂。淀粉不溶于水，将其制成水混悬液在一定温度下使之糊化变成黏稠糊状物，即具有适宜的黏性。适于对湿热较稳定的药物压片时的黏合剂，常用浓度为8%～15%，但以10%最常用，亦可低至5%或高达30%，应根据物料的性质作适当调节。淀粉浆黏性适宜，且淀粉价廉易得，所以生产中使用最多。

（2）聚维酮（PVP）　本品性质稳定，易溶于水和乙醇，溶解后成为黏稠胶状液体，为一良好的黏合剂。其水溶液、醇溶液或固体粉末都可作为黏合剂应用。对疏水性药物，用其水溶液作黏合剂，不但使药物均匀润湿易于制粒，还能改善颗粒的亲水性，有利于片剂的崩解和药物的溶出；对湿热敏感的药物，用其乙醇溶液制粒，既可避免水分的影响，又可在较低温度下干燥；其干燥的固体粉末则可用作直接压片的干黏合剂。本品亦是用于咀嚼片、泡腾片、溶液片的优良黏合剂。

（3）微晶纤维素　通常作片剂的干黏合剂，具有良好的可压性，压缩时，粒子间有较强的结合力，片剂硬度较大。

（4）纤维素衍生物类　如在水中可溶的甲基纤维素（MC）、羧甲基纤维素钠（CMC-Na）、羟丙甲基纤维素（HPMC），三者均可在水中溶胀形成黏稠的胶体溶液，可用作黏合剂。其中HPMC应用较广，制成的片剂崩解迅速、溶出率高，且外观及硬度均好。乙基纤维素（EC）不溶于水可溶于乙醇，黏性较强，用于对水敏感的药物片剂作黏合剂，使用时将其细粉掺入辅料中，然后加乙醇制粒；或用其5%的乙醇溶液喷雾混合，但因为其疏水性，对片剂的崩解和药物释放产生阻滞作用，主要用于缓释和控释制剂。

（5）糖粉与糖浆　糖粉为干黏合剂，糖浆为蔗糖的水溶液，其黏性随浓度不同而变化，常用浓度为10%～70%（g/g）。两者都具有很强的黏合能力。可将纤维性、质地疏松、弹性较强药物的粉末制成坚实片剂，亦适于易失去结晶水的化学药物。强酸性或强碱性药物能引起蔗糖的转化而产生引湿性，则不宜采用。

（6）糊精　一般作干黏合剂使用，亦有配成10%糊精浆与10%淀粉浆合用。黏性较糖粉弱，不适于纤维性和弹性大的药物。

（7）胶浆　常用胶浆有10%～20%的明胶溶液和10%～25%的阿拉伯胶溶液等。胶浆黏性强，制成的片剂硬度较大，故只适用于容易松散及不能用淀粉浆制粒的药物，特别适于口含片的制备。

（三）崩解剂

崩解剂是指能促使片剂口服后在胃肠道中迅速碎裂成细小颗粒的辅料。在片剂的制备过程中，由于黏合剂的黏结和机械加压的作用，片剂内部的结合力强，孔隙率低，导致片剂使用后不能迅速崩解或溶出药物，而影响其治疗作用。为此，除了缓释片、控释片及某些特殊要求的片剂（如咀嚼片）外，一般片剂都应加入崩解剂。

崩解剂的作用机理可能原因是在片剂的成型过程中形成无数孔隙，孔隙连接形成亲水的毛细管通道，促进水分的吸收使片剂发生润湿，亦有吸收水分发生膨胀或产生气体等，从而解除由于黏合剂的黏结和机械加压所形成的结合力，使片剂裂解成细小的颗粒而达到崩解。

常用的崩解剂如下。

1. 干淀粉

是应用最为广泛的崩解剂，为亲水性物质，且可在片剂成型后留下许多亲水性的毛细管，使其易于吸收水分而崩解。适于水不溶性或微溶性药物的片剂，对易溶性药物片剂的崩解作用较差。淀粉用前应在100～105℃条件下干燥1h，控制含水量在8%以下，用量一般为干颗粒的5%～20%。

2. 淀粉衍生物类

（1）羧甲基淀粉钠（CMS-Na）　具有良好的吸水性和膨胀性，充分膨胀后体积可增至原体积的300倍，是性能优良的崩解剂。兼具良好的流动性和可压性，可改善片剂的成型性，增加片剂的硬度而不影响片剂的崩解。故本品既适于不溶性药物，也适于水溶性药物；既可用于直接压片，又可用于湿法制粒压片。

（2）羟丙基淀粉（HPS）　具有良好的压缩性和崩解性，是新型的崩解剂。其优点是崩解迅速，润滑性好，不吸湿，将本品与微晶纤维素及硅酸铝以3∶1∶1的比例混合后用于压片，可得到光洁美观、硬度大、耐磨性好、崩解快、溶出迅速的优良片剂。

3. 纤维素衍生物

（1）交联羧甲基纤维素钠（CCNa）　由于其分子为交联结构而不溶于水，但具有很强的吸水膨胀作用，为良好的崩解剂。

（2）低取代羟丙基纤维素（L-HPC）　在水和乙醇中均不溶，但可吸水膨胀，由于具有很大的表面积和孔隙度，所以有较大的吸水速度和吸水量，膨胀性强，崩解性好，崩解后的颗粒较细，有利于药物的溶出，是近年来应用较多的新型崩解剂，可用于湿法制粒压片，也可加入干颗粒中应用。

4. 交联聚维酮（PVPP）

在水和有机溶剂中均不溶，但在水中能迅速吸水溶胀，体积可增加150%～200%，促使片剂崩解，还具有良好的流动性，为优良的崩解剂。

5. 泡腾崩解剂

通常由枸橼酸（或酒石酸）与碳酸氢钠（或碳酸钠）组成，遇水能产生二氧化碳气体而起崩解作用，作用很强，遇水后几分钟片剂即迅速崩解。一般在压片时临时加入或将两种成分分别加在两部分颗粒中，临压片时混匀。

此外，表面活性剂因能增加片剂的润湿性，也可用作疏水性或不溶性药物的崩解剂。

知识链接：崩解剂的几种加入方法

(1) 内加法　将全部崩解剂与处方中其他物料混匀后制粒的方法。由于崩解剂存在于颗粒内部，崩解速度较慢，但崩解后的颗粒细小，有利于药物的溶出。

(2) 外加法　将全部崩解剂加入干颗粒中混匀的方法。由于崩解剂存在于颗粒外面，故崩解发生在颗粒之间，崩解速度迅速，但由于颗粒内不存在崩解剂，故崩解后不易形成细颗粒，药物的溶出稍差。

(3) 内、外加法　是将崩解剂分为两份，一份按内加法加入，另一份按外加法加入的方法。通常内加崩解剂占总量的50%～75%，外加崩解剂占总量的25%～50%。此方法集中了前述两种方法的优点，由于颗粒内外均存在崩解剂，使片剂的崩解既发生在颗粒内部又发生在颗粒之间，片剂使用后能很快地崩解且具有很好的溶出速率。

(四) 润滑剂

润滑剂是指能使压片时颗粒顺利流动、减少黏冲并降低颗粒与颗粒、药片与模孔壁之间摩擦力的辅料。压片前在颗粒中加入润滑剂，可使压出的片剂片重差异小、剂量准确，片面光滑美观。

知识链接：理想润滑剂的作用和润滑剂的加入方法

理想润滑剂应具备以下作用：①助流作用，可降低颗粒之间的摩擦力，增加颗粒流动性；②抗黏附作用，可减轻物料黏附冲模；③润滑作用，可降低颗粒间、颗粒与冲头及模孔壁之间的摩擦力的作用。

目前还没有一种润滑剂具备全部的三种作用，所以一般按照习惯将具备上述任何一种作用的辅料都称为润滑剂。

润滑剂加入方法：①将润滑剂的细粉直接加入到待压片的颗粒中；②用60目筛筛出干颗粒中的部分细粉，将润滑剂与细粉充分混合均匀后再加到干颗粒中进行混合；③液体润滑剂采用喷雾的方法加入到颗粒中。

润滑剂可分为水不溶性润滑剂、水溶性润滑剂和助流剂三类。

1. 水不溶性润滑剂

(1) 硬脂酸、硬脂酸钙和硬脂酸镁　为白色粉末，较细腻，有良好的附着性，与颗粒混合后分布均匀而不易分离，较少用量即能显示良好的润滑作用，压片后片面光滑美观，为广泛应用的润滑剂。硬脂酸碱金属盐呈碱性反应，可降低某些维生素及多数有机碱盐的稳定性，故不宜使用。因其疏水性，用量过大易致片剂不易崩解或产生裂片。用量一般为0.3%～1%。

(2) 滑石粉　为白色结晶性粉末，有较好的滑动性，可减少物料对冲头的黏附，且能增加颗粒的润滑性和流动性。但本品粉粒细而密度大，附着力较差，在压片过程中可因振动而与颗粒分离并沉在底部，往往出现上冲黏附现象；且其在颗粒中常常分布不匀，可能影响片剂的色泽和含量均匀度。用量一般为1%～3%。

(3) 氢化植物油　是由氢化植物油经过精制，以喷雾干燥制得的粉末。为优良的润滑剂，润滑性能好，能大大减少模壁的摩擦和黏冲。应用时将其溶于热的轻质液体石蜡或己烷中，喷于颗粒表面，有利于分布均匀。

2. 水溶性润滑剂

(1) 聚乙二醇 (PEG)　聚乙二醇4000或聚乙二醇6000，加水溶解后可得到澄明溶液，对片剂崩解溶出无影响。与其他润滑剂相比，粉粒较小，制成50μm以下的颗粒压片时可达到良好的润滑效果。当可溶性片剂中不溶性残渣发生溶解困难时，可使用此类高分子聚合物。

(2) 十二烷基硫酸镁　为水溶性表面活性剂，具有良好的润滑作用，亦可用钠盐。本品能增强片剂的机械强度，并能促进片剂的崩解和药物的溶出作用。实验证明，在相同条件下压片，十二烷基硫酸镁的润滑作用较滑石粉、PEG及十二烷基硫酸钠都好。片剂中加入硬脂酸镁，往往使崩解延长，如加入适量十二烷基硫酸镁可加速崩解，但如果用量过多，则因过分降低介质表面张力，反而不利于崩解。

3. 助流剂

（1）胶态二氧化硅（微粉硅胶） 为轻质的白色粉末，无臭无味，不溶于水及酸，而溶于氢氟酸及热碱溶液中。化学性质很稳定，与绝大多数药物不发生反应，比表面积大，有良好的流动性，对药物有较大的吸附力。其亲水性较强，用量在1%以上时可加速片剂的崩解，有利于药物的吸收。本品作助流剂的用量一般仅为0.15%～0.3%。

（2）滑石粉 具有良好的润滑性和流动性，与硬脂酸镁合用兼具助流、抗黏作用。

一般助流作用较好的辅料，其润滑作用往往较差，压片时常需加入润滑剂和助流剂。国内经常将滑石粉与硬脂酸镁配合应用，滑石粉能减轻硬脂酸镁疏水性的不良影响，但会削弱硬脂酸镁的润滑作用。

由于润滑剂或助流剂的作用效果与其比表面积有关，所以固体润滑剂的粒度越细越好，润滑剂的用量在达到润滑作用的前提下，原则上用量越少越好，一般在1%～2%，必要时可增到5%。

拓展知识

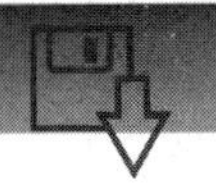

一、表面活性剂的其他性质

具增溶作用的表面活性剂在一般情况下，能改善药物的吸收，增强其生理、药理作用，如增溶后的维生素A，其吸收远大于乳剂和油溶液。但需注意药物从胶团中扩散的速率和程度、胶团与胃肠生物膜融合的难易程度。易扩散、易融合，则增加吸收；反之，则降低吸收。

表面活性剂一般可增加药物稳定性，防止药物的水解、氧化，如维生素A和维生素D增溶后稳定性增加；但有时胶团上的电荷能吸引溶液中的H^+、OH^-，促进药物的水解。

离子型表面活性剂需注意对蛋白质的影响。如在碱性条件下，蛋白质带负电，与阳离子型表面活性剂结合变性；在酸性条件下，则与阴离子型表面活性剂结合变性。同时还应注意互相配伍，以及与带电物质的结合。阴、阳离子型表面活性剂配伍可形成沉淀。阴离子型表面活性剂与带正电荷的药物（如生物碱）配伍，使效价降低；可因较多的钙离子、镁离子等多价离子的存在而降低溶解度，发生盐析现象。阳离子型表面活性剂与带负电荷的物质（阿拉伯胶、果胶酸、海藻酸、CMC-Na、滑石粉、皂土）形成复合物而沉淀。含有明胶、CMC-Na、PEG、PVA、PVP等水溶性高分子的溶液中，形成胶束后，增溶效果明显增强。

各种表面活性剂的毒性比较：阳离子型>阴离子型>非离子型。而阳离子型和阴离子型均具有强烈的溶血作用，非离子型的溶血作用较小。吐温类的溶血作用顺序为：吐温20>吐温60>吐温40>吐温80。刺激性以非离子型最小。

二、注射用大豆油的精制

大豆油是一种植物油，由各种脂肪酸的甘油酯所组成。一般植物油含游离脂肪酸、各种色素和植物蛋白等，经过精制才能供注射使用。通常使用的精制方法如下。

（1）中和游离脂肪酸　先测定酸值，计算所需的氢氧化钠近似用量，并配制成5%～10%的醇溶液。将待精制的植物油置水浴上或蒸汽夹层锅中加热，滴加氢氧化钠的醇溶液，并不断地搅拌，加至近似用量值时，加1滴酚酞指示剂显粉红色为止，表示中和完全。继续加热至60～70℃，保温30min，静置过夜。

（2）油皂分离　测定酸值在规定值，即可分离油液；并用50～60℃的注射用水反复洗至油液澄清为止。加水洗涤时不可剧烈搅拌和振摇，以防乳化。

（3）脱色与除臭　将分离后的澄清油，加入油量0.5%～1%活性炭及3%活性白陶土，加热至80℃并搅拌30min，除去挥发性杂质，静置过夜，压滤至澄明，进行质量检查。

（4）灭菌　质量检查合格后，采用干热空气灭菌法灭菌（150℃，1h）。

三、注射用其他溶剂

注射用溶剂除注射用水和注射用油外，常因药物特性的需要选用其他溶剂或采用复合溶剂。如乙醇、甘油、丙二醇、聚乙二醇等用于增加主药的溶解度，防止水解和增加溶液的稳定性。油酸乙酯、二甲基乙酰胺等与注射用油合用，以降低油溶液的黏滞度，或使油不冻结，易被机体吸收。其他注射用溶剂应注意其毒性即LD_{50}值，要符合注射剂溶剂的要求。

（1）乙醇　乙醇与水、甘油、挥发油等可任意混合。采用乙醇为注射用溶剂时浓度可高达50%。可供肌内或静脉注射，但乙醇浓度超过10%，肌内注射有疼痛感。

（2）甘油　甘油与水或乙醇可任意混合。由于黏度、刺激性等原因不能单独作为注射用溶剂。常用浓度一般为1%～50%。甘油对许多药物具有较大溶解性，常与乙醇、丙二醇、水等混合应用。

（3）丙二醇　即1,2-丙二醇，本品与水、乙醇、甘油相混溶，能溶解多种挥发油。常用浓度为1%～50%。丙二醇在一般情况下稳定，但高温下（250℃以上）可被氧化成丙醛、乳酸、丙酮酸及醋酸。丙二醇特点是溶解范围较广，可供肌内、静脉等给药。

（4）聚乙二醇（PEG）　PEG300或PEG400是无色略有微臭的液体，能与水、乙醇相混合，化学性质稳定。常用浓度为1%～50%。

（5）苯甲酸苄酯　不溶于水和甘油，可与乙醇（95%）及脂肪油相混溶。

（6）二甲基乙酰胺（DMA）　为澄明的中性液体，能与水及乙醇任意混合。但连续使用时，应注意其慢性毒性。常用浓度为0.01%。

（7）二甲基亚砜（DMSO）　二甲基亚砜溶解范围广，有良好的防冻作用，肌内或皮下注射均安全。

此外还有油酸乙酯、肉豆蔻异丙基酯、乳酸乙酯等。

实践项目

参观剂型展示室

【实践目的】

1. 认识各种剂型。
2. 熟悉剂型的几种分类方法。
3. 了解各种辅料在剂型中的作用。

【实践场地】剂型展示室。

【实践内容】

1. 复习剂型的分类、常用的辅料介绍。

2. 参观剂型展示室。

【实践报告】通过对展示柜内的各种制剂的感性认识，进行总结，完成以下内容。

1. 按照剂型的各种分类方法，相应举例。

2. 对应各制剂，说明其所用的辅料及辅料的作用。

3. 总结各种剂型常用辅料并举例。

复习思考题

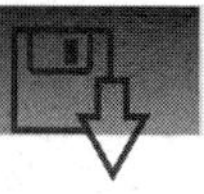

1. 药用辅料选择的原则是什么？选择的条件是什么？
2. 增加药物溶解度所选择的附加剂有哪些？
3. 防止药物氧化可加的附加剂有哪些？
4. 表面活性剂在药物制剂中的作用有哪些？
5. 注射剂中所添加的附加剂有哪些？
6. 固体制剂中所加的辅料有哪几类？起什么作用？

项目三　制剂的基本技术

［知识点］

洁净度的标准和空气净化技术

常见的灭菌方法和无菌操作法

常见滤器及适用情况

纯化水和注射用水的制法

常见粉碎、筛分、混合的方法、设备及选择

各种常见制粒方法的特点及设备

常见干燥方法、设备及选择

［能力目标］

知道车间洁净度级别

能选择合适灭菌方法进行灭菌

能选择合适的滤器进行过滤

能选择合适的方法制水

能选择合适的粉碎、筛分、混合方法及设备

能选择合适的制粒方法

能选择合适的干燥方法

必备知识

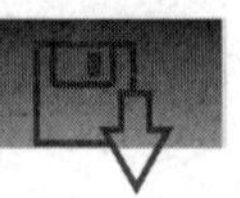

一、空气净化技术与滤过技术

空气净化技术是以创造洁净空气环境为目的的空气调节技术。根据生产工艺要求的不同，空气净化可分为工业洁净和生物洁净两大类。工业洁净系指除去空气中悬浮的尘埃，生物洁净系指不仅除去空气中的尘埃，而且除去微生物等以创造空气洁净的环境。

空气净化技术是一项综合性措施，不仅着重采用合理的空气净化方法，而且应该从建筑、室内布局、空调系统等方面采取相应的措施。其基本原则是满足制剂的质量要求。

（一）洁净室的净化标准

药品基本质量要求：安全、有效、稳定，其中安全是首要的，安全的问题包括药品本身的安全和异物污染引起的各种不良影响，空气洁净度标准主要是针对后者而采取的一种措施。

洁净室系指应用空气净化技术，使室内达到不同的洁净级别，供不同目的使用的操作室。洁净室的标准主要涉及尘埃和微生物两方面，目前国际上尚无统一的标准。我国新版GMP将生产洁净级别分为A、B、C、D四个级别。各洁净度级别对尘埃和微生物的限度要求如表3-1，微生物监控的动态标准见表3-2。

洁净室应保持正压，即高级洁净室的静压值高于低级洁净室的静压值；洁净室之间按洁净度的高低依次相连，并有相应的压差（压差≥5Pa），以防止低级洁净室的空气逆流到高级洁净室；除工艺对温、湿度有特殊要求外，洁净室的温度应为18～26℃，相对湿度为45%～65%。

表 3-1 药品生产洁净室（区）空气洁净度级别

洁净度级别	悬浮粒子最大允许数/(个/m³)			
	静态		动态[③]	
	≥0.5μm	≥5μm[②]	≥0.5μm	≥5μm
A 级[①]	3520	20	3520	20
B 级	3520	29	352000	2900
C 级	352000	2900	3520000	29000
D 级	3520000	29000	不作规定	不作规定

① 为了确定 A 级区的级别，每个采样点的采样量不得少于 1m³。A 级区空气尘埃粒子的级别为 ISO 4.8，以≥0.5μm 的尘粒为限度标准。B 级区（静态）的空气尘埃粒子的级别为 ISO 5，同时包括表中两种粒径的尘粒。对于 C 级区（静态和动态）而言，空气尘埃粒子的级别分别为 ISO 7 和 ISO 8。对于 D 级区（静态）空气尘埃粒子的级别为 ISO 8。测试方法可参照 ISO 14644-1。

② 在确认级别时，应使用采样管较短的便携式尘埃粒子计数器，以避免在远程采样系统长的采样管中≥5.0μm 尘粒的沉降。在单向流系统中，应采用等动力学的取样头。

③ 可在常规操作、培养基模拟灌装过程中进行测试，证明达到了动态的级别，但培养基模拟试验要求在"最差状况"下进行动态测试。

表 3-2 洁净区微生物监控的动态标准[①]

级别	浮游菌 /(cfu/m³)	沉降菌(90mm) /(cfu/4h)[②]	表面微生物	
			接触碟(55mm) /(cfu/碟)	5 指手套 /(cfu/手套)
A 级	<1	<1	<1	<1
B 级	10	5	5	5
C 级	100	50	25	—
D 级	200	100	50	—

① 表中各数值均为平均值。

② 单个沉降碟的暴露时间可以少于 4h，同一位置可使用多个沉降碟连续进行监测并累积计数。

不同制剂对生产环境的空气洁净度要求见表 3-3。

表 3-3 各种药品生产环境的空气洁净度要求

洁净度级别	最终灭菌产品生产操作示例
C 级背景下的局部 A 级	高污染风险的产品灌装(或灌封)
C 级	产品灌装(或灌封) 高污染风险产品的配制和过滤 滴眼剂、眼膏剂、软膏剂、乳剂和混悬剂的配制、灌装(或灌封) 直接接触药品的包装材料和器具最终清洗后的处理
D 级	轧盖 灌装前物料的准备 产品配制和过滤(指浓配或采用密闭系统的稀配) 直接接触药品的包装材料和器具的最终清洗
洁净度级别	**非最终灭菌产品的无菌操作示例**
B 级背景下的 A 级	产品灌装(或灌封)、分装、压塞、轧盖 灌装前无法除菌过滤的药液或产品的配制 冻干过程中产品处于未完全密封状态下的转运 直接接触药品的包装材料、器具灭菌后的装配、存放以及处于未完全密封状态下的转运 无菌原料药的粉碎、过筛、混合、分装
B 级	冻干过程中产品处于完全密封容器内的转运 直接接触药品的包装材料、器具灭菌后处于完全密封容器内的转运
C 级	灌装前可除菌过滤的药液或产品的配制 产品的过滤
D 级	直接接触药品的包装材料、器具的最终清洗、装配或包装、灭菌

非无菌操作的口服液体、固体、腔道用药（含直肠用药）、表皮外用药品、非无菌的眼用制剂暴露工序及其直接接触药品的包装材料最终处理的暴露工序区域，应参照“无菌药品”附录中D级洁净区的要求设置与管理。

新版GMP与旧版GMP比较主要是针对无菌产品领域要求变化较大，而非无菌产品变化不大。新版GMP调整了无菌制剂的洁净要求，增加了在线监测要求，细化了培养基要求；净化级别采用欧盟的标准，实行A、B、C、D四级标准。A级相当于原来的动态100级；B级相当于原来的静态100级，有动态标准；C级相当于原来的10000级，也有动态标准；D级相当于原来的100000级。在这四级净化标准下，非最终灭菌的暴露工序需在B级背景下的A级区生产。

（二）空气净化技术

空气净化技术主要是通过空气过滤法，将空气中的微粒滤除，得到洁净空气，再以均匀速度平行或垂直地沿着同一个方向流动，并将其周围带有微粒的空气冲走，从而达到空气洁净的目的。

1. 净化技术的空气处理流程

净化技术的空气处理流程见图3-1。

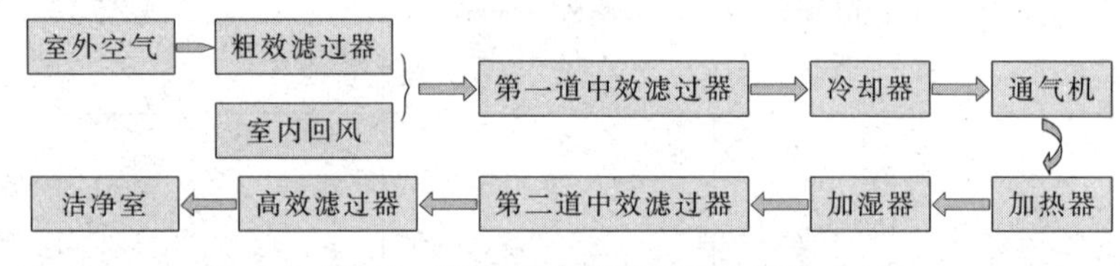

图3-1 净化技术的空气处理流程

2. 层流和乱流

无菌室内空气的流动有两种情况：一种是层流（即室内一切悬浮粒子都保持在层流层中运动）；另一种是乱流（即室内空气的流动是紊流的）。装有一般空调系统的洁净室，室内空气的流动属于乱流，即空气中夹带的混悬粒子可迅速混合，静止的微粒可重新飞扬，部分空气还可出现停滞状态。对洁净室内的洁净度为100级的气流组织为层流，10000级及以下各级可采用乱流。

层流洁净室具有以下特点：①层流的空气已经过高效过滤器滤过，达到无菌要求；②空气呈层流形式运动，使得室内所有悬浮粒子均在层流层中运动，可避免悬浮粒子聚结成大粒子；③室内新产生的污染物能很快被层流空气带走，排到室外；④空气流速相对提高，使粒子在空气中浮动，而不会积聚沉降下来，同时室内空气也不会出现停滞状态，可避免药物粉末交叉污染；⑤洁净空气没有涡流，灰尘或附着在灰尘上的细菌都不易向别处扩散转移，而只能就地被排除掉。层流可达10000级，甚至100级。

层流洁净室和层流洁净工作台的层流空气都有两种形式：水平层流和垂直层流。

如图3-2所示，水平层流洁净室由若干台净化单元组成的一面墙体来实现室内的空气净化。每台净化单元由送风机、静压箱体、高效空气滤过器组成。净化单元机组将套间内空气经新鲜空气滤过器吸入一部分，再吸入洁净室内循环空气，经高效空气滤过器，送入洁净室内，并向对面排风墙流去，一部分由余压阀排出室外，大部分经回风夹层风道吸到净化单元循环使用，这样的洁净室内形成水平层流，达到净化的目的。洁净室内必须24h保持空气正压，防止外界空气污染。注射剂生产中，有些局部区域要求较高的洁净度，可使用垂直层流净化工作台（见图3-3）。

乱流即气流具有不规则的运动轨迹，习惯上也称紊流。这种洁净室送风口只占洁净室断面很小一部分，送入的洁净空气很快扩散到全室，含尘空气被洁净空气稀释后降低了粉尘浓度，达到空气净化的目的。因此，室内洁净度与送风、回风的布置形式以及换气次数有关。在一定范围内增加换气次数可提高室内洁净度，但超过一定限度后能促使已沉降黏附在表面上的粒子重新飞扬，导致洁净度下降。

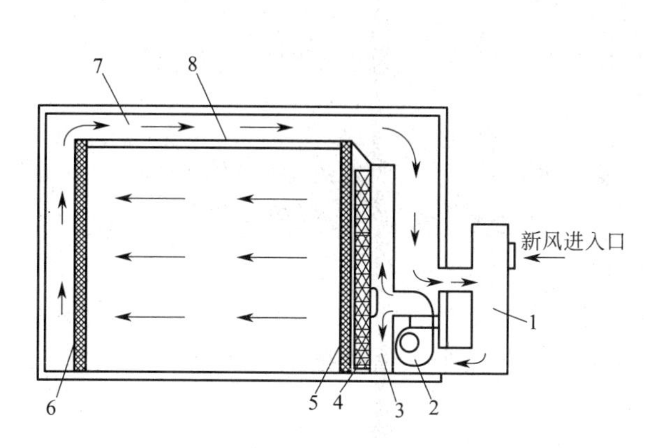

图 3-2　水平层流洁净室原理图

1—空调机；2—离心风机；3—净化单元静压箱体；4—高效空气滤过器；5—出风孔板；6—排风墙；7—回风夹层风道；8—夹层顶板

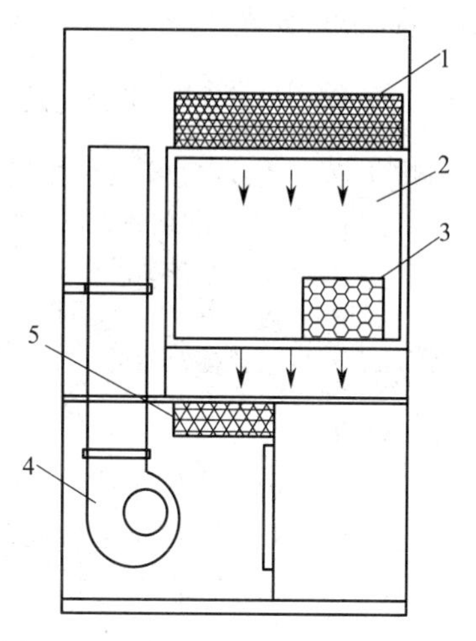

图 3-3　垂直层流净化工作台示意图

1—高效空气滤过器；2—洁净区；3—传递窗；4—送风机；5—预滤过器

二、灭菌技术

（一）概述

1. 基本概念

灭菌与无菌操作是无菌制剂安全用药的重要保证，也是制备这些制剂所必需的操作单元之一。灭菌法是指利用物理、化学或其他适宜方法杀灭或除去物料中一切活的微生物的方法。微生物包括细菌、真菌、病毒等，微生物种类不同、灭菌方法不同，灭菌效果也不同。细菌的芽孢具有较强的抗热能力，因此灭菌效果常以杀灭芽孢为标准。

由于灭菌的对象是药物制剂，许多药物不耐高温，因此制剂中不但要求达到灭菌完全，而且要保证药物的稳定性，在灭菌过程中药剂的理化性质和治疗作用不受影响。

2. 灭菌方法简介

根据药物的性质及临床治疗的要求，选择合适的灭菌方法。一般可分为物理灭菌法、化学灭菌法、无菌操作技术三大类（图 3-4）。可根据被灭菌物品的特性采用一种或多种方法组合灭菌。只要物品允许，应尽可能选用最终灭菌法灭菌。若物品不适合采用最终灭菌法，可选用过滤除菌法或所有的生产工艺达到无菌保证要求，只要可能，应对非最终灭菌的物品作补充性灭菌处理（如流通蒸汽灭菌）。

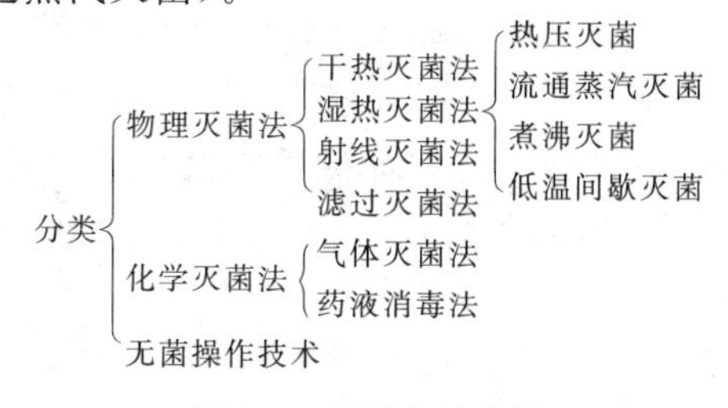

图 3-4　灭菌方法分类

（二）灭菌的可靠性参数

现有的灭菌方法中加热法是最常用的方法，灭菌温度多为测量灭菌器内的温度而非测量被灭菌物体内的温度，同时现行的无菌检验方法有一定局限性，往往难以检出在检品中存在极微量的微生物。因此对灭菌方法的可靠性进行验证是非常必要的。F 和 F_0 值可作为验证灭菌可靠性的参数。

知识链接：D 值与 Z 值

(1) D 值　为微生物学耐热参数，是指一定温度下，将微生物杀灭 90%所需的时间，单位为分钟（min）。D 值越大，说明微生物耐热性越强。

(2) Z 值　为灭菌的温度系数，是指某一特定微生物的 D 值减少到原来的 1/10 时所需升高的温度值，单位为℃，通常取 10℃。也即灭菌时间减少到原来的 1/10 所需升高的温度。如 $Z=10$℃，表示灭菌时间减少到原来灭菌时间的 1/10（但具有相同的灭菌效果）所需升高的灭菌温度为 10℃。

1. F 值

为在一定灭菌温度（T）、给定 Z 值所产生的灭菌效力与对比温度（T_0）、给定 Z 值的灭菌效力相同时，所需的相应时间，单位为 min，即整个灭菌过程效果相当于 T_0 温度下 F 时间的灭菌效果。其数学表达式如下：

$$F=\Delta t\sum 10^{\frac{T-T_0}{Z}} \tag{3-1}$$

式中，Δt 为测量被灭菌物体温度的时间间隔，一般为 0.5～1.0min 或更小；T 为每个 Δt 测量被灭菌物体的温度；T_0 为参比温度。

F 值常用于干热灭菌。

如 $F=3$，表示该灭菌过程对微生物的灭菌效果，相当于被灭菌物品置于参比温度下灭菌 3min 的灭菌效果。

2. F_0 值

以相当于 121℃的热压灭菌时杀死灭菌容器中全部微生物所需的时间。即灭菌参比温度定为 121℃，并假设特别耐湿热的微生物指示剂（嗜热脂肪芽孢杆菌）的 Z 值为 10℃，则：

$$F_0=\Delta t\sum 10^{\frac{T-121}{10}} \tag{3-2}$$

按式(3-2) 中，灭菌过程只需记录被灭菌物品的温度与时间，就可计算出 F_0 值。当产品以 121℃湿热灭菌时，灭菌器内的温度虽然能迅速升到 121℃，但被灭菌物体内部则不然，通常由于包装材料性能及其他因素的影响，使升温速度各异，而 F_0 值将随着产品灭菌温度（T）的变化而呈指数变化。所以温度即使很小的差别（如 0.1～1.0℃）都将对 F_0 值产生显著影响。由于 F_0 值是将不同灭菌温度折算到相当于 121℃湿热灭菌时的灭菌效力，并可定量计算，故用来监测验证灭菌效果有重要的意义。

F_0 仅用于热压灭菌。计算、设置 F_0 值时，应适当考虑增加安全系数，一般增加理论值的 50%，即规定 F_0 值为 8min，则实际操作应控制在 12min。

（三）物理灭菌法

物理灭菌法是利用高温或其他方法（如滤过除菌、紫外线等）杀灭或除去微生物的方法。加热或采用射线可使微生物的蛋白质与核酸凝固、变性，导致微生物死亡。

1. 干热灭菌法

干热灭菌法是利用干热空气或火焰使细菌的原生质凝固，并使细菌的酶系统破坏而杀死细菌的方法。包括火焰灭菌法和干热空气灭菌法。

（1）火焰灭菌法　是直接在火焰中灼烧灭菌的方法。该方法灭菌迅速、可靠、简便，适用于耐热材质（如金属、玻璃及陶器等）的物品与用具的灭菌，不适合药品的灭菌。

（2）干热空气灭菌法　是利用高温干热空气灭菌的方法。由于干热空气的穿透力弱且不均匀、比热容小、导热性差，故需长时间高温作用才能达到灭菌目的。《中华人民共和国药典》2010年版规定，使用干热空气灭菌的条件为：160～170℃灭菌120min以上，170～180℃灭菌60min以上，250℃灭菌45min以上，也可使用其他温度和时间参数，但应保证灭菌后的物品无菌保证水平（sterility assurance level，SAL）$\leqslant 10^{-6}$。该法适用于耐高温的玻璃和金属制品以及不允许湿气穿透的油脂类（如油性软膏基质、注射用油等）和耐高温的粉末化学药品的灭菌，不适于橡胶、塑料及大部分药物制剂的灭菌。

2. 湿热灭菌法

湿热灭菌法是利用饱和水蒸气、沸水或流通蒸汽灭菌的方法。由于蒸汽潜热大，穿透力强，容易使蛋白质变性或凝固，因此此法的灭菌效率比干热灭菌法高，是制剂生产过程中应用最广泛的一种灭菌方法，具有可靠、操作简便、易于控制和经济等优点。缺点是不适用于对湿热敏感的药物。药品、容器、培养基及无菌衣、胶塞以及其他遇高温和潮湿不发生变化或损坏的物品均可采用本法灭菌。

湿热灭菌法包括热压灭菌法、流通蒸汽灭菌法、煮沸灭菌法和低温间歇灭菌法。

（1）热压灭菌法　是在密闭的高压蒸汽灭菌器内，利用压力大于常压的饱和水蒸气来杀灭微生物的方法。具有灭菌完全、可靠、效果好、时间短、易于控制等优点，能杀灭所有繁殖体和芽孢。适用于耐高温和耐高压蒸汽的药物制剂、玻璃容器、金属容器、瓷器、橡胶塞、滤膜过滤器等。

热压灭菌条件通常采用121℃灭菌15min、121℃灭菌30min或116℃灭菌40min的程序，也可采用其他温度和时间参数，但应保证$SAL \leqslant 10^{-6}$。

（2）流通蒸汽灭菌法　是在常压下，采用100℃流通蒸汽来杀灭微生物的方法。通常需要灭菌的时间为30～60min，本法适用于1～2mL注射剂及不耐高温的品种，但不能保证杀灭所有的芽孢。一般可作为不耐热无菌产品的辅助灭菌手段。

（3）煮沸灭菌法　是将待灭菌物品置于沸水中加热灭菌的方法。本法不能保证杀灭所有的芽孢，故产品要加抑菌剂。

（4）低温间歇灭菌法　是将待灭菌的制剂或药品，用60～80℃加热1h，杀死其细菌的繁殖体，然后在室温或37℃放置24h，使其中的芽孢发育成繁殖体，再于60～80℃加热1h，杀死其细菌的繁殖体，如此加热和放置连续操作三次或以上，至杀死全部芽孢为止。此法适用于必须用加热灭菌法但又不耐100℃高温的制剂。缺点是灭菌时间长，杀灭芽孢的效果不一定确切。应用本法灭菌的制剂，除本身具有抑菌作用外，须加适量的抑菌剂，以确保灭菌效果。

知识链接：热压灭菌柜的使用方法和注意事项

热压灭菌在热压灭菌器内进行。热压灭菌器的种类有卧式热压灭菌器、立式热压灭菌器、手提式热压灭菌器等。生产中最常用的是卧式热压灭菌器，其结构主要由柜体、柜门、夹套、压力表、温度计、各种气阀、水阀、安全阀等组成，如图3-5所示。

使用方法：①准备阶段，清理柜内，然后开夹层蒸汽阀及回汽阀，使蒸汽通入夹套中加热，使夹套中蒸汽压力上升至灭菌所需压力；②灭菌阶段，将待灭菌物品放置柜内，关闭柜门，旋紧门闩，此后应注意温度表，当温度上升至所需温度，即为灭菌开始时间，柜室压力表应固定在相应的压力；③后处理阶段，待灭菌时间到达后，先关闭总蒸汽和夹层进汽阀，再开始排汽，待柜室压力降至0后10～15min，再全部打开柜门，冷却后将灭菌物品取出。

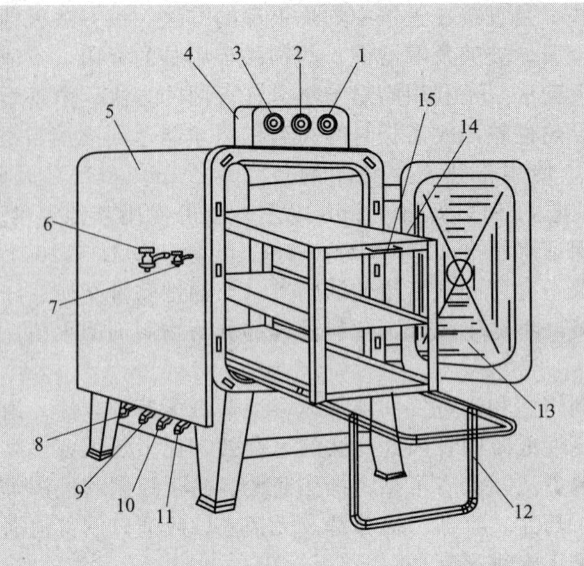

图 3-5　卧式热压灭菌器

1—消毒室压力表；2—温度表；3—套层压力表；4—仪表盒；5—锅身；6—总蒸汽阀；7—里锅放汽阀；8—里锅放水阀；9—里锅进汽阀；10—外锅放水阀；11—外锅放汽阀；12—车架；13—锅门；14—药物车；15—拉手

热压灭菌柜使用注意事项：①必须使用饱和水蒸气；②使用前必须将柜内的空气排净，否则压力表上所表示的压力是柜内蒸汽与空气二者的总压，而非单纯的蒸汽压力，温度就达不到规定值；③灭菌时间必须由全部药液真正达到所要求的温度时算起；④灭菌完毕后，必须使压力降到 0 后 10～15min，再打开柜门。

知识链接：影响湿热灭菌的主要因素

（1）微生物的种类与数量　各种微生物对热的抵抗力相差较大，处于不同生长阶段的微生物耐热程度也很大。繁殖期的微生物对高温的抵抗力要比衰老时期抵抗力小得多，芽孢的耐热性比繁殖期的微生物更强。在同一温度下，微生物的数量越多，则所需的灭菌时间越长。故每个容器的微生物数越少越好。因此，在整个生产过程中应尽一切可能减少微生物的污染，尽量缩短生产时间，灌封后立即灭菌。

（2）蒸汽性质　蒸汽有饱和蒸汽、湿饱和蒸汽和过热蒸汽。饱和蒸汽热含量较高，热穿透力较大，灭菌效率高；湿饱和蒸汽因含有水分，热含量较低，热穿透力较差，灭菌效率较低；过热蒸汽温度高于饱和蒸汽，但穿透力差，灭菌效率低，且易引起药品的不稳定性。因此，热压灭菌应采用饱和蒸汽。

（3）灭菌温度与时间　灭菌温度与时间是根据药物的性质确定，一般而言，灭菌温度愈高，灭菌时间愈长，药品被破坏的可能性愈大。因此，在设计灭菌温度和灭菌时间时必须考虑药品的稳定性，即在达到有效灭菌的前提下，可适当降低灭菌温度或缩短灭菌的时间。一般灭菌所需时间与温度成反比，即温度越高，时间越短。

（4）药液的性质　药液中含有营养性物质如糖类、蛋白质等，对微生物有一种保护作用，能增强其抗热性。另外，药液的 pH 值对微生物的生长、活力都有影响，一般情况下，在中性环境微生物的耐热性最强，碱性环境次之，酸性环境则不利于微生物的生长和发育。因此，药液的 pH 值最好调节至偏酸性或酸性。

3. 射线灭菌法

（1）紫外线灭菌法　是用紫外线照射杀灭微生物的方法。一般波长 200～300nm 的紫外线可用于灭菌，灭菌力最强的是波长 254nm 的紫外线。紫外线作用于核酸、蛋白质促使其变性，同时空气受紫外线照射后产生微量臭氧，从而起共同杀菌作用。紫外线是直线传播，其强度与距离平方成比例地减弱，并可被不同的表面反射，其穿透力较弱，作用仅限于被照射物的表面，不能透入溶液或固体深部，故只适宜于无菌室空气、表面灭菌，装在玻璃瓶中的药液不能用本法灭菌。

（2）辐射灭菌法　是将物品置于适宜放射源（如^{60}Co）辐射的γ射线或适宜的电子加速器发生的电子束中进行电离辐射而达到杀灭微生物的方法。射线可使有机物的分子直接发生电离，产生破坏正常代谢的自由基，导致微生物体内的大分子化合物分解。其特点是不升高灭菌产品的温度，穿透力强，适用于不耐热且不受辐射破坏的原料药及制剂的灭菌，如维生素、抗生素、激素、肝素等，以及医疗器械、生产辅助用品、容器等。《中华人民共和国药典》2010年版已收载本法。但辐射灭菌设备费用高，某些药品经辐射后，有可能效力降低或产生毒性物质且溶液不如固体稳定，操作时还须有安全防护措施。

（3）微波灭菌法　是用微波照射产生热而杀灭微生物的方法。微波是指频率在300～300×10^3MHz的高频电磁波，水可较强吸收微波，使水分子转动、摩擦而生热。其特点是低温、省时（2～3min）、常压、均匀、高效、保质期长、节约能源、不污染环境、操作简单、易维护。能用于水性注射液的灭菌。但存在灭菌不完全及劳动保护等问题。

4. 过滤除菌法

过滤除菌法是利用细菌不能通过致密具孔滤材的原理以除去气体或液体中微生物的方法。本法适用于气体、热不稳定的药物溶液或原料的灭菌。常用的滤器有G6号垂熔玻璃漏斗、0.22μm的微孔滤膜等。为保证无菌，采用本法时，必须配合无菌操作法，并加抑菌剂；所用滤器及接收滤液的容器均须经121℃热压灭菌。

（四）化学灭菌法

化学灭菌法是用化学药品直接作用于微生物而将其杀死的方法。化学杀菌剂不能杀死芽孢，仅对繁殖体有效。其效果依赖于微生物种类及数目、物体表面的光滑度或多孔性以及杀菌剂的性质。采用化学杀菌的目的在于减少微生物的数目，以控制无菌状况至一定水平。

1. 气体灭菌法

是利用某些化学药品的气体或蒸气状态杀灭微生物的方法。可应用于粉末注射剂及不耐热的医用器具、设施、设备等。常用环氧乙烷、甲醛蒸气、丙二醇蒸气、气态过氧化氢、臭氧等。采用该法灭菌时应注意杀菌气体对物品质量的损害以及灭菌后的残留气体的处理。

本法中最常用的气体是环氧乙烷。环氧乙烷灭菌器是在一定的温度、压力和湿度条件下，用环氧乙烷灭菌气体对封闭在灭菌室内的物品进行熏蒸灭菌的专用设备。我国已有环氧乙烷灭菌器的系列产品。环氧乙烷气体灭菌的主要特点是穿透力强、杀菌广谱、灭菌彻底、对物品无腐蚀无损害等。

2. 药液法

是利用药液杀灭微生物的方法。常用的有0.1%～0.2%苯扎溴铵溶液、2%左右的酚或煤酚皂溶液、75%乙醇等。该法常应用于其他灭菌法的辅助措施，即手指、无菌设备和其他器具的消毒等。

（五）无菌操作法

无菌操作法是整个生产过程控制在无菌条件下进行的一种技术操作。它不是一个灭菌的过程，只能保持原有的无菌度。本法适用于一些因加热灭菌不稳定的制剂，如注射用粉针、生物制剂、抗生素等。无菌分装及无菌冻干是最常见的无菌生产工艺。后者在工艺过程中须采用过滤除菌法。无菌操作所用的一切器具、材料以及环境，均须用前述适宜的灭菌方法灭菌。操作须在无菌操作室或层流净化台或层流净化室中进行。

1. 无菌操作室的灭菌

无菌室的灭菌多采用灭菌和除菌相结合的方式实施。对于流动空气采用滤过除菌法；对于静止环境的空气采用的灭菌方法有甲醛溶液加热熏蒸法、丙二醇或三甘醇蒸气熏蒸法、过氧醋酸熏蒸法、紫外线空气灭菌法等。近年来利用臭氧进行灭菌，代替紫外线照射与化学试剂熏蒸灭菌，取得了令人满意的效果，是在《GMP 验证指南》消毒方法种类中被推荐的方法。该法将臭氧发生器安装在中央空调净化系统送、回风总管道中与被控制的洁净区采用循环形式灭菌。

除用上述方法定期进行较彻底的灭菌外，还要对室内的空间、用具、地面、墙壁等，用3%酚溶液、2%煤酚皂溶液、0.2%苯扎溴铵或75%乙醇喷洒或擦拭。其他用具尽量用热压灭菌法或干热灭菌法灭菌。每天工作前开启紫外线灯1h，中午休息也要开0.5～1h，以保证操作环境的无菌状态。

2. 无菌操作

操作人员进入操作室之前应洗净手、脸、腕，换上已灭菌的工作服和专用鞋、帽、口罩等，勿使头发、内衣等露出，剪去指甲，双手按规定方法洗净并消毒。所用容器、器具应用热压灭菌法或干热空气灭菌法灭菌，如安瓿等玻璃制品应在250℃/30min或150～180℃/2～3h干热灭菌，橡皮塞用121℃/1h热压灭菌。室内操作人员不宜过多，尽量减少人员流动。用无菌操作法制备的注射剂，大多要加抑菌剂。

制备少量无菌制剂时，可采用层流洁净工作台进行无菌操作，需完全与外界空气隔绝。

（六）无菌检查

无菌检查法是对制剂经灭菌或无菌操作法处理后，检验是否无菌的方法。灭菌制剂需经无菌检查法检验证实已无活的微生物存在后才能使用。无菌检查法有直接接种法和薄膜滤过法。直接接种法是将供试品溶液接种于培养基上，培养数日后观察培养基上是否出现混浊或沉淀，与阳性和阴性对照品比较或直接用显微镜观察。薄膜过滤法是取规定量的供试品经薄膜过滤器过滤后，取出滤膜在培养基上培养数日，进行阴性与阳性对照。其具体操作方法详见《中华人民共和国药典》2010年版附录。

薄膜过滤法可滤过较大量的检品、可滤除抑菌性物质，滤过后的薄膜，即可直接接种于培养基中，或直接用显微镜观察，本法具有灵敏度高、不易产生假阴性结果、减少检测次数、节省培养基及操作简便等优点。

无菌检查的全部过程应严格遵守无菌操作，防止微生物的污染，因此无菌检查应在洁净度10000级下的局部洁净度100级的层流洁净工作台中进行。

三、过滤技术

（一）概述

过滤是将固体和液体的混合物强制通过多孔性介质，使固体沉积或截留在多孔介质上，而液体通过过滤介质，从而使固体与液体得到分离的操作。通常，将过滤用多孔材料称滤材，待过滤的液体（混悬液）称滤浆或料浆，截留于过滤介质上的固体称为滤饼或滤渣，通过过滤介质的液体称为滤液。

在液体制剂，如溶液剂、注射剂、滴眼剂、中药浸出液等的过滤操作中澄清的滤液为所需物质，滤饼为杂质。但也有情况是为了获得固体，如药物的重结晶、中药材的洗涤、液相中微球的制备等，滤饼为所需物质。固液的分离操作有澄清、沉降、离心分离和过滤等。

知识链接：过滤影响因素

过滤效果主要取决于过滤速率，把待过滤、含有固体颗粒的悬浮液，倒进滤器的滤材上进行过滤，不久在滤材上形成固体厚层即滤渣层。液体过滤速率的阻力随着滤渣层的加厚而缓慢增加。影响过滤速率的主要因素有：滤器面积、滤渣层和滤材的阻力、滤液的黏度、滤器两侧的压力差等。

在实际生产中，提高过滤效率的方法有：增加滤饼两侧的压力差，即采用加压或减压的过滤方法；升高滤浆温度，以降低其黏度；采用预滤的方法，以减少滤饼的厚度；加助滤剂，以改变滤饼的性能，增加孔隙率，减少滤饼的阻力。

（二）过滤器

根据过滤时所施加的外加力可分为重力过滤器、真空过滤器、压力过滤器；根据操作方式分为间歇过滤器和连续过滤器；又可根据过滤介质分为砂滤棒过滤器、垂熔玻璃过滤器、板框过滤器等。

凡能使悬浮液中的液体通过又将其中固体颗粒截留以达到固液分离目的的多孔物质都可作过滤介质，它是各种过滤器的关键组成部分，因此过滤介质的选用直接影响过滤器的生产能力及过滤效果。下面介绍常用过滤器及其性能，以便合理选用。

1. 砂滤棒

国产的砂滤棒主要两种，一种是硅藻土滤棒（苏州滤棒），是由硅藻土、石棉及有机黏合剂在1200℃高温烧制而成的棒状滤器。根据自然滴滤速度分三种规格，即粗号、中号、细号，其速度分别为500mL/min以上、300～500mL/min、300mL/min以下。特点为质地较松散，一般适用于黏度高、浓度较大滤液的过滤。另一种是多孔素瓷滤棒（唐山滤棒），是由白陶土等烧结而成的。特点为质地致密，滤速慢，特别适用于低黏度液体的过滤。

砂滤棒的优点为过滤面积大，滤速快，耐压性强，价格便宜，适用于注射剂的预滤或脱炭过滤。缺点是易脱砂，对药液吸附性强，可能改变药液的pH值，滤器滞留药液量较多，清洗困难。

近年来生产中常采用的钛滤棒由工业纯钛粉高温烧结而成，其抗热、抗震性能好，强度大，重量轻，不易破碎，过滤阻力小，滤速大，适用于注射剂配制中的脱炭过滤，是一种较好的预滤器。

2. 垂熔玻璃滤器

该过滤器是用硬质玻璃细粉烧结而成，根据形状分为垂熔玻璃漏斗、滤球及滤棒三种，见图3-6。按孔径分为1～6号，生产厂家不同，代号也有差异。

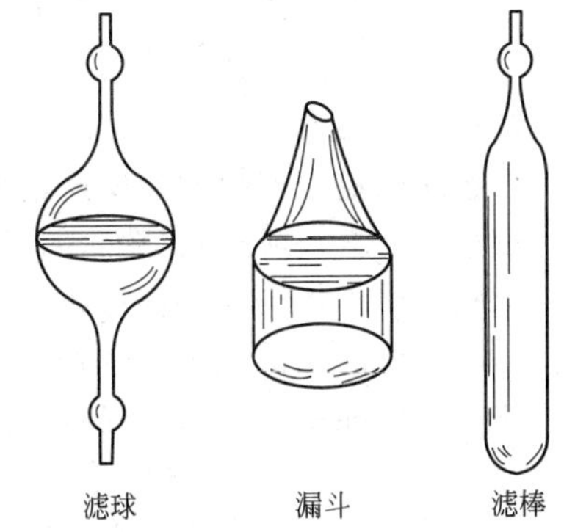

图3-6　各种垂熔玻璃滤器

垂熔玻璃滤器主要用于注射剂的精滤或膜滤前的预滤。一般3号多用于常压过滤，4号用于加压或减压过滤，6号用于除菌过滤。

该滤器特点是化学性质稳定，除强酸与氢氟酸外，一般不受药液影响，不改变药液的pH；过滤时无渣脱落，对药液吸附性低；滤器可热压灭菌和用于加压过滤；但价格贵，质脆易破碎，滤后处理也较麻烦。

使用前，应先用蒸馏水或去离子水抽洗，抽干后置硝酸钾洗液（硝酸钾2%、浓硫酸5%、蒸馏水93%）中浸泡12～24h。用去离子水冲洗正反两面，再用过滤的注射用水冲洗正反两面，115℃灭菌30min待用。

3. 膜过滤器

膜过滤器是以过滤膜作过滤介质的过滤装置。根据使用的膜材不同，可分为微孔滤膜滤器和超滤器。

（1）微孔滤膜的特点　①滤膜孔径均匀，截留能力强，能截留垂熔玻璃滤器、砂滤棒等不能截留的微粒，即使加大压力差，也不会出现深层滤器微粒“泄漏”现象，有利于提高注射剂的澄明度；②薄膜上微孔的总面积占薄膜总面积的 80%，有效过滤面积大，滤速快，在过滤面积、截留颗粒大小相同的情况下，膜滤器的过滤速度比垂熔玻璃滤器或砂滤棒快 40 倍；③过滤没有过滤介质的迁移，不影响药液的 pH；④滤膜吸附性小，不滞留药液；⑤用后弃去，产品不易发生交叉污染；⑥易堵塞，需结合预滤。

（2）微孔薄膜滤器的类型　①针头过滤器：外壳由不锈钢或有机玻璃或塑料等制成，必须要符合医疗器械管理规定，确保无毒无害，该类过滤器主要用于临床，净化静脉注射液、眼药水；②板式过滤器：注射剂生产中常用，可用于液体与空气过滤，平板由带圆孔的不锈钢制成，过滤器中滤膜可按孔径从大到小重叠放置，最多可放三层，滤板可并联或串联使用；③圆筒过滤器：将平面滤膜折叠在聚丙烯塑料芯上，增加滤过量，它适合于每次大于 400L 的生产批量，同样滤筒也可并联或串联使用。

（3）微孔薄膜滤器的应用　主要用于注射剂的精滤。0.65～0.8μm 者适用于注射液澄清过滤；0.3～0.45μm 者适用于不耐热大分子药物、疫苗、血清的除菌过滤以及无菌室空气的过滤等；0.22μm 者适用于注射剂一般药液生产的除菌过滤。注意在用微孔滤膜过滤前必须先用砂滤棒、垂熔玻璃滤器进行预滤。

微孔滤膜使用前需用纯化水冲洗，浸泡 24h，也可用 70℃左右纯化水浸泡 1h 后，将水倒出再用纯化水浸泡 12～24h 备用。

（4）操作注意　①滤器的密封性：微孔滤膜必须在加压或减压下工作，故其密封性能应较好，否则将不能过滤或易污染药液。②滤膜的湿润：当用于过滤药液时，滤膜使用前应用纯化水洗净并充分润湿，未完全润湿的滤膜将影响有效过滤面积；当用于空气过滤时，滤膜应当是干燥的。③过滤系统的清洁消毒：使用后的滤膜与滤器，应拆开仔细清洗，并经消毒备用，消毒方法有煮沸消毒、流通蒸汽消毒、热压消毒、化学消毒、紫外线消毒等。④滤膜的完整性：生产前后均需测定膜的完整性，其常用测定方法为气（起）泡点检查。

（5）超滤装置　是由超滤膜和各种形式的支撑体组成的。有平板式、管式、螺旋卷式及中空纤维式等。超滤的工作原理与反渗透相近，是一种选择性的分子分离过程。依靠压力为推动力，使溶剂或小分子溶质通过超滤膜，滤膜起着分子筛作用，允许低于某种分子量大小的物质通过。但超滤与反渗透差别在于超滤的膜孔较大（被分离的溶质分子量较大），压力较小（0.2～1MPa）。超滤的特点是操作方便，无相变，无化学变化，处理效率高且不加热，特别适用于热敏物料。因膜孔不易堵塞，超滤有利于循环操作。

超滤已广泛应用于生物工程后处理过程中，如微生物的分离与收集，酶、蛋白质、抗体、多糖和一些基因工程产品的分离和浓缩等。在制剂上应用于浸出液的浓缩（不能用加热方法时），从注射用水中除去热原等。目前，美国 Pall 公司已用聚砜、聚丙烯腈为膜材，制成可截留相对分子质量为 3000、5000、6000、10000 及 13000 物质的超滤装置，为已经认证的美国独家除热原超滤器。

4. 板框式压滤机

板框式压滤机是一种在加压下间歇操作的过滤设备。它是由多个中空的滤框和实心滤板交替排列在支架上组成的。滤框可积聚滤渣和承挂滤布；滤板上具有凹凸纹路，可支撑滤布和排出滤液。此种滤器过滤面积大，截留固体量多，可在各种压力（有时可达 1.2MPa）下过滤，可用于黏性大、滤饼可压缩的各种物料的过滤，特别适用于含有少量微粒的滤浆。因滤材可根据需要选择，适于工业生产过滤各种液体。在注射剂生产中，一般作预滤用。缺点是装配和清洗麻烦，装配不好时易滴漏。

5. 其他滤器

其他滤器如不锈钢滤棒、多孔聚乙烯烧结管过滤器等。多用于注射剂的预滤或脱炭过滤。

四、制水技术

（一）概述

《中华人民共和国药典》收载的制药用水包括饮用水、纯化水、注射用水及灭菌注射用水，对其要求如下。

纯化水应通过的检查项目包括酸碱度、硝酸盐与亚硝酸盐、氨、电导率、总有机碳与易氧化物（二选一）、不挥发物及重金属、微生物限度检查。

注射用水规定 pH 为 5.0～7.0，氨浓度不大于 0.00002%，内毒素小于 0.25EU/mL，其他检查项目与纯化水相同。

灭菌注射用水除进行注射用水的一般检查外，还应进行氯化物、硫酸盐和钙盐、二氧化碳、易氧化物等项目检查，其他还应符合注射剂项下规定。

（二）纯化水的制备

纯化水是用蒸馏法、离子交换法、反渗透法或其他适宜的方法制得供药用的水。纯化水化学纯度较高，但在除热原上不如重蒸馏法可靠，故一般供洗涤（粗洗）或作制备注射用水的水源。

1. 纯化水的制备技术及设备

（1）离子交换法　是通过离子交换树脂除去水中无机离子，也可除去部分细菌和致热原。本法的特点为设备简单，节约燃料与冷却水，成本低，水的化学纯度高。经离子交换树脂制得的纯化水可作为普通制剂的溶剂，或供制备注射用水，或用于注射剂包装容器的中间洗涤。

知识链接：离子交换树脂使用介绍

制备纯化水常用的树脂有 732 号苯乙烯强酸性阳离子交换树脂（$R—SO_3^- H^+$）及 717 号苯乙烯强碱性阴离子交换树脂 [$R—N^+(CH_3)_3OH^-$]。

生产中一般采用联合床的组合形式，即阳离子树脂→阴离子树脂→阴离子、阳离子混合树脂。可在阳离子树脂后加一脱气塔，将经过阳离子树脂产生的二氧化碳除去以减轻阴离子树脂的负担。初次使用新树脂应进行处理与转型，因为出厂的阳离子树脂为钠型（$R—SO_3^- Na^+$），阴离子树脂为氯型 [$R—N^+(CH_3)_3Cl^-$]。当出水质量下降时，需对树脂进行再生。水质一般采用比电阻控制，要求经离子交换树脂制得的纯化水，比电阻大于 1MΩ·cm。

（2）电渗析法　当原水含盐量高达 3000mg/L 时，不宜用离子交换法制纯化水，但可采用电渗析法处理。本法原理为：将阳离子交换膜装在阴极端，显示负电场；阴离子交换膜装在阳极端，显示正电场。在电场作用下，负离子向阳极迁移，正离子向阴极迁移，从而去除水中的电解质而得纯化水。

（3）反渗透法　反渗透法是在 20 世纪 60 年代发展起来的新技术，国内目前主要用于原水处理和纯化水的制备，USP 已收载该法作为制备注射用水的方法之一。本法的原理：采用一个半透膜将 U 形管内的纯水与盐水隔开，则纯水透过半透膜扩散到盐溶液一侧，此即为渗透过程，两侧液柱产生的高度差，即表示此盐溶液所具有的渗透压；但若在渗透开始时就在盐溶液一侧施加一个大于此盐溶液渗透压的力，则盐溶液中的水将向纯水一侧渗透，结果水就从盐溶液中分离出来，这一过程就称为反渗透。本法的特点有：①除盐、除热原效率高，通过二级反渗透装置可将相对分子质量大于300的有机物、热原等较彻底地除去；②整个过程在常温下操作，不易结垢；③制水设备体积小，操作简单，单位体积产水量大；④所需设备及操作工艺简单，能源消耗低；⑤对原水质量要求高。

反渗透法制备纯化水的流程：进水→预处理→一级泵→一级渗透器→二级泵→二级渗透器→紫外线灭菌→纯水。进入渗透器的原水可用离子交换、过滤等方法处理。只要原水质量较好，此种装置可较长期地使用，必要时定期消毒。

2. 纯化水的制备流程

以YDR02-025纯化水处理系统为例，说明纯化水的制备流程（图3-7）。

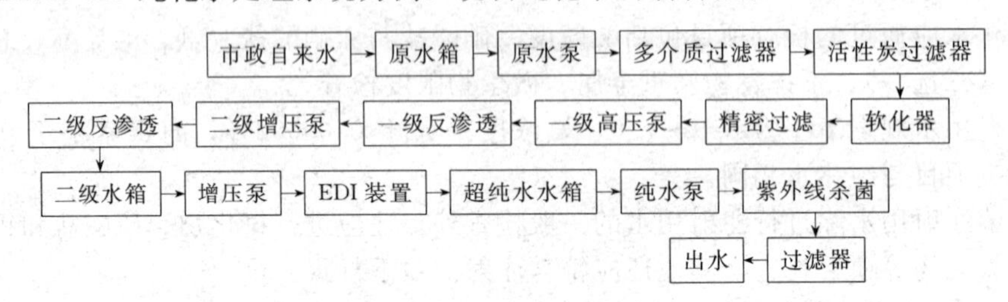

图3-7　纯化水的制备流程

纯化水处理系统可分为以下三个主要组成部分。

（1）滤过装置　采用石英砂过滤和活性炭吸附等方式除去水中悬浮物、胶体、微生物等。

（2）离子交换树脂装置　采用阳离子交换树脂去除水中的金属离子，进行初步的除盐软化。

（3）反渗透装置　进一步通过反渗透法除去离子。

3. 纯化水的制备操作

纯化水制备岗位职责

① 严格执行《纯化水制备岗位操作法》、《YDR02-025纯化水处理系统标准操作程序》、《YDR02-025纯化水处理系统维护、保养标准操作程序》。

② 负责纯化水所用设备的安全使用及日常保养，防止发生安全事故。

③ 自觉遵守工艺纪律，保证纯化水生产达到规定要求，发现隐患及时上报。

④ 真实、及时填写各种记录，做到字迹清晰、内容真实、数据完整，不得任意涂改和撕毁。

⑤ 工作结束，及时按清场标准操作规程做好清场清洁工作，并认真填写相应记录。

⑥ 做到岗位生产状态标识、清洁状态标识清晰明了。

纯化水制备岗位操作法

（1）生产前准备　检查清场合格证，若不合格，需重新清场，并经QA人员检查合格后，填写合格证，才能进行本岗位操作。

确认设备挂有“合格”标牌、“已清洁”标牌。

做好进行氯化物、铵盐、酸碱度等检查的准备。

按《制水设备消毒规程》对设备、所需容器、工具进行消毒。

挂上本次运行状态标志，进入操作。

（2）操作

① 预处理　按操作规程按时清洗石英砂过滤器、活性炭过滤器。检查精密过滤器、保安过滤器

② 反渗透装置运行　预处理系统各阀门处于运行状态。全自动开机，压力调节阀开45°，开淡水阀、浓水阀、电源开关；调压力阀和浓水阀，使流量达标（浓水排放应是产水量的35%～50%）。手动开机，压力调节阀开45°，开淡水阀、浓水阀、开电源；运行方式选手动。

③ 关机　依次关闭运行方式、增压泵、一级高压泵、二级高压泵、电源开关。

(3) 清场　按《清洁操作规程》对设备、房间、操作台面进行清洁消毒，经QA人员检验合格后，发清场合格证。

(4) 记录　如实填写此生产操作记录。

4. 纯化水的质量检查

制备好的纯化水需符合以下要求：电导率＜2.0μg/cm²，脱盐率＞85%。

纯化水的贮存时间不超过24h。比电阻应每2h检查1次，脱盐率每周检查1次。并定期对系统进行在线消毒。

（三）注射用水的制备

注射用水是纯化水再经蒸馏所得的水。注射用水与纯化水的最大区别就在于无热原。

1. 注射用水的制备技术及设备

注射用水可采用蒸馏法和反渗透法，但仅蒸馏法是我国药典法定的制备注射用水的方法。供制备注射用水的原水必须是纯化水。

制备注射用水的蒸馏水器，其原理是利用热交换管中的高压蒸汽在热交换中，作为蒸发进料原水的能源，而本身同时冷凝成为一次蒸馏水，将此一次蒸馏水导入蒸发锅中作为进料原水，然后又被热交换管中的高压蒸汽加热汽化再冷凝成二次蒸馏水。

生产上制备注射用水的设备，常用塔式蒸馏水器、多效蒸馏水器和气压式蒸馏水器。塔式蒸馏水器由于耗能多、效率低、出水质量不稳定等目前已停止使用。现常用多效蒸馏水器、气压式蒸馏水器。

(1) 多效蒸馏水器　近年发展并迅速成为生产厂制备注射用水的主要设备，其结构主要由蒸馏塔、冷凝器及控制元件组成，结构示意图见图3-8。五效蒸馏水器的工作原理为：进

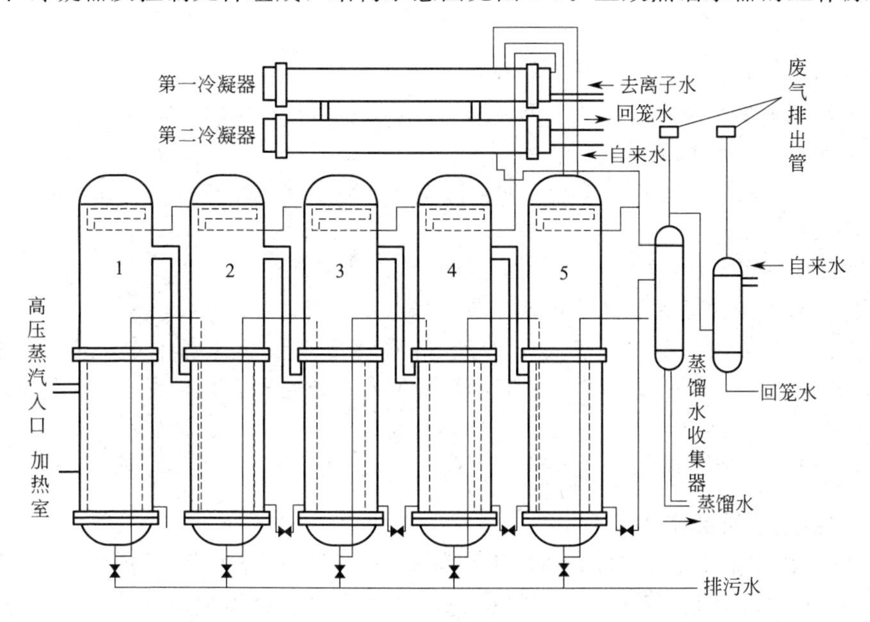

图3-8　多效蒸馏水器

料水（纯化水）进入冷凝器被塔5进来的蒸汽预热，再依次通过塔4、塔3、塔2及塔1上部的盘管而进入1级塔，这时进料水温度可达130℃或更高。在1级塔内，进料水被高压蒸汽（165℃）进一步加热，部分迅速蒸发，蒸发的蒸汽进入2级塔作为2级塔的热源，高压蒸汽被冷凝后由器底排除。在2级塔内，由1级塔进入的蒸汽将2级塔的进料水蒸发而本身冷凝为蒸馏水，2级塔的进料水由1级塔经压力供给，3级、4级和5级塔经历同样的过程。最后，由2、3、4、5级塔产生的蒸馏水加上5级塔的蒸汽被第一及第二冷凝器冷凝后得到的蒸馏水（80℃）均汇集于收集器即成为注射用水。多效蒸馏水器的产量可达6t/h。本法的特点是耗能低、质量优、产量高及自动控制等。

（2）气压式蒸馏水器　主要由自动进水器、加热室、蒸发室、冷凝器及蒸汽压缩机等组成，通过蒸汽压缩机使热能得到充分利用，也具有多效蒸馏水器的特点，但电能消耗较大。

2. 注射用水的制备操作

注射用水制备岗位职责

① 严格执行《注射用水制备岗位操作法》、《LD200-3多效蒸馏水机标准操作规程》、《LD200-3多效蒸馏水机清洁保养标准操作规程》。

② 负责注射用水所用设备的安全使用及日常保养，防止发生安全事故。

③ 自觉遵守工艺纪律，保证注射用水生产达到规定要求，发现隐患及时上报。

④ 真实、及时填写各种生产记录，做到字迹清晰、内容真实、数据完整，不得任意涂改和撕毁。

⑤ 工作结束，及时按清场标准操作规程做好清场清洁工作，并认真填写相应记录，做到岗位生产状态标识、设备状态标识、清洁状态标识清晰明了。

注射用水制备岗位操作法

（1）生产前准备

① 检查是否有清场合格标志，且在有效期内，若清场不合格，需重新进行清场，并经QA人员检查合格，填写合格证后，才能进入下一步操作。

② 检查设备、管路是否处于完好状态，设备是否有“合格”标牌、“已清洁”标牌，且在有效期内。

③ 做好检查氯化物、铵盐、酸碱度的化验准备。

④ 按《制水设备消毒规程》对设备、所需容器、工具进行消毒。

⑤ 挂本次运行状态标志，进入操作。

（2）生产操作　按《LD200-3多效蒸馏水机标准操作规程》进行生产。

（3）生产结束

① 按LDZ列管式多效蒸馏水机标准操作规程关闭设备。

② 在贮罐上贴标签，注明生产日期、操作人、罐号。

③ 按《LD200-3多效蒸馏水机的清洁保养标准规程》、《制水车间清洁操作规程》对设备、房间、操作台面进行清洁消毒，经QA人员检验和合格，发清场合格证，并填写清场记录表。

（4）记录　如实填写各生产操作记录。

3. 注射用水质量控制

生产注射用水过程中应按时清洗系统各部件，保证系统正常运转，定期对系统进行在线消毒。每2h进行pH、氯化物、铵盐检查，其他项目应每周检查1次。检查方法详见《中华人民共和国药典》2010年版。

注射用水必须80℃以上保温贮存或70℃以上循环贮存，注射用水的贮存时间不得超过12h。

五、粉碎、过筛、混合

（一）粉碎

粉碎是利用机械力克服固体物料内部之间凝聚力使之破碎成符合要求的小颗粒的操作过程。通常要对粉碎后的物料进行过筛，获得均匀的粒子。

粉碎的主要目的有：①增加药物的表面积，促进药物溶解与吸收，提高药物的生物利用度；②适当的粒度有利于均匀混合、制粒等其他的操作；③加速药材中有效成分的浸出或溶出；④为制备多种剂型（如混悬液、散剂、片剂、胶囊剂）奠定基础等。

但粉碎也有可能带来不良的影响，如晶型转变、热分解、黏附和吸湿性的增大等。药物粉碎后粒子的大小直接或间接影响了药物制剂的稳定性和有效性，药物粉碎不均匀，不但不能使药物很好地混匀，而且还会使制剂的剂量或含量不准确，从而影响疗效。

1. 粉碎方法

根据物料粉碎时的状态、组成、环境条件、分散方法不同，选择不同的粉碎方法，常见的有自由粉碎与闭塞粉碎、循环粉碎与开路粉碎、干法粉碎与湿法粉碎、单独粉碎与混合粉碎、低温粉碎等。

（1）自由粉碎与闭塞粉碎　无论粉碎机的形式如何，如果在粉碎过程中，将已达到粉碎粒度要求的粉末及时排出而不影响粗粒的继续粉碎，这种过程叫自由粉碎；而已达到粉碎要求的粉末不能排出而继续和粗粒一起重复粉碎的操作叫闭塞粉碎，见图3-9(a)。

在闭塞粉碎过程中，符合粒度要求的粉末未能及时被排出而成了粉碎过程的缓冲物（或“软垫”），并产生过度的粉碎物，因此能量消耗较大，仅适用于少量物料的间歇操作。自由粉碎较闭塞粉碎的粉碎效率高，适用于连续操作。

（2）循环粉碎与开路粉碎　连续把粉碎物料供给粉碎机的同时，不断从粉碎机中把粉碎产品取出的操作称为开路粉碎［图3-9(b)］，即物料只通过一次粉碎机完成粉碎的操作；经粉碎机粉碎的物料通过筛子或分级设备使粗颗粒重新返回到粉碎机反复粉碎的操作叫循环粉碎［图3-9(c)］。

开路粉碎方法操作简单，设备便宜，但为达到一定粒度要求的动力消耗大，粒度分布宽，适合于粗碎或粒度要求不高的粉碎。循环粉碎动力消耗相对低，粒度分布窄，适合于粒度要求比较高的粉碎。

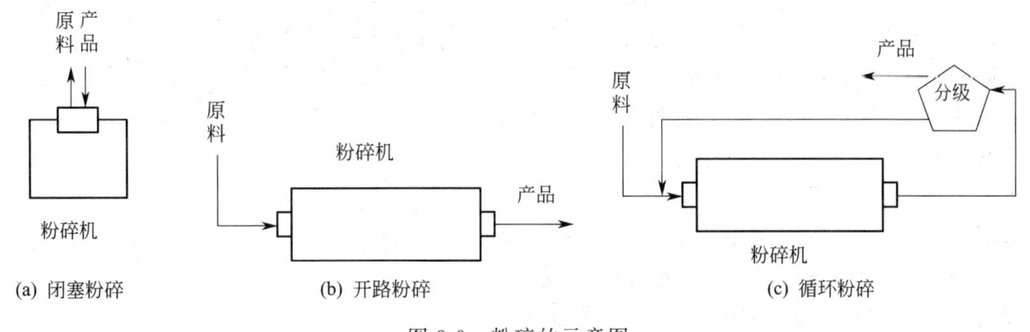

图3-9　粉碎的示意图

（3）干法粉碎与湿法粉碎

① 干法粉碎　是将药物经适当干燥，使药物中的水分低于5%再粉碎的方法。

② 湿法粉碎　是在药物中加入适量水或其他液体一起研磨粉碎的方法，即加液研磨法。

选用的液体以药物遇湿不膨胀、两者不起变化、不妨碍药效为原则。目的是液体分子可降低物料分子间引力，对刺激性或有毒药物可避免粉尘飞扬。朱砂、珍珠、炉甘石等采用传统的水飞法，即在水中研磨，当有部分细粉研成时，使其混悬并倾泻出来，余下的药物再加水反复研磨、倾泻，直至全部研匀，再将湿粉干燥。现生产多用球磨机。湿法粉碎常是对一种物料的粉碎，故亦是单独粉碎。

（4）单独粉碎与混合粉碎（干法粉碎）

① 单独粉碎　是将一种物料单独进行粉碎处理。需单独粉碎的有：a. 氧化性药物与还原性药物，若混合可能引起爆炸；b. 贵重、毒性、刺激性药物，为减少损耗、污染和便于劳动保护；c. 含有树脂的物料，如乳香、没药，因其受热黏性增大故需单独低温粉碎；d. 质地坚硬或细小种子类，如磁石、车前子。

② 混合粉碎　是指将数种物料掺合进行粉碎。如处方中药物的性质及硬度相似，可以将它们合并粉碎，可达到同时粉碎与混合。有低共熔成分时混合粉碎能产生潮湿或液化现象，或单独粉碎，或预先混合粉碎。

（5）低温粉碎　低温粉碎是利用低温时物料脆性增加，易于粉碎的特性进行的粉碎。其特点有：①适于常温下粉碎困难的物料，即软化点、熔点低的及热可塑性物料，如树脂、树胶等；②也适用于富含糖分黏性的物料；③可获更细的粉末；④能保留挥发性成分。

低温粉碎可通过以下方式实现：物料先行冷却或在低温条件下，迅速通过粉碎机粉碎；机壳通入低温冷却水，在循环冷却下进行粉碎；物料与干冰或液化氮气混合后进行粉碎；组合应用上述冷却法进行粉碎。

2. 粉碎器械

（1）研钵　一般用瓷、玻璃、玛瑙、铁或铜制成，但以瓷研钵和玻璃研钵最为常用，主要用于小剂量药物的粉碎和实验室小量制备。

（2）锤击式粉碎机　一般属于中碎和细碎设备。由钢制壳体、钢锤、内齿形衬板、筛板等组成，利用高速旋转的钢锤借撞击及锤击作用而粉碎，见图 3-10。

该机的优点：能耗小，粉碎度较大，设备结构紧凑，操作比较安全，生产能力较大。缺点：锤头磨损较快，筛板易于堵塞，过度粉碎的粉尘较多。

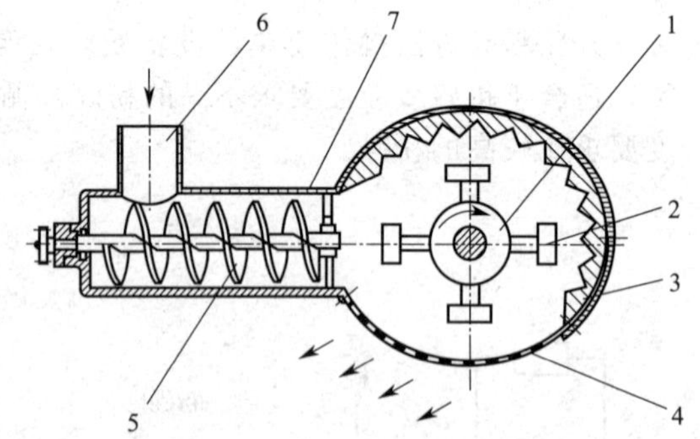

图 3-10　锤击式粉碎机示意图

1—圆盘；2—钢锤；3—内齿形衬板；4—筛板；5—螺旋加料器；6—加料口；7—壳体

（3）球磨机　一个或几个不锈钢或瓷制成的圆形球罐。球罐的轴固定在轴承上。罐内装有物料及钢制或瓷制的圆球。当罐转动时，物料借圆球落下时的撞击劈裂作用及球与罐壁间、球与球之间的研磨作用而被粉碎。球磨机需要有适当的转速（见图 3-11），才能使圆球沿壁运行到最高点落下，产生最大的撞击力和良好的研磨作用。如转速太低，圆球不能达到一定高度落下；如转速太快，圆球受离心力的作用，沿筒壁旋转而不落下，都会减弱或失去粉碎作用。一般采用临界转速的 75%。圆球大小、重量要合适，一般圆球直径不小于 65mm，大于物料 4～9 倍，球应有足够的重量与硬度。圆球数量也有一定的要求，装填圆球的总体积一般占球罐全容积的 30%～35%。物料量一般以$<\frac{1}{2}$球罐总容量为标准。

球磨机是最普遍的粉碎机械之一。其结构简单，密闭操作，粉尘少，常用于毒剧药、贵重药、吸湿性或刺激性药物的粉碎，还可用于无菌粉碎。但粉碎效率低，粉碎时间较长。

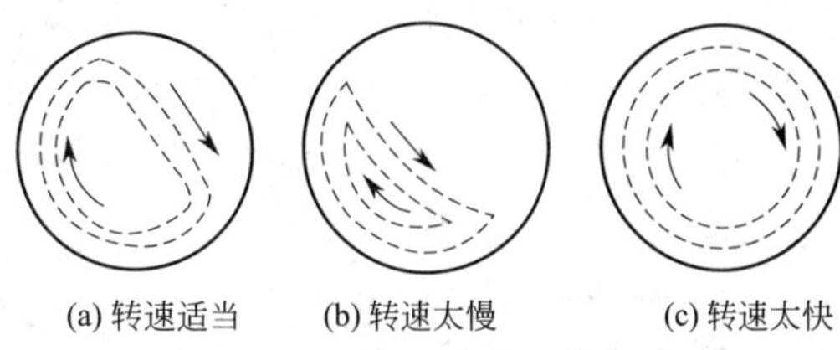

图 3-11　球磨机在不同转速下圆球运转情况

(4) 万能粉碎机　对物料的作用力以冲击力为主。万能粉碎机适用范围广泛，如中草药的根、茎、皮及干浸膏等，但不宜用于腐蚀性药、毒剧药及贵重药。由于在粉碎过程中发热，故也不宜于粉碎含有大量挥发性成分和软化点低且黏性较高的物料。

典型的粉碎结构有锤击式（图 3-12）和冲击式（图 3-13）。

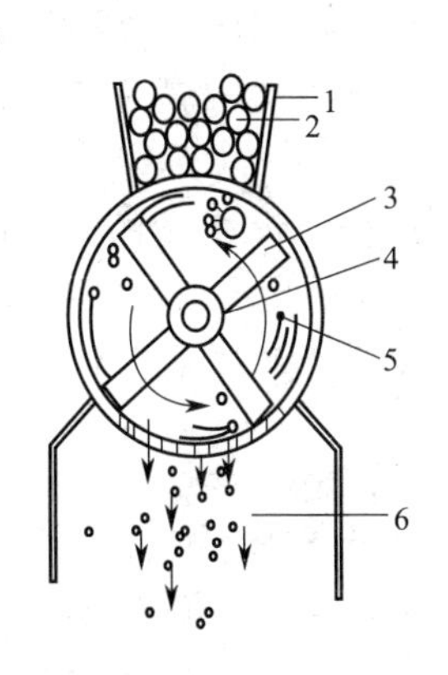

图 3-12　锤击式粉碎机
1—料斗；2—原料；3—固定盘；4—旋转盘；5—未过筛颗粒；6—过筛颗粒

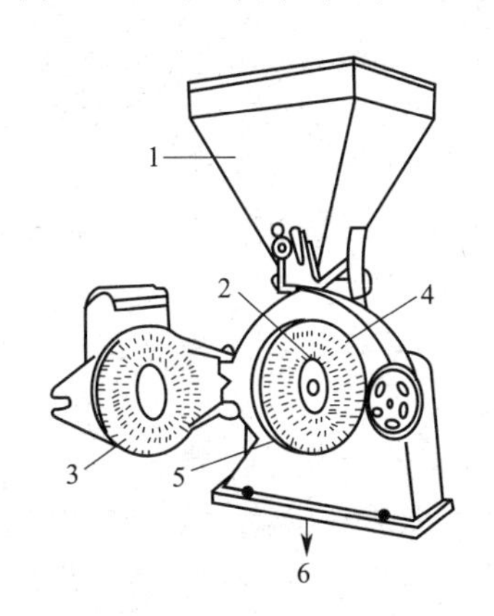

图 3-13　冲击式粉碎机
1—料斗；2—转盘；3—固定盘；4—冲击柱；5—筛盘；6—出料

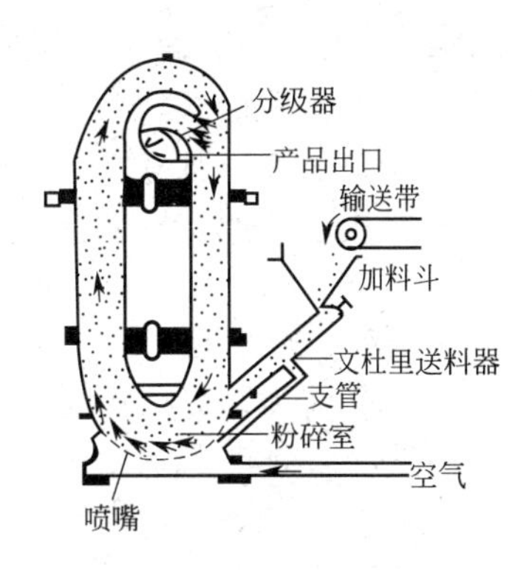

图 3-14　流能磨示意

(5) 流能磨　气流粉碎机的工作原理是将经过净化和干燥的压缩空气通过一定形状的特制喷嘴，形成高速气流，以其巨大的动能带动物料在密闭粉碎腔中互相碰撞而产生剧烈的粉碎作用。物料被压缩空气（或惰性气体）引射进入流能磨的下部，压缩空气通过喷嘴进入粉碎室，物料被高速气流带动在粉碎室内上升的过程中相互撞击或与器壁碰撞而粉碎。压缩空气夹带细粉由出料口进入旋风分离器或袋滤器进行分离。较大颗粒的物料由于离心力的作用沿流能磨的外侧而下，重复粉碎过程。流能磨示意如图 3-14 所示。

由于粉碎过程中高压气流膨胀吸热，产生明显的冷却作用，抵消粉碎产生的热量，适用于抗生素、酶、低熔点及不耐热物料的粉碎，可获得 5μm 以下的微粉，且在粉碎的同时，对不同级物料进行分级。

3. 粉碎操作过程（以 FGJ-300 高效粉碎机为例）

粉碎岗位职责

① 进岗前按规定着装，进岗后做好厂房、设备清洁卫生，并做好操作前的一切准备工作。

② 根据生产指令按规定程序领取原辅料，核对所粉碎物料的品名、规格、产品批号、数量、生产企业名称、物理外观、检验合格证等。

③ 严格按工艺规程及粉碎标准操作程序进行原辅料处理。

④ 生产完毕，按规定进行物料移交，并认真填写工序记录及生产记录。

⑤ 工作期间，严禁串岗、脱岗，不得做与本岗位无关之事。

⑥ 工作结束或更换品种时，严格按本岗位清场SOP进行清场，经质监员（QA）检查合格后，挂标识牌。

⑦ 经常检查设备运转情况，注意设备保养，操作时发现故障及时上报。

粉碎岗位操作流程

（1）操作方法

① 检查工房、设备的清洁状况，检查清场合格证，核对其有效期，取下标示牌，按生产部门标识管理规定定置管理。

② 按生产指令填写工作状态，挂生产标示牌于指定位置。

③ 检查粉碎机、容器及所有工具是否洁净，如发现不够洁净，用75%乙醇擦拭消毒预处理设备及所用的容器具、工具，并将粉碎设备装好待用。检查齿盘螺栓是否松动；检查排风除尘系统是否运行正常。

④ 自原辅料暂存间领取物料，核对其品名、批号和重量，并对物料进行目检，根据生产工艺要求对物料进行预处理。

⑤ 按工艺规程要求对需进行粉碎的物料进行粉碎操作，严格按《高效粉碎机标准操作规程》进行操作。

⑥ 将处理好的原辅料分别装于内有洁净塑料袋的洁净容器中，桶内外各附产物标签一张，标明品名、规格、批号、数量、日期和操作者等，送入暂存间存放。

⑦ 生产完毕，填写生产记录。取下标示牌，挂清场牌，按清场标准操作程序、粉碎机清洁标准操作程序、生产用容器具清洁标准操作程序进行清场、清洁，清场完毕，填写清场记录。经QA检查合格后，发清场合格证，挂已清场牌。

（2）注意事项

① 物料粉碎前应目检，防止异物混入。

② 粉碎机应空载启动，启动顺畅后，再缓慢、均匀加料，不可过急加料，以防粉碎机过载引致塞机、死机。

③ 发现机器故障，必须停机，关闭电源，通知维修人员前来修理，不可私自进行修理，以防意外发生。

④ 定期为机器加润滑油。

⑤ 每次使用完毕，必须关掉电源，方可进行清洁。

（3）记录　操作完工后填写原始记录、批记录。

（二）筛分

筛分是将粉碎后的药物通过网孔状工具将粒度不同的固体颗粒混合物分离成若干部分的单元操作。通过筛分可以除去不符合要求的粗粉或细粉，有利于提高产品的质量。筛分的目的就是使粗粉与细粉分离（或分等），得规定细度粉末并混合。

药筛是筛选粉末粒度（粗细）或混匀粉末的工具。

1. 药筛种类和规格

根据制备药筛方法不同可分为编织筛和冲眼筛。编织筛的筛网由铜丝、铁丝、不锈钢丝、尼龙丝、马鬃或竹丝编织而成。编织筛在使用时筛线易移位，故常将金属筛线在交叉处压扁固定。冲眼筛是在金属板上冲压出圆形或多角形的筛孔，常用于粉碎过筛联动的机械中分档。

根据药筛的规格不同分为标准药筛和工业药筛。

(1) 标准药筛　是根据药典的标准制作的筛网，从一号筛至九号筛。筛号按中国药典所编，共规定九种筛号。其中一号筛筛孔内径最大，而九号筛筛孔内径最小。

(2) 工业药筛　是在实际制剂生产中常用的筛网，常以“目”表示筛网孔径的大小。“目”表示每英寸（1in＝2.54cm）长度上的筛孔数。

表 3-4 为《中华人民共和国药典》2010 版标准药筛规格及对应的目号。

表 3-4　标准药筛规格及目号

筛号	筛孔内径(平均值)/μm	目号	筛号	筛孔内径(平均值)/μm	目号
一号筛	2000±70	10 目	六号筛	150±6.6	100 目
二号筛	850±29	24 目	七号筛	125±5.8	120 目
三号筛	355±13	50 目	八号筛	90±4.6	150 目
四号筛	250±9.9	65 目	九号筛	75±4.1	200 目
五号筛	180±7.6	80 目			

2. 粉末的分等

粉碎后的粉末必须经过筛选得到粒度比较均匀的粉末，筛过的粉末包括所有能通过该药筛筛孔的全部粉末。

《中华人民共和国药典》2010 版对六种粉末的规定如下。

① 最粗粉　指能全部通过一号筛，但混有能通过三号筛不超过 20%的粉末。

② 粗粉　指能全部通过二号筛，但混有能通过四号筛不超过 40%的粉末。

③ 中粉　指能全部通过四号筛，但混有能通过五号筛不超过 60%的粉末。

④ 细粉　指能全部通过五号筛，并含能通过六号筛不少于 95%的粉末。

⑤ 最细粉　指能全部通过六号筛，并含能通过七号筛不少于 95%的粉末。

⑥ 极细粉　指能全部通过八号筛，并含能通过九号筛不少于 95%的粉末。

3. 筛分的器械

手摇筛是编织筛网，按照筛号大小依次叠成套（亦称套筛）。最粗号在顶上，其上面加盖，最细号在底下，套在接收器上。适合于小量生产，毒性、刺激性或质轻的药粉。

生产上常用振动筛粉机，又称筛箱，利用偏心轮对连杆所产生的往复振动筛选粉末。适用于无黏性的植物药，毒性、刺激性、易风化潮解药物。

4. 筛分的操作

筛分岗位职责

① 进岗前按规定着装，进岗后做好厂房、设备清洁卫生，并做好操作前的一切准备工作。

② 根据生产指令按规定程序领取原辅料，核对所粉碎物料的品名、规格、产品批号、数量、生产企业名称、物理外观、检验合格证等。

③ 严格按工艺规程及筛分标准操作程序进行原辅料处理。

④ 按照工艺规程要求对需进行筛分的物料选用合适目数的筛网，严格按相关的标准操作规程进行操作。

⑤ 生产完毕，按规定进行物料移交，并认真填写工序记录及生产记录。

⑥ 工作期间，严禁串岗、脱岗，不得做与本岗位无关之事。

⑦ 工作结束或更换品种时，严格按本岗位清场 SOP 进行清场，经实训指导教师检查。合格后，挂标识牌。

⑧ 经常检查设备运转情况，注意设备保养，操作时发现故障及时上报。

筛分岗位操作流程

(1) 操作方法

① 检查工房、设备的清洁状况，检查清场合格证，核对其有效期，取下标示牌，按生产部门标识管理规定定置管理。

② 按生产指令填写工作状态，挂生产标示牌于指定位置。

③ 检查筛分机、容器及所需工具是否洁净，如发现不够洁净，用75%乙醇擦拭消毒预处理设备及所用的容器具、工具，并将过筛设备装好待用。检查筛网是否洁净，是否与生产指令要求相符。

④ 自原辅料暂存间领取物料，核对其品名、批号和重量，并对物料进行目检，根据生产工艺要求对物料进行预处理。

⑤ 按工艺规程要求对需进行分筛的物料选用规定目数的筛网，严格按《振荡筛标准操作规程》进行操作。

⑥ 将处理好的原辅料分别装于内有洁净塑料袋的洁净容器中，桶内外各附产物标签一张，标明品名、规格、批号、数量、日期和操作者等，送入暂存间存放。

⑦ 生产完毕，填写生产记录。取下标示牌，挂清场牌，按清场标准操作程序、振荡筛清洁标准操作程序、生产用容器具清洁标准操作程序进行清场、清洁，清场完毕，填写清场记录。报QA检查，合格后，发清场合格证，挂已清场牌。

(2) 注意事项

① 筛网每次使用前后均应检查，发现破损应调查原因，并及时更换。

② 发现机器故障，必须停机，关闭电源，通知维修人员前来修理，不可私自进行修理，以防意外发生。

③ 定期为机器加润滑油。

④ 每次使用完毕，必须关掉电源，方可进行清洁。

(3) 记录　操作完工后填写原始记录、批记录。

(三) 混合

混合是用机械的方法将两种以上固体粉末相互交叉分散均匀的过程或操作。其目的是为了使药物各组分在制剂中混匀，保证各组分的含量均匀，用药安全，保证各剂型的质量符合要求。

1. 混合方法

实验室常用搅拌混合、研磨混合、过筛混合。搅拌混合一般作初步混合；研磨混合可用于小量混合；过筛混合一般与搅拌混合合用效果更好。

大生产常采用搅拌或容器的旋转使物料进行整体和局部移动而达到混合的目的。

2. 混合设备

(1) 槽形混合机　本机通过机械传动，使S式搅拌桨旋转，推动物料往复翻动，均匀混合，操作时采用电气控制，可设定混合时间，到时自动停机，从而提高每批物料的混合质量。

(2) 二维混料机（V形混合筒）　主要由转筒、摆动架、机架三大部分构成。转筒可同时进行两个运动，一个为转筒的转动，另一个为转筒随摆动架的摆动。被混合物料在转筒内随转筒转动、翻转、混合的同时，又随转筒的摆动而发生左右来回的掺混运动，在这两个运动的共同作用下，物料在短时间内得到充分的混合。

(3) 三维多向运动混合机　由主动轴被动及万向节支持着混料桶在 X、Y、Z 轴方向做三维运动。筒体除了自转运动，还做公转运动，筒体中的物料不时地做扩散流动和剪切运动，加强了物料的混合效果，因筒体的三维运动，克服了其他种类的混合机混合时产生离心力的影响，减少了物料密度偏析，保证物料的混合效果。混合均匀性好，时间短。

3. 影响混合的因素

(1) 物性的影响

① 组分比例量相差悬殊　如制备含毒剧药或剂量小的药物散剂时要用等量递加法；加色素制成“倍散”。

② 组分密度相差大　应先加轻的，再加重的。

③ 组分色泽深浅不一　应先加色深者垫底，再加色浅者。

④ 组分的吸附性与带电性　量大且不易吸附的药粉垫底，量少且易吸附者后加，粉末的带电性可加入少量表面活性剂克服。

⑤ 含液体或易吸湿性组分　用处方中其他成分或另加吸收剂吸收至不显湿为止，吸湿性强的药物，则应控制相对湿度，操作迅速，并密封防潮包装。

⑥ 含共熔组分　应尽量避免或用其他组分吸收、分散液化的共熔物。

(2) 操作条件的影响

① 设备转速　以临界转速的 0.7～0.9 为宜，过小产生显著的分离，过大不产生混合作用。

② 充填量　V 形混合筒一般为体积分数的 30%，槽形混合机为 40%。

③ 装料方式　把两种粒子上下放入，属于对流混合，混合速度最快；把两种物料左右放入，属于横向扩散混合；把两种物料部分上下、部分左右错开放入，开始以对流混合为主，然后以横向扩散混合为主。

④ 混合时间　实际所需时间应由混合药物量的多少、物料特性及使用器械的性能而定。

4. 混合的操作

混合岗位职责

① 进岗前按规定着装，进岗后做好厂房、设备清洁卫生，并做好操作前的一切准备工作。

② 根据生产指令按规定程序领取物料。

③ 严格按工艺规程和混合标准操作程序进行混合，控制好混合时间，使物料均匀一致。

④ 生产完毕，按规定进行物料衡算，偏差必须符合规定限度，否则，按偏差处理程序处理。

⑤ 按程序办理物料移交，按要求认真填写各项记录。

⑥ 工作期间严禁脱岗、串岗，不做与本岗位工作无关之事。

⑦ 工作结束或更换品种时，严格按本岗位清场 SOP 清场，经实训指导教师检查合格后，挂标示牌。

⑧ 经常检查设备运转情况，注意设备保养，操作时发现故障应及时上报。

混合岗位操作流程

(1) 操作方法

① 检查工房、设备及容器的清洁状况，检查清场合格证及有效期，取下标示牌，按标识管理规定进行定置管理。

② 按生产指令填写工作状态，挂生产状态标示牌于指定位置。

③ 将所需用到的设备、工具和容器用75%的乙醇擦拭消毒。

④ 将粉碎、过筛后的颗粒，加入三维混合机内，按工艺要求加入外加辅料，设定混合时间，关闭混合机，按三维混合机标准操作规程进行混合。

⑤ 将处理好的原辅料分别装于内有洁净塑料袋的洁净容器中，桶内外各附产物标签一张，标明品名、规格、批号、数量、日期和操作者等，送入暂存间存放。

⑥ 生产完毕，填写生产记录。取下标示牌，挂清场牌，按清场标准操作程序、混合机清洁标准操作程序、生产用容器具清洁标准操作程序进行清场、清洁，清场完毕，填写清场记录。报QA检查，合格后，发清场合格证，挂已清场牌。

(2) 注意事项

① 无关人员不得随意动用各设备。

② 机器各部防护罩打开时不得开机。

③ 每次开机前，必须对机器周围人员声明“开机”。

④ 开机前必须将机器部位清洗干净，任何杂物工具不得放在机器上，以免振动掉下，损坏机器。

⑤ 发现机器有故障或产品质量问题，必须停机处理，不得在运转中排除各类故障。

⑥ 汇总每次出现的质量问题及各种异常现象，书面上报带教老师。

(3) 记录　操作完工后填写原始记录、批记录。

六、制粒技术

制粒是把粉末、块状物、溶液、熔融液等状态的物料进行处理，制成具有一定形态和大小的颗粒（粒子）的操作。除某些结晶性药物或可供直接压片的药粉外，一般粉末状药物均需事先制成颗粒才能进行压片。

制粒后具有改善流动性、防止成分离析现象、防止粉尘飞扬及器壁上黏附、调整堆密度、改善溶解性能等作用。

颗粒有可能是中间体，如片剂生产过程中的制粒；也有可能是产品，如颗粒剂等。制粒的目的不同，其要求有所不同或有所侧重。如压片用颗粒，以改善流动性和压缩成型性为主要目的；而颗粒剂、胶囊剂的制粒过程以流动性好、防止黏着及飞扬、提高混合均匀性、改善外观等为主要目的。

制粒方法可分为湿法制粒、干法制粒两种。

（一）湿法制粒

在原材料粉末中加入黏合剂，靠黏合剂的架桥或黏结作用使粉末聚结在一起而制备颗粒的方法。包括挤压制粒、转动制粒、高速搅拌制粒、流化床制粒、喷雾制粒等。

1. 挤压制粒

先将药物粉末与处方中的辅料混匀后加入黏合剂制成软材，然后将软材用强制挤压的方式通过具有一定大小的筛孔而制粒的方法。该方法主要适合于小试。常见设备有螺旋挤压制粒机、旋转挤压制粒机以及摇摆式制粒机。

2. 转动制粒

在药物粉末中加入一定量的黏合剂，在转动、摇动、搅拌等作用下使粉末聚结成具有一定强度的球形粒子的方法。如图3-15所示。

转动制粒多用于药丸的生产中，操作凭经验控制，成本较低。

3. 高速搅拌制粒

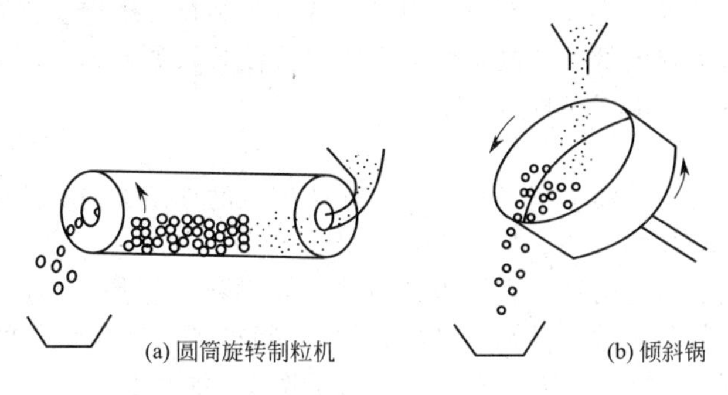

图 3-15 转动制粒机示意图

将药物粉末和辅料加入到容器内，搅拌混合后加入黏合剂进行高速剪切制粒的方法。如图 3-16 所示。

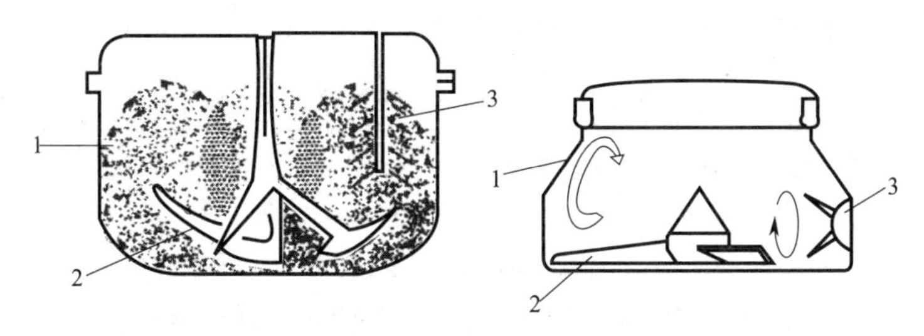

图 3-16 高速搅拌制粒机

1—容器；2—搅拌器；3—切割刀

高速搅拌制粒的特点：①颗粒的粒度由外部破坏力与颗粒内部团聚力所平均的结果决定；②可制备致密、高强度的适于胶囊剂的颗粒，也可制松软的适合压片的颗粒；③一个容器中进行混合、捏合、制粒过程，工序少、操作简单、快速。

4. 流化床制粒（一步制粒）

物料粉末在容器内自下而上的气流作用下保持悬浮的流化状态时，液体黏合剂向流化层喷入使粉末聚结成颗粒的方法。如图 3-17 所示。

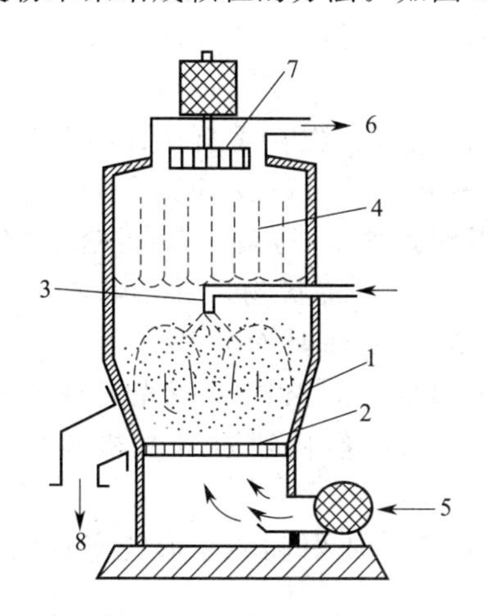

图 3-17 流化床制粒装置

1—容器；2—筛板；3—喷嘴；4—袋滤器；5—空气进口；6—空气排出口；7—排风口；8—产品出口

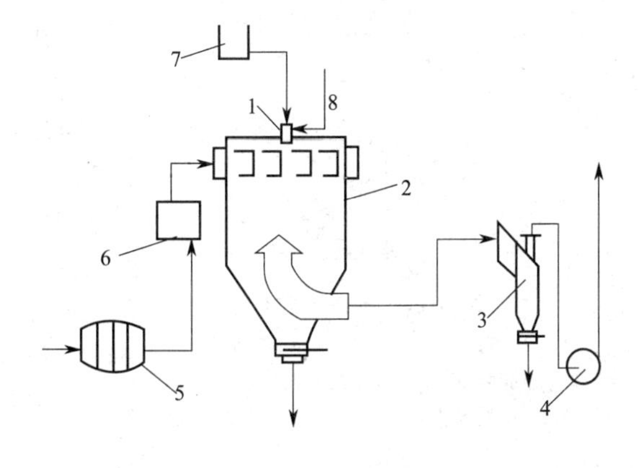

图 3-18 喷雾干燥制粒装置

1—雾化器；2—干燥室；3—旋风分离器；4—风机；5—加热器；6—电加热器；7—料液贮槽；8—压缩空气

流化床制粒的特点：①在一台设备内进行混合、制粒、干燥，甚至包衣等操作，简化工艺、节省时间、劳动强度低；②制得的颗粒为多孔性柔软颗粒，密度小、强度小，且颗粒的粒度均匀，流动性、压缩成型性好。

5. 喷雾制粒

把药物溶液或混悬液喷雾于干燥室内，在热气流的作用下使雾滴中的水分迅速蒸发以直接获得球状干燥细颗粒的方法。如图 3-18 所示。

喷雾制粒的优点：①由液体直接得到粉末固体颗粒；②热风温度高，雾滴比表面积大，干燥速度非常快（数秒至数十秒），物料的受热时间极短，干燥物料的温度相对低，适合于热敏性物料的处理；③粒度范围在 30μm 至数百微米，堆密度在 200～600kg/m^3 的中空球状粒子较多，具有良好的溶解性、分散性和流动性。

喷雾制粒的缺点：①设备高大，汽化大量液体，因此设备费用高、能耗大、操作费用高；②黏性较大料液易粘壁使使用受到限制。

不同的制粒方法制得的颗粒性质有差异，见表 3-5。

表 3-5 制粒方法对颗粒性质的影响

颗粒性质	程度	制粒方法比较
流动性	良	挤压制粒＞高速搅拌制粒≥流化床制粒
溶解性	良	流化床制粒≥高速搅拌制粒＞挤压制粒
压缩成型	良	流化床制粒≥高速搅拌制粒＞挤压制粒
粒子强度	大	挤压制粒＞高速搅拌制粒＞流化床制粒
制粒密度	大	挤压制粒＞高速搅拌制粒≥流化床制粒
粒度分布	窄	挤压制粒＞高速搅拌制粒≥流化床制粒

（二）干法制粒

干法制粒是将药物和辅料的粉末混合均匀，压缩成大片状或板状后，粉碎成所需大小颗粒的方法。干法制粒常用于热敏性物料、遇水易分解的药物以及容易压缩成型的药物的制粒。干法制粒常见的有压片法和滚压法两种。干法制粒机见图 3-19。

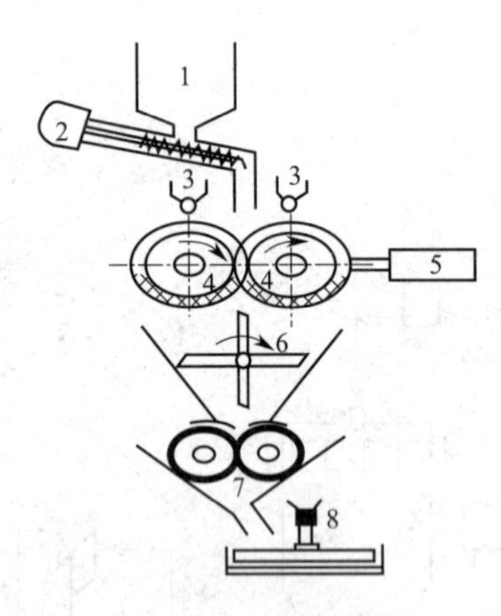

图 3-19 干法制粒机

1—料斗；2—加料器；3—润滑剂喷雾装置；4—滚压筒；5—液压缸；6—粗粉碎机；7—滚碎机；8—整粒机

压片法是将固体粉末首先在重型压片机中压实，成为直径 20～25mm 的片坯，然后再破碎成所需粒度的颗粒。

滚压法是利用转速相同的两个滚动轮之间的缝隙，将粉末滚压成一定形状的块状物，其形状与大小决定于滚筒表面情况。如滚筒表面具有各种形状的凹槽，可压制成各种形状的块状物；如滚筒表面光滑或有瓦楞状沟槽，则可压制成大片状，然后通过颗粒机破碎成一定大小的颗粒。

使用时应注意由于高压引起的晶形转变及活性降低等问题。

由于干法制粒过程省工序、方法简单，目前很受重视。随着各种辅料和先进设备的开发应用，干法制粒技术已成为各国研究的热点之一。

（三）制粒的操作（以 HLSG-50 湿法混合制粒机为例）

制粒岗位职责

① 进岗前按规定着装，进岗后做好厂房、设备清洁卫生，并做好操作前的一切准备工作。

② 根据生产指令按规定程序领取物料。

③ 严格按工艺规程和称量配料标准操作程序进行配料。

④ 称量配料过程中要严格实行双人复核制，做好记录并签字。

⑤ 按工艺处方要求和黏合剂配制标准操作程序配好黏合剂。

⑥ 制粒时严格按生产工艺规程和一步制粒标准操作程序进行操作。

⑦ 操作中要重点控制黏合剂用量、制粒时间以及烘干温度和烘干时间，保证颗粒质量符合标准。

⑧ 生产完毕，按规定进行物料移交，并认真填写各项记录。

⑨ 工作期间，严禁串岗、脱岗，不得做与本岗无关之事。

⑩ 工作结束或更换品种时，严格按本岗清场 SOP 进行清场。经实训指导教师检查合格后，挂标示牌。

⑪ 经常检查设备运转情况，注意设备保养，操作时发现故障应及时上报。

制粒岗位操作流程

(1) 制粒前准备

① 检查工房、设备及容器的清洁状态，检查清场合格证，核对其有效期，取下标示牌，按生产部门标识管理规定进行定置管理。

② 按生产指令填写工作状态，挂生产标示牌于指定位置。

③ 将所需用到的设备、工具和容器用 75%乙醇擦拭消毒。

(2) 制粒

① 按处方工艺及黏合剂配制标准操作程序配制黏合剂。

② 将称量好的原辅料装入原料容器，将黏合剂过滤后装入小车盛液桶内，按工艺要求和沸腾制粒干燥器操作规程进行预混、沸腾制粒和沸腾干燥操作。

③ 操作过程中，必须调整好物料沸腾状态和黏合剂雾化状态，严格控制喷速、加浆量、制粒时间、成粒率、干燥温度和干燥时间，使制出颗粒符合规定指标。

④ 操作完毕，放出物料于已清洁过的衬袋桶内，称量、记录，贴产物标签，盖上桶盖，产物标签桶内、外各一张。

⑤ 生产完毕，将颗粒转移至整粒总混间办理交接，填写生产记录，取下状态标示牌。

(3) 清场

① 挂清场牌，按清场标准操作程序、30 万级洁净区清洁操作程序、沸腾制粒干燥器清洁标准操作程序进行清场、清洁。

② 清场完毕，填写清场记录，报 QA 检查。检查合格，发清场合格证，挂已清场牌。

(4) 记录　操作完工后填写原始记录、批记录。

七、干燥技术

干燥是利用热能加热原理使物料中的湿分（一般指水分或其他溶剂）汽化出去，从而获得干燥固体的操作。在制剂生产过程中需要干燥的物料有浸膏剂、湿法制粒的颗粒和丸剂等。

干燥的目的在于保证制剂的质量和提高稳定性。制剂生产中干燥的物料有颗粒状、粉末状、块状、流体状、膏状等，被干燥物料的性质和要求也各不相同。干燥的温度应根据药物的性质而定，一般 40～60℃，个别对热稳定的药物可以适当放宽到 70～80℃ 。干燥程度根据药物的稳定性质不同有不同要求，一般为 3%左右。所以要根据不同类型制剂选择不同的干燥设备。

根据热能的传递方式不同，干燥的方法可以分为传导干燥、对流干燥、辐射干燥、介电加热干燥四种，对于某一种具体的干燥器，其热能传递方式可以采取单独一种或几种方式联合干燥。目前在制药工业上应用最普通的是对流干燥。

（一）干燥方法和设备

干燥方法的分类方法有多种，按操作方法分为间歇式、连续式；按操作压力分为常压式、真空式。

1. 厢式干燥器

如图 3-20(a)，厢式干燥器内设有多层支架，在其上放置物料盘。如图 3-20(b)，空气经预热后进入干燥室内，通过物料表面时水分蒸发进入空气，使空气湿度增加，温度降低，依次类推反复加热以降低空气的相对湿度，提高干燥速率。为了使干燥均匀，物料盘中的物料不能过厚，必要时在物料盘上开孔。

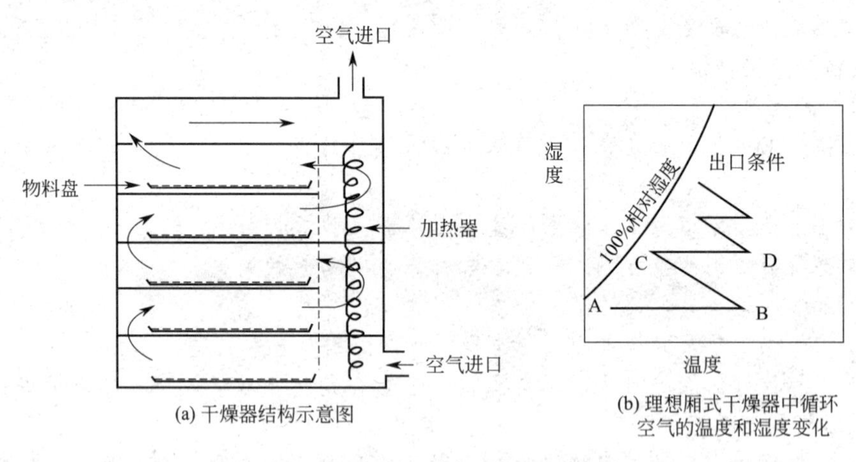

图 3-20　厢式干燥器

厢式干燥器多采用废气循环法和中间加热法，废气加热法是将从干燥室排出的废气中的一部分与新鲜空气混合重新进入干燥室，提高了设备的热效率，而且可调节空气的湿度以防止物料发生龟裂或变形。中间加热法是在干燥器内安装加热器，保证干燥室内上下均匀干燥。

厢式干燥器设备简单，适应性强，适用于小批量生产物料的干燥；但劳动强度大，热能损耗大。

2. 流化床干燥器

使热空气自上而下通过松散的粒状或粉状的物料层形成流化状态而干燥，也叫沸腾干燥器。流化床干燥器有立式和卧式两种，制剂工业中常用卧式多室流化床干燥器（见图3-21）。将湿物料由加料器送入干燥器内多孔筛板上，将加热空气吹入底部的多孔筛板与物料接触，物料呈悬浮状态上下翻动而干燥，干燥后的物料由卸料斗排出，废气从干燥器顶部排出，经袋滤器或旋风分离器回收粉尘后由抽风机排除。

流化床干燥器结构简单，操作方便，操作时物料与气流接触面大，强化了传热和传质过程，提高了干燥速率，适用于热敏物料的干燥。但不适用于含水量高、易黏结成团的物料。

3. 喷雾干燥器

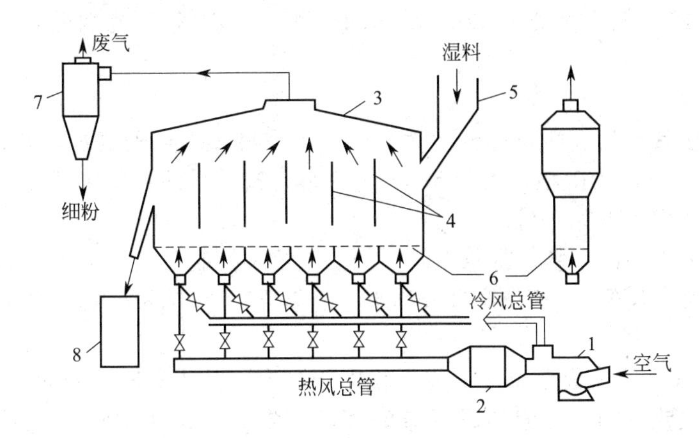

图 3-21 卧式多室流化床干燥器示意图

1—风机；2—预热器；3—干燥器；4—挡板；5—料斗；
6—多孔板；7—旋风分离器；8—干料桶

类似于喷雾制粒机，喷雾干燥蒸发面积大，干燥时间短，对热敏性物料非常适合，所得干燥物多为松脆的空心颗粒，溶解性好。

4. 红外干燥器和微波干燥器

红外干燥器是利用红外辐射元件所发射的红外线对物料直接照射而加热干燥的方法。红外线干燥时，由于物料表面和内部的分子同时吸收红外线而受热均匀，干燥快，质量好，但电能消耗大。

微波为波长 1mm～1m 的电磁波，湿物料中的水分子在微波的作用下，被极化并沿微波电场的方向整齐排列，并随着电场方向的交互变化而不断地迅速旋转产生剧烈的碰撞和摩擦，达到干燥的目的。微波干燥的优点是加热迅速，物料受热均匀，热效率高，干燥速度快，干燥产品均匀洁净。

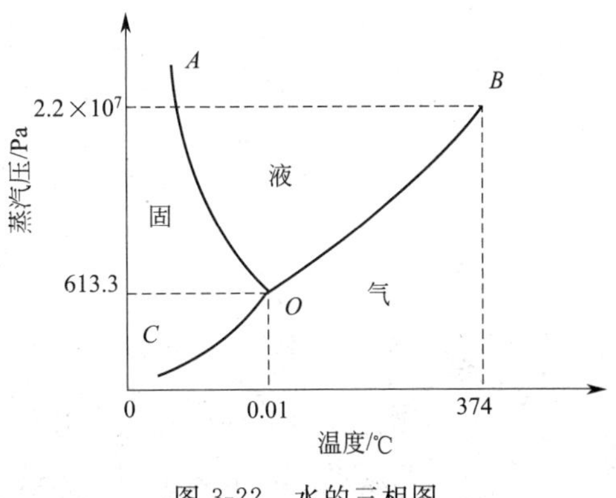

图 3-22 水的三相图

（二）冷冻干燥

冷冻干燥又称升华干燥，是将药物溶液先冻结成固体，然后再在一定的低温与真空条件下，将水分从冻结状态直接升华除去的一种干燥方法。物料可先在冷冻装置内冷冻，再进行干燥；也可直接在干燥室内经迅速抽成真空而冷冻。升华生成的水蒸气借冷凝器除去。升华过程中所需的汽化热量，一般用热辐射供给。适合于对热敏感的或遇水易分解的药物，特别是生物技术药物。

1. 冷冻干燥原理

冷冻干燥原理可用水的三相图说明（图 3-22）。图中可分为三个区域：水（液态）、冰（固态）、水蒸气（气态）。*OA*、*OB*、*OC* 分别为水的两种状态相互转化的平衡曲线。*O* 点是冰、水、气的平衡点，在此平衡点冰、水、气共存，此点温度为 0.01℃，压力为 613.3Pa（4.6mmHg）。从图 3-22 可以看出当压力低于 613.3Pa 时，不管温度如何变化，只有水的固态（冰）和气态（水蒸气）存在，液态（水）不存在。固态受热时不经过液态直接变为气态；而气态遇冷时放热直接变为固态。根据平衡曲线 *OC*，对于固态，升高温度或降低压力都可以打破气固平衡，使整个系统朝着固态转变为气态的方向进行。

2. 冻干设备

冻干设备按其冷热板面积可分为大、中、小三种类型，通常冻干面积小于 1.5m^2 为小型，介于 1.5～50m^2 为中型，大于 50m^2 为大型；按其目的和用途可分为实验型冻干机、中型冻干机和工业生产型冻干机。

冻干机一般由制冷系统、真空系统、加热系统和控制系统 4 个主要部分组成。结构元件有冻干箱（或称干燥箱）、冷凝器（或称水汽凝集器）、冷冻机、真空泵和阀门、电气控制元件等。

图 3-23 为冻干机组成示意图。冻干箱即干燥室，其中装有冷热板，通过电阻丝或制冷压缩机分别加温或冷却，是能抽成真空的密闭容器，需冻干的产品放在箱内金属板层上。冷凝器同样是真空密闭容器，其内部有较大表面积的金属吸附面，能降低并维持低温状态，用于把冻干箱内产品升华出来的水蒸气冻结吸附在其金属表面上。真空泵与冻干箱、冷凝器、真空管道、阀门构成冻干机的真空系统，有利于产品迅速升华干燥。制冷压缩机可互相独立的两套或以上，也可合用一套，用于对冻干箱和冷凝器进行制冷，以产生和维持低温。

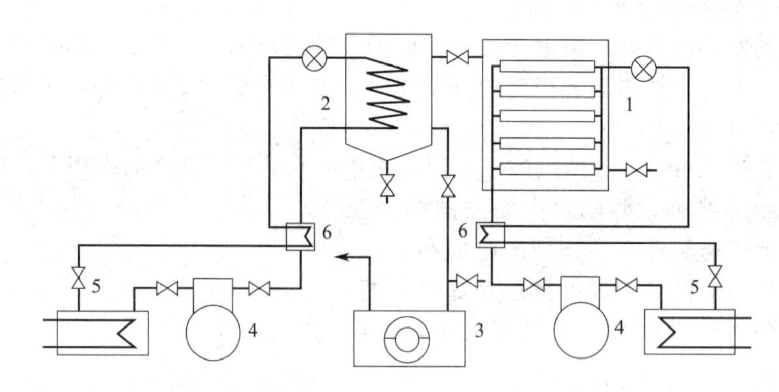

图 3-23 冻干机组成示意图

1—冻干箱；2—冷凝器；3—真空泵；4—制冷压缩机；5—水冷却器；6—热交换器

3. 冻干过程

冷冻干燥过程主要分为预冻、升华干燥和再干燥等过程，以下进行详细说明。

（1）测共熔点　共熔点是指药物的水溶液在冷却过程中，冰和溶质同时析晶（低共熔混合物）的温度。不同物质的共熔点是不同的，例如 0.85%氯化钠溶液为－21.2℃，而 10%葡萄糖溶液为－3℃。

熔点的测定方法有热分析法和电阻法两种。热分析法可以通过绘制冷冻曲线求得。电阻法利用电解质溶液在冷却至共熔点时，因电解质析晶而使电阻突然增大的原理，采用电导仪测定该溶液在降温过程中，电阻突然增大时的温度即为共熔点。需注意的是样品冷却时往往出现过冷现象（温度冷至共熔点但溶质不结晶，因为冻结过程为静止态），使测得结果偏低。可采取先将系统冷冻再渐渐升温，当升至某一温度时，电阻突然变小，该温度即为共熔点。对非离子型的有机化合物，由于其电阻变化较小而不能测准，可加入一定量的附加剂，以测定多组分的共熔点的办法来弥补。

测定药物溶液的共熔点具有重要的指导意义。若在冻结与升华的过程中，制品的温度超过了共熔点，则溶质将部分或全部处于液相中，水的冰晶体的升华被液体浓缩蒸发所取代，导致干燥后的制品发生萎缩、溶解速度降低等问题。一些活性物质由于处于高浓度电解质中，也容易变性，所以共熔点是保证产品获得最佳冻干效果的临界温度。

(2) 预冻　预冻是恒压降温过程。药液随温度的下降冻结成固体，通常预冻的温度应降低至共熔点以下 10～20℃，预冻时间一般 2～3h，有些品种长达 8h。

冻干制品必须进行预冻后才能升华干燥，不经预冻而直接减压真空，会造成药品损失或产品外形萎缩，影响质量。若预冻不完全，在减压过程中可能产生沸腾冲瓶的现象，使制品表面不平整。

预冻的方法主要有速冻与慢冻两种方法。速冻法先将冻干箱降温至－45℃以下，再将制品放入，药物因急速冷冻而析出细晶，制得产品疏松易溶，引起蛋白质变性的概率减小，对酶类、活菌、活病毒的保存有利。慢冻法形成的结晶粗，但冻干效率高，因此实际工作中应根据具体情况加以选择。产品预冻的效果由 3 个参数确定：预冻最低温度、预冻速率和预冻时间。预冻最低温度应低于溶液共熔点温度，同时考虑包装瓶的耐受情况；预冻速率过慢，由于溶质效应和机械效应，会对生物制品的细胞产生破坏，故在预冻阶段，降温速度越快越好；预冻时间应确保所有产品均已冻实，不会因抽真空而喷瓶，故在样品达到预冻最低温度后，还应再保温 1～1.5h。

(3) 升华干燥　升华干燥首先是恒温减压过程，然后在抽气条件下，恒压升温，使固态的水（即冰）升华逸去。

生产上升华干燥程序有两种，一次升华法和反复冷冻升华法。一次升华法适用于共熔点为－20～－10℃的制品，且溶液的浓度与黏度不大的情况。首先将预冻后的制品减压，待真空度达一定数值后，启动加热系统缓缓加热，使制品中的冰升华，升华温度约为－20℃，药液中的水分可基本除尽。反复冷冻升华法的减压和加热升华过程与一次升华法相同，只是预冻过程须在共熔点及以下 20℃之间反复升降预冻，而不是一次降温完成。通过反复升温处理，制品晶体的结构被改变，由致密变为疏松，有利于水分的升华。如某制品的共熔点为－25℃，可以先预冻至－45℃左右，然后将制品升温至共熔点附近，维持 30～40min，再降至－40℃左右。如此反复处理，有利于冰晶的升华，可缩短冻干周期。因此，本法常用于结构较复杂、稠度大及熔点较低的制品，如多糖和某些蛋白质类药物。

(4) 再干燥　产品升华干燥后，温度继续升高至 0℃或室温，并保持一段时间，可使已升华的水蒸气或残留的水分被抽尽。产品在保温干燥一段时间后，整个冻干过程即告结束。在这个阶段干燥过程中，温度可迅速上升至设定的最高温度，不致产生沸腾现象，有利于降低产品残余水分，并缩短再干燥时间。再干燥可保证冻干制品含水量＜1%，并有防止回潮的作用。

4. 冻干曲线

在冻干过程中将搁板温度与制品温度随时间的变化记录下来，即可得到冻干曲线。冻干工艺必须分段制定，每冻干一种新产品必须制定一次新的冻干曲线。没有正确的冻干曲线干燥不出合格的产品。

冻干曲线需设定以下参数：预冻速率、预冻温度、预冻时间、水汽凝结器的降温时间和温度、升华温度和干燥时间。如图 3-24，1 表示降温阶段（预冻），2 表示第一次升温阶段（升华干燥），3 表示低温维持阶段，4 表示第二次升温阶段（再干燥），5 表示最后维持阶段。

（三）干燥的操作（以 GFG-500 型高效沸腾干燥机为例）

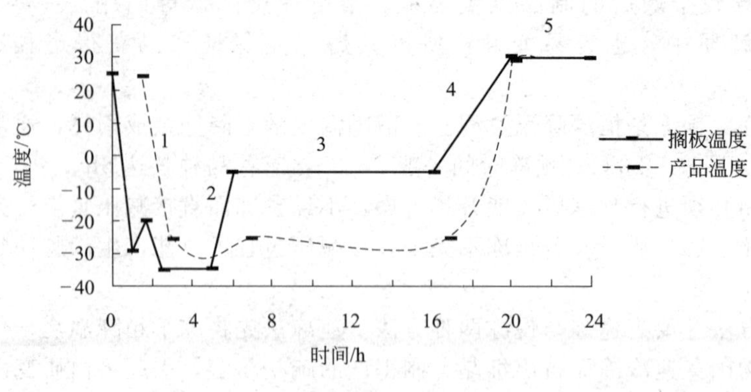

图 3-24　冻干曲线

干燥岗位职责

① 执行《干燥岗位操作法》、《干燥室设备标准操作规程》、《干燥设备清洁操作规程》、《场地清洁操作指南》等。

② 负责干燥所用设备的安全使用及日常养护。

按生产指令生产，核对干燥所用物料的名称、数量、规格、形式等，确保不发生混药、错药。

③ 认真检查干燥设备是否清洁干净，清场状态是否符合规定。

④ 干燥过程中不得擅自离岗，发现异常情况及时进行排除并上报。

⑤ 生产完毕，按规定进行物料移交，并认真填写好各种生产记录。

⑥ 工作结束或更换产品时应及时做好清场工作，认真填写相应记录。

⑦ 做到生产岗位各种标识准确，清晰明了。

干燥操作过程（以 GFG-500 型高效沸腾干燥机为例）

（1）生产前准备工作

① 检查生产所用工具是否齐全、洁净，机器部件是否安装完好。

② 检查蒸汽、压缩空气是否供应正常。

③ 检查投料的物料是否齐全，数量、品名、批号是否与生产指令相符，外观是否合格。

（2）操作

① 接通控制箱电源，打开压缩空气阀，调节气体压力（0.5～0.6MPa）。

② 根据需要设定进风温度（先按 3s 设定键，然后按加、减数键到所需温度，最后再按 3s 设定键即可设定温度）。

③ 将制好的颗粒投入料斗，将料斗推入箱体，待料斗就位正确后，方可推入充气开关，上下气囊进入 0.1～0.15MPa 压缩空气，使料斗上下处于密封状态。

④ 开启加热气进出手动截止阀。

⑤ 按引风机启动键，待风机启动结束后，按启动搅拌键，则搅拌运转，干燥开始。

⑥ 进风温度通过自动控制系统慢慢上升到设定温度左右，待出风温度上升到 60℃左右时，物料即将干燥。

⑦ 烘干过程颗粒有不均匀的现象，必须停止烘干，将料斗拉出来翻粒，再推进去烘干。

⑧ 取样测定颗粒水分是否达到要求。

⑨ 颗粒干燥程度达到要求后，拉出冷风门开关，用洁净的冷空气冷却物料数分钟。

⑩ 按风机停止键，使风机和搅拌同时停止（电气连锁），推拉捕集袋升降汽缸数次，使袋上的积料抖入料斗。

⑪ 拉出充气开关，待气囊密封圈放气复原后方可将料斗拉出。

⑫ 关闭控制箱电源和蒸汽源、压缩空气源。

(3) 清场　生产结束后按清场标准进行清场。清场完毕，经 QA 检查合格后，挂上“已清场”的状态牌。

(4) 记录　及时规范填写各生产记录、清场记录。

拓展知识

一、洁净室的要求

制剂生产厂房的内部布置是根据药品的种类、剂型以及生产工序、生产要求等合理划分不同的洁净室。洁净室是根据需要对空气中尘粒、微生物、温度、湿度、压力和噪声进行控制的密闭空间。洁净室中的洁净工作区是指洁净室内离地 0.8～1.5m 高度的区域。根据新版 GMP 规定，洁净室中洁净度级别可分为 A、B、C、D 四个等级。

（一）洁净室介绍

1. 建筑要求

洁净室环境应安静，周围空气洁净干燥，室外场地宽敞，并与锅炉房、生活区有一定距离，室内应装有洁净空调系统，进入的空气须滤过和消毒。所有电气设备、通风、工艺管道、照明灯等均应全部嵌入夹墙内，以免积尘和黏附细菌。墙壁与房顶及地面连接处均应砌成弧形，以便冲洗。室内面积不宜过大。地面用环氧树脂，墙壁应平直、光滑、无缝隙、不易剥落、耐湿。窗应采用密闭的双层玻璃。

2. 室内布局要求

洁净室应按工艺流程顺序布局，并规定人流和物流两条路线。室外必须设有走廊和足够的缓冲间及传递窗，避免重复往返，以免原材料、半成品交叉污染与混杂。其基本原则如下。

① 洁净室内的设备布置尽量紧凑，以减少洁净室的占地面积。

② 洁净室一般不安装窗户，有窗时则不宜临窗布置，尽量布置于厂房的内侧或中心部位。

③ 相同级别的洁净室尽量安排在一起。

④ 不同级别的洁净室应设隔门，并由低级别向高级别安排，相邻房间有压差（10Pa 左右），门的开启方向朝着高级别的洁净室。

⑤ 洁净室的门窗要求紧闭，人、物进出口必须安装所闸，安全出口开启方向朝操作人员安全疏散方向。

⑥ 洁净室的照度按 GMP 要求不低于 300lx。

⑦ 无菌区的紫外灯安装在无菌区上侧或入口处。

3. 对人、物要求

操作人员进入洁净室前必须洗手、洗脸、沐浴，更衣、帽、鞋，空气吹淋（风淋）等；着专用工作服，并尽量盖罩全身。

凡在洁净室使用的原料、仪器、设备等在进入洁净室前均需清洁处理，按一次通过方式，边灭菌边利用各种传递带、传递窗或灭菌柜将物料送入洁净室内。

（二）洁净室的空调系统

洁净室的空调系统对保证无菌制剂的质量关系很大，凡进入室内的空气均须经过严密滤过、去湿、加热等处理，成为无尘、无菌、洁净、新鲜的空气，并能调节室内的温度与湿度。空调系统见图 3-25。

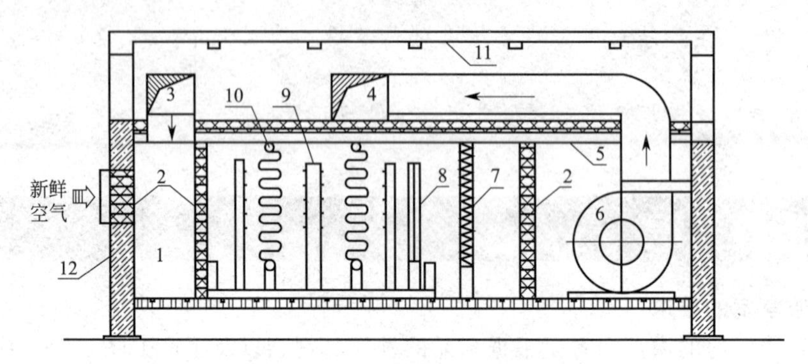

图 3-25　空调系统示意图

1—送风室；2—油浸玻璃丝滤过器（或用泡沫塑料）；3—回风管；4—送风管；
5—混凝土板及保温层；6—鼓风机；7—加热器；8—挡水板；
9—喷雾管；10—盐水蛇管冷却器；11—屋顶；12—外墙

当鼓风机开动后，室内的回风和室外的新风都被吸入送风室中，空气首先经过初效过滤器，以除去大部分尘埃和细菌；滤过后的空气通过表面冷却器，使空气温度下降，并让空气中的水分冷凝除去。然后通过挡水板除去雾滴，再通过风机，使空气经过蒸汽加热器，进一步调节空气温度和降低湿度，再通过蒸汽加湿器（或水加湿器）调节空气湿度；然后再经过中效过滤器，将洁净空气由各送风管送往操作室，在送风管末端通过高效过滤器后进入操作室。室内的空气可经回风管送回送风室，与新风混合后，循环使用；新风应经初效过滤器过滤后进入送风室。通过调节新风量，使室内保持正压，以免污物从缝隙中进入无菌室。

空调系统可除去 98%以上的尘埃，但仍达不到理想洁净度的要求。如要达到更高的洁净度，只有采用空气净化技术。

二、常见过滤装置

过滤装置由多种滤器连贯组合而成，分为高位静压过滤、减压过滤和加压过滤等。

1. 高位静压过滤装置

此种装置是利用液位差进行过滤，适用于生产量不大、缺乏一定设备的情况。一般药液配置在楼上，通过管道在楼下灌封。此法压力稳定，质量好，但滤速慢。

2. 减压过滤装置

减压过滤是采用真空泵等，将整个过滤系统抽成真空形成负压，而将滤液抽过过滤介质的方法。该装置适用于各种滤器，常用滤器有布氏漏斗-抽滤瓶，适用于黏性液体或注射液的脱炭过滤。垂熔玻璃滤器-抽滤瓶，用于液体或滴眼剂等过滤。微孔膜滤器，用于除菌过滤。对于注射剂的过滤，减压过滤装置中药液先经滤棒和垂熔玻璃滤球预滤，再经膜滤器精滤。此装置整个系统都处在密闭状态，药液不易被污染。但进入滤过系统中的空气必须经过滤。缺点是压力不够稳定，操作不当易使滤层松动，影响滤液质量。另外，由于整个系统处于负压状态，一些微生物或杂质能从密封不严处吸入系统污染产品，故不适于除菌过滤。

3. 加压过滤装置

加压过滤是利用离心泵对过滤系统加压而达到过滤目的的方法，广泛应用于药厂大量生产。常用设备有板框式压滤机，滤棒、垂熔玻璃滤器及微孔滤膜组成的用于注射剂过滤的装置。此装置在使用加压过滤的特点是压力稳定、滤速快、质量好、产量高。由于整个装置处于正压下，即使过滤停顿对滤层影响也较小，同时外界空气不易漏入过滤系统，适用于无菌过滤。但此法需要离心泵和压滤器等耐压设备；适用于配液、过滤及灌封工艺在同平面的情况；要注意该装置在用前应检查过滤系统的严密性。

实践项目

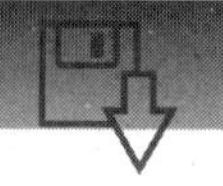

一、虚拟车间的操作练习

【实践目的】

1. 通过 GMP 实训仿真软件的学习，熟悉常用制剂制备的工艺流程并进一步加深对相关 GMP 知识的认识。

2. 通过 GMP 实训仿真软件的操作，了解各种基本制剂技术和设备的操作、保养和维护。

【实践场地】机房（配有中国药科大学高等职业技术学院开发的“药物制剂 GMP 实训仿真系统”软件。

【实践内容】

1. 点击进入操作界面，进入到“课程辅助教学”模块，该模块中的机械设备基础部分介绍了制药设备常用机构、压力容器、管道与阀门、保养维护与维修等内容，原理动画、直观图片、实物照片等素材较为丰富。结合本章介绍的各种制剂技术所用的设备，通过观看原理图和录像，进一步熟悉。

2. 点击进入“学生仿真练习”模块，该模块共汇总了颗粒剂、片剂、胶囊剂、水针剂四大类药品的生产岗位仿真场景，并对制药用水、空调与高压气源等辅助设施的岗位进行了仿真。学生选择制药用水系统和空调系统进行仿真操作。

（1）制药用水系统　制药用水系统，包括纯化水制备、注射用水制备，学生按顺序进入各个场景，熟悉场景的布置、设备的功能，再按照“操作指南”的要领提示进行仿真操作。对制水的工艺流程和操作岗位的要求，设备的操作、清洗和维护进行更为直观的学习和认识。

(2) 空调系统　这部分主要提高学生对空气净化技术在制药车间中实际应用的认识。通过场景模拟练习，对空气净化的原理、制剂车间洁净度的内容加深理解。

二、参观制水车间

【实践目的】

1. 了解制水车间的制水工艺布局、车间布置。
2. 掌握制水工艺流程，熟悉制水主要设备的原理、结构。
3. 了解制水主要设备的基本操作。
4. 熟悉制药用水的水质标准，明确水质监控的重要性。

【实践场地】GMP实训车间或药厂制水车间。

【实践内容】

1. 参观制水车间，认真听取工作人员的讲解。
2. 观看制水工艺流程、制水主要设备的原理和结构。
3. 学习制药用水质量管理的相关规章制度、措施。

【实践要求】

1. 参观前　认真复习教材中制水的工序、原理、设备等有关内容。按厂方进入厂区、车间的有关规定要求，做好衣、柜、鞋、帽等的准备工作。

2. 参观时　认真听取工作人员的讲解，做好笔记。参观过程中要严格遵守厂方的规章制度，服从安排。

3. 参观后　绘制所参观的制水工艺流程图，并进行分析讨论，总结参观体会。

复习思考题

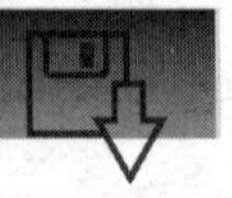

1. 洁净区的洁净度要求可分成哪几级，分别适合哪些产品生产操作？
2. 制剂生产过程中常用的灭菌方法有哪些，各有何特点？
3. 简述制药注射用水制备的工艺流程。
4. 简述常用的粉碎技术及常用设备。
5. 简述常用的制粒技术和常用设备。
6. 简述常用的干燥技术及适用范围。

模 块 二

药物制剂的稳定性和有效性

- 项目四　药物制剂稳定性介绍
- 项目五　药物制剂有效性介绍

项目四　药物制剂稳定性介绍

[知识点]

研究药物制剂稳定性的意义

制剂中生物药物的化学降解途径

影响制剂中药物稳定性的因素及稳定化方法

药物制剂稳定性试验方法

[能力目标]

知道生物药物降解的途径

知道影响药物稳定性的因素

能进行药物制剂稳定性实验操作

能根据制剂中药物降解的知识解决实际生产中出现的问题

必备知识

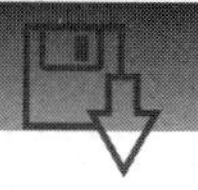

一、概述

（一）研究药物制剂稳定性的目的和意义

制剂稳定性是指制剂从生产到使用期间保持稳定的程度，一般是指制剂的体外稳定性。制剂稳定性研究是保证制剂质量的一个重要手段。制剂的基本要求是保证其安全、有效、稳定，而稳定是保证有效和安全的重要条件。制剂在制备和贮存过程中，因温度、水分、光线、微生物等因素的影响而易发生变质，从而导致药物的效能降低，甚至产生毒性，危及制剂的使用效果及安全。因此制剂稳定性的控制贯穿于制剂的研发、生产、贮存和使用的全过程。《中华人民共和国药典》、《新药注册管理办法》及《药品生产质量管理规范》等都对药品的稳定性作严格的要求和详细的规定。

由于生物技术药物多为蛋白质、多肽类物质，与常规药物相比，分子量较大，稳定性差，保持其稳定性对其发挥治疗作用至关重要。蛋白质、多肽类药物即使序列不变，氨基酸种类不变，但只要其三维结构发生变化，也可能失去其医疗价值。生物技术药物的稳定性研究更为复杂。

研究药物的稳定性对提高制剂质量，保证药品疗效与安全，提高经济效益有着至关重要的作用。在制剂的制备过程中，研究稳定性的目的如下。

① 通过测定药品的降解速率来选择辅料、设计处方、设计工艺、贮藏条件等。

② 预测和确定药物制剂的有效期。

③ 了解影响反应速率的因素，采取有效措施，防止和延缓药物制剂的降解。

（二）制剂稳定性研究范围

药物制剂稳定性一般包括化学、物理和生物学三个方面。

1. 化学变化引起的不稳定性

生物药物之间或与溶剂、辅料、容器、杂质、外界因素（空气、光线、水分）之间产生化学反应而导致药物降解变质，如氧化、水解、异构化、变性等。

2. 物理变化引起的不稳定性

制剂在放置过程中，其物理性质（即外观性状）改变，化学结构不变，但影响使用，不适合于临床要求。如乳剂的乳析、破裂，混悬粒子的沉降、凝固、结块，片剂的崩解迟缓等。

3. 微生物污染引起的不稳定性

由于微生物污染，引起制剂的霉败分解变质。

（三）稳定性的化学动力学基础

化学动力学是研究化学反应速率和反应机理的科学。评价药物制剂的化学稳定性是考察制剂稳定性的重点，而其中发生的降解反应就是属于化学反应，稳定性的好坏与其降解速率有关。浓度对反应速率的影响很关键，反应物浓度与反应速率之间的关系可用反应级数来表示。反应级数有零级反应、一级反应（伪一级反应）、二级反应等。对于大多数药物而言，即使是许多降解机制十分复杂的药物，其降解过程都可以用零级反应、一级反应（伪一级反应）来处理。

在药物制剂稳定性考察中，一般用 $t_{0.9}$（药物降解 10％所需要的时间，即有效期）来衡量药物降解速率，并作为药物制剂预测稳定性、贮藏期的指标。以下是常见反应速率方程的积分式及相应的 $t_{0.9}$。

零级反应：　$c=-kt+c_0$　　$t_{0.9}=\dfrac{0.10c_0}{k}$

一级反应：　$\lg c=-\dfrac{kt}{2.303}+\lg c_0$　　$t_{0.9}=\dfrac{0.1054}{k}$

二级反应：　$\dfrac{1}{c}=kt+\dfrac{1}{c_0}$　　$t_{0.9}=\dfrac{1}{9c_0k}$

式中，c 是 t 时间反应物的浓度；c_0 是 $t=0$ 时反应物的浓度；k 是速率常数。

二、制剂中药物的化学降解途径

药物化学降解的途径取决于药物的化学结构。水解与氧化是药物降解的两个主要途径。而生物技术药物如蛋白质、多肽类药物降解还具有其特殊性。

（一）水解

水解反应是药物降解的主要途径，属于此类降解的药物主要有酯类、酰胺类。

1. 酯类药物

含有酯键的药物的水溶液，在 H^+ 或 OH^- 或广义酸碱的催化下，水解反应加速，特别在碱性溶液中。酯类药物的水解常可用一级或伪一级反应处理。普鲁卡因的水解可作为这类药物的代表，水解生成对氨基苯甲酸与二乙氨基乙醇，此降解产物无明显的麻醉作用。

2. 酰胺类药物

酰胺类药物水解以后生成酸与胺。如氯霉素虽比青霉素类抗生素稳定，但其水溶液仍很易分解，在 pH7 以下，主要是酰胺水解，生成氨基物与二氯乙酸。

3. 其他药物

阿糖胞苷在酸性溶液中，脱氨水解为阿糖脲苷。在碱性溶液中，嘧啶环破裂，水解速率加速。本品在 pH 6.9 时最稳定，水溶液经稳定性预测 $t_{0.9}$ 约为 11 个月，常制成注射粉针剂使用。另外，如维生素 B、地西泮、碘苷等药物的降解途径也主要是水解。

（二）氧化

氧化反应也是药物变质最常见途径。药物氧化分解常是自动氧化，自氧化反应常为自由基的链式反应。氧化过程一般都比较复杂，有时一个药物，氧化、光化、分解、水解等过程同时存在。药物的氧化作用与化学结构有关，许多酚类、烯醇类、芳胺类、吡唑酮类、噻嗪类药物较易氧化。药物氧化后，不仅效价损失，而且可能产生颜色或沉淀。有些药物即使被氧化极少量，亦会色泽变深或产生不良气味，严重影响药品的质量，甚至成为废品。

1. 酚类药物

这类药物分子中具有酚羟基，如肾上腺素、左旋多巴、吗啡、去水吗啡、水杨酸钠等。左旋多巴氧化后形成有色物质，最后产物为黑色素。左旋多巴用于治疗震颤麻痹症，主要有片剂和注射剂，拟定处方时应采取防止氧化的措施。肾上腺素的氧化与左旋多巴类似，先生成肾上腺素红，最后变成棕红色聚合物或黑色素。

2. 烯醇类

如维生素 C 分子中含有烯醇基，极易氧化，氧化过程较为复杂。在有氧条件下，先氧化成去氢抗坏血酸，然后经水解为 2，3-二酮古罗糖酸，此化合物进一步氧化为草酸与 L-丁糖酸；在无氧条件下，发生脱水作用和水解作用生成呋喃甲醛和二氧化碳，由于 H^+ 的催化作用，在酸性介质中脱水作用比碱性介质快，实验中证实有二氧化碳气体产生。

3. 其他类药物

芳胺类如磺胺嘧啶钠，吡唑酮类如氨基比林、安乃近，噻嗪类如盐酸氯丙嗪、盐酸异丙嗪等，这些药物都易氧化。其中有些药物氧化过程极为复杂，常生成有色物质。含有碳碳双键的药物如维生素 A 或维生素 D 的氧化，是典型的自由基链式反应。易氧化药物要特别注意光、氧、金属离子对它们的影响，以保证产品质量。

（三）生物技术药物降解的特殊性

生物技术药物中的蛋白质、多肽类与常规药物比较：其分子量大，稳定性差，保持其稳定性（包括空间结构的稳定性）对其发挥治疗作用至关重要。

引起蛋白质不稳定的原因有多种，如蛋白质的水解、氧化、沉淀、变性等。

1. 蛋白质的水解

蛋白质可被酸、碱或蛋白酶催化水解，使蛋白质分子断裂，分子质量逐渐变小，成为分子质量大小不等的肽段和氨基酸。根据蛋白质的水解程度，可分为完全水解与不完全水解。此外，天冬酰胺和谷氨酰胺易发生脱酰胺作用水解生成天冬氨酸和谷氨酸。

2. 蛋白质的氧化

蛋白质和多肽中的一些氨基酸可以发生自发氧化，也可以在一些氧化剂存在时发生氧化。具有强负电性基团侧链的氨基酸残基更易发生氧化，如甲硫氨酸、半胱氨酸、组氨酸、色氨酸和酪氨酸。

3. 蛋白质的凝集与沉淀

蛋白质溶液是一种亲水胶体，蛋白质分子表面的一些亲水基团能与水分子发生水化作用，在分子表面形成一个水化层。且蛋白质分子表面的可解离基团在适当的pH条件下都带有相同的电荷，它们与周围带相反电荷的离子构成稳定的双电层。由于具有这两方面的稳定因素，如无外界因素的影响，蛋白质作为胶体系统是相当稳定的，一般不会发生凝集或沉淀。但如果条件发生改变，破坏了蛋白质的稳定性，蛋白质就会发生凝集，或从溶液中沉淀出来。

4. 蛋白质的变性

天然蛋白质在受到一些物理因素（如加热、紫外线照射、加压、表面张力、超声波等）或化学因素（如有机溶剂、酸、碱等）的影响时会导致蛋白性质发生变化，蛋白质分子中的次级键，如氢键等被破坏，使得蛋白质生物活性丧失（抗原性改变、生物功能丧失），同时还伴随一些物理化学常数的变化，如溶解度降低、不对称性增高、旋光值改变、光吸收系数增大、黏度改变、凝集、沉淀等，这种现象称为蛋白质的变性。蛋白质的变性不涉及共价键，如肽键的破坏，蛋白质的一级结构保持完好，也即肽链由折叠状态转变为伸展状态，蛋白质由规则的、紧密的结构变为不规则、松散的结构。在某些情况下，当变性因素除去后，变性的蛋白质又可以恢复其天然构象，这一现象称为蛋白质的复性，此时蛋白质的变性也称可逆变性。许多蛋白质变性时被严重破坏，不能恢复原有构象，称为不可逆变性。

5. DNA变性与复性

DNA分子由稳定的双螺旋结构松解为无规则线性结构的现象称为DNA变性。此时维持双螺旋稳定性的氢键断裂，碱基间的堆积力遭到破坏，但不涉及其一级结构的改变。凡能破坏双螺旋稳定性的因素，如加热、极端的pH、酸、碱、有机溶剂、尿素及甲酰胺等，均可引起核酸分子变性。变性DNA常发生一些理化及生物学性质的改变，如溶液黏度降低、沉降速率加快、旋光性发生变化、增色效应（变形后碱基外露，利于吸收260nm波长紫外光）等。

三、影响制剂中药物降解的因素及稳定化方法

（一）影响水解的因素和稳定的方法

1. 影响水解的因素

药物水解速率与本身的结构特点有关，也受外界因素影响。外界因素中最重要的是制剂的酸碱度及温度。

(1) pH与水解速率的关系　药物的水解速率与溶液的pH直接相关。在较低的pH范围时以H^+催化为主；在较高pH范围时以OH^-催化为主；在中间的pH范围，水解反应速率可能由H^+和OH^-共同催化。

pH值对速率常数k的影响可用下式表示：

$$k=k_0+k_{H^+}[H^+]+k_{OH^-}[OH^-] \tag{4-1}$$

式中，k_0表示参与反应的水分子的催化速率常数；k_{H^+}和k_{OH^-}分别表示H^+和OH^-的催化速率常数。

在pH值很低时，主要是酸催化，则式(4-1)可表示为式(4-2)：

$$\lg k=\lg k_{H^+}-pH \tag{4-2}$$

以$\lg k$对pH值作图得一直线，斜率为-1。

设k_w为水的离子积，即$k_w=[H^+][OH^-]$。在pH值较高时得式(4-3)：

$$\lg k=\lg k_{OH^-}+\lg k_w+pH \tag{4-3}$$

以$\lg k$对pH作图得一直线，斜率为$+1$，在此范围内主要由OH^-催化。

根据上述动力学方程可以得到反应速率常数与pH关系的图形，该图形称为pH-速率图。在pH-速率图最低点所对应的横坐标，即为最稳定pH，以pHm表示。pH-速率图有各

种形状，说明溶液的 pH 值对药物的降解速率的影响是不同的，由 pH-速率图可确定最稳定 pHm。比较典型的 pH-速率图有 V 形图及 S 形图等。

（2）温度与水解速率的关系　水解反应是吸热反应，温度升高水解速率增高。对于多数化学反应，温度每升高 10℃，反应速率增加 2～4 倍。温度对于反应速率常数的影响，Arrhenius 提出了如下方程：

$$k=Ae^{-\frac{E}{RT}} \tag{4-4}$$

式中，k 是速率常数；A 是频率因子；E 为活化能；R 为气体常数；T 为绝对温度。

式(4-4) 是著名的 Arrhenius 指数定律，它定量地描述了温度与反应速率之间的关系，是预测药物稳定性的主要理论依据。由于温度对水解速率的影响较大，药物制剂在制备过程中，往往需要加热溶解、灭菌等操作，此时应考虑温度对药物稳定性的影响，制定合理的工艺条件。

（3）空气湿度与水分对药物稳定性的影响　物质吸收空气中的水分称为吸湿，吸湿引起制剂含水量增加。对固体制剂而言，吸湿后，产生结块、流动性降低、潮解，含水量的增加，也是引起发霉、变质的重要条件。吸湿后表面形成一层液膜，水解反应就在膜中进行。对于在水中发生水解而水量又不足以溶解所有的药物时，每单位时间药物降解的量与含水量成正比，即：

$$d=k_0V \tag{4-5}$$

式中，d 为一天降解的量；k_0 为表观零级速率常数；V 为固体系统中水的体积。

d 对 V 作图得一直线。

为避免吸湿引起固体制剂含水量增加，可加强环境通风或在室内安装空气除湿机，以降低空气湿度。防湿包衣和防湿包装，也是经常采用的有效措施。

（4）离子强度对水解速率的影响　在制剂处方中，根据需要常加入电解质调节等渗，或加入盐（如一些抗氧剂）防止氧化，或加入缓冲剂调节 pH 值。这些物质的加入改变了离子强度，对降解速率产生影响，可用下式说明：

$$\lg k=\lg k_0+1.02Z_AZ_B\sqrt{\mu} \tag{4-6}$$

式中，k 是降解速率常数；k_0 为溶液无限稀（$\mu=0$）时的速率常数；μ 为离子强度；Z_AZ_B 是溶液中药物所带的电荷。

以 $\lg k$ 对$\sqrt{\mu}$作图可得一直线，其斜率为 $1.02Z_AZ_B$，外推到 $\mu=0$ 可求得 k_0。

（5）溶剂的影响　对易水解的药物，有时采用非水溶剂如乙醇、丙二醇、甘油等使其稳定。根据下述方程可以说明非水溶剂对易水解药物的稳定化作用。

$$\lg k=\lg k_\infty-\frac{k'Z_AZ_B}{\varepsilon} \tag{4-7}$$

式中，k 为速率常数；ε 为介电常数；k_∞ 为溶剂 ε 趋向∞时的速率常数；Z_AZ_B 为离子或药物所带的电荷；对于一个给定系统在固定温度下 k'是常数。

式(4-7) 表示溶剂介电常数对药物稳定性的影响，适用于离子与带电荷药物之间的反应。以 $\lg k$ 对 $1/\varepsilon$ 作图得一直线。如果药物离子与攻击的离子的电荷相同，则 $\lg k$ 对 $1/\varepsilon$ 作图所得直线的斜率是负的。在处方中采用介电常数低的溶剂将降低药物分解的速率。

2. 延缓药物制剂水解速率的办法

（1）调节 pH　很多药物的水解反应可被 H^+ 或 OH^- 催化，所以其溶液只在某一定 pH 范围内比较稳定。因此，用酸、碱或适当的缓冲剂，把溶液的 pH 调节在成分最稳定的 pH 范围内，是延缓药物水解速率的重要措施。各种药物最稳定的 pH 应由试验求得，一般来说，H^+ 或 OH^- 催化水解的过程，可用化学动力学的办法处理，找出它的变化规律，掌握最稳定的 pH 范围。

（2）控制温度　由于温度升高，能使水解速率加快，故降低温度可使水解反应减慢。有些产品在保证完全灭菌的前提下，可降低灭菌温度，缩短灭菌时间。针对热特别敏感的药物，如某些抗生素、生物制品，要根据药物性质，设计合适的剂型（如固体剂型），生产中采取特殊的工艺，如冷冻干燥、无菌操作等，同时低温贮存。

（3）选用适当的溶剂　用介电常数较低的溶剂如乙醇、甘油、丙二醇等部分或全部代替水作溶剂，可使水解速率降低。

（4）制成固体制剂　将易水解药物制成固体制剂，稳定性可以大大提高。容易水解的药物需制成片剂时，可用干法制粒或直接压片等，尽量避免与水分的接触。如需湿法制粒时，应考虑采用醇溶液而不用水溶液做黏合剂。

（5）制成难溶性盐或酯　在难溶性药物的饱和水溶液中，其水解反应的速率与药物的溶解度成正比。所以，将容易水解的药物制成难溶性盐或难溶性酯类衍生物，其稳定性将显著增加。

（6）添加稳定剂　加入具有延缓药物水解能力的物质，如络合剂、表面活性剂等。络合剂与易水解药物形成配合物后，由于空间障碍，大大降低了 H^+ 或 OH^- 与药物接触的可能性，从而保护了药物；表面活性剂在水中形成胶团后，易水解药物埋藏在胶团内部，减少了 H^+ 或 OH^- 对其进攻的机会，因而稳定性得以提高。

（7）密封包装　密封包装对固体制剂中药物具有防潮、隔绝外界水分的作用。

（二）影响氧化的因素和稳定化方法

1. 影响氧化的因素

药物的氧化除与药物的本性有关外，还与光线、氧、温度等外界因素有关。

（1）光线　光线提供了许多药物氧化过程反应所需要的能量。光线波长越短，能量越大，故紫外线更易激发化学反应。有些药物分子受辐射（光线）作用使分子活化而产生分解，此种反应叫光化降解，其速率与系统的温度无关。这种易被光降解的物质叫光敏感物质。例如维生素 C、维生素 E 等在日光下均易被氧化。光线一般不是孤立起作用，常伴随着其他因素（如氧气、温度、pH、重金属离子等）而共同起作用。

（2）氧的含量　大多数药物的氧化分解是自动氧化反应，大气中的氧是引起药物制剂氧化的重要因素。有时仅需痕量的氧就可引起氧化反应。一旦反应进行，氧的含量便不重要了。丙二醇、甘油、乙醇等溶解氧气能力比蒸馏水小，故这些溶剂中氧的含量很低，往往可延缓药物氧化速率。

（3）温度　与水解反应一样，温度可加速药物或标志性成分氧化的反应速率，其温度系数一般在 2～3。但属于化学反应的氧化反应，其温度系数则较小。由于温度增加时氧在水中的溶解度降低，故在研究不同温度对氧化反应的影响时，温度的作用与氧的含量应同时考虑。

（4）溶液的 pH　有些氧化还原反应伴随着质子的转移，故当 pH 增大时，氧化反应易于进行，在 pH 较低时较为稳定。例如维生素 E 的氧化过程，随 pH 增大氧化反应易于进行。

（5）金属离子　特别是二价以上的金属离子如 Fe^{2+}、Ca^{2+}、Mn^{2+} 等，均可促进自动氧化反应的进行，是药物氧化分解的催化剂。制剂中存在的微量金属离子主要来自原辅料、溶剂、容器及操作过程中所使用的工具等，如纯化水中可能有微量的铜离子，活性炭中可能有微量的铁离子。所以生产易氧化药物制剂时，应尽可能避免使用金属用具、容器，并应严格控制原辅料的质量。

2. 延缓制剂中药物氧化速率的方法

(1) 减少与日光的接触　主要是减少与日光中紫外光接触的机会。由于紫外光大部分可为普通玻璃所吸收，所以易氧化变色的药物制剂应贮藏在对紫外光有滤光作用的棕色玻璃容器或不透光的塑料瓶之中。对光敏感的药物，在整个生产和贮藏过程中都应避光。

(2) 减少与空气的接触　水中溶解的氧（25℃，5.75mL/L）和容器空间的空气含有的氧，这些氧气直接接触药物制剂，而引起易氧化成分的氧化变质。

通常可采用以下方法驱氧，保持稳定性。

① 驱氧　以煮沸方法驱除蒸馏水中氧气，氧气在水中溶解度随温度升高而减少（表4-1）。

表 4-1　氧气在不同温度下在水中的溶解度

温度/℃	0	4	10	20	25	50	100
O_2 在水中的溶解度/(mL/L)	10.13	9.14	7.87	6.35	5.75	3.85	0

通常将蒸馏水经剧烈煮沸 5min，立即使用，或贮于密闭容器中，防止氧气重新溶解。

② 通入惰性气体　在水中通入二氧化碳至饱和，残存在水中的氧为 0.05mL/L；通氮气至饱和，留氧量为 0.36mL/L。可将惰性气体直接通入已灌液的容器内，以驱除液中和液面上的氧气。往液体中通入惰性气体 10min，即可几乎将水中的氧气全部驱除，通气效果可用测氧仪进行残余氧气的测定。

(3) 调节 pH　溶液的 pH 对氧化反应速率有很大影响，调节溶液至适当的 pH 也可以延缓氧化。一般可用盐酸、硫酸、醋酸、酒石酸或氢氧化钠、碳酸氢钠、磷酸氢二钠等的稀溶液进行溶液 pH 的调节，有时也可用缓冲液调节。

(4) 添加抗氧剂与金属离子络合剂　有些易氧化的药物制剂，虽经避光、密塞、调节 pH 等处理，但在长期贮存中仍不能防止氧化变色，故需加入抗氧剂。抗氧剂本身是还原性物质，加入易氧化的药物制剂中后，它首先被氧化而使药物制剂受到保护。

由于微量金属离子对自动氧化有催化作用，因而要防止金属离子的影响，除了杜绝药物制剂中金属离子的来源之外，常在药物制剂中加金属离子配合剂来消除这种影响。金属离子络合剂可与溶液中的金属离子生成稳定的水溶性配合物，从而免除了金属离子对氧化反应的催化作用。乙二胺四乙酸（EDTA）即为常用的金属离子络合剂。

(5) 控制温度和装量　对于遇热易氧化的物质，除整个生产过程中要避免加热或采取低温灭菌外，还应低温贮存。某些极易氧化的液体制剂，若供多次使用时，对于装量也应予以特别规定。有些制剂不一定一次用完，每使用一次，便增加了一次与空气接触的机会，这样就又给氧化变色创造了条件，因此对于某些制剂的装量应作特别的规定，其目的是使制剂在可能变色变质前用完。

(6) 制成固体制剂　凡易氧化的药物制成液体剂型后，虽经采取多中抗氧化措施，尚无法彻底防止氧化反应时，则须制成干燥固体剂型，并在 25℃以下阴凉处保存，以保证药物制剂在一定贮存期内的质量。

(7) 熔封或严封包装　熔封或严封对制剂中药物氧化起到隔绝空气的作用。

(三) 影响生物技术药物降解的因素和稳定化方法

1. 引起蛋白质类药物不稳定的因素

蛋白质类药物不稳定现象既包含指蛋白质通过成键或断键生成新的化合物的化学变化；也包含了不涉及蛋白质的共价键变化而是高级（二级或以上）结构的改变，包括变性、表面吸附、凝聚和沉淀。

蛋白质的一些基团在一定溶液条件下易发生化学反应而引起不稳定。氧化和脱酰胺是其中最常见反应。甲硫氨酸（Met）、半胱氨酸（Cys）、组氨酸（His）、色氨酸（Trp）及苏氨酸（Tyr），由于与各种活泼氧具有很高的反应性易发生氧化反应，这些氧化过程受过渡金属离子的催化和光的诱发，还受到pH、温度及缓冲液组成的影响。天冬酰胺（Asn）和谷氨酰胺（Gln）的脱酰胺是发生在分子内的非酶促过程，在生理条件下Asn和Gln即会脱酰胺形成琥珀酰亚胺五元环中间产物，又会进一步水解、异构和消旋，这三种作用常同时发生，其结果导致蛋白质功能改变、亚基解离、蛋白酶水解等。

制备过程中温度是引起蛋白质变性重要的因素之一。机械破碎、超声振荡等操作必然有升温的问题，有可能造成蛋白质的热变性。一般而言，大多数蛋白质在0～4℃较稳定。大多数的热变性都是不可逆的。

2. 引起核酸类药物不稳定的因素

DNA分子的双螺旋结构的稳定主要与氢键、碱基对堆积、水分子和金属离子间的相互作用有关。氢键是由静电作用力引起的一种弱的次级键，碱基之间的氢键可以起到稳定DNA螺旋的作用。碱基对之间的氢键是N—H…N和N—H…O型。A和T之间可以形成2个氢键，G和C之间可以形成3个氢键，因此GC碱基对要比AT碱基对稳定。每个氢键在室温下非常不稳定，但在DNA分子中，众多氢键的集合赋予了DNA分子结构的稳定性。DNA结构中碱基对间的堆积力对维持DNA的双螺旋结构起主要作用。相邻的碱基对在垂直方向相互作用堆积排列，从而存在强的堆积作用力。此外水分子（位于双螺旋的沟中）和金属离子（与DNA骨架中的磷酸基团的相互作用）对稳定存在于水溶液中的DNA的双螺旋结构也具有一定作用。引起上述作用的变化即会引起核酸类药物的不稳定，影响因素如下。

（1）温度　DNA在室温下相对比较稳定，但随着温度升高，在AT含量较高的区域碱基对将会断开，形成一个或多个开放的单链泡。如果温度继续升高，如超过80℃，GC碱基对也会断开，此时单链泡会迅速扩大，最终导致两条链完全分开。

（2）pH　pH过高或过低均会导致DNA不稳定。当pH低于5.0时DNA易脱嘌呤，更酸的条件将使碱基广泛质子化。当pH过高时，碱基将广泛去质子化，失去形成氢键的能力。如果pH高于11.3时，所有氢键均不存在，DNA完全变性。DNA适宜pH为7～8。

（3）离子强度　DNA的熔解温度（T_m）同溶液的离子强度有关。一般熔解温度随盐浓度增加而升高，高盐浓度有利于DNA的热稳定性，由于DNA分子中存在许多带负电荷的磷酸基团，它们之间存在静电排斥作用。在无盐存在的水溶液中，这种静电排斥作用会导致DNA在室温下变性。盐溶液中的正电荷不仅可以屏蔽负电荷，而且可以与磷酸基团结合中和负电荷，从而稳定DNA。

（4）变性剂　变性剂如甲醇、乙醇、甲酰胺、脲等可以通过与核苷酸形成氢键，或者碱基对间的堆积作用而使DNA变得不稳定。如50%的甲酰胺可以使DNA的熔解温度下降30℃。

（5）核酸酶　DNA易受DNA酶的降解。但大多数DNA酶作用时需要Mg^{2+}、Ca^{2+}等二价金属离子。因此可以通过在溶液中加入EDTA、EGTA、柠檬酸盐等络合剂来抑制DNA酶的活性。而对于RNA来说，RNA酶分布广泛，各种实验器皿易被RNA酶污染。而且RNA酶耐热，80℃处理15min仍不能使其完全灭活。其作用时不需要二价金属离子的参与，添加络合剂抑制其活性。目前多采用RNA酶抑制剂来抑制RNA酶的活性。

3. 提高蛋白多肽类药物稳定性的方法

（1）蛋白质稳定剂　最简单有效的稳定剂是盐类，可通过与蛋白质的非特异性结合，减缓蛋白质的可逆性变性。离子结合能增加蛋白质的热稳定性，如钙离子的多点接触，使蛋白的刚性增加，如淀粉酶、胰蛋白酶。离子结合也能用来控制物理不稳定性，如凝聚和沉淀，胰岛素可为例证。

多元醇类如甘油和糖类，可通过对蛋白质选择性的溶剂化防止其变性而稳定蛋白质。此类添加剂在低浓度时，可使更多的水分子包裹蛋白质以排斥更多的疏水性添加剂，从而增加蛋白质的稳定性；在添加剂浓度较高时，则不增加蛋白质稳定性，而较多的疏水性有机溶剂开始使蛋白质变性。

表面活性剂（包括阴离子型和非离子型）也可用于稳定蛋白质。阴离子型如十二烷基硫酸钠可影响蛋白质的变性。非离子型表面活性剂如吐温和聚醚能防止蛋白质吸附于表面，而抑制其凝聚和沉淀，阻止其变性。这些表面活性剂还具有另一优点，即能促进蛋白质经皮肤和腔道转运。

（2）蛋白质的化学修饰　用修饰剂对蛋白类药物进行化学修饰，可以改变它们的生物分配行为和溶解行为。可消除药物的免疫原性和免疫反应性，降低其毒副作用，减少酶对药物分子的破坏，延长在体内的作用时间，增强药物的稳定性等。

目前修饰剂的种类有很多，包括右旋糖酐、肝素、聚乙烯吡咯烷酮、聚氨基酸、棕榈酸、聚乙二醇等，其中聚乙二醇因其毒性小、无抗原性、溶解性好且具有 FDA 认证的生物相容性而最为常用。另一有前景的方法是用类脂基团修饰蛋白质或多肽，改变体内转运行为，促使蛋白质插入类脂双分子层。用此法修饰的胰岛素，其有效期延长，可解决传递问题。修饰蛋白质的碱性基团也能提高其稳定性。如赖氨酸通过胍基化反应转化成高精氨酸能稳定许多蛋白质，但会影响核糖核酸酶的稳定性。氨基酸的甲基化也能增加蛋白质的热稳定性，如用修饰法取代 Met 能防止氧化。

（四）制剂工艺对药物制剂稳定性的影响

同种药物制成相同剂型时，往往因制备工艺的不同，造成药物制剂稳定性的差异，所以应根据药物制剂的性质结合设计合理的制备工艺，以提高制剂的稳定性。

1. 制成微囊

微囊是利用高分子物质或共聚物（简称囊材）包裹于药物的表面，使成半透性或密封的微小胶囊。制成微囊后，囊材使药物与外界环境（氧气、湿气、光线等）隔绝，提高药物制剂的稳定性。

如大蒜素（三硫二丙烯）是从大蒜挥发油中分离出来的一种化合物，呈油状液体，具挥发性，是大蒜的主要有效成分，对细菌、真菌有强烈的杀灭作用。大蒜素是带有两个双键的三硫化合物，其性质虽比大蒜辣素稳定，但受空气、光线、温度的影响也易氧化变质，色泽加深。试验研究以明胶 阿拉伯胶为囊材，通过复凝聚法制备大蒜素微囊，进而制成胶囊剂。留样观察测定三硫二丙烯含量的结果：于室温不避光的条件下贮存 3 个月后，原油含量由 98.53%下降到 81.91%，微囊剂含量由 21.86mg/粒下降到 20.38mg/粒。即含量下降百分率，原油为 16.9%，微囊剂为 6.8%，说明采用微型包囊工艺提高了大蒜素的稳定性。

2. 制成环糊精包合物

药物的环糊精包合物在药物设计中有着广阔的发展前景，其中一个重要应用是可以增加药物的稳定性。

环糊精是淀粉经过微生物环糊精糖基转移酶的作用，以 α-1,4 糖苷键连接葡萄糖分子构成的环状低聚糖。常见的有 α、β、γ3 种环糊精，分别由 6 个、7 个、8 个葡萄糖分子构成。环糊精分子的立体结构是一个环状中空的圆筒形，很容易以其内部空隙而与有机分子包合。通常，以 β-环糊精空隙大小适中，较为实用。当制成包合物后，药物被包合在环糊精分子的空穴中，从而切断了药物分子与周围环境的接触，使药物分子得到保护，增加药物制剂的稳定性，防止药物氧化、水解和挥发性物质损失。

3. 固体剂型包衣

片剂、丸剂包衣可降低吸湿性。糖衣在增加药物稳定性方面可起到一定的作用，但因其具水溶性，抗潮能力差，易发生粘连、开裂、变质，所以选择一种水中不溶而胃液中溶解的包衣材料，以提高其抗潮性能，是目前研究的热点。

四、药物制剂稳定性试验方法

药物稳定性试验的目的是考察原料药和药物制剂在温度、湿度、光线的影响下，稳定性随时间的变化规律，为药品的生产、包装、贮存、运输条件提供科学依据，同时通过试验确立药品的有效期。

稳定性试验的基本要求如下。①稳定性试验包括影响因素试验、加速试验与长期试验。影响因素试验可用一批原料药或制剂进行。加速试验与长期试验，要求用3批供试品进行。②原料药供试品应是一定规模生产的，供试品量相当于制剂稳定性实验所要求的批量，其工艺路线、方法、步骤应与大生产一致。药物制剂的供试品应是放大试验的产品（如片剂或胶囊剂至少应为10000片或10000粒。大体积包装的制剂如静脉输液等，每批放大规模的数量至少应为各项试验所需总量的10倍），其处方与生产工艺应与大生产一致。③供试品的质量标准应与临床前研究及临床试验和规模生产所使用的供试品质量标准一致。④加速试验与长期试验所用供试品的容器和包装材料及包装方式应与上市产品一致。⑤研究药物制剂稳定性，要采用专属性强、准确、精密、灵敏的药物分析方法与有关物质（含降解产物及其他变化所生成的产物）的检查方法，并对方法进行验证，以保证稳定性试验结果的可靠性。⑥由于放大试验比规模生产的数量要小，故申报者应承诺在获得批准后，从放大试验转入规模生产时，对最初通过生产验证的三批规模生产的产品仍需进行加速试验与长期稳定性试验。

（一）影响因素试验

原料药要求进行试验，其目的是探讨药物的固有稳定性，了解影响其稳定性的因素及可能的降解途径与分解产物，为制剂生产工艺、包装、贮存条件提供科学依据。药物制剂进行此项试验的目的是考察制剂处方的合理性与生产工艺及包装条件。

供试品可以用一批进行，将供试品置适宜的开口容器中，摊成≤5mm厚的薄层，疏松原料药摊成≤10mm厚薄层进行实验，如为制剂应取去外包装，放置于开口的容器中，进行试验。

（1）高温试验　供试品开口置适宜的洁净容器中，60℃温度下放置10天，于第5天、第10天取样，按稳定性重点考察项目进行检测，同时准确称量试验前后供试品的重量，以考察供试品风化失重的情况。若供试品有明显变化（如含量下降5%），则在40℃条件下同法进行试验。若60℃无明显变化，不再进行40℃试验。

（2）高湿度试验　供试品开口置恒湿密闭容器中，在25℃分别于相对湿度90%±5%条件下放置10天，于第5天、第10天取样，按稳定性重点考察项目要求检测，同时准确称量试验前后供试品的重量，以考察供试品的吸湿潮解性能。若吸湿增重5%以上，则在相对湿度75%±5%条件下，同法进行试验，若吸湿增重5%以下，且其他考察项目符合规定要求，则不再进行此项试验。恒湿条件可通过在密闭容器，如干燥器下部放置饱和盐溶液实现，根据不同相对湿度的要求，可以选择NaCl饱和溶液（15.5～60℃，相对湿度75%±1%）或KNO_3饱和溶液（25℃，相对湿度92.5%）。

（3）强光照射试验　供试品开口放置在装有日光灯的光照箱或其他适宜的光照装置内，于照度为4500lx±500lx的条件下放置10天，于第5天、第10天取样，按稳定性重点考察项目进行检测，特别要注意供试品的外观变化。

知识链接：光照设置

建议采用定型设备“可调光照箱”，也可用光橱，在箱中安装日光灯数支使达到规定照度。箱中供试品台高度可以调节，箱上方安装抽风机以排除光源产生的热量。箱上配有照度计，可随时监测箱内照度，光照箱应不受自然光的干扰，并保持照度恒定。同时要防止尘埃进入光照箱。

（二）加速试验

加速试验是在超常的条件下进行，其目的是通过加速药物的化学或物理变化，探讨药物的稳定性，为药品评审、包装、运输及贮存提供必要的资料。原料药物与药物制剂均需进行此项试验。

试验方法为：取供试品 3 批，按市售包装，在温度 40℃±2℃、相对湿度 75%±5%的条件下放置 6 个月。所有设备应能控制温度±2℃，相对湿度±5%，并能对真实温度与湿度进行监测。在试验期间第 1 个月、第 2 个月、第 3 个月、第 6 个月末取样一次，按稳定性重点考察项目检测。3 个月资料可用于新药申报临床试验，6 个月资料可用于申报生产。在上述条件下，如 6 个月内供试品经检测不符合制订的质量标准，则应在中间条件（温度30℃±2℃，相对湿度 60%±5%的情况）下进行加速试验，时间仍为 6 个月。

对温度特别敏感的药物制剂，预计只能在冰箱（4～8℃）内保存使用，则加速试验可在温度 25℃±2℃、相对湿度 60%±10%的条件下进行，时间为 6 个月。

乳剂、混悬剂、软膏剂、乳膏剂、糊剂、凝胶剂、眼膏剂、栓剂、气雾剂、泡腾片及泡腾颗粒宜直接采用温度 30℃±2℃、相对湿度 60%±5%的条件进行试验。其他要求与上述相同。

包装在半透性容器的药物制剂，如塑料袋装溶液、塑料瓶装滴眼剂、滴鼻剂等，则应在温度 40℃±2℃、相对湿度 25%±5%的条件进行试验。

（三）长期留样观察试验（长期试验）

长期试验是在接近药品的实际贮存条件下进行，其目的是为制定有效期提供依据。

试验方法为：供试品要求 3 批，市售包装，在温度 25℃±2℃、相对湿度 60%±10%条件下或温度 30℃±2℃、相对湿度 65%±5%条件下放置 12 个月（基于我国南北方气候差异考虑，由研究者确定选择哪一个条件）。每 3 个月取样一次，分别于 0 个月、3 个月、6 个月、9 个月、12 个月，按稳定性重点考察项目进行检测。12 个月后，仍需继续考察，分别于 18 个月、24 个月、36 个月取样进行检测。6 个月的数据可用于新药申报临床研究，12 个月的数据用于申报生产。将结果与 0 个月比较以确定药品的有效期。由于实测数据的分散性，一般应按 95%可信限进行统计分析，得出合理的有效期。有时试验未取得足够数据（如只有 18 个月），也可用统计分析，以确定药品的有效期。如 3 批统计分析结果差别较小，则取其平均值为有效期；若差别较大，则取其最短的为有效期。数据表明很稳定的药品，不作统计分析。

对温度特别敏感的药品，长期试验可在温度 6℃±2℃的条件下放置 12 个月，按上述时间要求进行检测，12 个月以后，仍需按规定继续考察，制定在低温贮存条件下的有效期。

此外，有些制剂还应考察临用时配制和使用过程中的稳定性。

（四）经典恒温法

在实际研究工作中，可考虑采用经典恒温法预测药物制剂稳定性，特别是药物的水溶液制剂，其预测结果有一定的参考价值。

经典恒温法的理论依据是 Arrhenius 公式：$k=Ae^{-\frac{E}{RT}}$，其对数形式为：

$$\lg k=\frac{E}{2.303RT}+\lg A \tag{4-8}$$

此法操作过程如下。①选择高于室温的 4 个（如 60℃、70℃、80℃、90℃）或 5 个温度，所用实验设备应能保持恒温。②将样品分别放置不同温度的恒温箱中，每间隔一定时间取样进行含量测定，一般情况每个样品取样 4～7 次。③根据含量测定结果与时间的关系，确定反应级数和反应速率常数。若以含量 C 对 t 作图得直线，则为零级反应，直线的斜率为反应速率常数；若以 $\lg C_t$ 对 t 作图得直线，则为一级反应，斜率为 $-\frac{k}{2.303}$。各温度下的反应速率常数 k 可以用作图法或一元线性回归法求得。④根据所得的各温度 k 值，以 $\lg k$ 对 $1/T$ 作图得一直线，直线斜率为 $-\frac{E}{2.303R}$，由此可以计算出活化能 E；将直线外推至室温，求出室温时的反应速率常数（k_{25}）；也可以用一元线性回归法求出回归方程，再计算活化能 E、k_{25}、$t_{0.9}$。

实践项目

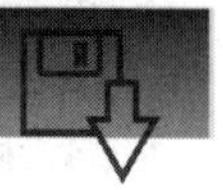

青霉素 G 钾盐稳定性试验

【实践目的】

1. 掌握采用恒温加速实验法测定青霉素 G 钾盐注射液的贮存期。
2. 了解运用化学动力学的原理预测注射剂的稳定性的方法。

【实践场地】实验室。

【实践内容】

1. 原理

青霉素 G 钾盐在水溶液中迅速破坏。残余未破坏的青霉素 G 钾盐可用碘量法测定，即先经碱处理，生成青霉酸噻唑酸，后者可被碘氧化。过量的碘则用硫代硫酸钠溶液回滴。反应方程式如下：

H_3C, H_3C, COOK, S, N, O, NHCOR $\xrightarrow{NaOH}$ H_3C, H_3C, COOK, S, N, CH—COONa, NHCOR $\xrightarrow{HCl}$ H_3C, H_3C, COOH, S, N, CH, NHCOR

$\xrightarrow{4I_2+5H_2O}$ H_3C, H_3C, COOH, SH, NH_2 + $CH(COOH)_2$, NHCOR + 8HI

随着青霉素 G 钾盐溶液放置时间增长，残余未破坏的青霉素 G 钾盐越来越少，故碘液消耗量也相应减小。根据碘液消耗量的比例可得知青霉素 G 钾盐剩余百分比，以该百分数值的对数对时间作图。因青霉素 G 降解反应与 pH 有关，是一个假一级反应，故该系列数据可拟合成一直线。

一级反应的反应速率方程式如下：

$$\lg c=-\frac{k}{2.303}t+\lg c_0$$

所以可以从速率方程的斜率求出各种温度的反应速率常数。

而反应速率常数与温度的关系符合 Arrhenius 公式：

$$\lg k=-\frac{E_a}{2.303}\times\frac{1}{T}+\lg A$$

将反应速率常数的对数对反应温度（绝对温度）的倒数作图，从图中即可求得室温时反应速率常数，由此可计算得到室温时的有效期（$t_{0.9}$）。

$$t_{0.9}=\frac{0.1054}{k_{25}}$$

2. 实验仪器、药品、设备

（1）仪器　酸式滴定管（25mL）、移液管（1mL）、锥形瓶（250mL）、烧杯（100mL）、洗瓶（500mL）。

（2）药品　青霉素 G 钾盐（5mL）、碘液（0.01mol/L）、pH4.0 的枸橼酸-磷酸氢二钠缓冲液、pH4.0 醋酸缓冲液、0.01mol/L 硫代硫酸钠溶液、1mol/L 氢氧化钠溶液、1mol/L 的盐酸溶液、淀粉指示剂。

（3）设备　恒温水浴箱、冰箱、铁架。

3. 内容

（1）加速试验

① 试验方法　称取青霉素 G 钾盐 70～80mg，置 100mL 干燥容量瓶中，用 pH4.0 的枸橼酸-磷酸氢二钠缓冲液（在实验温度下预热）溶解，并稀释至刻度，将容量瓶置恒温水浴中，立即用 5mL 移液管吸出溶液 2 份（分别用于空白和检品测定），每份 5mL，分别置于碘量瓶中，并同时记录吸液时间，以后每隔一定时间吸液一次，方法同上。

② 试验温度及取样时间　实验温度选择 30℃、35℃、40℃、45℃ 四个温度，吸液时间需视温度而定，温度高，吸液间隔时间宜短，即 30℃（1h）、35℃（30min）、40℃（20min）、45℃（10min）。

（2）含量测定　每次吸液后应立即按以下方法进行含量测定。

① 空白测定　向盛有 5mL 检液的一个碘量瓶中（此瓶称为空白）加入醋酸缓冲液 10mL，精密加入 0.01mol/L 碘液 10mL，暗处放置 5min，用 0.01mol/L 硫代硫酸钠溶液回滴，以 2mL 淀粉试液为指示剂，至蓝色消失，消耗硫代硫酸钠液的体积为 amL。

② 检品测定　向盛有 5mL 检液的另一个碘量瓶中（此瓶称为检品）加入 1mol/L 氢氧化钠 5mL，放置 15min 后加入 1.1mol/L 盐酸 5mL、醋酸缓冲液 10mL，摇匀，精密加入 0.01mol/L 碘液 10mL，在暗处放置 15min，立即用 0.01mol/L 硫代硫酸钠溶液回滴，以 2mL 淀粉试液为指示剂，至蓝色消失，消耗硫代硫酸钠液的体积为 bmL。

$a-b$ 即为检品实际消耗碘液的体积（mL）。

4. 结果处理

① 用 $\lg(a-b)$ 对时间 t(min 或 h）作图。

② 求出这条直线的斜率 m，可在这条直线上任取两点，它们横坐标之差为 t_2-t_1，纵坐标之差为 $(\lg I_2)_2-(\lg I_2)_1$，则斜率为：

$$m=\frac{(\lg I_2)_2-(\lg I_2)_1}{t_2-t_1}$$

③ 根据 $m=-k/2.303$ 可以求出反应速率常数 k。

④ 根据 $t_{1/2}=0.693/k$，$t_{0.9}=0.106/k$ 可以求出 $t_{1/2}$、$t_{0.9}$。

⑤ 用反应速率常数的对数（即 $\lg k$）对相应温度（绝对温度）倒数作图，用外推法可求

出室温时的反应速率常数 k，进而可以求出室温时的半衰期及有效期。

复习思考题

1. 简述影响药物稳定性的因素及稳定化措施。
2. 简述制剂稳定性研究的范围。
3. 生物药物制剂容易发生哪些不稳定的现象？如何解决？
4. 简述经典恒温法的原理和操作过程。

项目五　药物制剂有效性介绍

［知识点］

生物药剂学和药物动力学的含义和研究内容

影响制剂有效性的因素

影响药物胃肠道吸收的因素

生物利用度的概念、意义和计算方法

［能力目标］

知道药物在体内的基本过程

知道影响药物制剂有效性的因素

知道影响药物口服吸收的因素

能分析影响药物疗效的因素并采取相应措施进行改善

能进行生物利用度基本参数的计算

必备知识

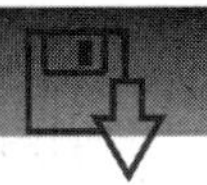

一、概述

（一）影响药物制剂有效性的因素

随着制剂学发展和研究的深入，人们发现药品的疗效不仅仅取决于药物的化学结构，还受到剂型因素与生物因素的影响且有时影响较大。含有相同量同样化学结构的药品，不一定有相同的疗效。每一种药物给予人体时被赋予一定的剂型，由特定的途径给药，以特定的方式和剂量被吸收、分布、代谢和排泄，到达作用部位后又以特定的方式和靶点作用，起到治疗疾病的目的。药物发挥治疗作用的好坏与上述所有环节都密切相关。

因此，影响制剂产生疗效的因素除了与药物本身的化学结构关系密切外，还与剂型因素和生物因素有关。

1. 剂型因素

① 药物的某些化学性质，如同一药物的不同盐、酯、配合物或前体药物，即药物的化学形式及药物的稳定性等。

② 药物的某些物理性质，如粒子大小、晶型、溶解度、溶出速率等。

③ 制剂处方中所用辅料的性质与用量。

④ 药物的剂型及使用方法。

⑤ 处方中药物的配伍及相互作用。

⑥ 制剂的工艺过程、操作条件及贮存条件等。

2. 生物因素

① 种族差异　指不同的生物种类，如小鼠、狗、猴等不同的实验动物和人的差异，以及同一种生物在不同地理区域和生活条件下形成的差异，如不同人种的差异。

② 性别差异　指动物的雌雄和人的性别差异。

③ 年龄差异　新生儿、婴儿、青壮年和老年人的生理功能可能有差异，因此药物在不同年龄个体中的处置与对药物的反应可能不同。

④ 生理和病理条件的差异　生理因素如妊娠及各种疾病引起的病理因素能引起药物体内过程的差异。

⑤ 遗传因素　人体内参与药物代谢的各种酶的活性可能存在着很大个体差异，这些差异可能是遗传因素引起的。

知识链接：剂型对疗效的影响

临床用药的实践表明，药物的生物活性在很大程度上受药物的理化性质和给药剂型的影响，相同的给药途径而剂型不同，有时会有不同的血药浓度水平，从而表现为疗效的差异。例如，抗癫痫药丙戊酸钠的普通片剂与缓释片剂，在体内具有不同的药物动力学过程，它们的达峰时间、达峰浓度不同，体内有效血药浓度维持的时间也不同，临床上可以根据需要选择不同的剂型，以达到期望的疗效。另一方面，不同厂家生产的同一制剂，甚至同一厂家生产的不同批号的同一药品，都有可能产生不同的疗效。例如曾有报道，不同药厂生产的相同剂量的泼尼松片，虽然它们的崩解时限均未超出 6min，但其中药物溶出一半所需时间为 3～6min 的片剂有效，而 50～150min 的片剂则无效。又如澳大利亚曾报道抗癫痫药苯妥英钠胶囊中毒事件，是生产厂家将赋形剂从原来的硫酸钙改为乳糖，导致药物的吸收量大大增加，使血药浓度超过了安全浓度而引起中毒。

（二）研究药物制剂有效性的学科

1. 生物药剂学

生物药剂学是研究药物及其制剂在体内的吸收、分布、代谢、排泄等过程，阐明药物的剂型因素、生物因素与药效关系的一门科学。它探讨的是机体用药后直至排出体外这个阶段内药物的体内命运，即研究药物体内的量变规律及影响这些量变规律的因素，从药物体内的量变动向去探讨药物对机体的效应，以确保用药的有效性与安全性。

与药理学的区别在于其主要研究的是药理上已证明有效的药物，当制成某种剂型以某种途径给药后能否很好地吸收、分布、代谢和排泄，以及血药浓度的变化过程与药效的关系。

2. 药物动力学

药物动力学是应用动力学原理与数学模型，定量地描述药物通过各种途径（如静脉注射、口服给药等）进入体内的吸收、分布、代谢和排泄，即药物体内过程的量时变化动态规律的一门科学。药物动力学研究过程中常涉及以下几个基本概念。

（1）药物转运的速率过程　药物进入体内以后，体内的药物量或药物浓度将随着时间不断发生变化，通常将药物体内转运过程分为以下三种类型。

① 一级速率过程　药物在体内某部位的转运速率与该部位的药量或血药浓度的一次方成正比，称为一级速率过程或线性动力学过程。通常药物在常用剂量时，其体内的各个过程多为一级速率过程，或近似为一级速率过程。一级速率过程的药物具有以下特点：半衰期与剂量无关；单剂量给药后的血药浓度-时间曲线下面积（AUC）与剂量成正比；一次给药情况下，尿药排泄量与剂量成正比。

② 零级速率过程　药物在体内的转运速率在任何时间都是恒定的，与血药浓度无关，称为零级速率过程或零级动力学过程。通常恒速静脉滴注的给药速率以及控释制剂中药物的释放速率为零级速率过程。药物若以零级速率过程消除，其生物半衰期随剂量的增加而增加。

③ 受酶活力限制的速率过程　药物浓度较高而出现酶活力饱和时的速率过程，称为受酶活力限制的速率过程。通常符合这种速率过程的药物在高浓度时表现为零级速率过程，而在低浓度时是一级速率过程，其原因是高浓度时药物的代谢酶被饱和或与主动转运有关的药

物跨膜转运时的载体被饱和。

(2) 隔室模型　药物动力学中用隔室模型来模拟机体对药物的配置。根据药物的体内过程和分布速率的差异，将机体划分为若干“隔室”或者“房室”。在同一隔室内，各部分的药物均处于动态平衡，但并不意味着浓度相等。最简单的是单室模型，较复杂的动力学模型有双室模型和多室模型。

① 单室模型　药物进入体内以后，能迅速向各组织、器官分布，以致药物能很快在血液与各组织脏器之间达到动态平衡。单室模型并不意味着身体所有各组织在任何时刻的药物浓度都一样，但要求机体各组织药物水平能随血浆药物浓度的变化平行地发生变化。

② 二室模型　药物进入体内后，能很快进入机体的某些部位，但对另一些部位，需要一段时间才能完成分布。在二室模型中，一般将血液以及药物分布能瞬时达到与血液平衡的部分划分为一个“隔室”，称为“中央室”；与中央室比较，将血液供应较少，药物分布达到与血液平衡时间较长的部分划分为“周边室”或称“外室”。

③ 多室模型　若在上述二室模型的外室中又有一部分组织、器官或细胞内药物的分布更慢，则可以从外室中划分出第三隔室。分布稍快的称为“浅外室”，分布慢的称为“深外室”，由此形成三室模型。按此方法，可以将在体内分布速率有多种水平的药物按多室模型进行处理。

(3) 速率常数　速率常数是描述速率过程的重要的动力学参数。速率常数的大小可以定量地比较药物转运速率的快慢，速率常数越大，该过程进行也越快。常见的速率常数有吸收速率常数（k_a）、总消除速率常数（k）、尿药排泄速率常数（k_e）。

(4) 生物半衰期　生物半衰期指药物在体内的量或血药浓度消除一半所需要的时间，常以 $t_{1/2}$ 表示，取时间单位。生物半衰期是衡量一种药物从体内消除速率快慢的指标。一般来说，代谢快、排泄快的药物，其 $t_{1/2}$ 短；代谢慢、排泄慢的药物，其 $t_{1/2}$ 长。

具有线性动力学特征的药物而言，$t_{1/2}$ 是药物的特征参数，不因药物剂型或给药方法（剂量、途径）而改变。

(5) 表观分布容积　表观分布容积是体内药量与血药浓度间相互关系的一个比例常数，用“V”表示，$V=X/c$（X 表示进入体内药量，c 表示血药浓度）。它可以设想为体内的药物按血浆浓度分布时，所需体液的理论容积。V 也是药物的特征参数，对于一个具体药物来说，V 是个确定的值，其值的大小能表示出该药物的分布特性。

需注意的是 V 不具有直接的生理意义，在多数情况下不涉及真正的体液容积，因而是“表观”的。一般水溶性或极性大的药物，不易进入细胞内或脂肪组织中，血药浓度较高，表观分布容积较小；亲脂性药物在血液中浓度较低，表观分布容积通常较大，往往超过体液总体积。

(6) 清除率　清除率是指机体或者消除器官在单位时间能清除的药物量所相当的血液体积。清除率常用“Cl”表示，又称为体内总清除率，单位用“体积/时间”表示。

二、药物制剂的吸收

(一) 口服吸收

口服制剂主要经由胃肠道吸收而发挥药效。整个胃肠道的性质并不是固定不变的，pH 逐渐增加，且存在有大量分泌物，同时受食物、循环系统等生理因素影响。此外，药物的性质、制成不同的剂型以及药物在胃肠道中的稳定性均影响着口服药物的吸收。

1. 影响药物胃肠道吸收的因素

(1) 胃肠道 pH 影响　胃肠道不同部位有着不同的 pH，不同 pH 决定弱酸性和弱碱性药物的解离状态，而消化道上皮细胞是一种类脂膜，故分子型药物易于吸收。如空腹时胃液的 pH 通常为 0.9～1.5（餐后可略增高），呈现酸性，有利于弱酸性药物的吸收，弱碱性药物吸收较少。消化道 pH 的变化能影响被动扩散药物的吸收，但对主动转运过程影响较小。

（2）胃排空速率的影响　胃内容物经幽门向小肠排出称胃排空，单位时间胃内容物的排出量称胃空速率。多数药物以小肠吸收为主，胃空速率可反映药物到达小肠的速度，因此对药物的起效快慢、药效强弱和持续时间均有明显影响。胃空速率增加，药物到达小肠部位越快，药物吸收速度越快。胃空速率慢，药物在胃中停留时间延长，主要在胃中吸收的弱酸性药物吸收量增加。

影响胃空速率因素主要有食物的组成与理化性质、胃内容物的黏度与渗透压、药物因素（有些药物能降低或增加胃空速率）、身体所处的姿势等。

（3）食物的影响　食物的存在使胃内容物黏度增大，减慢了药物向胃肠壁扩散速度；食物的存在减慢胃空速率，推迟药物在小肠的吸收；食物可消耗胃肠道内的水分，导致胃肠液减少，进而影响固体制剂的崩解和药物溶出，均对药物吸收产生不利的影响。但当食物中含有较多的脂肪时，能促进胆汁的分泌，胆汁中的胆酸盐属表面活性剂，可增加难溶性药物的吸收。同时食物存在可减少一些刺激性药物对胃的刺激作用。

（4）血液循环的影响　消化道周围的血液与药物的吸收有复杂的关系。当血流速率下降时，吸收部位转运药物的能力下降，降低细胞膜两侧浓度梯度，使药物吸收减慢。当药物的膜透过速率比血流速率低时，吸收为膜限速过程。相反，当血流速率比膜透过速率低时，吸收为血流限速过程。血流速率对高脂溶性和小分子膜孔转运药物影响较大。

（5）胃肠分泌物的影响　在胃肠道的表面存在着大量黏蛋白，这些物质可增加药物吸附和保护胃黏膜表面不受胃酸或蛋白水解酶的破坏。但有些药物与这些黏蛋白结合，会导致此类药物吸收不完全（如链霉素）或不能吸收（如庆大霉素）。在黏蛋白外面，还有不流动水层，它对脂溶性强的药物是一个重要的通透屏障。胆汁中含有的胆酸盐（增溶剂）可促进难溶性药物的吸收，但与有些药物会生成不溶物进而影响吸收。

（6）药物理化性质的影响

① 药物脂溶性和解离度的影响：胃肠道上皮细胞膜的结构为类脂双分子层，这种生物膜只允许脂溶性分子型药物透过而被吸收。

药物脂溶性大小可用油水分配系数（$k_{o/w}$）表示，即药物在有机溶剂（如氯仿、正辛醇和苯等）和水中达到溶解平衡时的浓度之比。一般油水分配系数大的药物吸收较好，但药物的油水分配系数过大，有时吸收反而不好，因为这些药物渗入磷脂层后可与磷脂层强烈结合，可能不易向体循环转运。

临床上多数治疗药物为有机弱酸或弱碱，其离子型难以透过生物膜。故药物的胃肠道吸收好坏不仅取决于药物在胃肠液中的总浓度，而且与非解离型部分浓度大小有关。而非解离型部分的浓度多少与药物的 pK_a 和吸收部位的 pH 有关。

② 溶出速度的影响：片剂、胶囊剂等固体剂型口服后，药物在体内吸收过程是剂型先崩解，药物从崩散的粒子中溶出，溶解于胃肠液的药物透过生物膜被吸收。因此，任何影响制剂崩解和溶出的因素均能影响药物的吸收。一般来说，可溶性药物溶出速率快，对吸收影响较小；难溶性药物或溶解缓慢的药物，溶出速率可限制药物的吸收。

影响药物溶出速率的因素主要包括药物的粒子大小、溶解度、晶形等。增加难溶性药物溶出速率可采取微粉化、固体分散等方法以减小粒径，或制成可溶性盐，也可选择多晶型药物中的亚稳定型、无定形或选择无水物等。

知识链接：药物的多晶型

同一结构的药物因结晶条件不同而得到晶格排列不同的晶型，这种现象称为多晶型现象。晶型不同化学性质虽相同，但物理性质如密度、硬度、熔点、溶解度、溶出速率等可能不同，包括生物活性和稳定性也有所不同。多晶型中的稳定型，其熔点高，溶解度小，化学稳定性好；而亚稳定型的熔点较低，溶解度大，溶出速率也较快。因此亚稳定型的生物利用度较高，而稳定型药物的生物利用度较低，甚至无效。除多晶型外，还存在非晶型（无定形），无定形药物往往有高的溶出速率。例如结晶型新生霉素口服后0.5～6h内均未能测得血药浓度，但无定形的溶解度和溶解速率均比结晶型的至少大10倍，呈显著的生物活性。晶型在一定条件下可以互相转化，干热、熔融、粉碎、不同结晶条件以及混悬在水中等均可导致晶型转化。如果掌握了转型条件，就能将某些原来无效的晶型转为有效晶型

（7）药物在胃肠道中的稳定性　很多药物在胃肠道中不稳定，一方面由于胃肠道pH值的影响，可促进某些药物的分解。另一方面是由于药物不能耐受胃肠道中的各种酶，出现酶解作用使药物失活。实际中可利用包衣技术防止胃中某些不稳定药物的降解和失效，与酶抑制剂合用可以有效阻止药物酶解，或制成药物衍生物或前体药物。

（8）剂型因素的影响　剂型与药物吸收的关系可以分为药物从剂型中释放及药物通过生物膜吸收两个过程，因此剂型因素的差异可使制剂具有不同的释放特性，从而影响药物在体内的吸收和药效。具体体现在药物的起效时间、作用强度和持续时间等方面。常见口服剂型的吸收顺序是：溶液剂＞混悬剂＞散剂＞胶囊剂＞片剂＞包衣片剂。一般而言液体制剂快于固体制剂。

① 液体制剂　溶液剂、混悬剂和乳剂等液体制剂属速效制剂，而水溶液或乳剂要比混悬剂吸收更快。药物以水溶液剂口服在胃肠道中吸收最快，此时药物以分子或离子状态分散。

② 固体制剂　固体制剂包括片剂、胶囊剂、散剂、颗粒剂、丸剂、栓剂等。

胶囊剂的囊壳在胃内破裂，药物可迅速地分散，以较大的面积暴露于胃液中。影响胶囊剂吸收的因素有药物粉碎的粒子大小、稀释剂的性质、空胶囊的质量及贮藏条件等。

片剂是使用最广泛、生物利用度影响因素最多的一种制剂。片剂中含有大量辅料，并经制粒、压片等工艺制成片状制剂，其表面积大大减小，减慢了药物从片剂中释放到胃肠中的速率，从而影响药物的吸收。

包衣片剂比一般片剂更复杂，因药物溶解吸收之前首先是包衣层溶解，而后才能崩解使药物溶出。衣层的溶出速率与包衣材料的性质与厚度有关，尤其是肠溶衣片涉及因素更复杂，它的吸收与胃肠内pH及其在胃肠内滞留时间等有关。

③ 制备工艺对药物吸收的影响　制剂在制备过程中的许多操作都可能影响到最终药物的吸收，包括混合、制粒、压片、包衣、干燥方法等。如小剂量药物片剂采用空白颗粒法制粒较一般的混合制粒吸收更好；压片时所加压力过大或过小，均不利于药物的吸收。

④ 辅料对药物吸收的影响　在制剂过程中，为增加药物的均匀性、有效性和稳定性，通常都需要加入各种辅料（如黏合剂、稀释剂、润滑剂、崩解剂、表面活性剂等），而无生理活性的辅料几乎不存在，故许多辅料对固体制剂的吸收会有一定影响。辅料可能会影响剂型的理化性状，从而影响到药物在体内的释放、溶解、扩散、渗透以及吸收等过程；在某些情况下辅料与药物之间也会产生物理、化学或生物学方面的作用。

2. 生物技术药物口服的问题

由于多肽与蛋白质药物的体内外不稳定性，临床主要剂型是溶液型注射剂和冻干粉针。为解决长期用药的问题，克服注射剂的不便和缺点，发展适宜的非注射给药系统是现代药剂

学面临的极大挑战和机遇。其中，口服给药途径是生物技术药物最热门的研究开发方向之一，据报道，27%的被调查的国外制药公司已开展了蛋白和多肽药物口服给药研究。但由于胃肠道酶的降解作用及肝脏的首过效应，以及生物技术药物的结构特殊性，使得口服给药成为难度最大的给药途径。

正常情况下，多数肽类药物很少或不能经胃肠道吸收，原因主要是：①多肽分子量大，脂溶性差，难以通过生物膜屏障；②胃肠道中存在着大量肽水解酶和蛋白水解酶可降解多肽；③吸收后易被肝脏消除（首过效应）；④存在化学和构象不稳定问题。目前人们研究的重点放在克服两个障碍上，即如何提高多肽的生物膜透过性和抵抗蛋白酶降解这两个方面。

使用吸收促进剂来提高生物膜通透性是目前研究中采用的主要方法。文献报道的促进剂包括水杨酸、胆酸盐、脂肪酸、螯合剂、酰基肉碱等。而 Emisphere 公司的研究人员在研究中发现某些氨基酸衍生物能促进降钙素、干扰素和生长激素的口服吸收。大量研究还表明吸收促进剂具有多肽特异性。提高生物膜通透性的其他方法还可采用将多肽与维生素 B_{12} 连接，通过受体介导吸收或用脂肪酸修饰多肽，提高脂溶性。

抵抗蛋白酶降解的途径有：①用 PEG 修饰多肽；②使用酶抑制；③应用微乳制剂；④应用纳米粒制剂；⑤应用生物黏附性颗粒。酶抑制剂通常与给药载体结合以提高蛋白和多肽药物的吸收。当蛋白质、多肽类药物制成含对黏膜具有黏性的多聚物的给药系统时，对黏膜保持紧密接触，并通过给药系统的控释作用使酶抑制剂和药物同时释放。由于结肠内存在的消化酶很少，可作为蛋白和多肽药物吸收的部位。有人证实了卡巴普多聚物在体外一定程度上抑制结肠内酶对降钙素、胰岛素等多肽的水解作用。

除环孢菌（环肽）外，至今还未见多肽口服制剂的临床应用报道。据称 Cortecs 公司降钙素口服制剂已进入Ⅲ期临床研究，有望成为第一个真正的多肽口服制剂。

（二）非口服吸收

1. 注射部位吸收

注射给药方式中除了血管内给药没有吸收过程外，其他途径如皮下注射、肌内注射、腹腔注射等都存在吸收过程。注射部位周围一般有丰富的血液和淋巴循环。药物分子从注射点到达一个毛细血管只需通过几个微米（μm）的路径，平均不到 1min，且影响吸收的因素比口服要少，故一般注射给药吸收快，生物利用度也比较高。

2. 口腔吸收

药物在口腔的吸收方式多为被动扩散，并遵循 pH 分配学说，即脂溶性药物或口腔环境下不解离的药物更易吸收。口腔吸收的药物可经颈内静脉到达血液循环，因此药物吸收无首过效应，也不受胃肠道 pH 和酶系统的破坏，这使口腔给药有利于首过作用大、胃肠中不稳定的某些药物。

3. 肺部吸收

药物肺部的吸收主要在肺泡中进行，由于肺泡总面积可达 $100m^2$，仅次于小肠的有效吸收面积，同时肺的生理结构决定了药物能够在肺部十分迅速地吸收，肺部吸收的药物可直接进入全身循环，不受肝脏首过效应的影响。

4. 直肠吸收

直肠给药后的吸收途径主要有两条，一是通过直肠上静脉进入肝脏，进行肝脏代谢后再由肝脏进入大循环；另一条是通过直肠中、下静脉和肛门静脉，绕过肝脏，经下腔大静脉直接进入大循环，可避免肝脏的首过作用。因此首过作用大的药物直肠给药可增加生物利用度。

5. 鼻黏膜吸收

人体鼻腔上皮细胞下毛细血管和淋巴管十分发达，药物吸收后直接进入大循环，也无肝脏的首过作用。鼻腔黏膜为类脂质，药物在鼻黏膜的吸收主要方式为被动扩散。因此脂溶性药物易于吸收，水溶性药物吸收较差。

6. 阴道黏膜吸收

阴道黏膜的表面有许多微小隆起，有利于药物的吸收。从阴道黏膜吸收的药物可直接进入大循环，也不受肝首过效应的影响。

三、生物利用度

（一）生物利用度的含义

生物利用度是指剂型中的药物被吸收进入血液的速率与程度，是客观评价制剂内在质量的一项重要指标。生物利用度是衡量制剂疗效差异的主要指标。药物制剂的生物利用度包括两方面的内容：生物利用程度和生物利用速率。

（1）生物利用程度（EBA） 生物利用程度即吸收程度，是指与标准参比制剂相比，试验制剂中被吸收药物总量的相对比值。可用下式表示：

$$EBA=\frac{\text{试验制剂被机体吸收的药物总量}}{\text{标准制剂被机体吸收的药物总量}}\times 100\%$$

吸收程度的测定可通过给予试验制剂和参比制剂后血药浓度-时间曲线下面积（AUC）或尿中排泄药物总量来确定。

根据选择的标准参比制剂的不同，得到的生物利用度的结果也不同。如果用静脉注射剂为参比制剂，求得的是绝对生物利用度；当药物无静脉注射剂型或不宜制成静脉注射剂时，通常用药物的水溶液或溶液剂或同类型产品公认为优质厂家的制剂，所得的是相对生物利用度。

（2）生物利用速率（RBA） 生物利用速率是指与标准参比制剂相比，试验制剂中药物被吸收速率的相对比值。可用下式表示：

$$RBA=\frac{\text{试验制剂的吸收速率}}{\text{标准制剂的吸收速率}}\times 100\%$$

多数药物的吸收为一级过程，因而常用吸收速率常数或吸收半衰期来衡量吸收速率，也可用达峰时间 t_{max}来表示，峰浓度 c_{max}不仅与吸收速率有关，还与吸收的量有关。

（二）生物利用度的研究意义

生物利用度相对地反映出同种药物不同制剂（包括不同厂家生产的同一药物相同剂型的产品）被机体吸收的优劣，是衡量制剂内在质量的一个重要指标。许多研究表明，同一药物的不同制剂在作用上的某些差异，可能是由于从给药部位吸收的药量或吸收速率上的差异，即制剂的生物利用度不同。

以化学方法测定制剂的药物含量，只能表示化学的等效性；而测定生物体内的血药浓度，不仅表示了药物已被吸收的量，而且还表明了量的变化，这才是一个更为可靠的参考数值，可为临床确定药物用法、用量时参考。

（三）生物利用度的基本参数

评价生物利用度的速率与程度要有三个参数：吸收总量即血药浓度-时间曲线下面积（AUC）、血药浓度峰值（c_{max}）、血药浓度峰时（t_{max}）。

c_{max}、t_{max}和 AUC 是具有吸收过程的制剂生物利用度的三项基本参数。对一次给药显效的药物，吸收速率更为重要，因为有些药物的不同制剂即使其 AUC 值的大小相等，但曲线形状不同（图 5-1）。这主要反映在 c_{max}和 t_{max}两个参数上，这两个参数的差异足以影响疗效，甚至毒性。如图 5-1 中曲线 C 的峰值浓度低于最小有效血药浓度值，将无治疗效果；曲

线 A 的药峰浓度值高于最小中毒浓度值，则出现毒性反应；而曲线 B 能保持有效浓度时间较长，且不致引起毒性。因此，同一药物的不同制剂，在体内的吸收总量虽相同，若吸收速率有明显差异时，其疗效也将有明显差异，因此，生物利用度不仅包括被吸收的总药量，而且还包括药物在体内的吸收速率。

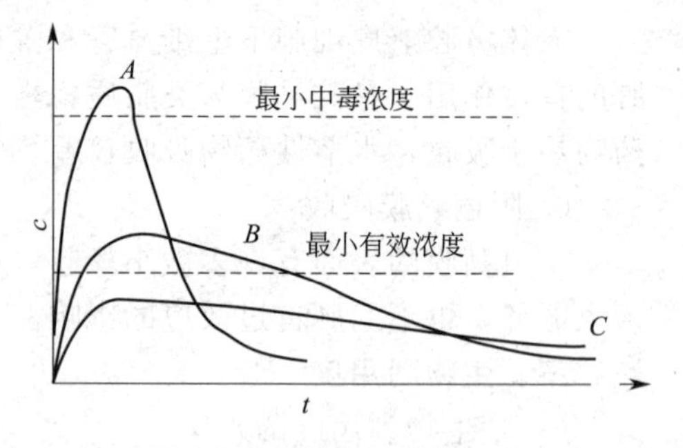

图 5-1　吸收量相同的三种制剂的药-时曲线

（四）生物利用度的测定方法

测定生物利用度的方法主要有血药浓度法、尿药浓度法和药理效应法，方法的选择取决于研究的对象、目的、药物分析技术和药物动力学性质。

1. 血药浓度法

血药浓度法是生物利用度最常用的研究方法，分别给予受试者服用试验制剂和参比制剂后，测定血药浓度-时间数据，即可求算生物利用度。

若药物吸收后很快生物转化为代谢产物，无法测定原形药物的血药浓度-时间曲线，则可以通过测定血中代谢产物浓度来进行生物利用度研究，但代谢产物最好为活性代谢产物。

2. 尿药浓度法

若药物或其代谢物全部或大部分（＞70％）经尿排泄，而且药物在尿中的累积排泄量与药物吸收总量的比值保持不变，则可利用药物在尿中排泄的数据估算生物利用度。尿药浓度法的优点是：不必进行血样采集，干扰成分少，分析方法易建立。但尿药浓度法影响因素多、集尿时间长，只有当不能采用血药浓度法时才用尿药浓度法。

3. 药理效应法

若药物的吸收速率与程度采用血药浓度法与尿药浓度法均不便评价，如一些制剂有效成分复杂或不明确或无合适定量分析方法，而药物的效应与药物体内存留量有定量相关关系，且能较容易地进行定量测定时，可以通过药理效应测定结果进行药动学研究和药物制剂生物等效性评价，此方法称药理效应法。一般可用急性药理作用（如瞳孔放大、心率或血压变化）作为药物生物利用度的指标。

拓展知识

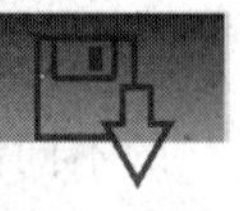

一、胃肠道的生理特征

口服固体药物制剂后，制剂在胃肠道中经过崩解、溶出，然后通过胃肠道上皮细胞膜进入体循环。因此，上皮细胞膜的构造和性质决定药物被吸收的难易程度。上皮细胞膜主要由磷脂、蛋白质、脂蛋白及少量低聚糖等组成。膜结构以液晶态类脂质双分子层为基本骨架，上面镶嵌着具有各种生理功能（如酶、泵、受体等）的蛋白质，蛋白质分子（也称载体）可沿着膜内外的方向运动或转动，具有高度选择性的通透屏障，口服药物必须通过这一屏障才能到达体循环。胃肠道主要由胃、小肠、大肠三部分组成。

（1）胃　胃由胃底、胃体和胃窦组成，胃上有许多环状的皱褶，胃内壁由黏膜组成，胃黏膜上有分泌黏液和胃酸的胃腺，成人每天分泌胃液约 2L，胃液含有以胃蛋白酶为主的酶类和 0.4％～0.5％的盐酸，具有稀释、消化食物的作用。空腹时胃 pH 保持在 1～3 的酸性。胃黏膜上缺少绒毛，所以胃的吸收面积有限，成人的胃黏膜表面约 $900cm^2$，虽然胃的面积较小，但以溶液剂形式给药时，由于与胃壁接触面积大利于药物通过细胞膜，故有较好的吸收。

（2）小肠　小肠包括十二指肠、空肠和回肠，长5～7m，直径约4cm，为食物消化和药物吸收的主要部位。胆管和胰腺管开口于十二指肠，分别排出胆汁和胰液，帮助消化和中和部分胃酸，使消化液pH升高，小肠液的pH为5～7。回肠的肠壁比十二指肠和空肠都薄，大量的淋巴腺囊聚集于此，这些淋巴腺囊能使分泌入消化道的各种消化液中所含水分、电解质和某些有机成分如蛋白质等被重新吸收进入血液循环。小肠黏膜表面有环状皱褶，黏膜上有大量的绒毛和微绒毛，故有效吸收面积极大，可达200m^2，其中绒毛和微绒毛最多的是十二指肠，向下逐渐减少。小肠存在着许多特异性的载体，也有利于药物的吸收。

（3）大肠　大肠比小肠粗而短，约1.7m，管腔内的pH为7～8。大肠依次由盲肠、升结肠、横结肠、降结肠、乙状结肠、直肠和肛门组成。按给药途径，可将大肠分为两大部分：结肠上端（口服给药在大肠中的主要吸收部位）和结肠下端（经肛门给药在大肠中的主要吸收部位）。与胃一样，其黏膜有皱褶，但无绒毛和微绒毛，有效吸收面积比小肠小得多，因此不是药物吸收的主要部位，但对缓释制剂、肠溶制剂、结肠定位给药系统、溶解度小的药物以及直肠给药剂型有一定的吸收作用。大肠中的酶活性较胃与小肠低，对酶不稳定的药物比较有利。大肠黏膜细胞具分泌黏液的功能，这种黏液起保护肠黏膜和润滑粪便的作用，但对药物吸收则可能有屏障作用。

二、生物利用度和生物等效性试验指导原则

生物利用度是指制剂中的药物被吸收进入血液的速率和程度。生物等效性是指一种药物的不同制剂在相同的试验条件下，给以相同的剂量，反应其吸收速率和程度的主要动力学参数没有明显的统计学差异。生物利用度是保证药品内在质量的重要指标，生物等效性则是保证含同一药物的不同制剂质量一致性的主要依据。生物利用度与生物等效性概念虽不完全相同，但实验方法基本一致。

（一）生物样品分析方法的基本要求

生物样品中药物及其代谢产物定量分析方法的专属性和灵敏度，是生物利用度和生物等效性试验成功的关键。首选色谱法，一般采用内标法定量。必要时也可采用生物学方法或生物化学方法。

（二）普通制剂

（1）受试者的选择　受试对象一般为健康男性（特殊情况说明原因），年龄18～40岁，同一批受试者年龄不宜相差10岁或以上，体重在正常范围内。受试者应经健康检查，确认健康，无过敏史，人数一般为18～24例。人体生物利用度研究必须遵守《药品临床试验管理规范》，研究计划经伦理委员会批准后，研究者应与受试者签订知情同意书。受试者在试验前两周内未用任何药物，试验期间禁烟、酒和含咖啡饮料。

（2）试验制剂与标准参比制剂　试验制剂应获得国家食品药品监督管理局（SFDA）临床试验批文；在我国已获得上市许可、有合法来源的药物制剂，一般均可作为参比制剂。

（3）试验设计　通常采用双周期的交叉试验设计。试验时将受试者随机分为两组，一组先用受试制剂，后用标准参比制剂；另一组则先用标准参比制剂，后用受试制剂。两个试验周期之间的时间间隔称洗净期，应大于药物的7～10个半衰期，半衰期小的药物常为一周。试验在空腹条件下给药，一般禁食10h以上，早上服药，同时饮水200mL，4h后统一进标准餐。

（4）试验数据的分析　列出原始数据，计算平均值与标准差，求出主要药物动力学参数$t_{1/2}$、t_{max}、c_{max}、AUC等，计算生物利用度。

（三）缓控释制剂

缓控释制剂的生物利用度与生物等效性试验应在单次给药与多次给药两种条件下进行。进行该类制剂生物等效性试验的前提是应进行至少 3 种溶出介质的两者体外溶出行为同等性研究。

复习思考题

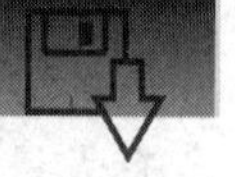

1. 简述影响药物口服吸收的剂型因素。
2. 何谓生物利用度？研究生物利用度有何意义？
3. 生物利用度的基本参数有哪些？各有何意义？
4. 常用的生物利用度研究的方法有哪些？

第二篇

制剂各论

模块三

液体类制剂生产技术

- 项目六　液体制剂生产技术
- 项目七　注射剂生产技术
- 项目八　眼用液体制剂生产技术

项目六　液体制剂生产技术

知识点

液体制剂的分类、特点

溶液型液体制剂的类型及特点

亲水胶体的制备特点

混悬剂、乳剂的特点及制备方法

能力目标

知道液体制剂的分类和特点

能制备出符合质量要求的溶液型液体制剂

能制备出符合质量要求的亲水胶体、混悬剂、乳剂

液体制剂包括多种剂型，常见的如溶液剂、糖浆剂、混悬剂、乳剂，以特殊液体为溶剂的如甘油剂、醑剂等，特殊用途的搽剂、洗剂、滴耳剂、滴鼻剂等，临床可用于口服，或皮肤用、直肠用、口鼻耳等外用，应用非常广泛。液体制剂的制备理论、制备工艺在药物制剂技术中占有重要地位，是制备注射剂、滴眼剂、喷雾剂等其他剂型的基础。

必备知识

一、概述

液体制剂是指药物分散在适宜的分散介质中制成的液体状态的药剂。液体制剂的分散相可以是固体、液体或气体，药物可以以分子、离子、胶粒、微粒、液滴等形式分散在分散介质中，从而形成均相或非均相的液体制剂。液体制剂中药物粒子分散度的大小与制剂稳定性、药效和毒副作用密切相关，故液体制剂常依其分散程度进行分类和研究。

（一）液体制剂的特点与质量要求

液体制剂与固体制剂相比，具有如下优点：①药物在介质中的分散度大，口服给药时接触面积大，故吸收快，起效迅速；②剂量便于调整，呈流体状态易服用，特别适用于婴幼儿和老年患者；③给药途径广泛，既可用于内服，亦可外用于皮肤、黏膜和腔道等；④可避免局部药物浓度过高，从而减少某些药物对人体的刺激性，如溴化物、水合氯醛等药物，制成液体制剂，经调整浓度可减少刺激性。

液体制剂也存在一些缺点：①药物分散度大，同时受分散介质（尤其是水）的影响，化学稳定性较差，易引起药物的降解失效；②水性液体制剂易霉败，需加入防腐剂；③非均相液体制剂，如混悬剂和乳剂存在物理不稳定的倾向；④液体制剂一般体积较大，需密封性好的容器，携带、贮存不方便。

液体制剂的质量要求如下。

① 均相液体制剂应是澄明溶液，非均相液体制剂应使分散相粒子细小而均匀，混悬剂经振摇应能均匀分散。

② 液体制剂的有效成分含量应准确、稳定、符合药典要求。

③ 有一定的防腐能力，微生物限度检查应符合药典的要求。口服液体制剂应符合每1mL细菌数不超过100cfu，霉菌和酵母菌数不超过100cfu，不得检出大肠埃希菌。

④ 在规定贮存与使用期间不得发生霉变、酸败、变色、异臭、异物、产生气体或其他变质现象。

⑤ 口服液体制剂应外观良好，口感适宜，患者顺应性好；外用液体制剂应无刺激性。

（二）液体制剂的分类

1. 按分散系统分类（图6-1）

（1）均相液体制剂　药物以分子或离子形式分散的澄明液体溶液。根据药物分子或离子大小不同，又可分为低分子溶液剂和高分子溶液剂。

低分子溶液剂亦称真溶液，分散相为小于1nm的分子或离子，能通过滤纸或半透膜。物理稳定性好。如氯化钠水溶液、樟脑的乙醇溶液。

高分子溶液剂属于胶体溶液，以水为分散介质时，称为亲水胶体。分散相粒子大小1～100nm，能透过滤纸，但不能透过半透膜。

（2）非均相液体制剂　制剂中的固体或液体药物以分子聚集体形式分散于液体分散介质中，为多相的、不均匀的分散系统。属于热力学不稳定体系。根据其分散相粒子的不同，又可分为溶胶剂、粗分散系（包括混悬剂和乳剂）。

溶胶剂亦属于胶体溶液，当以水为分散介质时，称为疏水胶体，分散相粒子大小为1～100nm的固体药物，能透过滤纸，不能透过半透膜，如硫溶胶、氢氧化铁溶胶。

混悬剂的分散相为粒子＞100nm的固体药物，由于聚结或沉降而具有动力学不稳定性。不能透过滤纸，外观混浊。如炉甘石洗剂和硫黄洗剂。

乳剂亦称乳浊液，分散相为粒子＞100nm的液体药物，由于聚结或沉降而具有动力学不稳定性。不能透过滤纸，外观呈乳状或半透明状。如鱼肝油乳、松节油搽剂等。

2. 按给药途径与应用方法分类

（1）内服液体制剂　如合剂、糖浆剂、口服液等。

（2）外用液体制剂

① 皮肤用液体制剂　如洗剂、搽剂。

② 腔道用液体制剂　包括耳道、鼻腔、口腔、直肠、阴道、尿道用液体制剂。如洗耳剂、滴耳剂、洗鼻剂、滴鼻剂、含漱剂、涂剂、滴牙剂、灌肠剂、灌洗剂等。

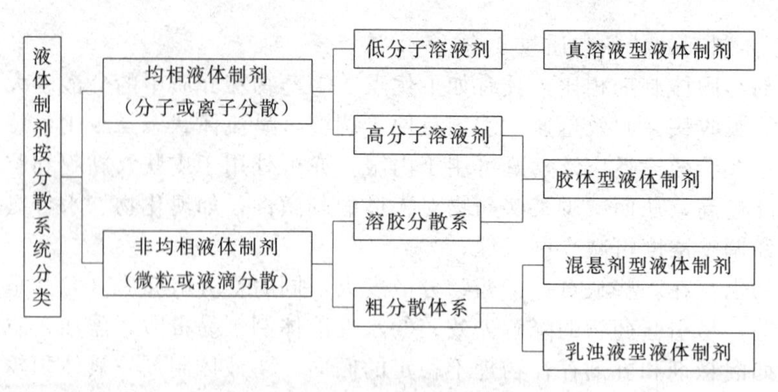

图 6-1　液体制剂按分散系统分类

（三）液体制剂的组成

液体制剂的溶剂是其重要组成部分。液体制剂的溶剂对于低分子溶液剂和高分子溶液剂而言可称为溶剂；对于溶胶剂、混悬剂、乳剂而言，药物不是溶解而是分散，此时可称为分散介质或分散剂。溶剂对药物的溶解和分散起重要作用，与液体制剂制备方法的确定、理化性质、稳定性以及药效的发挥密切相关。所以制备液体制剂应选择优良溶剂。溶剂根据极性分类，极性溶剂如水（纯化水）、甘油、二甲基亚砜（DMSO），半极性溶剂如乙醇、丙二醇、聚乙二醇等，非极性溶剂如液体石蜡、植物油、肉豆蔻酸异丙酯、油酸乙酯等。实际应用时应视具体药物性质及用途选择适宜的溶剂（或称分散介质），并考虑混合使用。

此外，为确保液体制剂的稳定性、安全性、有效性和均一性，在制备过程中，除了适宜的分散介质外，还需加入一些附加剂。例如溶液型液体制剂中常加入增溶剂、助溶剂，以增加药物在分散介质中的溶解度；混悬剂中加入助悬剂可增加混悬微粒的悬浮效果；乳剂中加入乳化剂可使乳剂的分散相液滴更稳定。

一般以水为分散介质需加入防腐剂，常用的如苯甲酸类、尼泊金酯类、山梨酸等。

口服的液体制剂需加入矫味剂以改善口感，同时加入相应的芳香剂进行矫嗅，相应的色素进行着色，以达到相辅相成的效果。

二、溶液型液体制剂

溶液型液体制剂，亦称为低分子溶液剂，是指小分子药物以分子或离子（直径 1nm 以下）的供内服或外用的澄明溶液，亦称真溶液。常见的有溶液剂、糖浆剂、芳香水剂、酊剂、甘油剂。

（一）溶液剂

溶液剂（solution）是指药物溶解于适宜溶剂中制成的澄清溶液，可供内服或外用。其溶剂多为水，也可为乙醇或脂肪油，如维生素 D 的油溶液等。溶液剂应澄清，不得有沉淀、混浊、异物等，在规定贮存期间保持稳定。根据需要在溶液剂中可加入助溶剂、抗氧剂、矫味剂、着色剂等附加剂。

药物制成溶液剂后，以量取替代了称取，使分剂量更方便，更准确，特别是对小剂量药物或毒性较大的药物更适宜；服用方便；且某些药物只能以溶液形式运输、贮存，如过氧化氢溶液、氨溶液等。

溶液剂的制法有溶解法、稀释法、化学反应法。

1. 溶解法

制备过程：准备→称量→溶解→过滤→分装→质检→包装。

溶解时一般取处方量 1/2～3/4 量的溶剂，加入药物搅拌溶解。加入顺序为溶解度由小到大。小量制备时选用滤纸、脱脂棉或其他适宜的滤器，将药液过滤，并自滤器上加溶剂至全量。

2. 稀释法

制备过程：称量→稀释→分装→质检→包装。

即将高浓度溶液稀释至所需浓度。应根据要求浓度和制备量，准确计算原料量。

3. 化学反应法

当原料缺乏或不符合医用要求时，可以用两种或两种以上药物，经化学反应生成医疗所需药物的溶液。

（二）其他溶液型液体制剂

1. 糖浆剂

糖浆剂（syrups）是指含有药物或芳香物质的浓蔗糖水溶液，供口服应用。《中华人民共和国药典》规定含蔗糖量应不低于45%（g/mL）。单糖浆是指单纯蔗糖的饱和或近饱和水溶液，蔗糖浓度为85%（g/mL），亦即64.7%（g/g），在处方中可用作矫味剂和助悬剂。

糖浆剂具有以下几个特点：蔗糖能掩盖某些药物的不良味道，易于服用，尤其受儿童欢迎；糖浆剂中少部分蔗糖转化为葡萄糖和果糖，具有还原性，能延缓糖浆剂中药物的氧化变质；单糖浆因含蔗糖浓度高，渗透压大，自身可抑制微生物的生长繁殖；低浓度的糖浆剂易因真菌、酵母菌和其他微生物的污染而变质，故应添加防腐剂。

糖浆剂按用途不同可分为矫味糖浆（如单糖浆、橙皮糖浆）和药用糖浆（如葡萄糖酸亚铁糖浆、磷酸可待因糖浆）。

《中华人民共和国药典》规定：糖浆剂应在避菌的环境中配制，及时灌装于灭菌的洁净干燥容器中。除另有规定外，一般将药物用新沸过的水溶解后，加入单糖浆；如直接加入蔗糖配制，则需加水煮沸，必要时滤过，并自滤器上添加适量新沸过的水，使成处方规定量，搅拌均匀，即得。常见制法有热溶法、冷溶法和混合法。制备好的糖浆剂宜密封，30℃以下保存。

（1）热溶法　将蔗糖加入沸纯化水中，加热溶解后，在适宜温度时再加入可溶性药物，搅拌、溶解、滤过，从滤器上加纯化水至全量，即得。

制备过程：化糖→冷却→过滤→加药→质检→灌装→封口→贴签。

知识链接：热熔法制备时的注意事项

蔗糖在加热，尤其是在酸性条件下加热，可发生水解反应，产生等分子的葡萄糖和果糖，亦称转化糖，具有还原性，可延缓易氧化药物的变质；但转化糖使制剂颜色变深，且微生物在单糖中更易生长繁殖。

加入蔗糖后，加热时间不宜过长。配液罐用前要消毒灭菌，一般采用蒸汽灭菌。现在生产上所用的配液罐、化糖罐等多用夹层罐，需要加热药液时，通入热蒸汽；需要将药液降温时，通入冷却水。加入药物时，耐热的药物可以在单糖浆温度较高时加入；对热敏感的药物在单糖浆温度降至30℃以下时再加入。

生产上常采用热溶法制备糖浆剂，因为加热使蔗糖溶解速度快，蔗糖中所含高分子杂质如蛋白质受热凝固而被滤除，同时有杀灭微生物作用；此外，温度高糖浆黏度小，易于过滤。但注意加热过久或超过100℃时，使转化糖含量增加，糖浆剂颜色容易变深。

（2）冷溶法　在室温下将蔗糖溶解于纯化水中或含药物的溶液中，过滤即得。此法制得的糖浆剂转化糖少，颜色较浅，但生产周期长，配制环境的卫生条件要求严格，以免被微生物污染。

（3）混合法　将药物或药物溶液与单糖浆直接混合均匀而制成。

【例 6-1】 葡萄糖酸亚铁糖浆

处方：葡萄糖酸亚铁	25g	柠檬香精	适量
蔗糖	650g	纯化水	加至 1000mL
羟苯乙酯	0.5g		

制法：取 350mL 水煮沸，加蔗糖溶解，继续加热至 100℃，停止加热，趁热过滤得单糖浆。将葡萄糖酸亚铁溶于 200mL 热水中，必要时过滤；羟苯乙酯用 5mL 乙醇溶解，将以上两液与单糖浆混合。混合液放冷后加柠檬香精和适量的水至 1000mL，即得。

2. 芳香水剂

芳香水剂（aromatic water）是指芳香挥发性药物（多为挥发油）的饱和或近饱和澄明水溶液。挥发油含量较高时称为浓芳香水剂。芳香水剂一般作矫味、矫嗅和分散剂使用，少数有治疗作用。芳香水剂应澄明，具有与原药物相同的气味，不得有异臭、沉淀或杂质。因挥发性成分不稳定，易氧化、分解、挥发，故不宜久贮。

纯挥发油和化学药物可采用溶解法，浓芳香水剂采用稀释法，而以植物药材为原料则用蒸馏法。

3. 甘油剂

甘油剂是指以甘油为分散介质专供外用的制剂，包括甘油溶液、胶状液和混悬液。甘油对硼酸、鞣质、苯酚有较大的溶解度，还可以减少碘、苯酚对皮肤、黏膜的刺激性。甘油的黏稠性和吸湿性使甘油剂外用时比相应的水性制剂发挥药效时间长，同时对皮肤、黏膜具有滋润和保护作用。甘油自身具有防腐性，使甘油剂无需添加其他防腐剂。甘油剂常用于口腔、耳鼻喉科及皮肤疾患。

甘油吸湿性大，应密闭保存。常用的有硼酸甘油、苯酚甘油、碘甘油等。

甘油剂的制备常用溶解法和化学反应法。

三、胶体溶液

高分子溶液剂和溶胶剂因其分散相大小均为 1～100nm，所以都属于胶体分散体系。当以水为分散介质时，高分子溶液剂和溶胶剂分别被称为亲水胶体和疏水胶体。

（一）亲水胶体

亲水胶体即高分子化合物在水中均匀分散形成的液体，亦可称为胶浆剂。亲水胶体在药剂中应用非常广泛，可直接用作医疗（如甲紫溶液、胃蛋白酶合剂等），也可在处方中作助悬剂、乳化剂、黏合剂、包衣材料、包囊材料等。

1. 亲水胶体的性质

（1）带电性　高分子化合物在水中因某些基团发生解离而带电。有的带正电，如甲紫、亚甲蓝、血红素、壳聚糖等；有的带负电，如苋菜红、靛蓝、阿拉伯胶、羧甲基纤维素钠、淀粉等。另外，蛋白质分子在水溶液中随 pH 值不同而带正电或负电。当溶液的 pH 值小于等电点时，蛋白质带正电荷；pH 值大于等电点，蛋白质带负电荷；当溶液的 pH 值等于等电点时，蛋白质不带电，此时溶液的黏度、渗透压、电导性、溶解度都变得最小。在生产中可利用这一特性，用于分离纯化或制备微囊。

（2）渗透压　高分子溶液具有一定的渗透压，这一性质对血浆代用液的生产非常重要。高分子溶液的渗透压可用式（6-1）表示。

$$\frac{\pi}{c_g}=\frac{RT}{M}+Bc_g \tag{6-1}$$

式中，π 为渗透压；c_g 为每升溶液中溶质的质量，g；R 为气体常数；T 为热力学温度；M 为摩尔质量；B 为特定常数，它是由溶质与溶剂相互间作用的大小来决定的。

由式(6-1) 可见，π/c_g 对 c_g 作图呈直线关系。

(3) 稳定性　高分子溶液的稳定性，主要是依靠高分子化合物与水形成的水化膜，水化膜有效地阻止了高分子化合物之间的聚集；其次是高分子化合物所带的电荷。任何破坏水化膜或中和电荷现象的发生，都会使高分子聚集而从溶液中沉淀出来。

① 将脱水剂（如乙醇、丙酮）加入高分子溶液中，因脱水剂与水的亲和力很强，迅速进入水化层而破坏水化膜，使高分子化合物聚集沉淀。

② 将大量电解质加入高分子溶液中，因电解质的强烈水化作用，与水化膜中的水结合而破坏水化膜，使高分子化合物聚集沉淀。这一现象也称为盐析。单凝聚法制备微囊就是利用这一原理，加入脱水剂或大量电解质使高分子化合物从溶液中析出而包裹在药物微粒的表面，形成微囊。

③ 将两种带有相反电荷的高分子溶液混合，因正负电荷中和，使高分子化合物聚集沉淀。这是复凝聚法制备微囊的原理。

另外，高分子溶液长时间放置也会出现聚集沉淀，这一现象称为陈化。溶液中的高分子化合物聚集成大粒子而产生沉淀的现象称为絮凝。

某些高分子溶液（如琼脂水溶液、明胶水溶液）在一定浓度以上，当温度降低至某一值时，高分子形成网状结构，水全部进入到网状结构内部，形成了不流动的半固体，称为凝胶。形成凝胶的过程称为胶凝。

2. 制备与举例

高分子溶液的制备包括有限溶胀和无限溶胀两个过程。首先是有限溶胀，水分子不断地渗入到高分子化合物的分子间空隙中，发生水化作用而使高分子体积膨胀。无限溶胀是指由水分子的渗入，高分子化合物的分子间隙中水的含量越来越多，降低了高分子化合物分子间引力，高分子开始向水中扩散，形成高分子溶液。在无限溶胀过程中，通常需搅拌或加热，不同的高分子化合物其溶胀的速度是不一样的。

(1) 粉末状原料

① 取适量的水加到广口容器中，将粉末状原料撒在液面上，待其自然吸水溶胀后，搅拌形成高分子溶液。不可在粉末状原料撒在水面后，立即搅拌，否则形成黏团，阻碍水分子渗入，延长溶胀时间。如胃蛋白酶合剂的制备。

② 取少量乙醇置干燥容器中，将粉末状原料加到乙醇中，时时振摇，促使其润湿、分散，再加足量水搅拌溶解成高分子溶液。如羧甲基纤维素钠胶浆的制备。

(2) 块状或条状原料　可先加水浸泡 20～40min 后，再水浴加热至分散均匀。如明胶、琼脂胶浆的制备。

【例 6-2】 羧甲基纤维素钠胶浆

处方：			
羧甲基纤维素钠	5g	羟苯乙酯	1g
琼脂	5g	纯化水	加至 1000mL
单糖浆	100mL		

制法：取剪碎的琼脂加水 400mL 浸泡 20min 后，煮沸使琼脂溶解。取干燥容器加乙醇 10mL，将羧甲基纤维素钠在乙醇中润湿 8～10min（时时振摇），然后倾入 400mL 水，搅拌至溶解，与上述琼脂溶液合并，加单糖浆，羟苯乙酯（先用少量乙醇溶解），搅拌均匀，趁热过滤，加水至 1000mL，搅匀即得。

(二) 疏水胶体

疏水胶体系指固体药物微粒（直径 1～100nm）分散在液体分散中而形成的非均相（或多相）液体药剂，亦称溶胶剂。这种固体药物微粒也称胶粒，当难溶性药物以胶粒状态分散时，药效将出现显著变化。

四、粗分散系

混悬剂和乳剂（普通乳剂）的分散相大小均大于100nm，所以均属于粗分散体系。

（一）混悬剂

混悬剂是指难溶性固体药物分散在液体介质中，形成的非均相分散体系。供口服或外用。也包括口服干混悬剂，即难溶性固体药物与适宜辅料制成粉状物或粒状物，临用时加水振摇即可分散成混悬液供口服的液体制剂。

混悬剂中药物微粒的直径一般为0.5～10μm，最大可达50μm或更大。混悬液是不均匀的粗分散体系，质量上应符合以下要求：①根据需要加入适宜的助悬剂、润湿剂、防腐剂、矫味剂等附加剂；②口服混悬剂分散介质常用纯化水，其混悬物应分散均匀，如有沉淀经振摇应易再分散，并检查沉降体积比，在标签上应注明“服前摇匀”，为安全起见，毒剧药或剂量小的药物不宜制成混悬剂；③外用混悬剂易于摇匀容易涂布，其混悬微粒大小不得超过50μm；④应符合液体制剂的其他质量要求（微生物限度、稳定性、有效成分含量等）。

混悬剂容易出现颗粒沉降、结块、结晶增长等物理不稳定现象。为了增加混悬剂的稳定性，处方可加入适当的稳定剂。如可加入高分子（如阿拉伯胶、CMC-Na）溶液或触变胶（如硅酸镁铝等）作助悬剂；疏水性药物制备时可加入吐温等润湿剂；加入酒石酸盐等作絮凝剂，可使沉降减慢，作反絮凝剂时可降低溶液黏稠利于倾倒。详见项目二。

1. 混悬液制备方法

（1）分散法　将固体药物粉碎成直径为0.5～10μm大小的微粒，再分散于分散介质中制成混悬剂的方法为分散法。小量制备常用研钵，大生产常用胶体磨、球磨机等。

（2）凝聚法　利用化学反应或改变物理条件使溶解状态的药物在分散介质中聚集成新相。

2. 质量评价

混悬剂的质量要求，除含量测定、装量、微生物限度等需符合药典要求外，因其属于热力学和动力学不稳定体系，所以还要进行物理稳定性方面的考察。

（1）沉降体积比　口服混悬剂（包括干混悬剂）沉降体积比应不低于0.90。

检查方法：用具塞量筒盛供试品50mL，密塞，用力振摇1min，记下混悬物的开始高度H_0，静置3h，记下混悬物的最终高度H，按式(6-2)计算沉降体积比F。

$$F=\frac{H}{H_0} \tag{6-2}$$

干混悬剂按使用时的比例加水振摇，应均匀分散，并检查沉降体积比，应符合规定。

（2）干燥失重　干混悬剂照干燥失重测定法检查，减失重量不得超过2.0%。

（3）微粒大小的测定　混悬微粒的大小影响着混悬剂的稳定性，影响药效的发挥。测定方法有显微镜法、Stokes沉降法、库尔特计数法。间隔一定时间后，再次测定微粒的大小及分布，与开始测得结果相比较，可观察到放置过程中稳定性的变化情况。

（4）絮凝度的测定　絮凝度是比较混悬剂絮凝程度的重要参数。

$$\beta=\frac{F}{F_\infty}=\frac{H/H_0}{H_\infty/H_0}=\frac{H}{H_\infty} \tag{6-3}$$

式中，F为絮凝混悬剂的沉降体积比；F_∞为去絮凝混悬剂的沉降体积比；β表示由絮凝作用所引起的沉降容积增加的倍数，β值愈大说明该絮凝剂絮凝效果愈好。

（5）重新分散试验　混悬剂在放置过程，因受重力作用而沉降，沉降物经振摇后应能很快重新分散，这才能保证服用时的均匀性和有效性。重新分散试验过程：将混悬剂置于带塞的100mL量筒中，密塞，放置沉降，然后以20r/min的转速转动，经一定时间旋转，量筒底部的沉降物应重新均匀分散。重新分散所需旋转次数愈少，表明混悬剂再分散性能愈好。

（6）其他　单剂量包装的口服混悬剂需进行装量差异检查，干混悬剂还需进行重量差异检查。

（二）乳剂

乳剂亦称乳浊液，是指由两种互不相溶的液体组成的，其中一种液体以小液滴的形式分散在另一种液体（分散介质）中形成的非均相分散体系。其中的小液滴被称为分散相、内相或不连续相；分散介质被称为外相、连续相。互不相溶的两种液体一种为水相，一种为油相。乳剂除了水相、油相以外，还需要加入乳化剂。乳化剂为表面活性剂或其他一些高分子化合物等，是形成稳定乳剂的重要因素。乳剂的应用很广，可内服、外用、注射及制成乳剂型软膏剂、气雾剂等。

乳剂常见的类型有：水包油型（O/W型）和油包水型（W/O型）。O/W型乳剂的分散相为油，连续相为水；W/O型乳剂的分散相为水，连续相为油，外观接近油的颜色。另外还有复乳，如W/O/W型和O/W/O型。前者分散相是W/O型乳剂，后者分散相是O/W型乳剂。乳剂类型鉴别方法见表6-1。乳剂的分散相液滴直径一般大于0.1μm，大多数为0.25～25μm。当分散相液滴直径小于100nm时，称为微乳（或称纳米乳），肉眼观察是透明的，光照射时可产生丁达尔现象。

将药物制成乳剂，具有以下优点：乳滴直径小，分散度大，药物吸收快，生物利用度高；油溶性药物制成O/W型乳剂用于口服时，可掩盖油腻感，并有利于吸收；水溶性药物制成W/O型乳剂有延长药效的作用；外用乳剂能改善药物对皮肤、黏膜的渗透性和刺激性；油溶性药物还可制成O/W型乳剂用于静脉注射。

表6-1　乳剂类型的鉴别

鉴别方法	O/W型	W/O型	鉴别方法	O/W型	W/O型
外观	乳白色	与油颜色近似	导电法	导电	几乎不导电
$CoCl_2$ 试纸	粉红色	不变色	加入水性染料	外相染色	内相染色
稀释法	被水稀释	被油稀释	加入油性染料	内相染色	外相染色

乳剂贮存过程中不得有发霉、酸败、变色、产气等变质现象。口服乳剂应呈均匀的乳白色，以半径为10cm的离心机，4000r/min的转速离心15min，不应观察到分层现象。

为了使乳剂易于形成和稳定必须加入乳化剂。乳化剂是乳剂的重要组成部分。乳化剂可分为天然乳化剂和表面活性剂类乳化剂、固体微粒乳化剂，根据需要还可加入辅助乳化剂。详见项目二。

1. 制备方法

（1）手工小量制备乳剂可采用的方法有干胶法、湿胶法、新生皂法等

① 干胶法是将乳化剂与油相混合研磨均匀后，加入水相，急速研磨成初乳，再缓缓加水稀释至全量。

② 湿胶法是将乳化剂分散到适量水中，研磨均匀后，缓缓加入油相，边加边研至初乳形成，再加水稀释至全量。

两种方法均用于天然乳化剂制备乳剂，当以阿拉伯胶为乳化剂，制备初乳时油、水、乳化剂的比例为：乳化植物油4∶2∶1，乳化液状石蜡3∶2∶1，乳化挥发油2∶2∶1。若油、水、乳化剂的量不准确，不易形成初乳。

③ 新生皂法是将生成肥皂的原料分别溶解在油相和水相中，将油、水两相混合，在油水界面上反应生成肥皂。如植物油中含有多种脂肪酸，在水中溶解氢氧化钙，将植物油与碱

液混合发生皂化反应，生成肥皂吸附在油、水界面上而形成乳剂。此法制得的乳剂比直接用肥皂乳化的效果好。

（2）机械生产或使用表面活性剂为乳化剂时可采用直接乳化法　直接乳化法将油相、水相、乳化剂混合，经振摇或搅拌制成乳剂。

药物加入方法：若药物溶于水或溶于油时，可先将药物分别溶解，然后再经乳化形成乳剂；不溶性药物，可先粉碎成粉末，再用少量与之有亲和力的液体或少量乳剂与之研磨成糊状，然后与乳剂混合均匀。

【例 6-3】 鱼肝油乳

处方：	鱼肝油	500g	杏仁油	1mL
	阿拉伯胶	125g	尼泊金乙酯	0.75g
	西黄蓍胶	7g	尼泊金丙酯	0.75g
	糖精钠	0.1g	纯化水	加至 1000mL

制法：取 10mL 乙醇润湿西黄蓍胶，加水 150mL，搅拌均匀制成胶浆备用。将鱼肝油、阿拉伯胶置干燥乳钵中研匀，一次加水 250mL，迅速研磨成初乳，加入糖精钠（先用 5mL 水溶解）、杏仁油、尼泊金乙酯和尼泊金丙酯（先用 5mL 乙醇溶解），缓缓加入备用的西黄蓍胶浆，加水至 1000mL，搅拌均匀，即得。此法为干胶法。

注解：该处方也可用湿胶法制备，附加剂及其用量与干胶法相同。用于维生素 A、维生素 D 缺乏症。

2. 质量评价

乳剂属于热力学不稳定体系，对乳剂质量进行比较和判定，可进行以下几项检查。

① 分层现象观察　乳剂的油相、水相因密度不同放置后分层，分层速度的快慢是评价乳剂质量的方法之一。用离心法加速分层，可以在短时间内观察其稳定性。将乳剂 4000 r/min 的转速离心 15min，不应观察到分层现象。若将乳剂置离心管中以 3750r/min 的转速离心 5h 观察，其结果相当于乳剂自然放置一年的分层效果。

② 乳滴大小的测定　乳滴的大小是衡量乳剂的稳定性及治疗效果的重要指标。可用显微测定法，测乳滴数 600 个以上，计算乳滴平均直径。

③ 乳滴合并速率的测定　制成乳剂后，分散相总表面增大，乳滴有自动合并的趋势。当乳滴的大小在一定范围内，其合并速率符合一级动力学方程。

$$\ln N=\ln N_0-kt \tag{6-4}$$

式中，N 为时间 t 时的乳滴数；N_0 为时间为零时的乳滴数；k 为乳滴合并速率常数。

在不同的时间分别测定单位体积的乳滴数，然后计算 k 值，k 值愈大，稳定性愈差。

五、液体制剂的生产操作

在药品生产企业，液体制剂的制备分制药用水生产、包装材料的清洗、备料、配液、过滤、灌装、包装、检验、入库等工序，以口服液生产工艺为例，其生产工艺流程如图 6-2 所示。液体制剂生产人员应按生产计划和生产指令的要求完成从备料到包装的各个工序的生产任务。

备料过程是指根据生产指令的要求，到指定地点领取生产所需的原料、辅料、包装材料等生产物品，并按操作规程发送到相应的生产岗位的工作过程。与其他剂型的生产相同，工艺流程中的纯化水制备、干燥、灭菌等技术已在前文中进行了介绍，在此不再赘述。以下主要介绍配液、滤过、分装三个工序。

1. 配液

配液是指应用溶解、乳化或混悬等制剂技术，将原料、附加剂、分散溶剂等按操作规程

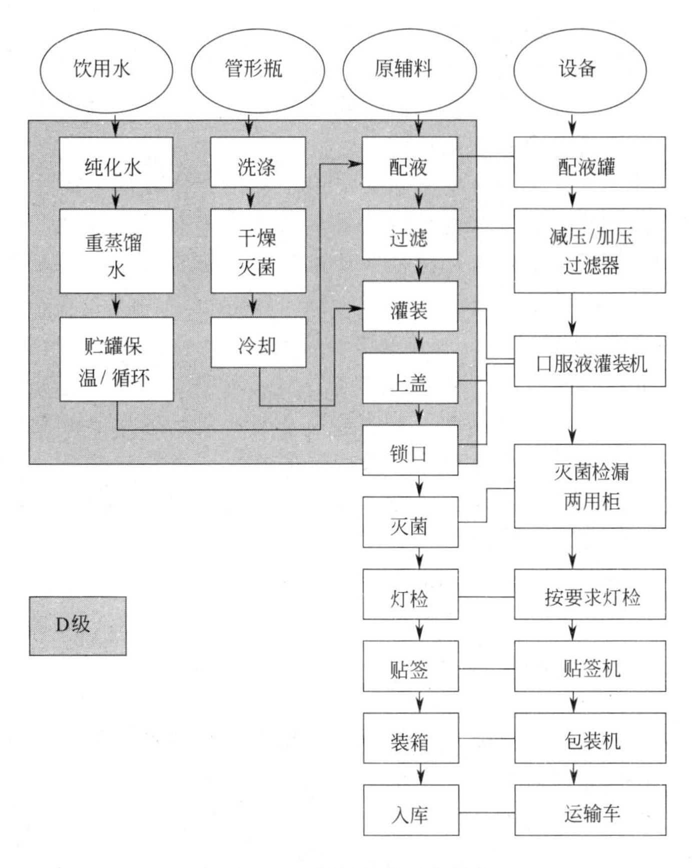

图 6-2　口服液生产工艺流程

制成体积、浓度、分散度、均匀度符合生产指令及质量标准要求的液体制剂的操作过程。

配液岗位职责

配液岗位的主要任务包括配液前准备、液体配制、配制结束的清场三个部分。岗位人员除了按生产指令完成液体配制任务外，还需承担以下责任。

① 按洁净室入场规程进入生产岗位，并执行洗手、消毒程序。

② 对配液前生产环境、设备是否达到规定的生产要求进行检查，并确认准许进行生产操作。

③ 对称、量器具进行校正，并对称、量操作规范及投料的准确性负责。

④ 按规定的操作程序添加各类物料进行配液操作，并对配制液体的容量、浓度、分散度与均匀度负责。

⑤ 按规定进行生产岗位环境的清场与消毒。

⑥ 根据实际操作过程填写生产记录，并对各项数据的真实性与准确性负责。

配液操作过程

配液操作的具体操作步骤是：审核生产物料→称取（或量取）所需物料→配液前检查与清洗→实施配液操作→中间体检验→完成配液操作进入下一工序。

（1）溶解　溶解主要用于配制真溶液或亲水胶体溶液，通常在配液罐内完成配液操作，包括稀配法和浓配法两种。稀配法是指将物料溶解于足量溶剂中，搅拌使之溶解，一步配制成所需浓度的操作方法。稀配法适用于原料的质量好、杂质少，且药物的溶解度较小的物料。浓配法是指将物料溶解于少量溶剂中，使之溶解后，进行过滤，在滤液中加入足量的溶剂并稀释到需要浓度。浓配法适用于原料质量较差、杂质多，而药物的溶解度相对较高的物料。浓配法常采用升高温度、搅拌、粉碎以减小物料的粒径等措施来加快溶解速率，同时也保证配液罐内药液浓度均一。

（2）分散或凝聚　分散法和凝聚法主要用于疏水胶体溶液与混悬剂的配制。分散法是将固体物料研磨成细度符合要求的微粒，再加入分散溶剂调整至所需浓度的过程。凝聚法则是将物料分别溶解制成溶液，再将两种溶液混合，使药物分子或离子聚结成符合混悬剂要求微粒，从而制成混悬剂的过程。

① 分散法：即借助球磨机、胶体磨等分散设备，将固体物料研磨分散成大小适宜的微粒而制成混悬剂。研磨时可直接研磨，亦可加液研磨。加助悬剂研磨可能对亲水性药物的影响不大，但对疏水性药物而言，药物与助悬剂共同研磨可使微粒更细腻，分散效果更好。生产中，分散设备的效率及研磨分散的时间长短均会影响混悬剂的质量。

② 凝聚法：与分散法相反，凝聚法是使小的分子或离子逐渐凝聚而成大的混悬微粒的过程。这种方法可以在普通的配液罐内进行而无需其他设备。凝聚过程可能是由于溶剂改变，药物的溶解度随之变化而析出结晶；也可能是由于混合的两种物质发生化学反应，生成不溶性物质，生成物的结晶不断长大而形成混悬微粒。无论凝聚的机制如何，凝聚法操作要求混合液体尽量稀释，并在混合的同时进行搅拌，以防止混悬微粒过粗或粒径不均。

（3）乳化　乳化通常需要使用乳匀机或胶体磨才能完成。具体的操作方法是将处方中的物料按需要量投入乳匀机内，开机使其乳化，再泵入胶体磨中进一步分散细化即可。操作中注意按岗位标准操作法控制乳匀机和胶体磨的转速与分散时间、分散温度。配液结束后，车间检验员对中间体进行质量检验，合格的进入下一工序，不合格的则需要进行返工。

（4）清场　操作结束后，操作人员清理台面，将所用器具擦拭干净后放回原位。用抹布擦拭操作台面、计量器具及操作室墙面、门窗，再用洁净抹布擦拭，使其清洁。操作室地面用拧干的清洁拖布拖擦，使之清洁干燥。切断电源用洁净抹布擦拭各种照明器械及配电盒，使清洁。配液用的各种玻璃器具使用后用洗涤剂刷洗，除去污渍后用纯化水刷洗干净。干燥后用洗液荡洗，放置24h。使用前用自来水冲洗至无洗液，再用纯化水冲洗2～3次，最后用滤过的纯化水冲洗2～3次后即可使用。

2. 滤过

滤过是保证溶液剂澄明度的关键操作，过滤技术详见项目三。

滤过岗位职责

滤过岗位工作一般与配液岗位人员为同一班级成员。主要的工作任务是滤器的安装、过滤、清洗清场。岗位人员负有以下岗位职责。

① 按洁净室规定程序进入操作岗位。

② 检查滤器、管道状态，对避免不合格的管道与滤器进入生产负责。

③ 对过滤过程中的工艺参数实施控制，对执行过滤岗位标准操作法、控制滤液质量负责。

④ 操作结束后对使用过的滤器及管道进行清洗、清场，按规定进行滤器的干燥、灭菌，以备下次使用。

滤过操作过程

(1) 滤器的安装　滤器临用前用纯化水冲洗2～3次，待用；管道用自来水冲洗内外壁至无醇味，再用纯化水冲洗2～3次，待用。安装时取出滤器和管道，将管道依次与配液罐出液口、药液加压泵入液口和出液口、滤器入液口和出液口及滤液贮罐连接牢固待用。

(2) 滤过　药液需经含量、pH检查合格才能实施过滤。操作时，依次打开配液罐出液口、药液加压泵电源开头，使配制好的药液经管道通过滤器流入滤液贮液桶内，取样检查澄清度，合格后可进入分装工序。如澄清度检查不合格，需重新对滤器和管道进行清洗处理后，再进行过滤，直至滤液澄清。

(3) 清洗与清场　滤过结束后，拆卸所用连接的管道、滤器、加压泵、配液罐及滤液贮罐等器具，用自来水、毛刷刷洗、冲洗滤器、加压泵及管道，再用纯水冲洗2～3次，最后用洁净抹布擦拭，使其清洁干燥，放于原位。滤器、管道放于指定的消毒液中浸泡备用。

3. 分装

分装岗位职责

分装岗位操作分为灌装与封口两个步骤，通过分装设备的协调联动一次完成，故又称为灌封岗位。分装岗位操作人员负有以下职责。

① 按相应洁净级别的操作规程对灌装室进行清洁、消毒，并对各种生产用具、容器进行清洁处理。

② 执行分装岗位操作规程，灌装前检查核对药液品种、规格、数量、包材等是否与生产指令相符，检查检验报告单，以防止不合格的容器、中间体进入灌装程序。

③ 药液滤过后需立即灌装，且灌装与封口同时进行，防止贮存时药液污染。

④ 操作中执行灌装机岗位标准操作法，随时观察设备工作状态，发现问题及时调整，防止药液泄漏。

⑤ 按规定的方法和频率检查中间体质量，并对分装的中间体装量、密封性及洁净度等质量负责。

⑥ 灌装结束后立即清场，做好各项工作记录，并对记录的真实性、准确性、完整性负责。

分装操作过程

(1) 生产前清场　操作人员按洁净室入场规程进入灌装工作现场并对现场进行检查，要求：灌装间内无任何产品、包装材料余留物，所有设备、器具、用具、操作台面已清洁，并挂有绿色状态标识牌。灌装区域内无任何与本批生产无关的生产材料及文件，无任何产品及生产材料遗留。灌装间地面、门窗、墙壁、电器已清洁干净，并挂有绿色运行状态标识牌，生产区域各系统电源开关处于正常状态。

(2) 容器处理　液体制剂分装前需要对玻璃瓶、胶塞和铝盖进行处理。

① 玻璃瓶：处理液体制药包装用玻璃瓶分洗涤、烘干、灭菌三个步骤，分别由超声波洗瓶机、烘干机完成。烘干机采用红外线干燥，同时对玻璃瓶进行灭菌。

② 胶塞的清洗：胶塞需用纯化水清洗并进行干燥。

③ 铝盖的清洗：铝盖主要用纯化水清洗，清洗后需用臭氧灭菌柜进行灭菌。

(3) 灌装前准备　灌装前需保证生产区域洁净度、灌装机状态、包装用容器、滤液均处于合格状态。

① 生产区域消毒：由净化空调系统操作人员开启空气净化系统，使其正常运转，供给符合规定的洁净空气。在操作前1h，采用紫外灯对室内空气及设施与设备表面进行消毒，并做好记录。

② 灌装机安装与检查：按操作规程将灌注器各部件组装成灌注系统，安装在灌封机上，并检查灌注系统安装无误后，试运行以检查灌封机运转状态。

③ 包装容器的检查：液体制剂分装容器由容器清洗岗位人员完成，分装岗位人员需在灌装前检查容器清洗的质量，并检查准许使用的相关标识。

④ 滤液的检查：灌装前的滤液必须检查有含量检查、pH检查、澄清度检查等项目合格证或相关记录。

(4) 灌封操作　再次核对灌装药液的名称、批号、规格，按生产指令的要求打印标签。调整好装量后进行试灌封（以DGK10/20口服液瓶灌装轧盖机为例）。

① 手摇灌装机，检查其运转是否正常。

② 检查灌装可见异物（澄明度），校正容量，应符合要求，并经质量监督员确认。

③ 按“DGK10/20口服液瓶灌装轧盖机标准操作程序”正式开始灌装。最初灌装的产品应予剔除，不得混入半成品。

④ 封口过程中，要随时注意锁口质量，及时剔除次品，发生轧瓶应立即停车处理。灌封过程中发现药液流速减慢，应立即停车，并通知配液岗位调节处理。灌封过程中应随时检查容量，发现过多或过少，应立即停车，及时调整灌装量。

⑤ 灌封好的管形瓶放在专用的不锈钢盘中，每盘应标明品名、规格、批号、灌装机号及灌装工号的标识牌，通过指定的传递窗送至安瓿灭菌岗位。

(5) 生产结束　灌封结束，通知配料岗位关闭药液阀门，剩余空瓶退回洗烘岗位。

本批生产结束应对灌装机进行清洁与消毒。折下针头、管道、活塞等输液设施，清洁、消毒后装入专用的已消毒容器。立即对生产场地进行清理、清洁。对物料进行结存并及时填写岗位原始记录和清场合格证。生产过程中若发现异常情况，应及时向质量监控员和工艺员报告，并记录。如确定为偏差，应立即填写偏差通知单，如实反映。

拓展知识

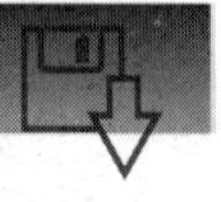

一、疏水胶体的性质和制法

疏水胶体也称为溶胶剂，以下介绍溶胶剂的性质和制法。

（一）溶胶剂的性质

溶胶剂的胶粒直径比光的波长小而发生光的散射，呈现丁达尔效应。可用这一特性鉴别溶胶剂。且由于溶剂分子撞击胶粒，使胶粒处于不断地无规则运动状态，即布朗运动。可对抗重力作用的影响，使溶胶剂保持稳定，胶粒不下沉。

溶胶剂中的胶粒可因自身解离而带电荷，或因吸附溶液中某种离子而带电荷，根据异性电荷相吸原理，在胶粒的表面上会吸附部分带相反电荷的离子（反离子）。胶粒自身带有的电荷或吸附的电荷与反离子形成了吸附层。另一部分反离子分散在胶粒的周围，形成扩散层。离胶粒愈近，反离子浓度越大；离胶粒愈远，反离子浓度越小。吸附层与扩散层构成双电层结构，双电层之间的电位差称ζ电位。吸附层的反离子少，ζ电位高，胶粒间存在的斥力大，溶胶剂则稳定。当ζ电位降低至25mV以下时，胶粒易聚集而使溶胶剂不稳定。

溶胶剂属于热力学不稳定体系。胶粒分散度大，受表面自由能影响，有聚集趋势；因溶胶剂中胶粒周围的双电层结构所产生的 ζ 电位阻碍了胶粒聚集，胶粒周围电荷形成的水化膜也增加了溶胶剂的稳定性。若向溶胶剂中加入带相反电荷的溶胶或加入一定量的电解质，都会破坏溶胶剂的稳定性。

为了制备稳定的溶胶剂，可以向溶胶剂中加入高分子溶液（亲水胶体），这样溶胶剂具有亲水胶体的性质，溶胶剂的稳定性增加，加入的这种高分子溶液可称为保护胶体。

（二）溶胶剂的制备

1. 分散法

粗粒可采用机械分散法，生产上多采用胶体磨进行研磨，转速调到 10000r/min，可将药物粉碎成胶体粒子范围。研磨时，应将药物、分散介质、稳定剂（高分子溶液）一起研磨。

胶体微粒大小范围的物质可采用胶溶法，即在细小的沉淀中加入适宜的电解质，沉淀粒子吸附电荷后而逐渐分散。如新鲜的氯化银沉淀中加入硝酸银，可制成氯化银溶胶。

也有采用超声波分散法，利用超声波产生的高频振荡，使分散相分散而制得。

2. 凝聚法

利用化学反应或改变物理条件使均相分散的物质结合成胶体粒子的方法。

二、混悬剂的稳定性

混悬液中分散相粒子较大，溶剂分子的撞击难以使粒子产生布朗运动，因此，易受重力作用而产生沉淀。但分散相粒子仍有较大的比表面积，所以表面自由能较大，分散相粒子有聚集的趋势，因此混悬液既是动力学不稳定体系，又是热力学不稳定体系。

1. 混悬微粒沉降

混悬液中药物微粒的密度与分散介质的密度不同，当药物微粒密度大于分散介质密度时，药物微粒受重力作用而下沉；当药物微粒密度小于分散介质密度时，药物微粒受浮力作用而上浮。其下沉或上浮的速率和影响因素可用 Stokes 公式表示。

$$V=\frac{2r^2(\rho_1-\rho_2)}{9\eta}g \tag{6-5}$$

式中，V 为微粒沉降速率，cm/s；r 为微粒半径，cm；ρ_1、ρ_2 分别为微粒和分散介质的密度，g/mL；η 为分散介质的黏度，P（1P ＝ 0.1Pa·s）；g 为重力加速度常数，cm/s^2。

根据式(6-5)，可以看出，混悬微粒沉降速率与微粒半径的平方、微粒与分散介质的密度差成正比，与分散介质的黏度成反比。在生产中为了增加混悬液的稳定性，应减小微粒下沉速率，可采取以下措施：将药物粉碎以减小微粒半径，当微粒直径小于 5μm 时，在适宜的黏度下，沉降速率很慢；减小微粒与分散介质的密度差，如向水中加蔗糖、甘油等增加分散介质密度，或将药物与密度小的固体分散介质制成固体分散体减少微粒密度；向混悬液加入胶浆剂等黏稠液体增加分散介质的黏度。

2. ζ 电位、表面自由能与絮凝

混悬液中的微粒因自身解离，或因吸附溶液中某种离子而带电荷，与胶体微粒相似，也具有双电层结构和 ζ 电位，使微粒之间产生排斥作用；同时微粒带电荷可使微粒周围存在水化膜，阻止微粒间的相互聚集。但因混悬微粒的分散度大，具有较高的表面自由能，为使表面自由能降低，微粒有自发聚集合并的趋势。

由此可知，混悬微粒之间同时受到两种力的作用，即因微粒具有双电层结构而产生的斥力作用和因表面自由能而使微粒聚集的引力作用。当 ζ 电位较高时，斥力大于引力，微粒间不聚集，单个存在，沉降很慢，但经一定时间沉积后，所得沉淀颗粒排列质密，使用时振摇不易再分散。反之，当 ζ 电位较低时，引力大于斥力，微粒间聚集、沉降快，且振摇后也不

易分散。当ζ电位适中时，一般在20～25mV，微粒间的引力、斥力保持一定的平衡，此时微粒间可形成疏松的絮状聚集体，这种现象称为混悬剂的絮凝。这种疏松的絮状聚集体沉降后，通过振摇易于重新分散均匀。

3. 混悬微粒的润湿

固体药物的亲水性强弱，能否被水润湿，与混悬剂制备的易难、质量高低及稳定性大小关系密切。疏水性药物，不能为水润湿，较难分散，可加入润湿剂改善疏水性药物的润湿性，从而使混悬剂易于制备并增加其稳定性。如加入甘油研磨制得微粒，不仅能使微粒充分润湿，而且还易于均匀混悬于分散剂中。

4. 结晶的增长与晶型的转变

在混悬液中，存在着药物不断溶解和不断结晶的动态过程。混悬液大小不一的微粒在放置过程中，趋向于小粒子越来越少，大的粒子越来越多。这是因为共存的小微粒有更大的表面自由能，小微粒的溶解度比大微粒的溶解度大，在放置过程中小微粒会不断地溶解直至消失，大微粒则不断结晶逐渐增大。增大的微粒使沉降加速，混悬剂更不稳定。

此外，在结晶性药物中，许多药物都具有多晶型，如棕榈氯霉素。在一种药物的多种晶型中，只有一种是稳定型晶型，而其他亚稳定型、无定形在放置过程中会发生转变。但稳定型的溶解度最小，吸收最差，在混悬液中如果同时存在几种晶型，其他类型将不断溶解，转变成稳定型；稳定型逐渐增大，则影响混悬液稳定性及药效。

5. 分散相的浓度和混悬剂的温度

混悬液的分散相浓度增加，分散微粒彼此间碰撞的机会也增加，则促进其聚集合并，混悬液的稳定性降低。

若混悬液的温度升高，药物的溶解度增大，可能会促使一些混悬微粒溶解；但同时升温使微粒碰撞机会增加，促进微粒聚集合并；且升温使分散介质的黏度降低，促进微粒沉降。若混悬液温度下降，则重新析出结晶。故温度变化使混悬微粒经历了重新溶解、析出的过程，这一过程会导致结晶长大，转型等，所以，温度的变化会影响混悬液的稳定性，特别是那些溶解度受温度影响大的药物，在贮存和运输过程中，必须考虑温度问题。

三、乳剂的稳定性

乳剂在放置过程中，其稳定性受自身的性质和外界条件的影响。如分散相所占体积比、乳化剂的HLB值、其他附加剂、贮存温度等对稳定性均有影响。

(1) 分层　乳剂的分层亦称乳析，是指在乳剂贮存过程中分散相液滴上浮或下沉的现象。分层后因乳化剂膜完整存在，经适当振摇后，能恢复成乳剂原来状态，但长时间的分层乳滴间的距离减小，有絮凝乃至乳滴合并的趋势。在生产中，减小分散相液滴的直径、减小分散相与分散介质的密度差、增加分散介质的黏度等措施可降低分层的速度。另外，相体积比对分层也有影响，分散相浓度低于25%时，乳剂分层速度加快。

(2) 絮凝　乳剂中分散相液滴之间发生可逆的聚集现象称为絮凝。絮凝后分散相液滴的乳化剂膜仍存在，乳剂经振摇后可恢复成原来状态，但絮凝使分散相液滴距离很近，是液滴合并、乳剂破裂的前提。乳剂絮凝的原因与混悬液相同，由于电解质的存在降低了液滴的ζ电位，液滴斥力减小，形成疏松的液滴聚集体。

(3) 转型　乳剂的转型亦称转相，是指乳剂类型的改变，即由O/W型转为W/O型或W/O型转为O/W型。转型后乳剂的性质发生改变，不能再使用。转型常因为乳化剂性质改变或分散相体积过大所引起。

(4) 合并与破裂　是指乳剂中分散相液滴周围的乳化剂膜破裂，液滴逐步合并成油、水两相。经振摇也不能恢复成原状态。造成破裂的原因很多，如温度、pH值、有机溶剂、电解质、微生物等。

（5）败坏　乳剂受外界因素影响，发生化学或生物学变化称为败坏。如空气中的氧，可使植物油酸败或某些药物氧化；微生物污染后，微生物在乳剂中生长、繁殖，引起腐败等。

实践项目

胃蛋白酶合剂的制备

［处方］

胃蛋白酶(3800IU/g)	25.3g	单糖浆	100mL
稀盐酸	20mL	羟苯乙酯	0.5g
橙皮酊	20mL	纯化水	加至1000mL

［拟订计划］胃蛋白酶合剂的规格为100mL。该制剂为医院制剂，其制备过程类似于一般实验室操作。

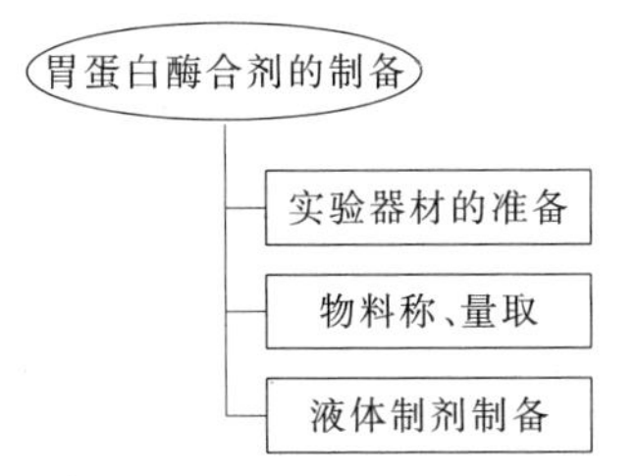

［实施方案］

1. 准备材料和器材。

设备器皿：烧杯，量筒，普通天平，100mL塑料瓶等。

药品与材料：胃蛋白酶、稀盐酸、单糖浆、橙皮酊、羟苯乙酯、蒸馏水等。

2. 各器材按常规方法校正或者清洗完毕待用。

3. 按处方量准确称取胃蛋白酶、羟苯乙酯，准确量取橙皮酊、单糖浆和稀盐酸。

4. 制备流程：取约700mL蒸馏水，加稀盐酸和单糖浆，搅拌均匀后，将胃蛋白酶撒在液面上，待其自然溶解、分散。取少量乙醇溶解羟苯乙酯后，加到100mL水中。缓缓加到上述药液中，将橙皮酊缓缓加到药液中，加水至1000mL，搅拌均匀，灌装于塑料瓶中密封即得。

5. 注意事项：

① 胃蛋白酶在pH1.5～2.5时活性最大，故处方中加稀酸调节pH。但胃蛋白酶不得与稀盐酸直接混合，须将稀盐酸加适量蒸馏水稀释后配制，因含盐酸量超过0.5%时，胃蛋白酶活性被破坏。

② 本品不宜用热水配制，不宜剧烈搅拌，以免影响活力，应将其胃蛋白酶撒布在液面上，待其自然吸水膨胀而溶解，再轻轻搅拌混匀即得。宜新鲜配制。

③ 本品亦可加10%～20%甘油以增加胃蛋白酶的稳定性和调味的作用；加橙皮酊作矫味剂，但酊剂的含醇量不宜超过10%；单糖浆具矫味和保护作用，但以10%～15%为宜，20%以上对蛋白消化力有影响。

④ 本品不宜过滤，如必须过滤时，滤材需先用相同浓度的稀盐酸润湿，以饱和滤材表面电荷，消除对胃蛋白酶活力的影响，然后过滤。最好采用不带电荷的滤器，以防凝聚。

复习思考题

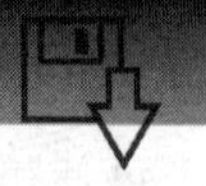

1. 简述液体制剂的特点和质量要求。
2. 简述液体制剂的基本生产工艺流程。
3. 溶液型液体制剂包含哪些？各有何特点？
4. 亲水胶体溶液在制备时和真溶液有何不同？
5. 混悬剂的不稳定性主要表现在哪里？如何增加其稳定性？
6. 乳剂的基本组成有哪些？决定乳剂类型的因素是什么？
7. 常用的乳化剂有哪些？
8. 乳剂的不稳定性主要表现在哪些方面？

项目七　注射剂生产技术

[知识点]

注射剂的概念、特点和质量要求

小容量注射剂的生产工艺流程

输液剂的生产工艺流程

粉针剂的生产工艺流程、目前存在的问题

[能力目标]

知道注射剂的基本概念、特点和质量要求

能使用相应的设备制备合格的小容量注射剂

能使用相应的设备制备合格的输液剂

能使用相应的设备制备合格的粉针剂

注射剂是随着19世纪灭菌法的发现和注射器的出现而形成的一种剂型。随着医疗事业不断发展，注射剂已成为医疗上不可缺少的制剂。发展至今，注射剂的形式有小容量注射剂、大容量注射剂和注射用无菌粉末三种。《中华人民共和国药典》2010年版收载的注射剂品种多达330多种，且出现了乳浊型、混悬型注射液以及复方氨基酸大输液等。现代生物技术药物多为蛋白质、多肽、核酸类药物，口服在胃肠道内易被水解，生物利用度差，注射剂是其最常见的给药剂型。

必备知识

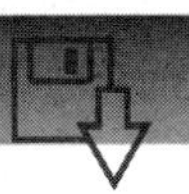

一、概述

(一) 注射剂的定义与分类

注射剂（injection）是指药物和适宜的辅料制成的供注入体内的灭菌溶液、乳浊液、混悬液，以及供临用前配成溶液或混悬液的无菌粉末或浓溶液。注射剂俗称针剂，根据分散系统或给药途径的不同有以下类别。

1. 按分散系统分

(1) 溶液型注射剂　对于易溶于水，且在水溶液中比较稳定的药物可制成水溶液型注射剂，如维生素C注射液、复方氨基酸注射液；不溶于水而溶于油的药物可制成油溶液型注射剂。溶液型注射剂以水为溶剂最常见，俗称水针剂，可用于各种途径注射。油溶液常采用肌内注射。

(2) 混悬液型注射剂　水中溶解度小的药物或需要延长药效，可制成混悬液型注射剂。如鱼精蛋白胰岛素注射液。蛋白质、多肽类药物的微球微囊等新剂型也多以混悬液型注射剂给药，如注射用醋酸亮丙瑞林微球（商品名抑那通）。溶剂可以是水也可以是油或其他非水溶剂，一般用于肌内注射。

(3) 乳浊液型注射剂　对水不溶性或油性液体药物，根据临床需要可制成乳浊液型注射剂，如静脉脂肪乳剂。也有微乳注射剂，如注射用环孢素A微乳（商品名山地明）。可用于静脉注射（O/W型）、肌内注射、皮下注射。

(4) 注射用无菌粉末　在水中不稳定的药物，常制成注射用无菌粉末，俗称粉针剂，临用前用适宜的溶剂（一般为灭菌注射用水）溶解或混悬后使用，如注射用青霉素G。

2. 按给药途径分类

（1）静脉注射剂（iv.） 药液直接注入血管，无吸收过程，起效最快。分静脉推注和静脉滴注，前者一次注射量在50mL以下，后者用量可达数千毫升。多为水溶液，油溶液和混悬液一般不能静脉注射。除另有规定外，静脉注射剂不得加抑菌剂。

（2）肌内注射剂（im.） 注射于肌肉组织中，药物扩散进入血管而被吸收。因肌肉组织血流丰富，故吸收较快。一次剂量一般在5mL以下，除水溶液外，油溶液、混悬液、乳浊液均可注射。

（3）皮下注射剂（ih.） 注射于真皮与肌肉之间的结缔组织，药物吸收较慢，具有延效作用。一般用量为1～2mL。皮下注射剂主要是水溶液，刺激性药物不宜皮下注射。

（4）皮内注射剂（id.） 注射于表皮与真皮之间，一次注射量在0.2mL以下。用于过敏试验或疾病诊断，如青霉素皮试液、白喉诊断毒素等。

（5）椎管注射剂 药液注入脊椎四周蛛网膜下腔内。脊椎注射剂的一次剂量不得超过10mL。由于此处神经组织比较敏感，且脊髓液缓冲容量小、循环慢，所以要求严格，只能是水溶液，pH值应呈中性，等张溶液，不得加抑菌剂。

此外，还有穴位注射、关节腔注射、腹腔注射、心内注射、皮下输液、滑膜腔内注射、鞘内注射等。某些抗肿瘤药物还可动脉内注射，直接进入靶组织，提高疗效，降低毒副作用。如抗肿瘤药氨甲蝶呤采用动脉内给药。

（二）注射剂的特点

注射剂是目前生物技术药物应用最广泛的剂型之一，其主要优点如下。

① 药效迅速，作用可靠 因为药物不经过消化系统和肝脏而进入血液循环，不受消化液的破坏和肝脏的代谢，尤其是静脉注射，无吸收过程，作用快而迅速。故适于抢救危重病人或供给能量。

② 适用于不宜口服的药物 某些药物易受消化液破坏，如青霉素、胰岛素等受酸、酶的催化降解，链霉素口服不易吸收等均可制成注射剂而发挥作用。尤其适合于多肽、蛋白质、核酸等口服容易被胃肠酶及pH催化降解的生物药物。

③ 适用于不宜口服给药的病人 某些病人不能吞咽、昏迷或严重呕吐不能进食，均可注射给药并补充营养。

④ 产生局部的定位作用 如局部麻醉药注射、封闭疗法、穴位注射，药物可产生局部定位作用；某些药物通过注射给药延长作用时间，如激素进行关节内注射等。

⑤ 靶向作用 注射用微粒给药系统（脂质体、微乳等），药物可定向分布在肝、脾等器官，临床可用于治疗癌症。

但注射剂也存在一些缺点，如下。

① 使用不方便，产生疼痛 注射剂一般不能自己使用，应遵医嘱并经专门训练的护士注射，以保证用药安全。注射时局部刺激产生疼痛感，且某些药液本身也会引起刺激。

② 易交叉污染，安全性较差 注射剂一经注入人体内，起效快，产生不良反应后果严重，需严格用药。

③ 生产过程复杂，质量要求高，成本高 注射剂设备条件、生产环境要求高，所以生产费用大，价格贵。

（三）注射剂的质量要求

为确保注射剂的用药安全有效，应保证注射剂符合下列要求。

① 无菌 注射剂成品中不应有任何活的微生物，按药典无菌检查法检查，应符合规定。

② 无热原　无热原是注射剂的重要质量指标，特别是供静脉注射及椎管注射的注射剂必须通过热原检查，应符合规定。

③ 可见异物　按可见异物检查法（包括灯检法和光散射法）检查，不得有肉眼可见的混浊或异物。

④ pH 值　注射剂 pH 要求与血液相等或接近（血液的 pH 值约为 7.4），一般应控制在 pH4～9 范围内。

⑤ 渗透压　注射剂要求具有一定的渗透压，应与血液的渗透压相等或接近。特别是静脉注射应尽量等张，椎管注射应严格等张。

⑥ 安全性　注射剂不能对人体细胞、组织、器官等引起刺激或产生毒副反应，尤其是非水溶剂或某些附加剂，必须经过动物实验验证。有些注射剂如复方氨基酸注射剂，其中的降压物质必须符合规定，以保证用药安全。

⑦ 稳定性　注射剂多以水为溶剂，易发生水解、氧化或霉变现象。必须保证具备一定的物理、化学、生物学稳定性，在贮存期内安全有效。

⑧ 不溶性微粒　静脉注射剂、注射用无菌粉末和注射用浓溶液还需通过不溶性微粒检查。如输液（装量≥100mL），规定每 1mL 中含 10μm 以上的不溶性微粒不得超过 25 粒，含 25μm 以上的不溶性微粒不得超过 3 粒。

⑨ 其他　有效成分含量、杂质限度和装量差异检查等均应符合药典及有关质量标准的规定。

（四）注射剂的处方组成

注射剂是由主药（一种或多种）、注射用溶剂以及能使其形成注射剂并达到注射剂质量要求的附加剂等组成。

对于大多数药物，处方中仅由主药与注射用溶剂混合很难达到上述注射剂的质量要求，因此需添加一些特殊附加剂。所有的附加剂均应符合药用规格，最好是注射用规格；用量较大时必须是注射用规格。

药物溶解度较小时，欲制成溶液型注射剂，可加入吐温 80、聚氧乙烯蓖麻油（Cremophor EL）等增溶剂，或加入第三种物质（助溶剂）通过形成配合物来增加主药溶解度。

药物容易氧化时，处方中可添加抗氧剂用于消耗氧气，金属离子络合剂结合金属离子抑制其催化氧化作用。如维生素 C 注射剂，可添加亚硫酸氢钠（弱酸性抗氧剂）、EDTA-Na_2（金属离子络合剂）防止被氧化。工艺中常采用在配液及灌封工序通入惰性气体（如氮气或二氧化碳）以排除注射用水溶解的氧气以及注射器容器空间的氧气，来防止药物被氧化。

在采用不彻底的灭菌方法或无灭菌程序时，注射剂处方中必须添加抑菌剂，如采用低温间歇灭菌、滤过除菌、无菌操作法制备的注射剂。还有多剂量装的注射剂，非一次性使用完，也应加入适宜的抑菌剂。加入量应以抑制注射液内微生物生长的最低浓度为准。一次用量超过 5mL 的注射液应慎加抑菌剂。供静脉注射、椎管注射的注射剂则不得添加抑菌剂。常用抑菌剂如苯酚、甲酚、苯甲醇、三氯叔丁醇等。加有抑菌剂的注射剂仍需采取适宜的方式灭菌，并在标签或说明书上注明抑菌剂的名称和用量。

为使 pH 值在人体可适应范围，同时尽可能保证药物稳定，注射剂常需添加 pH 值调节剂。一般对于肌内或皮下注射剂及小剂量静脉注射剂，要求 pH 值 4～9；大剂量静脉注射剂原则上要求尽可能接近血液的 pH 值。可加入酸（如盐酸、硫酸、枸橼酸）、碱（氢氧化钠、氢氧化钾、碳酸氢钠）或缓冲对（如磷酸二氢钠-磷酸氢二钠）进行 pH 值调节。

为使注射后不致产生红细胞皱缩或胀大的现象，需调节渗透压与血浆相等或接近，通常采用氯化钠、葡萄糖等进行渗透压调节。

有的注射剂在皮下和肌内注射时，产生刺激或疼痛。为避免刺激，提高顺应性，可加入局部止痛剂，如苯甲醇、三氯叔丁醇、盐酸普鲁卡因、利多卡因等。

混悬型的注射剂中常用的助悬剂有羧甲基纤维素钠（CMC-Na）、羟丙基甲基纤维素（HPMC）。乳剂型的注射剂中常用的乳化剂有大豆磷脂、卵磷脂、泊洛沙姆188（普流罗尼F-68）等。

（五）热原

热原是微生物的尸体及其代谢产物，注入人体后能引起人的异常发热，甚至有生命危险。因而注射剂需保证无热原。大多数微生物均能产生热原，但致热能力最强的是革兰阴性杆菌所产生的热原。热原是微生物产生的一种内毒素，由磷脂、脂多糖和蛋白质等所组成，其中脂多糖具有特别强的致热性和耐热性。热原的相对分子质量一般为1×10^6左右，分子量越大，致热作用越强。注入体内的输液中含热原量达1μg/kg时就可引起热原反应。

1. 热原的性质

（1）耐热性　热原在100℃加热1h不被分解破坏，180℃ 3～4h、200℃ 60h、250℃ 30～45min或650℃ 1min可使热原彻底破坏。

（2）水溶性　热原能溶于水，似真溶液。但其浓缩液带有乳光，故带有乳光的水和药液，热原不合格。

（3）不挥发性　热原本身不挥发，但可随水蒸气、雾滴带入蒸馏水中，故用蒸馏法制备注射用水时，蒸馏水器应有隔沫装置分离蒸汽和雾滴。

（4）可滤过性　热原体积小，能通过一般滤器进入滤液中，即使是微孔滤膜也不能截留。但活性炭能吸附热原。

（5）不耐强酸、强碱、强氧化剂　热原能被盐酸、硫酸、氢氧化钠、高锰酸钾、重铬酸钾、过氧化氢等破坏。

（6）其他　超声波、某些表面活性剂（如去氧胆酸钠）或阴离子树脂也能在一定程度上破坏或吸附热原。

2. 热原的污染途径

（1）溶剂　最常用的为注射用水，是注射剂出现热原的主要原因。冷凝的水蒸气中带有非常小的水滴（称飞沫）则可将热原带入。制备注射用水时不严格或贮存过久均会污染热原。因此，生产的注射用水应定时进行细菌内毒素检查，药典规定供配制用的注射用水必须在制备后12h内使用，并用优质低碳不锈钢罐贮存，在80℃以上保温或70℃以上保持循环或4℃冷藏，并至少每周全面检查一次。

（2）原料　原料质量及包装不好均会产生热原，尤其生物技术制备的药物和辅料易被微生物污染，从而产生热原，如抗生素、水解蛋白、右旋糖酐等。葡萄糖、乳糖等辅料也容易因包装损坏而被污染。

（3）容器、用具和管道　配制注射液用的器具等操作前应按规定严格处理，防止热原污染。

（4）生产过程　室内卫生条件不好、操作时间过长、装置不密闭、灭菌不完全、操作不符合要求或包装封口不严等，均会增加细菌污染的机会而产生热原。

（5）输液器具　临床所用的输液器具被细菌污染而带入热原。

3. 热原的去除方法

（1）活性炭吸附法　在配液时加入0.05%～0.5%（W/V）的针用一级活性炭，可除去大部分热原，而且活性炭还有脱色、助滤、除臭作用。但需注意活性炭也会吸附部分药液，过量投料且小剂量药物不宜使用。

（2）离子交换法　热原在水溶液中带负电，可被阴离子树脂所交换。但树脂需再生。

（3）凝胶过滤法　凝胶微观上呈分子筛状，利用热原与药物分子量的差异，将两者分开。但当两者分子量相差不大时，不宜使用。

（4）超滤法　超滤膜的膜孔为3.0～15nm，可去除药液中的细菌与热原。

（5）酸碱法　玻璃容器、用具等均可使用重铬酸钾硫酸清洗液或稀氢氧化钠液浸泡而破坏热原。

（6）高温法　注射用针头、针筒及玻璃器皿等能耐受高温加热处理的器皿和用具，洗净后再在180℃加热2h或250℃加热30min以上处理破坏热原。

（7）蒸馏法　可采用蒸馏法加隔沫装置来制备注射用水，热原本身不挥发，但热原又具有水溶性可溶于飞沫，采用该法可去除溶剂中的热原。

（8）反渗透法　用醋酸纤维素膜和聚酰胺膜反渗透制备注射用水可除去热原，具有节约热能和冷却水的优点。

（9）其他　采用两次以上湿热灭菌法或适当提高灭菌温度和时间可除去热原。如葡萄糖注射液中含有热原采用上述方法处理。微波也能破坏热原。

4. 热原检查方法

（1）家兔发热试验法（热原检查法）　家兔发热试验法是目前各国药典法定的热原检查法。它是将一定量的供试品，由静脉注入家兔体内，在规定时间内观察体温的变化情况，如家兔体温升高的度数超过规定限度即认为有热原反应。具体试验方法和结果判断标准见《中华人民共和国药典》2010年版二部附录热原检查法。本法结果准确，但费时较长、操作繁琐，连续生产不适用。

（2）鲎试剂法（细菌内毒素检查法）　鲎试剂法是利用动物鲎制成试剂与革兰阴性菌产生的细菌内毒素之间可产生的凝胶反应，从而定性或定量地测定内毒素的一种方法。具体试验方法和结果判断标准见《中华人民共和国药典》2010年版二部附录细菌内毒素检查法。本法操作简单、结果迅速可得、灵敏度高，适合于生产过程中的热原控制，特别适合于某些不能用家兔进行热原检测的品种，如放射性制剂、肿瘤抑制剂等。但本法对革兰阴性菌以外的内毒素不敏感，故还不能完全代替家兔发热试验法。

二、小容量注射剂生产技术

小容量注射剂即装量小于50mL的注射剂，又名针剂、小针剂，以水为溶剂称为水针剂。

（一）小容量注射剂车间设计与生产管理

按GMP的有关原则，针剂的生产环境洁净度分为A、B、C、D四个级别。洁净级别高的区域相对于级别低的要保持5～10Pa的正压差。

在生产之前要检查并确保空气净化系统、动力系统、照明系统、供水排水系统等生产设施及各类生产设备运转正常，所用设备要达到净化要求。

小容量注射剂的生产工艺流程及洁净区域划分见图7-1。

（二）小容量注射剂的容器和处理办法

小容量注射剂其容器一般是由中性硬质玻璃制成小瓶，俗称安瓿。安瓿的式样采用有颈安瓿，其容量通常有1mL、2mL、5mL、10mL、20mL等几种规格。以前使用的安瓿式样有直颈与曲颈两种，现国家食品药品监督管理局（SFDA）规定一律采用曲颈易折安瓿，可避免在折断安瓿瓶颈时，造成玻璃屑、微粒进入安瓿污染药液。曲颈易折安瓿有两种：色环易折安瓿和点刻痕易折安瓿。色环易折安瓿是将一种低熔点粉末熔固在安瓿颈部成环状，该粉末的膨胀系数高于安瓿玻璃2倍，待冷却后由于两种玻璃膨胀系数不同，在环状部位产生

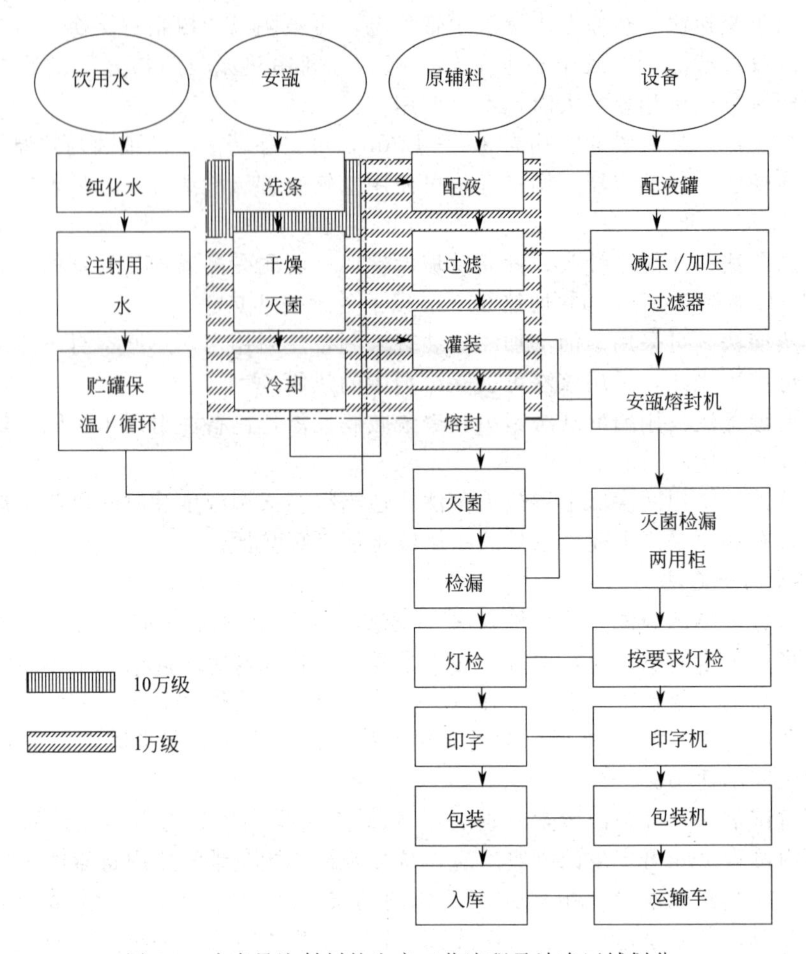

图 7-1　小容量注射剂的生产工艺流程及洁净区域划分

一圈永久应力，用力一折即平整断裂，不易产生玻璃屑。点刻痕易折安瓿是在曲颈部分刻有一微细的刻痕，在刻痕上方中心标有直径为 2mm 的色点，折断时施力于刻痕中间的背面，折断后，断面平整。

1. 安瓿的质量要求

安瓿用于灌装各种性质不同的药液，在制备过程中高温熔封，耐受高压灭菌，且要在不同环境下长期贮藏。故对安瓿有一定的质量要求。

① 应无色透明，便于可见异物及药液变质情况检查。

② 应具有优良的耐热性能和低的膨胀系数，避免洗涤、灭菌或冷藏中爆裂。

③ 要有一定的物理强度，避免生产、运输过程中破损。

④ 化学稳定性好，不易被药液所浸蚀，不改变药液的 pH 值。

⑤ 熔点低，易于熔封。

⑥ 不得有气泡、麻点、砂粒、粗细不匀及条纹等。

知识链接：卡式瓶

2002 年出现了新一代针剂和粉针剂的包装容器卡式瓶，其一端为胶塞加铝盖密封，另一端用活塞密封。一般与卡式注射笔配套使用，使用过程中药液不与注射器任何部件接触，避免安瓿使用过程中玻璃粉末混入药液或被微生物污染等。目前多应用于基因工程药物、生物酶制剂等技术含量较高的制剂领域。

2. 安瓿的检查

为保证注射剂质量，安瓿经过一系列检查方可用于生产。首先进行检查的项目为安瓿外观、尺寸、应力、清洁度、热稳定性等，具体要求及检查方法，可参照中华人民共和国国家标准（安瓿）；其次玻璃容器的耐酸性、耐碱性检查和中性检查；最后要进行装药试验，必要时特别当安瓿材料变更时，理化性能检查虽合格，尚需做装药试验，证明无影响后方可应用。

知识链接：安瓿的材质

安瓿多为无色，便于可见异物检查。光敏性药物可采用琥珀色安瓿，添加了氧化铁，若铁离子对药物稳定性有影响，则不可采用。根据安瓿的化学组成不同，目前制造空安瓿的玻璃可分为低硼硅酸盐玻璃、含钡玻璃和含锆玻璃。低硼硅酸盐玻璃用于中性、弱酸性药液的灌装，如各种输液、注射用水等；含钡玻璃用于强碱性药液的灌装，如磺胺嘧啶钠注射液（pH＝10～10.5）；含锆玻璃含有少量氧化锆，具有更高的化学稳定性，用于强酸、强碱性药液的灌装，如乳酸钠、碘化钠、磺胺嘧啶钠、酒石酸锑钾等注射液。

3. 安瓿的洗涤

领取合格批次的安瓿，除去外包装，在外清排瓶室（一般生产区）整理好。通过传递窗进入洗涤工序（10 万级洁净区）。

（1）洗涤方法

① 甩水洗涤法　将安瓿经喷淋灌水机灌满滤净的纯化水，再用甩水机将水甩出，如此反复 3 次。此法洗涤 5mL 以下的安瓿，清洁度可达到要求。

② 加压气水喷射洗涤法　用事先滤过合格的洗涤用水和压缩空气，由针头交替喷入倒置的安瓿内进行洗涤，冲洗顺序为气→水→气→水→气。本法的关键是气，一是应有足够的压力（294.2～392.3kPa），二是一定要将空气净化。最后一次洗涤用水应是经微孔滤膜精滤的注射用水。

③ 超声波洗涤法　利用液体传播超声波能有效去除物体表面的污物。具有清洗洁净度高、清洗速度快等特点。

目前常采用超声波洗涤与气水喷射洗涤相结合的方法。超声波粗洗，再经气→水→气→水→气精洗。该法应基本或全部满足下列要求：a. 外壁喷淋；b. 容器灌满水后经超声波前处理；c. 容器倒置，喷针插入，水、气多次交替冲洗，交替冲洗次数应满足工艺要求；d. 使用清洗介质为净化压缩空气和注射用水（40～60℃）。

知识链接：安瓿的清洗

质量好的安瓿可直接洗涤，质量差的安瓿需先蒸瓶再清洗。向安瓿内灌入纯化水或 0.5%～1%的盐酸或醋酸溶液，经 100℃/30min 蒸煮，可洗去附着的砂粒，溶解微量游离碱和金属离子，提高安瓿稳定性。经甩水后进行洗涤。在实际生产中安瓿的洗涤，也有只采用洁净空气吹洗的方法，但要求安瓿质量高，在玻璃厂生产后应严密包装，不使污染，此法既省去了水洗这一步，又能保证安瓿洁净的质量，这为针剂的高速度自动化生产创造了有利条件。另外，还有一种密封安瓿，使用时在净化空气下用火焰开口，直接灌封，可以免去洗瓶、干燥、灭菌等工作。

（2）洗涤设备　常见的有喷淋式安瓿洗瓶机组、气水喷射式洗瓶机、超声波安瓿洗瓶机组。喷淋式安瓿洗瓶机组由安瓿喷淋机（见图 7-2）和安瓿甩水机（见图 7-3）组成，经喷淋后再甩水洗涤。气水喷射式安瓿洗瓶机（见图 7-4）由供水系统、压缩空气及过滤系统和洗瓶机构成，脚踏板控制速度。超声波安瓿洗瓶机组（见图 7-5）自动化程度高，生产中已推广使用。

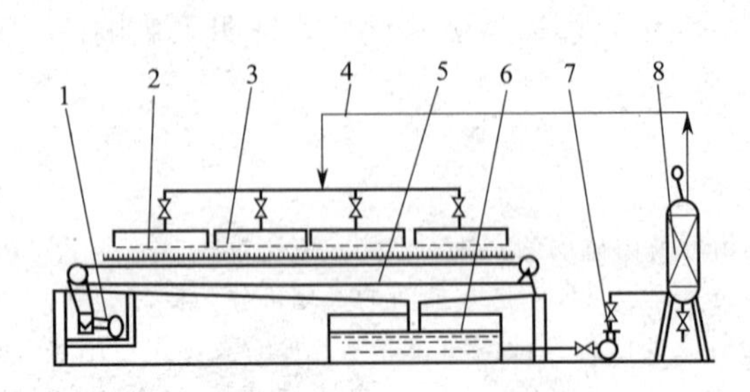

图 7-2　安瓿喷淋机

1—电机；2—安瓿盘；3—淋水喷嘴；4—进水管；
5—传送带；6—集水箱；7—泵；8—过滤器

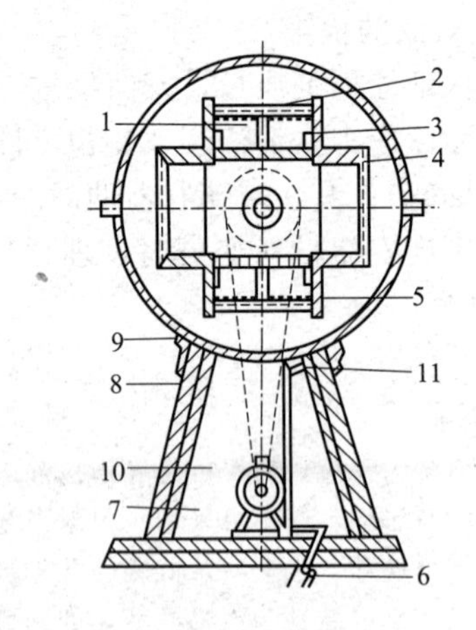

图 7-3　安瓿甩水机

1—安瓿；2—固定杆；3—铝盘；4—离心架框；
5—丝网罩盘；6—刹车踏板；7—电机；8—机架；
9—外壳；10—皮带；11—出水口

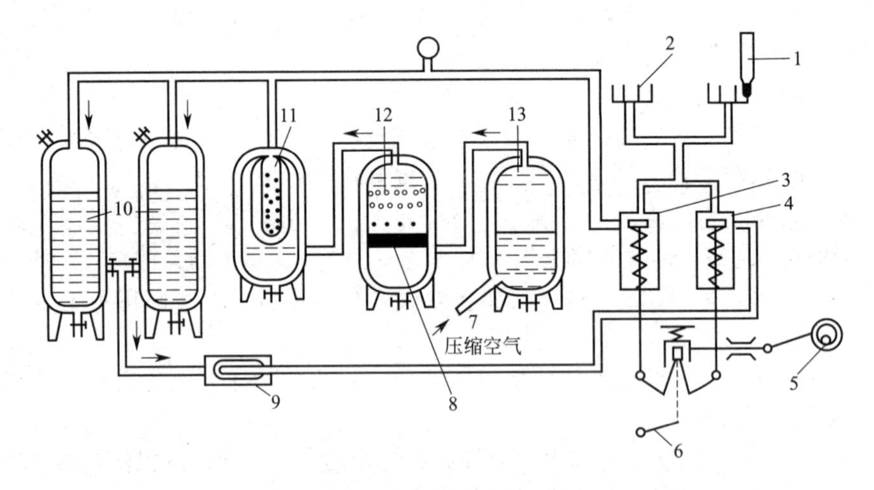

图 7-4　气水喷射式安瓿洗瓶机组工作原理示意图

1—安瓿；2—针头；3—喷气阀；4—喷水阀；5—偏心轮；6—脚踏板；7—压缩空气进口；
8—木炭层；9,11—双层涤纶袋滤器；10—水罐；12—瓷环层；13—洗气罐

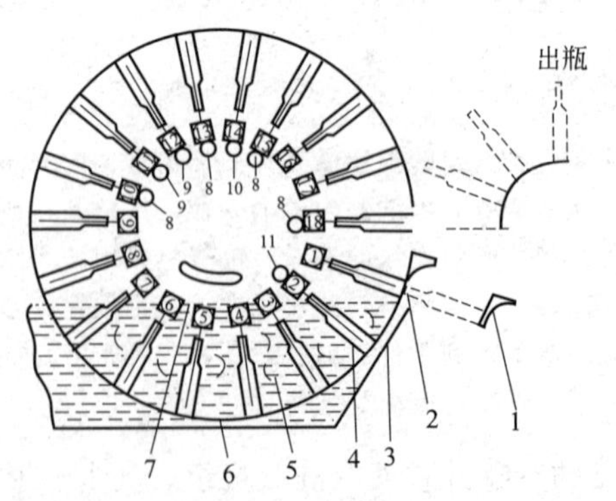

图 7-5　超声波安瓿洗瓶机工作原理示意图

1—推瓶器；2—引导器；3—水箱；4—针管；5—超声波；6—瓶底座；
7—液位；8—吹气；9—冲循环水；10—冲新鲜水；11—注水

现药厂生产将超声波安瓿洗瓶机组与安瓿红外隧道灭菌机、安瓿灌封机组成洗-烘-灌-封联动机，气水洗涤的程序由机器自动完成，大大提高了生产效率。

（3）安瓿的洗涤操作

安瓿洗涤岗位职责

① 严格执行《洗瓶岗位操作法》、《超声波洗瓶机标准操作程序》、《超声波洗瓶机的清洁保养操作程序》。

② 负责洗瓶所用设备的安全使用及日常保养，防止事故发生。

③ 自觉遵守工艺纪律，保证洗瓶符合工艺要求，质量达到规定要求。

④ 做到岗位生产状态标识、设备所处状态标识、清洁状态标识清晰明了、准确无误。

⑤ 真实及时填好生产记录，做到字迹清晰、内容真实、数据完整，不得任意涂改和撕毁，做好交接记录，顺利进入下道工序。

⑥ 工作结束或更换品种应及时做好清洁卫生并按清场标准操作规程进行清场工作，认真填写相应记录。

安瓿洗涤操作规程（以超声波洗瓶机标准操作过程为例）

① 准备过程

a. 检查电源是否正常，超声波发生器是否完好，整机外罩是否罩好。

b. 检查各润滑点的润滑状况。

c. 检查气、水管路、电路连接是否完好，过滤器罩及各管路接头是否紧牢。

d. 打开新鲜水入槽阀门，给清洗槽注满水后，水将自动溢入贮水槽内。贮水槽注满水后，关闭新鲜水入槽阀门。

e. 检查各仪器仪表是否显示正常，各控制点是否可靠。.

② 操作过程

a. 打开电器箱后端主开关，主电源接通。

b. 在操作画面上启动加热旋钮，水箱自动加热，并将水温恒定在50～60℃。

c. 打开新鲜水控制阀门，将压力调到0.2MPa。

d. 打开压缩空气控制阀门，将压力调到0.2MPa。

e. 在操作画面上启动水泵，同时将循环水过滤罩内的空气排尽。水泵启动时贮水槽内水位会下降，这时应打开新鲜水入槽阀门，将水槽注满水。

f. 打开循环水控制阀，将压力调到0.2MPa。

g. 打开喷淋水控制阀，将压力调到0.05MPa（以能将空瓶注满水为准）。

h. 在操作画面上启动超声波，启动输瓶网带。

i. 将速度调节旋钮调节至最小；主机运行方式选择“自动”；在操作画面上开启“主机启动”按键，主电机处于运行状态。

j. 慢慢将速度调到与安瓿规格相适应的位置。

③ 机器走空　如果要将机器上所有容器走空，可将选择开关调到“手动”位，在手动状态下完成。但为保证容器清洗的洁净度，应保持所有的清洗条件不变。

④ 结束过程

a. 按下主机停机按键，主机停止运行。

b. 在操作画面上轻触加热停止按键，水箱停止加热。

c. 在操作画面上依次关闭水泵、超声波、输瓶网带。

d. 关闭压缩空气供给阀；关闭新鲜水供给阀。

e. 关闭主电源开关，电源信号灯熄灭。

f. 拉起清洗槽溢水插管，清洗槽内水排空；拉起储水箱溢排管，贮水箱水排空。

g. 用水将清洗槽冲洗干净。

h. 清洗贮水箱内过滤网，必要时清洗过滤器内的滤芯。

i. 将机器外部的污迹水擦干净。

4. 安瓿的干燥灭菌

(1) 干燥灭菌设备

① 烘箱　采用120～140℃干燥，间歇式生产。用于盛装无菌操作的药液或低温灭菌制品的安瓿，须用干热灭菌180℃/1.5h或160～170℃/2～4h。灭菌后的安瓿应在24h内使用，存放柜应有净化空气保护。

② 隧道式烘箱　目前大量生产多采用隧道式烘箱可连续生产，有电热层流干热灭菌烘箱和红外线隧道式烘箱两种。隧道内为密封系统，附有局部层流装置。隧道内温度最高可达350℃。一般350℃ 5min即可达到安瓿灭菌的目的，并可与灌封机组成洗-灭-灌-封联合机组。它具有效率高、质量好、干燥速度快和节约能源等特点。

(2) 安瓿的干燥灭菌操作

干燥灭菌岗位职责

① 严格执行《安瓿干燥灭菌岗位操作法》、《安瓿干燥灭菌设备标准操作程序》、《安瓿干燥灭菌设备清洁保养操作程序》。

② 负责安瓿干燥灭菌所用设备的安全使用及日常保养，防止事故发生。

③ 自觉遵守工艺纪律，保证安瓿干燥灭菌符合工艺要求，质量达到规定要求。

④ 做到岗位生产状态标识、设备所处状态标识、清洁状态标识清晰明了、准确无误。

⑤ 真实及时填好生产记录，做到字迹清晰、内容真实、数据完整，不得任意涂改和撕毁，做好交接记录，顺利进入下道工序。

⑥ 工作结束或更换品种应及时做好清洁卫生并按清场标准操作规程进行清场工作，认真填写相应记录。

干燥灭菌操作规程

① 准备过程

a. 检查主机电源是否正常。

b. 检查各润滑点的润滑情况。

c. 检查所有必需的安全装置是否有效。

② 操作过程

a. 打开电源开关，“电源指示”信号灯亮，电源开关柜风扇运转正常。

b. 轻触“温度设定”按钮，进入温度设定画面，设定烘干灭菌温度。

c. 轻触“操作画面”按键，进入操作画面，启动日间工作按钮，个层流风机开始运转，加热管开始加热。

d. 检查电热管加热情况，转动“电源开关”，观察“电流指示”表电流情况。

e. 将走带控制选择“自动”方式。

f. 轻触“日间启动”按键后，整个干燥机处于自动状态，温度自我调节到设定温度值，误差为±5℃。电机过载，风压过高，风门没打开，立刻会弹出报警画面，并停止加热。

g. 按下“夜间启动”按键后，输送带电机停止，加热停止，“前层流电机”、“热风电机”、“后层流电机”、“补风电机”、“排风电机”信号指示灯都亮，表示都在运行。当烘箱温度低于100℃，“热风电机”、“排风电机”停止，其他风机继续运行，保持烘干隧道内部处于层流屏蔽状态，以免外部空气进入隧道内（注：一般紧急停机时间不宜超过30min，以免高温高效过滤器因烘箱内热量不能及时排出，使得温度过高，损坏过滤器）。

h. 空车运行，检查所有电机是否运转，有无异常响声。

i. 测量风速和风压，中间烘箱风速0.6～0.8m/s，进出口层流风机风速0.45～0.65m/s（注：不同的区域应保证有一定的正压差）。

j. 安瓿进入干燥机时，将链条放置在清洗机的出料嘴的轨道上，挡住清洗机的出料嘴，以便安瓿洗完后在前面扶住瓶身进入输送网带上。安瓿排列聚集到一定程度后形成一定的压力，使限位弹片作用，从而接通接近开关，驱动减速电机开动，输送网带同时前移（输送网带的移动是随清洗机的间断输送安瓿，从而也间断行进）。

k. 清洗机停机后，在电源柜控制面板上轻触“手动走带”后，可以不断推动安瓿补充给下道工序的安瓿灌封机。

（三）小容量注射剂的生产流程

1. 配液与过滤

（1）配液的技术及设备　供注射用的原辅料，应符合“注射用”规格，并经《中华人民共和国药典》所规定的各项杂质检查与含量限度检查，生产前还需作小样试制，检验合格后方能使用；辅料应符合药用标准，若有注射用规格，应选用注射用规格。注射用水为溶剂时，须在制备后12h内使用，并用优质低碳不锈钢罐贮存，在80℃以上保温或70℃以上保持循环或冷藏；以油为注射剂溶剂时，注射用油应在用前采用150～160℃/1～2h干热灭菌后冷却备用。

配液时应按处方规定和原辅料的含量测定结果计算出每种原辅料的投料量（注意含结晶水药物的换算）；若主药在灭菌后含量有所下降，可适当增加投料量。生产中改换原辅料的生产厂家时，甚至对于同一厂的不同批号的产品，在生产前均应作小样试制。溶液的浓度除另有规定外，均采用百分比（g/mL）表示。原辅料准确称量后，应由两人以上进行核对，对所用原辅料的来源、批号、用量和投料时间等均应严格记录，并签字负责。

知识链接：注射液的配制方法

有稀配法和浓配法两种。稀配法即原料加入所需溶剂中，一次配成所需浓度。凡原料质量好、药液浓度不高或配液量不大时，常用稀配法。浓配法即将全部原料加入部分溶剂中配成浓溶液，经加热、冷藏、过滤等处理后，根据含量测定结果稀释至所需浓度。当原料质量较差时，常用浓配法。溶解度小的杂质在浓配时可以滤过除去；原料药质量差或药液不易滤清时，可加入配液量0.1%～0.3%针剂用一级活性炭，煮沸片刻，放冷至50℃再脱炭过滤。另需注意的是，活性炭在微酸性条件下吸附作用强，在碱性溶液中有时出现脱吸附，反而使药液中杂质增加。故活性炭使用时应进行酸处理并活化后使用。

配液用的器具均应用性质稳定、耐腐蚀的材料制成，常用的有玻璃、不锈钢、耐酸碱搪瓷或无毒聚氯乙烯桶等。生产上一般采用装有搅拌桨的蒸汽夹层锅或蛇管加热的不锈钢配液罐。

知识链接：配液用具的洗涤

供配制用的所有器具使用前，要用洗涤剂或硫酸清洁液处理洗净，临用前再用新鲜注射用水荡洗或灭菌后备用。每次配液后应立即清洗，聚乙烯塑料管先用肥皂水浸泡并充分搓揉以除去管内的附着物，再用蒸馏水揉搓冲洗，洗去碱液，再用注射用水加热煮沸15min，然后冲洗干净备用。再依次用蒸馏水、注射用水洗净备用。

（2）过滤的技术及设备　过滤设备一般通过过筛作用或深层滤过作用截留微粒。为提高滤过效率，可以加压或减压以提高压力差；升高药液温度以降低黏度；在滤渣较多时可先初滤以减少滤饼的厚度；设法使颗粒变粗以减少滤饼阻力；加入多孔性颗粒物质作助滤剂，可在滤材表面形成架桥，防止杂质堵塞滤过介质，以加快滤过。

常见滤器有垂熔玻璃滤器、砂滤棒、微孔滤膜滤器。注射剂生产时过滤一般采用粗滤和精滤的滤器联合使用，多数将钛滤棒作粗滤，微孔滤膜滤器用于精滤。

药液配好后，应进行半成品质量检查，包括 pH 值、含量等，合格后方可滤过灌封。

（3）配液与过滤操作

配液与过滤岗位职责

① 严格执行《注射剂称量配液岗位操作法》、《配料系统标准操作程序》。

② 负责称量、配制、滤过所用设备的安全使用及日常保养，防止事故发生。

③ 严格执行生产指令，保证配制所用物料名称、数量、质量准确无误，如发现物料的包装不完整，需报告 QA 人员，停止使用。

④ 自觉遵守工艺纪律，保证配制、滤过岗位不发生混药、错药或对药品造成污染。

⑤ 认真填写生产记录，做到字迹清晰、内容真实、数据完整，不得任意涂改和撕毁。

⑥ 工作结束或更换品种时应及时按清场标准操作规程做好清场工作，认真填写相应记录。

⑦ 做到岗位生产状态标识、设备所处状态标识、清洁状态标识清晰明了、准确无误。

配液与过滤操作过程

① 准备过程

a. 接通总电源，液位器指示灯亮。

b. 核对原辅料的名称、规格、重量。采用两人复核制。

c. 设备空载运行正常。

d. 对容器内及进出料管道、阀门等进行消毒处理。

e. 关闭所有的阀门。

② 操作过程

a. 按工艺的具体处方要求，将物料放入配料罐中。

b. 按工艺要求，选择加热或不加热，若需加热打开蒸汽阀门。

c. 启动搅拌桨，所配物料全部溶解后，按工艺要求打开阀门。

d. 若“稀配法”，对所配物料进行初滤，启动输送泵 1，经过炭棒过滤器 1，精滤，经过一级过滤、二级过滤，关闭输送至高位槽的阀门，物料形成循环，取样检测，正确加入工艺要求物料量，待搅拌均匀，物料继续循环，打开输送至高位槽的阀门，同时打开高位槽输出阀门，放出少量物料后关闭。

e. 若按工艺要求“浓配法”，对所配物料进行初滤，启动输送泵 1，经过炭棒过滤器 1，精滤，启动输送泵 2，经过炭棒过滤器 2、一级过滤、二级过滤，关闭输送至高位槽的阀门，物料形成循环，取样检测，正确加入工艺要求物料量，待搅拌均匀，物料继续循环，打开输送至高位槽的阀门，同时打开高位槽输出阀门，放出少量物料后关闭。

③ 结束过程

a. 配料系统送料完毕应及时清洗、消毒。

b. 及时关闭已启动的泵、电动机。

c. 切断总电源。

2. 小容量注射剂的灌封

灌封是将滤净的药液定量地灌装到安瓿中并加以封闭的过程。包括灌注药液和封口两步，是注射剂生产中保证无菌的最关键操作，应在洁净度100级环境下进行。

药液灌封要求做到剂量准确，药液不沾瓶口，以防熔封时发生焦头或爆裂，注入容器的量要比标示量稍多，以抵偿在给药时由于瓶壁黏附和注射器及针头的吸留而造成的损失，一般易流动液体可增加少些，黏稠性液体宜增加多些。具体见表7-1。

表7-1　注射剂灌装增量表

标示装量/mL	增加量		标示装量/mL	增加量	
	易流动液/mL	黏稠液/mL		易流动液/mL	黏稠液/mL
0.5	0.1	0.12	10.0	0.50	0.70
1.0	0.1	0.15	20.0	0.60	0.90
2.0	0.15	0.25	50.0	1.00	1.50
5.0	0.3	0.50			

(1) 灌封的技术和设备　灌注时要求容量准确，每次灌注前必须先试灌若干支，按照药典规定的注射液的装量测定进行检查，符合规定后再进行灌注。灌注时还注意不使灌装针头与安瓿颈内壁碰撞，以防玻璃屑落入安瓿中。易氧化药物溶液灌装后，需向安瓿中通入惰性气体（N_2、CO_2），置换容器内的空气以防药物氧化。安瓿通入惰性气体的方法很多，一般认为两次通气较一次通气效果好。1～2mL的安瓿常在灌装药液后通入惰性气体，而5mL以上的安瓿则在药液灌装前后各通一次。通气效果，可用测氧仪进行残余氧气的测定。

已灌装好的安瓿应立即熔封。安瓿熔封应严密、不漏气，颈端应圆整光滑、无尖头和小泡。封口方法普遍采用旋转拉丝式封口。拉丝封口是指当旋转安瓿瓶颈在火焰加热下熔融时，采用机械方法将瓶颈顶端拉断，使熔融处闭口封合。该法封口严密，不易出现毛细孔。

生产时采用安瓿自动灌封机，双针或多针灌装。一般带有自动止灌装置，作用是防止机器运转过程中，遇到个别缺瓶或安瓿用完尚未关车的情况，不致使药液注出而污损机器和浪费药液。活塞中心常有毛细孔，可使针头挂的水滴缩回可防止针头“挂水”。

我国现已有洗-烘-灌-封联动机（图7-6）和割-洗-灌-封联动机，由超声波清洗机、干燥灭菌机和安瓿拉丝灌封机三个工作区组成，可完成淋水、超声波清洗、冲水、冲气、预热、

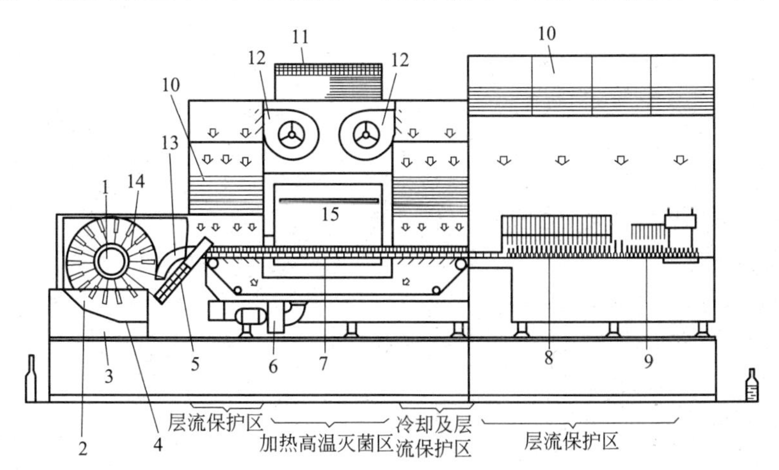

图7-6　安瓿洗-烘-灌-封联动机结构示意图

1—转鼓；2—超声波清洗槽；3—电热；4—超声波发生器；5—进瓶斗；6—排风机；7—输送网带；8—充气灌装；9—拉丝封口；10—高效过滤器；11—中效过滤器；12—风机；13—出瓶口；14—水气喷头；15—加热原件

烘干灭菌、冷却、充氮灌封等多道工序，不仅提高生产效率，而且提高成品质量。

知识链接：灌封易出现的问题

灌封时常发生的问题有剂量不准、焦头、鼓泡、封口不严等，但最易出现的问题是产生焦头。产生焦头的主要原因有：①灌液速度太快，药液溅到安瓿内壁；②针头回药慢，针尖挂有液滴；③针头不正，针头碰安瓿内壁；④灌注与针头行程未配合好；⑤针头升降不灵等。应分析原因，进行调整。封口时火焰烧灼过度会引起鼓泡，烧灼不足则导致封口不严。

（2）灌封的操作

灌封岗位职责

① 严格执行《灌封岗位操作法》、《ALG 安瓿拉丝灌封机标准操作程序》。

② 负责灌封所用设备的安全使用及日常保养，防止事故发生。

③ 严格执行生产指令，保证灌封质量达到规定质量要求。

④ 自觉遵守工艺纪律，保证灌封装量及封口质量达到规定要求，避免药品污染。

⑤ 认真填写生产记录，做到字迹清晰、内容真实、数据完整，不得任意涂改和撕毁。

⑥ 工作结束或更换品种时应及时按清场标准操作规程做好清场工作，认真填写相应记录。

⑦ 做到岗位生产状态标识、设备所处状态标识、清洁状态标识清晰明了、准确无误。

灌封操作过程（以 ALG 安瓿拉丝灌封机为例）

① 准备过程

a. 接通设备的总电源，打开液化气、氧气和氮气的总阀门，供电、气至设备处。此时设备压力表显示 0.08MPa。

b. 每次开机前必须先用摇手柄按顺时针方向转动机器，查看其转动是否有异状，确实判明正常后，才可开车。

c. 打开“缺并止灌开关”，“止灌开关信号”灯亮，设备电源已接通。

d. 开通液化气、氧气和氮气的阀门，设备处于供气状态。使用时压力表显示 0.05MPa。

e. 试机：打开“电机开关”，电动机是否正常运转。判明正常，再推联合器，查看链条输送运转是否正常，添加机油，判明正常后推联合器停机。

f. 用摇手柄按顺时针方向转动机子至最高点，为点火做准备。

g. 检查输液系统的完好。

② 操作过程

a. 把安瓿瓶装入进料斗。

b. 调节输液系统，若有空气泡，需排出。

c. 点火：旋开“燃气”开关，点燃，调节燃气的火焰。旋开“助燃”开关，调节“燃气”及“助燃”开关火焰，开联合器，尝试安瓿瓶的封口效果，如果封口是次品，关联合器调整预热火焰或封口火焰，至封口最佳状态。

d. 灌液、封口得到成品。

③ 结束过程

a. 关闭联合器。

b. 先关“助燃”开关，燃一会儿，再关“燃气”。

c. 切断电源、气源。

d. 拆下灌药针头，用注射水清洗。对设备擦洗干净，待下次使用。

3. 小容量注射剂的灭菌和检漏

(1) 灭菌检漏技术及设备　注射剂从配液到灭菌要求在12h内完成，所以灌封后应立即灭菌。灭菌方法有多种，主要根据药液中原辅料的性质，来选择不同的灭菌方法和时间。必要时，可采取几种灭菌方法联合使用。一般1～5mL安瓿注射剂采用流通蒸气灭菌100℃/30min；10～20mL安瓿采用100℃/45min灭菌。对热不稳定的产品，可适当缩短灭菌时间；对热稳定的品种、输液，均应采用热压灭菌。灭菌效果F_0值要求大于8min。以油为溶剂的注射剂，选用干热灭菌。

安瓿如封口不严，有毛细孔或微小裂缝存在，在贮存过程中微生物或其他污染物可进入安瓿内引起药液变质，因此灭菌后的安瓿应立即进行漏气检查。

检漏可用灭菌检漏两用的灭菌器，一般于灭菌后进水管放进冷水淋洗安瓿使温度降低，然后关紧锅门，抽气至真空度达85.3～90.6kPa，再放入有色溶液及空气，由于漏气安瓿中的空气被抽出，当空气放入时，有色溶液即借大气压力压入漏气安瓿内而被检出。也可灭菌后，趁热于灭菌锅内放入有颜色溶液，安瓿遇冷内部压力收缩，漏气安瓿即被着色而被检出。

(2) 灭菌检漏操作

灭菌检漏的岗位职责

① 严格执行《灭菌检漏岗位操作法》、《安瓿灭菌器标准操作程序》。

② 严格执行生产指令、及时灭菌，不得延误。

③ 负责灭菌所用设备的安全使用及日常保养，防止事故发生。

④ 自觉遵守工艺纪律，保证灭菌岗位不发生混药、错药或对药品造成污染。

⑤ 认真填写生产记录，做到字迹清晰、内容真实、数据完整，不得任意涂改和撕毁。

⑥ 工作结束或更换品种时应及时按清场标准操作规程做好清场工作，认真填写相应记录。

⑦ 做到岗位生产状态标识、设备所处状态标识、清洁状态标识清晰明了、准确无误。

灭菌检漏的操作过程（以XG1.0安瓿灭菌器为例）

① 准备过程

a. 供气、水、汽至设备处。

b. 接通总电源。

c. 打开压缩空气阀门，压力表显示的压力达到0.4MPa以上。

d. 打开纯化水阀门。

e. 打开蒸汽阀门，压力表显示的压力保持在0.3～0.5MPa。

f. 打开自来水阀门。

g. 将色水贮罐注满纯化水，并保证色水进入灭菌柜的通畅。

② 操作过程

a. 打开电源开关

b. 放入待灭菌产品，按药品生产工艺要求设定工作参数后关门。

c. 按“启动”键，设备运行（按程序设定进行灭菌、检漏）。

③ 结束过程

a. 灭菌结束，按“确认”。

b. 打开门，将搬运车与灭菌室固定，将消毒框拉出，抽去挡板，取出已灭菌的安瓿瓶，装回挡板，接着一手按下搬运车后部的定车板，另一手推动网筐至灭菌室内，然后拉动导向杆，拉出搬运车。

c. 关闭电源（前门及后门的电源都应在关闭状态）。

d. 关闭压缩空气、蒸汽、纯化水及自来水的阀门。

e. 切断灭菌柜的总电源。

4. 小容量注射剂的质量要求

(1) 可见异物检查　可见异物检查可以保证用药安全，同时可以发现生产中的问题，加以改进。如注射剂中的白点多来源于原料或安瓿；纤维多因环境污染所致；玻屑常是由于封口不当造成的。

旧称澄明度检查已于《中华人民共和国药典》2005年版更名为可见异物检查法，要求注射剂必须完全澄明，不得有任何肉眼可见的不溶性物质（粒径或长度>50μm）。

知识链接：可见异物检查

检查方法有灯检法和光散射法。一般常用灯检法，也可采用光散射法。灯检法不适用的品种（如用有色透明容器包装或液体色泽较深的品种）采用光散射法检查。

① 灯检法检查应在暗室中进行。在20W的蓝白光日光灯背景下用目视检查。灯座采用伞棚式装置，背景为不反光的黑色，背部右侧1/3处及底部为不反光的白色（供检查有色物质）。无色溶液注射剂检查，光照度1000～1500lx；透明塑料容器或有色溶液注射剂，光照度2000～3000lx；混悬型注射剂，光照度4000lx，仅检查色块、纤毛等可见异物。

检查时取供试品20支（瓶）置检查灯下，距光源约25cm处（明视距离），先与黑色背景，次与白色背景对照，用手持安瓿颈部，轻轻翻转容器，用目检视，应符合药典对可见异物检查判断标准的规定。

② 光散射法的原理是当一束单色激光照射溶液时，溶液中存在的不溶性物质使入射光发生散射，散射能量与不溶性物质的大小有关，通过测定光散射能量，并与规定阈值比较，以检查可见异物。目前已有光散射法原理制成的全自动可见异物检测仪，配有自动上下瓶、旋瓶、激光光源、图像采集器、数据处理系统和终端显示系统，分辨率和灵敏度都较高。

(2) 热原检查　热原检查法有家兔发热试验法和细菌内毒素检查法两种。

(3) 无菌检查　注射剂灭菌操作完成后，必须抽出一定数量的样品进行无菌检查。无菌操作法制备的成品更应注意无菌检查的结果。具体检查法按药典附录“无菌检查法”项下的规定进行。

(4) 降压物质的检查　比较组胺对照品与供试品引起麻醉猫血压下降的程度，判定供试品中所含降压物质的限度是否符合规定。由发酵提取而得的抗生素，如盐酸平阳霉素、硫酸庆大霉素、乳糖酸红霉素、两性霉素B等注射用原料，若质量不好时往往会混有少量组胺，其毒性很大，故药典规定对这些由发酵制得的原料，在制成注射剂后一定要进行降压物质检查，具体检查法见药典附录“降压物质检查法”项下的规定进行。

(5) 其他　包括注射剂的装量检查、鉴别、含量测定、pH值测定、毒性试验和刺激性试验等进行检查，应符合规定。

(四) 小容量注射剂处方范例

【例7-1】 维生素C注射剂

处方：	维生素C	104g	亚硫酸氢钠	2g
	$EDTA\text{-}Na_2$	0.05g	注射用水	加到1000mL
	碳酸氢钠	49g		

制法：在配制容器中，加配制量80%的注射用水，通二氧化碳饱和，加维生素C溶解，

分次缓缓加入碳酸氢钠，搅拌使完全溶解，至无二氧化碳产生时，加入预先配好的EDTA-Na_2溶液和亚硫酸氢钠溶液，搅拌均匀，调节药液pH至6.0～6.2，加二氧化碳饱和的注射用水至足量，用砂滤棒和微孔滤膜过滤至澄明，在二氧化碳气流下灌封，用流通蒸汽100℃/15min灭菌。

注解：

① 维生素C分子中有烯二醇式结构，显强酸性，注射时刺激性大，故加入碳酸氢钠部分中和维生素C；同时碳酸氢钠调节药液pH至6.0～6.2，增强维生素C的稳定性。

② 维生素C的水溶液极易氧化，自动氧化成脱氢抗坏血酸，后者再经水解生成2,3-二古罗糖即失去治疗作用；若维生素C氧化水解成5-羟甲基糠醛（或原料中带入），则在空气中氧化聚合成黄色聚合物。

③ 本品的质量好坏与原辅料的质量密切相关，如碳酸氢钠的质量；影响本品稳定性的因素还有空气中的氧、溶液的pH和金属离子，尤其是铜离子，故应避免接触金属容器。

④ 温度影响本品的稳定性，实验证明100℃/30min灭菌，含量减少3%；100℃/15min灭菌，含量减少2%。同时灭菌结束，用冷却水冲淋成品以降低温度。

【例7-2】 氯霉素注射液

处方：	氯霉素	1250g	丙二醇	8000mL
	焦亚硫酸钠	2g	注射用水	加至10000mL
	EDTA-Na_2	0.5g		

制法：取丙二醇（精制）置容器中，加氯霉素，于搅拌下加热50～60℃，使全部溶解。另取焦亚硫酸钠及EDTA-Na_2，加入50～60℃注射用水中，搅拌溶解后，缓缓加入丙二醇溶液中，边加边搅，使全部混合均匀，调整总容量，控制溶液温度在40～45℃，以4号垂熔玻璃滤棒滤净，分装入安瓿中，安瓿空间充填氮气后，即时封口，以100℃流通蒸汽灭菌10min即得。

注解：

氯霉素为白色或带微黄色的针状、长片状结晶或结晶性粉末，味苦。微溶于水（23mg/mL），易溶于乙醇、丙二醇等有机溶剂。氯霉素为中性化合物，能耐热，水溶液煮沸5h不致失效。在中性、弱酸性（pH4.5～7.5）溶液中较稳定；但在强碱性（pH9以上）或强酸性（pH2以下）溶液中，都可引起水解，生成对硝基苯基-2-氨基-1，3-丙二醇（简称氨基醇）。

氨基醇易被氧化而变色，温度越高，氧化变色越严重。

氯霉素含有两个羟基：一个接在苯环相邻的碳原子上；另一个位于碳链末端，在溶液中易被氧化。

为了防止氧化，一般均加0.1%～0.2%的焦亚硫酸钠作为抗氧剂，以解决变色问题。而亚硫酸盐会导致氯霉素降解，失去光学活性而使药物疗效降低。添加0.1%焦亚硫酸钠作抗氧剂的氯霉素注射液，于灭菌后随着时间的延长，亚硫酸氢钠的含量也不断下降，分解生成的氨基醇则不断增高，贮存13个月，氯霉素含量已降到83%以下。

为了提高氯霉素注射液的稳定性，延长贮存期，减少焦亚硫酸钠的用量。

三、大容量注射剂生产技术

（一）概述

大容量注射剂又名输液剂、大输液，是指由静脉滴注输入体内的大剂量（一般不小于100mL）的注射剂，包括无菌的水溶液和O/W型无菌乳剂。可盛装于玻璃瓶、塑料袋或塑料瓶中，一次性使用完毕，适用于急慢性病的抢救与治疗。由于其用量大且直接进入血液，故质量要求、生产工艺与设备、包装材料等与小容量注射剂均有所区别。

输液剂注射量较大，除符合注射剂的一般要求外，对无菌、无热原及澄明度的要求更为严格，pH值尽量与血浆（pH值7.4）接近，渗透压应等渗或偏高渗，含量、色泽也应合乎要求，不引起血象的异常变化，不得有产生过敏反应的异性蛋白及降压物质，不得添加任何抑菌剂。

知识链接：输液的分类

根据临床用途的不同输液可分为如下几类。

（1）体液平衡类输液　如等渗氯化钠、复方氯化钠注射液、碳酸氢钠注射液等用以补充体内水分和电解质，调节酸碱平衡等。

（2）营养类输液　如葡萄糖注射液、甘露醇注射液等含有糖类及多元醇类输液可用于补充机体热量和补充体液，复方氨基酸注射液等氨基酸类输液用于维持危重病人的营养，静脉脂肪乳注射液等脂肪类输液可为不能口服食物而严重缺乏营养的病人提供大量热量和补充体内必需的脂肪酸。

（3）血浆代用品类输液　这类输液是一种与血浆等渗的胶体溶液，因高分子不易透过血管壁，使水分较长时间地保持在循环系统中，增加血容量和维持血压，防止病人休克，但不能代替全血应用。常用的如右旋糖酐注射液、聚乙烯吡咯烷酮（PVP）注射液等。

（4）人工透析液　如腹膜透析液含葡萄糖、氯化钠、氯化钙、氯化镁、乳酸钠等成分，通过溶质浓度梯度差可使血液中尿毒物质从透析液中清除，维持电解质平衡，代替肾脏部分功能。

（5）治疗性输液　如肝病用氨基酸输液，常见的有支链氨基酸3H注射液、14氨基酸-800注射液、6氨基酸-520注射液、6合氨基酸注射液（肝醒灵）、肝安注射液、19复合氨基酸注射液等。主要用于急性、亚急性、慢性重症肝炎等。

乳状输液其分散相粒度绝大多数（80%）应不超过1μm，不得有大于5μm的球粒，成品能耐受热压灭菌。

代血浆输液能暂时扩张血容量，升高血压，以利后期治疗，但不可在体内滞留。血容量扩张剂要求在一定时间内被集体分解代谢并排出体外，若不能代谢分解或在体内滞留过长时间，将产生不良后果。

在生产前，首先检查空气净化系统、动力系统、照明系统、给排水系统等生产设施，其次检查电渗析器、树脂柱、蒸馏水器（机）等制水设备，滚筒洗瓶机、微孔滤膜过滤器、输液泵、灌装机、翻帽机、轧盖机、灭菌柜等生产设备。所有生产设施和设备运转正常，特别是输液自动生产线上的设备应完好，保证产品质量。

大容量灭菌注射剂生产工艺流程及洁净区域划分见图7-7。

（二）输液的生产工艺

1．输液的容器及包装材料和处理

输液容器有玻璃瓶（材质以硬质中性玻璃为主）、聚丙烯塑料瓶和软体聚氯乙烯塑料袋三种。玻璃制输液瓶应无色透明，瓶口光滑圆整，无条纹气泡，内径必须符合要求，大小合适以利密封，其质量要求应符合国家标准。聚丙烯塑料制成的输液瓶耐水耐腐蚀，具有无毒、质轻、耐热性好、机械强度高、化学稳定性强的特点，可以热压灭菌。聚氯乙烯的塑料袋作为输液容器，具有重量轻、体积小、运输方便、抗压抗摔力较强等优点。目前普遍认为聚丙烯塑料瓶较聚氯乙烯塑料袋质量优越，前者不含增塑剂，透明性接近于玻璃瓶，在规定亮度的灯光下，有利于可见异物检查。输液的容器仍以玻璃瓶应用较多，以下重点讨论玻璃瓶包装的输液。

输液容器的洗涤方法一般有直接水洗、酸洗、碱洗等方法。无论是酸洗、碱洗，之后均用纯化水、注射用水冲洗干净。

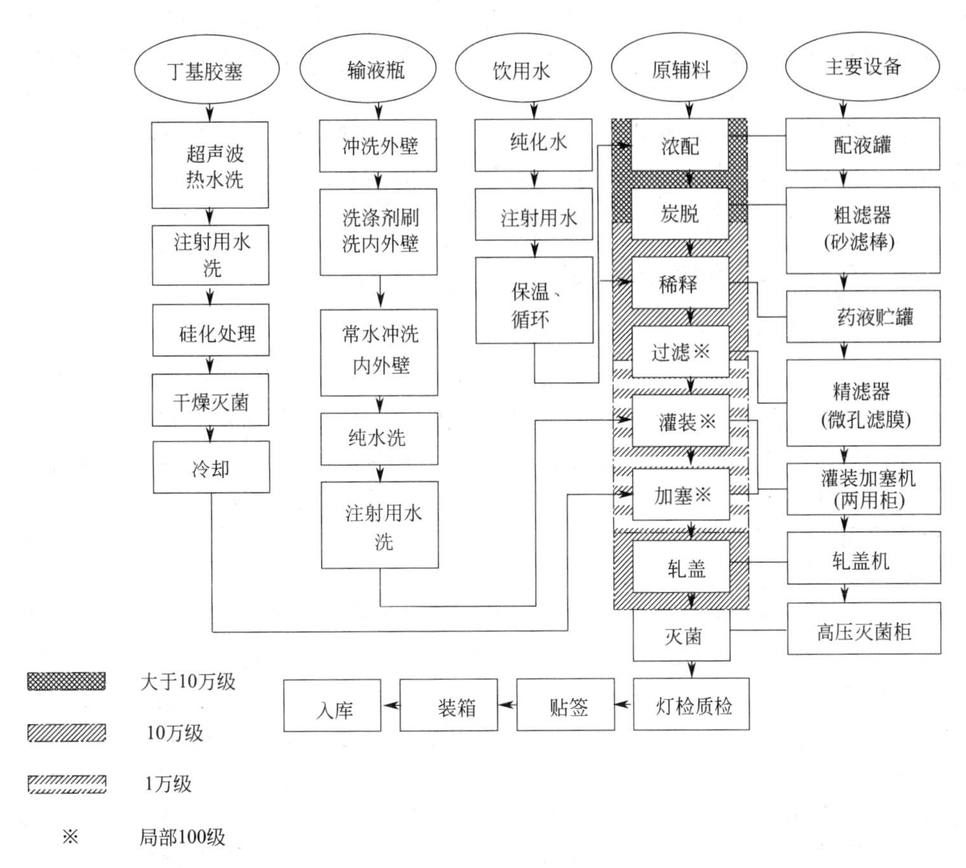

图 7-7 大容量灭菌注射剂生产工艺流程及洁净区域划分

知识链接：输液瓶的清洗

酸洗是用硫酸重铬酸钾清洁液浸洗，洗涤效果较好，并有消灭微生物及热原的作用，还能对瓶壁游离碱起中和作用。其主要缺点是对设备腐蚀性大、消耗酸量大。碱洗法是用2%氢氧化钠溶液（50～60℃）冲洗，也可用1%～3%的碳酸钠溶液冲洗，由于碱性对玻璃有腐蚀作用，故接触时间不宜过长（数秒钟内）。碱洗法操作方便，可进行流水线生产，也能消除细菌与热原。

在药液灌装前，必须用微孔滤膜滤过的注射用水倒置冲洗。输液瓶如制瓶车间洁净度较高，瓶子出炉后立即密封，只要用滤过注射用水冲洗即可。

塑料制输液袋（瓶）用1%氢氧化钠溶液振荡清洗袋内壁，用粗滤的常水冲洗，灌入1%的盐酸液，浸泡15～30min，粗滤常水冲洗，再用蒸馏水冲洗袋（瓶）内壁，直至洗出液无氯离子反应。再用微孔滤膜滤过的注射用水冲洗袋（瓶）内壁，便可灌装。塑料袋如用无菌材料直接压制，可不用清洗。

输液瓶的洗涤设备常见的有滚动式洗瓶机和箱式洗瓶机。滚动式洗瓶机分为粗洗段和精洗段，在不同洁净区，无交叉污染，主要特点结构简单、易于操作、维修方便。箱式洗瓶机在洗涤时输液瓶倒置进入洗涤工位，洗后瓶内不挂水，箱体密闭，其特点是变频调速、程序控制、自动停车报警、洗瓶量大。

除输液瓶外，其他内包装材料还有橡胶塞、隔离膜、铝盖。

橡胶塞要求如下：①富于弹性及柔曲性，针头易刺入，拔出后应立即闭合，能耐受多次穿刺而无碎屑脱落；②可耐受高温、高压灭菌；③不改变药液性质，不增加杂质；④有高度化学稳定性；⑤对药液中药物或附加剂的吸附作用小；⑥无毒性，无溶血作用。胶塞下衬隔离膜，可防止胶塞直接接触药液及由于针头刺入带入的污染。常用的为涤纶薄膜，质量上要求无通透性、理化性质稳定、抗水、抗张力强，弹性好，并有一定的耐热性和机械强度。

国家已规定在2004年底以前一律停止使用天然橡胶塞，而使用合成橡胶塞。硅橡胶塞质量较好，但成本贵，目前最常使用丁基橡胶塞。国外还有氯丁橡胶塞、聚异戊二烯橡胶塞。采用丁基橡胶时，可不使用涤纶薄膜，灌注后直接塞胶塞。

知识链接：胶塞和铝盖的清洗

胶塞用注射用水漂洗，硅油处理，125℃干热灭菌2.5h即可。铝盖一般采用0.5%～1%碳酸钠溶液浸泡5～15min，并轻轻翻动，防止变形，用常水冲洗，至洗液中性，捞出铝盖，沥干水分，备用。

胶塞清洗机种类较多，如容器型胶塞清洗机和水平多室圆筒形胶塞清洗机等。铝盖常用超声波清洗机。目前有超声波胶塞铝盖清洗烘干机对胶塞进行超声波清洗、硅化、预烘、干燥、灭菌在封闭箱体内一次完成。其优点：体积小、工能全、减少中间环节，避免交叉污染。灭菌后可直接用于生产。

2. 输液的配制与过滤

输液应根据处方按品种进行，必须严格核对原辅料的品名、规格、批号生产厂及数量，并应具有检验报告单。药物的原料及辅料必须为优质注射用原料，符合药典质量标准；配液溶剂必须用新鲜注射用水，并严格控制热原、pH值和铵盐。配制时通常加入0.01%～0.5%的针用一级活性炭，以吸附热原、杂质和色素，也有助滤作用，注意活性炭使用时应进行酸处理并活化后使用。

配制方法多用浓配法，原料药物加入部分溶剂中配成较高浓度溶液经加热过滤处理后再行稀释至所需浓度，此法有利于除去杂质。药液需经过含量和pH值检验。配制用具多用带夹层的不锈钢配液罐，有浓配罐和稀配罐两个配液罐。

输液的过滤过程中，采用三级过滤，即粗滤、精滤和终端过滤，以使输液完全达到注射剂可见异物和不溶性微粒检查要求。

输液的配液与过滤具体生产操作方法要求与小容量注射剂基本相同。有些品种过滤后的药液还需进行超滤，以确保无热原。

3. 输液的灌封

输液的灌封分为灌注药液、塞胶塞、轧铝盖三步，灌注药液和塞胶塞需在1万级洁净室采用局部层流100级，轧铝盖则在10万级洁净区域内进行即可。洗净的输液瓶随输送带进入灌装机，灌入药液，胶塞加入胶塞振荡器，随轨道落在瓶口，到轧盖机处轧上铝盖。塑料制输液袋灌封时，将最后一次洗涤水倒空，以常压灌装至所需量，经检查合格后，排尽袋内空气，电热熔合封口即可。灌封完成后，应进行检查，对于轧口不严的输液剂应剔除，以免灭菌时冒塞或贮存时变质。

输液的灌装设备常用的有量杯式负压灌装机、计量泵注射式灌装机、恒压式灌装机。目前生产多采用回转式自动灌装加塞机和自动落铝盖机等完成整个灌封过程。

4. 输液的灭菌

灌封后的输液应及时灭菌，从配液到灭菌以不超过4h为宜。根据药液中原辅料的性质，选择适宜的灭菌方法和时间，一般采用115℃/30min热压灭菌。灭菌完成后，待柜内压力下降到零，放出柜内蒸汽，当柜内压力与大气相等后，才可缓慢打开灭菌柜门，否则易造成严重人身安全事故。塑料袋装的输液用109℃/45min灭菌，因灭菌温度较低，生产过程更应注意防止污染。

输液灭菌的常用设备有热压灭菌柜和水浴式灭菌柜。热压灭菌柜同水针剂灭菌所用设备。水浴式灭菌柜是利用循环的热去离子水通过水浴式来达到灭菌目的。其特点是采用密闭的循环去离子水灭菌对药品不产生污染，柜内灭菌能使温度均匀、可靠、无死角，输液生产中广泛使用。

5. 质量检查

输液灭菌完成后，逐柜取样进行检查，包括装量、热原、无菌等。逐瓶目检可见异物和漏气。将输液瓶倒置，不得有连珠状气泡产生。输液还需进行不溶性微粒检查（包括光阻法和显微计数法）。

不溶性微粒检查结果判定依据（光阻法）如下：对于输液（标示装量≥100 mL）规定为每 1 mL 中含 10μm 以上的不溶性微粒不得超过 25 粒，含 25μm 以上的不溶性微粒不得超过 3 粒；对于其他静脉用注射液（标示装量＜100mL）、静脉用无菌粉末及注射用浓溶液，每个供试品容器中含 10μm 以上的微粒不得超过 6000 粒，含 25μm 以上的微粒不得超过 600 粒。

6. 包装

经质量检查合格的产品，贴上印有品名、规格、批号的标签进行包装，装箱时应装严装紧，便于运输。包装箱上亦印上品名、规格、生产厂家等项目。

（三）输液存在的问题及解决方法

注射剂生产尤其是输液生产，可能存在因药液被细菌污染而出现热原反应以及澄明度问题。

1. 澄明度问题

澄明度不合格主要由微粒引起，微粒包括炭黑、碳酸钙、氧化锌、纤维素、纸屑、黏土、玻璃屑、细菌、真菌等。微粒可引起肉芽肿，引发过敏反应和热原反应，造成局部栓塞引发其他不良反应。产生危害的微粒不仅包括肉眼可见的微粒，还有 50μm 以下肉眼看不见的微粒。

微粒的产生的原因是多方面。工艺操作中车间空气洁净度差，输液瓶、胶塞、隔离膜洗涤不干净，滤器选择不当，滤过方法不好，灌封操作不合要求，工序安排不合理等，均可能造成可见异物或不溶性微粒不合格。橡胶塞与输液瓶（袋）质量不好也容易产生微粒，胶塞目前推广使用丁腈橡胶，可不用衬垫薄膜，不易带入微粒。原辅料质量欠佳也会造成微粒，生产进料时一定要严把质量关，选择注射用规格，合格品中挑选优级品进行生产。在大输液使用过程中，输液器、输液环境、操作规范与否也是影响澄明度的重要因素。注射时要有洁净环境，严格遵守输液器和注射器消毒，操作人员坚持无菌观念操作规范，可避免使用过程中微粒的污染。现多采用一次性输液器和一次性注射器，且在输液器针头前有终端过滤器，减少前端微粒进入体内。

2. 染菌热原反应

注射剂生产尤其是大输液生产最容易被细菌污染。染菌后出现云雾团、混浊、冒泡等现象，一旦用于人体，轻者发冷发烧、寒战发抖、恶心呕吐、体温上升等热原反应，重者引起脓毒症、败血病、内毒素中毒甚至死亡等严重后果。

原因主要在于生产环境被污染、灭菌不彻底、瓶塞不严、漏气等。为此生产时要尽量减少制备过程中的污染，打扫好环境卫生，喷洒消毒液，对环境和空气实施灭菌；切实遵守注射剂灭菌尤其是大输液灭菌的温度和时间；灭菌后要做检漏实验，剔除漏气液瓶（袋）；容器、器具刷洗干净，用过滤的蒸馏水冲洗洁净待用；生产人员注意个人卫生，严格遵守生产操作规程。

（四）大容量注射剂处方范例

【例 7-3】 复方氨基酸输液（Amino acid compound infusion）

处方：			
L-赖氨酸盐酸盐	19.2g	L-缬氨酸	6.4g
L-精氨酸盐酸盐	10.9g	L-苯丙氨酸	8.6g
L-组氨酸盐酸盐	4.7g	L-苏氨酸	7.0g
L-半胱氨酸盐酸盐	1.0g	L-色氨酸	3.0g
L-异亮氨酸	6.6g	L-蛋氨酸	6.8g
L-亮氨酸	10.0g	甘氨酸	6.0g
亚硫酸氢钠(抗氧剂)	0.5g	注射用水加至1000mL	

制法：取约 800 mL 热注射用水，按处方量投入各种氨基酸，搅拌使全溶，加抗氧剂，并用 10%氢氧化钠调 pH 至 6.0 左右，加注射用水适量，再加 0.15%的活性炭脱色，过滤至澄明，灌封于 200mL 输液瓶内，充氮气，加塞，轧盖，于 100℃灭菌 30min 即可。

注释：

① 氨基酸是构成蛋白质的成分，也是生物合成激素和酶的原料，在生命体内具有重要而特殊的生理功能。由于蛋白质水解液中氨基酸的组成比例不符合治疗需要，同时常有酸中毒、高氨血症、变态反应等不良反应，近年来均被复方氨基酸输液所取代。经研究只有L-型氨基酸才能被人体利用，选用原料时应加以注意。

② 产品质量问题主要为澄明度问题，其关键是原料的纯度，一般需反复精制，并要严格控制质量；其次是稳定性，表现为含量下降，色泽变深，其中以变色最为明显。含量下降以色氨酸最多，赖氨酸、组氨酸、蛋氨酸也有少量下降。色泽变深通常是由色氨酸、苯丙氨酸、异亮氨酸氧化所致，而抗氧剂的选择应通过实验进行，有些抗氧剂能使产品变浑。影响稳定的因素有：氧、光、温度、金属离子、pH 值等，故输液还应通氮气，调节 pH 值，加入抗氧剂，避免金属离子混入，避光保存。

③ 本产品用于大型手术前改善患者的营养，补充创伤、烧伤等蛋白质严重损失的患者所需的氨基酸；纠正肝硬化和肝病所致的蛋白紊乱，治疗肝昏迷；提供慢性、消耗性疾病、急性传染病、恶性肿瘤患者的静脉营养。

四、注射用无菌粉末生产技术

（一）概述

注射用无菌粉末简称粉针剂，是用无菌操作法将无菌精制的药物粉末直接分装于容器中，或将无菌的药物水溶液灌装于容器中经冷冻干燥得到的固体制剂，临用前再用灭菌的注射用水溶解或混悬而制成的剂型。药物在固体剂型中稳定性比溶液或悬浮液中稳定性更高，同时采用无菌操作法，一般不需进行最终灭菌，所以粉针剂适合于遇水不稳定的药物或对热敏感的药物，如某些抗生素（青霉素 G、头孢菌素类）及酶制剂（辅酶 A、胰蛋白酶）等均需制成粉针剂供临床使用。

根据生产工艺和药物性质不同，粉针剂可分为注射用无菌分装产品（粉末型）和注射用冷冻干燥制品（冻干型）两类。粉末型是将原料经制成无菌粉末，在无菌条件下直接进行分装；冻干型则是将药物制成无菌水溶液，进行无菌灌装，再经冷冻干燥，在无菌条件下密封制成。

粉针的质量要求除应符合药典对注射用原料药物的各项规定外，还应符合下列要求：粉末型应无菌、无热原、无异物，配成溶液或混悬液后澄明检查合格，细度或结晶应适宜，便于分装；冻干型应为完整的块状物或海绵状物，外形饱满不萎缩，色泽均一，疏松易溶。

（二）注射用无菌粉末的车间设计与生产管理

粉针是非最终灭菌的无菌制剂，生产操作必须在无菌操作室内进行，特别是容器与胶塞干燥灭菌、干净瓶塞存放、粉末型的药粉分装、冻干型的药液过滤、灌装和冻干、压塞等关键工序，应采用100级或10000级背景下的局部100级层流洁净措施，进入100级区域的人员必须经严格净化后穿戴无菌工作服，以保证操作环境的洁净度。

注射用无菌粉末，尤其是冻干型，吸湿性较强，在生产过程中，特别强调房间、用具、容器干燥的重要性和成品的严密性。粉末型采用容积定量分装，原料的比容、流动性、晶形各有不同，装量差异变化很大，需要经常调整装量，使之符合规定，产品合格。

对于强致敏性药物（如青霉素）分装车间，应与其他车间严格分开，不得混杂，车间门口设置空气过滤装置的风幕，并设置浸渍1%碳酸钠的净鞋垫。分装室保持相对负压。所用容器、用具、废瓶、废胶塞等，用0.5%～1%的氢氧化钠浸泡、刷洗、冲净后，方可送出分装车间。

注射用无菌粉末生产工艺流程及洁净区域划分见图7-8。

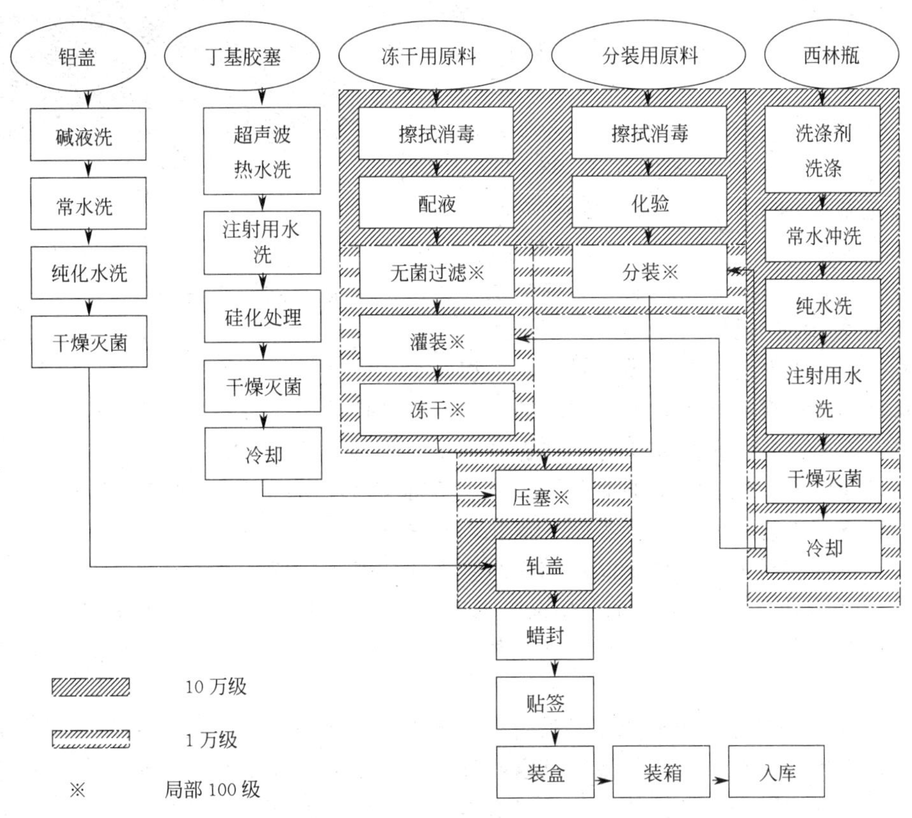

图7-8　注射用无菌粉末生产工艺流程及洁净区域划分

（三）注射用无菌粉末的容器和处理方法

注射用无菌粉末的容器有模制瓶、管制瓶和安瓿，规格从1mL至50mL不等，均为玻璃制瓶，需符合药用玻璃要求。

知识链接：模制瓶和管制瓶

俗称为西林瓶或抗生素瓶，二者的区别主要在于制法不同：模制瓶是直接用模具制成，瓶壁较厚，外观粗糙；管制瓶是先拉成玻璃管，再用玻璃管做成瓶子，瓶壁薄，外观光亮。粉针剂的容器约70%使用模制瓶，其余大多用管制瓶，安瓿用于粉针剂已不多见。管制瓶也常用于口服液。

(1) 洗涤方法　将西林瓶刷洗冲净后，先用蒸馏水冲洗，最后用0.45μm微孔滤膜滤过的注射用水冲洗。现主要采用超声波洗瓶机清洗，避免毛刷掉毛现象。洗净的西林瓶应在

4h内干燥灭菌，可采用180℃/2.5h干热灭菌或350℃/5min红外线隧道灭菌。

封口用胶塞，用1%氢氧化钠或2%碳酸钠溶液煮沸30min，用常水冲洗，浸泡于1%盐酸中15～30min。再用粗滤常水冲洗，再用蒸馏水洗涤，直至洗液中无氯离子反应止，最后用滤过的注射用水漂洗。洗净后的胶塞，需经硅化处理（所用硅油应加热至180℃，维持1.5h）。其后存放在有盖的不锈钢容器中，标明批次和日期，按顺序在8h之内灭菌，灭菌方法采用125℃/2.5h干热灭菌或热压灭菌后120℃烘干。

灭菌后的胶塞和西林瓶应在24h内使用。

（2）洗涤设备　西林瓶常见的洗涤设备为立式转鼓结构，如QCL系列超声波洗瓶机，见图7-9。采用机械手夹翻转和喷管做往复跟踪的方式，利用超声波和水气交替冲洗，能自动完成进瓶、超声波清洗、外洗、内洗、出瓶的全过程。该机破瓶率低，通用性广，运行平稳，水、气管路不交叉污染。

图7-9　QCL系列超声波洗瓶机

（四）注射用冷冻干燥制品

注射用冷冻干燥制品即冻干型粉针，是将药物制成无菌水溶液，进行无菌灌装，再经冷冻干燥，在无菌条件下封口制成的固体状制剂。现代生物技术药物因其不稳定的特点，常制成注射用冻干制品供临床使用。

1. 注射用冻干制品的优点

冷冻干燥法制备的冻干型粉针，具有以下优点：①处理条件温和，在低压低温下干燥，可避免药物因高温高压条件而分解变质，从而保证产品中的蛋白质不会变性；②所得产品外观优良，冻干品质地疏松，干燥后能保持原形，形成多孔结构而且颜色基本不变，加水后，冻干品迅速溶解，恢复药液原有的特性；③含水量低，冻干品含水量一般在1%～3%，同时由于在真空中进行干燥，产品不易氧化，有利于长途运输和长期贮存；④减少产品污染，因为污染机会相对减少，冻干品中的微粒物质比用其他干燥方法生产的量要少，同时因为缺氧而起到灭菌或抑制某些细菌活力的作用；⑤产品剂量准确，药液在冻结前分装，剂量准确。不足之处在于溶剂不能随意选择，某些冻干品重新配制溶液出现混浊，且生产需特殊设备，成本高昂。

冻干制品的制备特殊之处在于采用冷冻干燥方法除去水。冷冻干燥是将药物溶液先在冻结成固体，然后再在一定得低温与真空条件下，将水分从冻结状态直接升华除去的一种干燥方法。其原理和设备详见模块一项目三必备知识中的“七、干燥技术”。

冻干制剂处方中需加入特殊的辅料即冻干保护剂，以利于药物溶液的冻干，且于蛋白质药物而言保证其不变性。保护剂的介绍详见模块一项目二必备知识中的“三、注射剂的溶剂和附加剂”。

2. 注射用冻干制品的生产工艺

冷冻干燥制品在冷冻干燥前的处理与溶液型注射剂相同，但药液的配制、过滤与分装均应在无菌室内，严格按无菌操作法进行（分装时应注意控制溶液层的厚度不宜太厚，以利水分的升华）。分装好的样品开口送入冷冻干燥机的干燥箱中，进行预冻、升华、干燥，最后取出封口即可。对于新产品则必须通过试制来确定冻干的工艺条件，这对保证产品的质量至关重要。

由于冷冻干燥是生产注射用灭菌粉末产品的关键工艺，且冻干时间较长，所以应合理地制订冻干工艺，以便在保证产品质量的同时，减少生产周期，这是生物药物注射用灭菌粉末研制的关键。冷冻干燥过程主要分为预冻、升华干燥和再干燥等过程。在预冻前还要进行共熔点的测定。冻干过程详见模块一项目三必备知识中的“七、干燥技术”。

通过记录冻干过程中搁板温度与制品温度随时间的变化，得到冻干曲线。冻干曲线需设定以下参数：预冻速率、预冻温度、预冻时间、水汽凝结器的降温时间和温度、升华温度和干燥时间。确定了正确的冻干曲线才能保证产品干燥合格。

（1）冻干设备　详见项目三必备知识中的“七、干燥技术”。

（2）冻干操作

冻干岗位职责

① 严格执行《西林瓶冻干岗位操作法》、《西林瓶冻干设备标准操作程序》、《西林瓶冻干设备清洁保养操作程序》。

② 负责西林瓶冻干所用设备的安全使用及日常保养，防止事故发生。

③ 自觉遵守工艺纪律，保证西林瓶冻干符合工艺要求，质量达到规定要求。

④ 做到岗位生产状态标识、设备所处状态标识、清洁状态标识清晰明了、准确无误。

⑤ 真实及时填好生产记录，做到字迹清晰、内容真实、数据完整，不得任意涂改和撕毁，做好交接记录，顺利进入下道工序。

⑥ 工作结束或更换品种应及时做好清洁卫生并按清场标准操作规程进行清场工作，认真填写相应记录。

冻干操作过程

① 准备工作

a. 检查干燥箱底部放气阀、蝶阀，冷凝器上侧水阀、中间溢水阀、底部放水阀，热风机管路蝶阀及真空管路放气阀，均应处于关闭位置。

b. 检查制冷机组和真空泵油位是否正常，检查制冷机中的氟里昂是否正常。

c. 检查蓄水池中潜水泵是否完全浸在水中，如果没有立即加水。

d. 检查保险丝及接线螺丝是否有松动。

② 操作过程

a. 预冷与预冻

ⅰ. 接通总电源闸门，开水泵开关。

ⅱ. 开“总电源”钥匙及仪表电源按钮。

ⅲ. 按“干燥箱制冷”按钮，再打开“干燥箱电磁阀”，逐渐开启输液总阀，待隔板温度符合制品温度要求（－30℃以下）时，将制品迅速装入箱内，并将各电阻温度计分别插入各层指定位置的样品内，关上门即行预冷结（一般隔板温度维持在－30℃以下稳定后，时间为2～3h即可冻结转入干燥）。

b. 干燥

ⅰ. 按“冷凝器制冷”按钮开启制冷机组，拨通“冷凝器电磁阀”开关，逐渐开启低压手阀，低压表的压力不能大于2Pa，再开启高压手阀，看压力表不能大于2Pa。

ⅱ. 待冷凝器温度低达－50℃以下稳定30～60min。开真空泵前先把“干燥箱输液总阀”“电磁阀”关掉，干燥箱制冷按钮也关掉。

ⅲ. 在冷凝器和真空管路上进行系统检查，然后插上电磁阀电源，开启真空泵，将干燥箱与冷凝器之间的大蝶阀缓缓打开，以避免大量排气，再开启真空泵组与冷凝器之间的蝶阀，等真空压力升至760mmHg（1mmHg＝133.322Pa）再过1～2min开真空泵组的2个阀门，拔掉电源，开启罗茨泵。

ⅳ. 当箱内真空度符合制品加温时，真空度在6以上，制品的水分也抽干后，逐渐开启循环泵，观察真空是否下降，再开油箱加热。

ⅴ. 制品温度达到32～35℃稳定后，保温干燥2～3h。

c. 结束过程

ⅰ. 停机放气。

ⅱ. 关闭油箱加热，循环油泵、罗茨泵、真空泵。

ⅲ. 关闭冷凝器电磁阀、高压手阀，使机器运转10min，关闭低压手阀，关闭冷凝器按钮。

ⅳ. 关闭冷凝器与泵组之间的泵阀门；开启冷凝器放水阀门放气；开罗茨泵前边进气阀，真空泵放气；取出制品。

ⅴ. 化霜时，必须先开通冷凝器上的溢水阀、放水阀，一般采用自来水，从进水阀流入冷凝器进行冲洒，化霜完毕，待水放尽后打开风机蝶阀，再加热风机，吹干水分，完毕后，将总电源切断。

（五）注射用冻干制品处方范例

【例7-4】 注射用盐酸阿糖胞苷

处方：	盐酸阿糖胞苷	500g	注射用水	加至1000mL
	5%氢氧化钠溶液	适量		

制法：在无菌操作室内称取阿糖胞苷500g，置于适当无菌容器中，加无菌注射用水至950mL，搅拌使其溶解，加5%氢氧化钠溶液调节pH值至6.3～6.7，补加灭菌注射用水至全量；然后加配制量的0.02%活性炭，搅拌5～10min，用无菌抽滤漏斗铺两层灭菌滤纸滤过，再用灭菌的G6垂熔玻璃漏斗精滤，滤液检查合格后，灌装于2mL西林瓶中，低温冷冻干燥约26h后塞上胶塞，即得。

（六）注射用无菌分装产品的生产工艺

注射用无菌分装产品即粉末状粉针，是将精制的无菌药物粉末在无菌条件下直接分装于洁净灭菌的玻璃小瓶或安瓿中密封而成。

1. 原材料准备

无菌原料一般在无菌条件下采用重结晶法或喷雾干燥法制备。

重结晶法是将药物用适宜的溶剂溶解，加活性炭除杂质，除炭后，以除菌滤器过滤，再使结晶析出，滤取结晶，用适宜的温度干燥，过筛后，供分装。该法利用了药物和杂质在不同溶剂中和不同温度下溶解度的差异，选用适当的溶剂、溶解条件和结晶条件进行重结晶精制。其晶粒的大小与药物的稳定性有关，水分也应严格控制。如注射用苯巴比妥钠即采用该法精制。

喷雾干燥法是将被干燥的液体药物浓缩到一定浓度，经喷嘴喷成细小雾滴，当小雾滴与干燥热空气相遇时进行交换，在数秒钟内完成水分的蒸发，使液体药物被干燥成粉状或颗粒状。该法干燥速度快，产品质量高，粉末细，溶解度好，大生产较常用。

粉末的吸湿性较强，故无菌室的相对湿度不可过高。

2. 分装

分装必须在高度洁净的100级无菌室中或超净工作台，按照无菌操作法进行。分装时易受粉末的比容、流动性、晶形等影响，应注意经常检验与调整装量。分装后小瓶即加塞并用铝盖密封。分装、压塞需在局部100级层流下进行。此外，青霉素等强致敏性药物的分装车间不得与其他抗生素分装车间轮换生产，以防止交叉污染。

（1）分装设备　常见的有插管式自动分装机、螺旋自动分装机、真空吸粉式分装机等。分装原理主要采用容量法分装。

（2）分装的操作

分装岗位职责

① 严格执行《西林瓶分装岗位操作法》、《西林瓶分装设备标准操作程序》、《西林瓶分装设备清洁保养操作程序》。

② 负责西林瓶分装所用设备的安全使用及日常保养，防止事故发生。

③ 自觉遵守工艺纪律，保证西林瓶分装符合工艺要求，质量达到规定要求。

④ 做到岗位生产状态标识、设备所处状态标识、清洁状态标识清晰明了、准确无误。

⑤ 真实及时填好生产记录，做到字迹清晰、内容真实、数据完整，不得任意涂改和撕毁，做好交接记录，顺利进入下道工序。

⑥ 工作结束或更换品种应及时做好清洁卫生并按清场标准操作规程进行清场工作，认真填写相应记录。

分装岗位操作程序（以 XFL 西林瓶螺杆分装机为例）

① 准备过程

a. 检查工作台面是否有与生产无关的杂物。

b. 检查各转动部位润滑状况。

c. 电源、数控系统显示是否正常。

② 操作过程

a. 扭动控制箱上的旋转开关使整机通电。

b. 将药粉装入料斗内按下“送粉”手动按钮，药粉经螺旋推进器送入分装桶内，并按下搅拌手动按钮，将药粉搅拌均匀并达到一定高度，然后再按一下送粉和搅拌按钮，使其停止转动以备分装。

c. 按第四条人机界面操作系统的方法将螺杆步数，主机的转数，送粉的送粉时间、间隔瓶数设定好，然后按下联动按钮，整机便进入分装工作。

d. 开机前故障灯正常点亮，开机后，故障灯熄灭，若某部分出现故障时，故障灯就开始闪烁，此时操作人员可按下急停按钮整机使可停止，待故障排除后，按下联动按钮可继续上次设定的程序进行分装工作。

③ 结束过程

a. 关闭电源。

b. 切断总电源。

3. 灭菌和异物检查

较耐热的品种如青霉素，一般可进行补充灭菌，以确保安全。对不耐热品种，必须严格无菌操作，产品不再灭菌。异物检查一般在传送带上，用目检视。

4. 印字包装

贴上印有药物名称、规格、批号、用法等的标签，并装盒。

（七）生产过程中存在问题

1. 注射用冻干制品存在的问题

（1）含水量偏高　通常冻干制剂的水分含量要求控制在1％～3％，以保持稳定。但装液量过多、干燥时热量供应不足、真空度不够、冷冻温度偏高、冷冻后放入干燥箱的空气潮湿、出箱时制品温度低于室温等，均可造成含水量偏高。采用旋转冻干机提高冻干效率或用其他相应措施解决。

（2）喷瓶　预冻温度偏高，产品冷冻不结实；升华时供热过快，局部过热，部分熔化成液体，在高真空时少量液体喷出而形成“喷瓶”。因此，必须控制预冻温度在共熔点以下10～20℃，加热升华时，升温应缓慢，且温度最高不超过共熔点。

（3）产品外观不饱满或萎缩成团粒　药液浓度太高，内部升华的水蒸气不能及时抽去，与表面已干层接触时间较长使其逐渐潮解，体积萎缩，致外形不饱满。可在处方中加入填充剂如氯化钠、甘露醇，或生产工艺上采用反复冷冻升华法，改善结晶状态与制品的通气性，使水蒸气顺利逸出，改善产品外观。

（4）蛋白质变性　冻干过程中保证蛋白质分子表面的单层分子没有冻结，蛋白质就不会变性，因此需加入保护剂。对于干燥过程中加热温度对蛋白质失水率和活性的影响；如何控制在一次升华干燥过程中，加热温度低于解链温度，并减少加热时间；真空室压力的变化是否会引起蛋白质变性；不同的保护剂，对蛋白质的保护作用；冻干蛋白质的复水率，以及复水后蛋白质的渗透压、结构和功能的变化；优化冷冻干燥程序，减少蛋白质的变性，提高冻干品的质量等几个方面的研究还需深入。

（5）破瓶及脱底　冻干过程中尤其是升华干燥期玻璃瓶瓶底与瓶体受热不均匀导致温度差异，质量较差的玻璃瓶就会脱底和碎裂，其碎裂数量、破碎程度均与温度及形成温差的速率呈正相关。在升华过程中保证样品温度和冷热板温度之间的温差小于20℃可解决冷冻干燥过程中玻璃瓶碎裂和脱底的问题，并能有效缩短冷冻干燥的周期。

（6）澄明度问题　由于无菌室洁净度不够或粉末原料的质量差异以及冻干前处理存在问题造成。应加强人流、物流与工艺的管理，严格控制环境污染。

2. 注射用无菌分装产品存在的问题

（1）装量差异　分装车间内的相对湿度、粉末含水量、粉末的物理形状，均影响粉末的流动性，从而造成装量差异。

（2）澄明度问题　粉末污染机会较多，从原料处理开始到轧口或封口过程，均应严格控制生产环境，防止污染。

（3）无菌问题　最终产品一般不进行灭菌，无菌操作稍作不慎就可能受到污染，微生物在固体粉末中繁殖较慢，危险性更大。

（4）吸潮现象　无菌室的相对湿度较高，或胶塞透气及铝盖松动而引起产品吸潮变质。

为减少以上问题，应严格控制无菌操作的条件，无菌室的相对湿度控制在药物的临界相对湿度以下，在原有的净化条件下，再应用层流净化技术。

实践项目

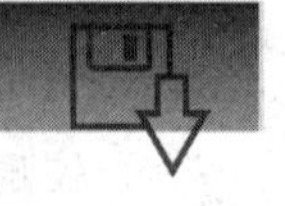

一、盐酸精氨酸注射液的制备

[处方]

盐酸精氨酸	250g	注射用水	加至1000mL

需制成规格20mL∶5g共1000支，拟定具体的实施方案。

[拟订计划]

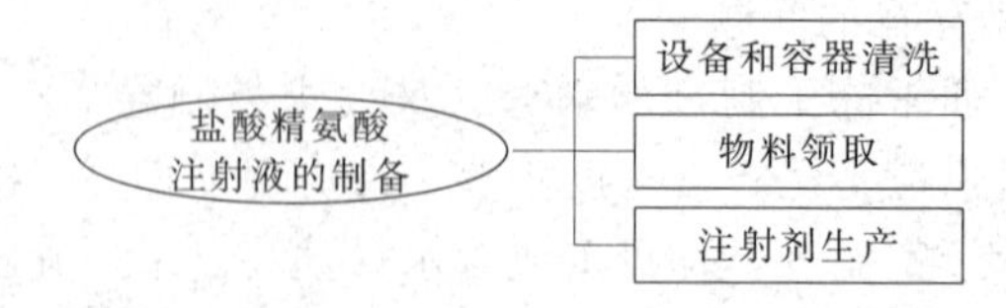

1. 设备和容器的清洗：包括房间清洗、配液缸清洗、管道清洗、滤器清洗、安瓿处理。

2. 物料领取：领取经检验合格的注射用规格的盐酸精氨酸原料。

3. 注射剂生产流程：配液→过滤→灌封→灭菌→检漏→质检→印包。

[实施方案]

1. 各设备按常规方法清洗完毕待用。

2. 物料验收后领取，20mL 规格安瓿 1100 支，盐酸精氨酸原料 6000g。检验报告得出盐酸精氨酸原料实际含量 99%。

3. 制备流程

(1) 称量

进行投料量计算：

实际灌注数＝(20mL＋0.6mL)×1000＝20600mL

实际配液数＝20600mL＋(20600mL×5%)＝21630mL(5%为实际灌装损耗数)

$$原料理论用量=\frac{21630mL\times250g}{1000mL}=5407.5g$$

$$原料实际含量=\frac{5407.5g\times100\%}{99\%}=5462.1g$$（主药含量应控制在标示量的 99%～101%）

故盐酸精氨酸实际投料量为 5462.1g。

操作人员按生产指令和处方在 10 万级洁净区内准确称量盐酸精氨酸，并核对物料的检验报告单。量取时应两人量取，两人复核确保无误，量取后的物料置洁净容器内备用。将剩余原料封严保管好。

(2) 配制：在配液罐中加入适量注射用水，搅拌下加入盐酸精氨酸，充分搅拌溶解后，加入注射用水至处方中全量，密闭罐体，混匀。

化验室取样进行半成品检查（中间体检验）：快速分析，测定含量。如不合格项目应重新调整，调整后重新测定。

(3) 过滤：将粗滤用钛滤器，精滤用膜滤器组装好后，与配液缸连接。注射用水试验，冲洗管道。过滤药液，初滤液弃去 1000mL，之后的滤液经管道送入贮罐中。贮罐应标明品名、批号、数量、操作者，备用。

(4) 洗瓶：将安瓿脱外包装后经传递窗传入洗瓶室，放入洗瓶机进瓶槽内，经循环水、压缩空气，注射用水冲洗后，进入安瓿灭菌干燥机内，设置温度为 300℃，灭菌后安瓿经传送带进入灌封室。

(5) 灌封：领取药液，核对品名、批号、数量、检验报告单，确认装量，调整装量为 20.6mL，空瓶调整火焰温度和熔封温度，达到要求后，接入药液，合格后连续生产。每隔 10min 检查一次装量，随时观察熔封情况，挑出不合格品，有异常情况应随时停机处理。

灌封后的半成品放入不锈钢盘中，并放入传递小票，标明品名、批号、规格、顺序号、灌封时间、操作者。每批药液应在配制后 4h 内灌封完毕。

(6) 灭菌检漏：核对所需灭菌药品的品名、批号、规格、数量，无误后，将药品整齐摆放于灭菌检漏器内，115℃灭菌 30min。具体操作如下。

① 将蒸汽放入灭菌柜（锅）夹层内。预热 10～20min。

② 将安瓿送入柜内，关闭柜门，关严锁住。

③ 将蒸汽逐渐放入柜内，1～3min 后，打开排气阀门，将柜内空气与蒸汽放出约 30s，关闭排气阀门。

④ 当柜内温度升到 115℃、压力达到 6.86×10^4 Pa 时便开始计算灭菌时间。并维持这个

温度与压力 30min。

⑤ 当灭菌时间到达规定后，立即关闭进气阀门。

⑥ 趁余热通入 0.05%曙红液或 0.05%美蓝液，检漏清洗。待柜内压力降至“0”时，开门取出药品，并标明灭菌状态，填好传递卡，放在规定位置。灌封后半成品应在 3h 灭菌完毕。

(7) 灯检：在灯检机下目视检查是否有肉眼可见混浊或异物，挑出封漏、泡头、钩、尖、炭化及内含色点、玻璃屑、纤维、黑点、白点等不合格品。并观察装量应基本一致。检后药品应在每盘填好品名、规格、批号、日期、数量、个人编号和灭菌柜号。不合格品集中放置并注明品名、规格、批号、数量，移交专人处理并作好记录。

(8) 检验：样品送质检部门进行性状、pH 值、鉴别与含量测定、无菌试验、热原试验、装量差异等检查项目。

(9) 印字、包装：操作者按生产指令领取外包装材料，并由两人以上核对包装物的品名、规格、数量、检验报告单。核对待包装品的品名、规格、批号、数量检验单，审核无误后，在瓶身印品名、批号、规格，在说明书套盒及大箱的规定处印上产品批号、有效期截止日期、生产日期。

(10) 入库：包装后的成品登记品名、数量、批号，缴入仓库放指定地点，并标明状态，不同品种药品或同品种不同批号的药品不得混放。

二、低分子右旋糖酐葡萄糖注射液的制备（大容量注射剂）

[处方]

低分子右旋糖酐	60g	注射用水	加至 1000mL
葡萄糖	50g		

需制成规格 250mL：12g 共 100 瓶，拟定具体的实施方案。

[拟订计划]

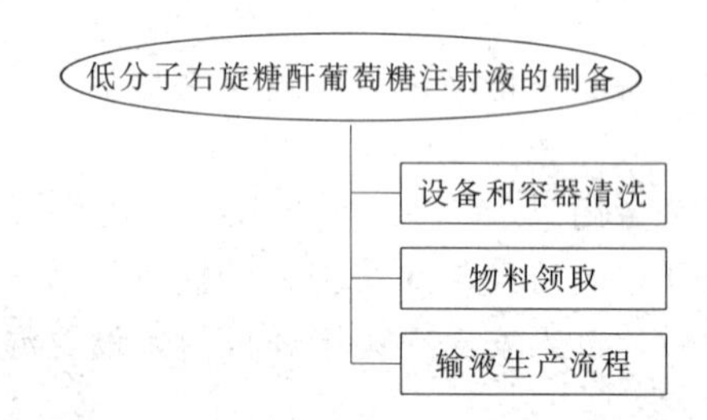

1. 设备和容器的清洗：包括房间清洗、配液罐清洗、管道清洗、滤器清洗以及输液瓶、薄膜、胶塞、铝盖的处理。

2. 物料领取：领取经检验合格的注射用规格的右旋糖酐、葡萄糖原料。

3. 输液剂生产流程：配液→过滤→灌注→垫薄膜→塞胶塞→翻帽→轧铝盖→灭菌→灯检质检→印包。

[实施方案]

1. 各设备和内包装材料按常规方法清洗完毕待用。

2. 物料验收后领取，核对原辅料品名、规格、批号、生产厂及数量。右旋糖酐原料 2000g，葡萄糖原料 1500g，250mL 规格输液瓶 110 瓶。右旋糖酐含量测定结果 99.0%。葡萄糖 101.0%。

3. 制备流程

(1) 称量

投料量计算：

实际灌注数＝250mL×100＝25000mL

实际配液数＝25000mL＋(25000mL×5％)＝26250mL（5％为实际灌装损耗数）

原料 1（右旋糖酐）理论用量$=\frac{26250\text{mL}\times 60\text{g}}{1000\text{mL}}=1575.5\text{g}$

原料 2（葡萄糖）理论用量$=\frac{26250\text{mL}\times 50\text{g}}{1000\text{mL}}=1312.5\text{g}$

原料 1 实际用量$=\frac{1575.5\text{g}\times 100\%}{99\%}=1591.4\text{g}$

原料 2 实际用量$=\frac{1312.5\text{g}\times 100\%}{101\%}=1299.5\text{g}$

（主药含量应控制在标示量的 99％～101％）

右旋糖酐实际投料量为 1591.4g，葡萄糖的实际投料量为 1299.5g。

原辅料投料量的计算、称量及投料必须复核，操作人、复核人均应在原始记录上签名。剩余的原辅料应封口贮存，在容器外标明品名、批号、日期、剩余量，使用人签名。

（2）配制（含粗滤）：称取处方量右旋糖酐和葡萄糖，加入注射用水配成 50％的溶液，加 1.5％的活性炭脱色，用盐酸调整 pH 值 4.4～4.9，并煮沸 15～30min，保温 70～80℃，经砂滤棒过滤除炭，滤液加注射用水至全量。

半成品检查：快速分析，测定含量。根据需要补水或补料。

（3）精滤：药液终端用 0.45μm 微孔滤膜过滤。

（4）灌封：在局部层流 100 级下进行，并调整自动灌装机的灌装速度与进瓶速度同步匹配。灌装后用镊子夹取漂洗中的涤纶薄膜的边缘，迅速放在输液瓶中央。用戴上灭菌橡胶手套的手取出胶塞，甩掉水分，迅速插入瓶中。当带胶塞的输液瓶进入翻帽机位置，翻帽机将胶塞翻转下压。注意检查装量和澄明度。

（5）轧盖：输液瓶进入盖铝盖机位置，铝盖在电磁振动下，口朝下排列，落下时正好盖在瓶口的胶塞上。当带铝盖的输液瓶进入轧盖机位置，机器臂下降将铝盖轧平，锁口轮从斜上方落下，不断转动下，将铝盖边缘向瓶一侧压紧，固定住铝盖和胶塞。

（6）灭菌：放入热压灭菌柜 115℃灭菌 30min。具体操作如下。

① 将蒸汽放入灭菌柜（锅）夹层内。预热 10～20min。

② 将输液瓶送入柜内，关闭柜门，关严锁住。

③ 将蒸汽逐渐放入柜内，1～3min 后，打开排气阀门，将柜内空气与蒸汽放出约 30s，关闭排气阀门。

④ 当柜内温度升到 115℃、压力达到 6.86×10^4 Pa 时便开始计算灭菌时间。并维持这个温度与压力 30min。

⑤ 当灭菌时间到达规定后，立即关闭进气阀门。

⑥ 当柜内压力降至“0”时，人站在柜门中央，打开门闩，逐渐将门打开，最后将柜门大开。

⑦ 做好灭菌柜内的清洁卫生工作。

（7）检漏：将输液瓶轻轻倒置，不得有连珠状气泡产生。

（8）澄明度检查：灯检法检查是否有肉眼可见混浊或异物，如乳光、混浊度、色点、白片、漏气、焦化或炭化、异物（纤维毛、玻璃脱片、碎渣、纸屑等）。不溶性微粒检查仪检查不溶性微粒。

（9）检验：逐柜取样送质检部门进行无菌试验、热原试验、鉴别与含量测定、毒性试验、溶血试验、刺激试验、半数致死量试验等检查项目。

(10) 贴签：检验合格后，在输液瓶上贴上标签，标明品名、规格、批号、有效期、用法用量、注册商标、批准文号、生产单位等。

(11) 包装：装入大纸箱中，放入装箱单和合格证，打包封固。

三、注射用辅酶A的制备（注射用无菌粉末）

［处方］

辅酶A	56.1U	乳糖	2.5mg
甘露醇	10mg	盐酸半胱氨酸	0.5mg

需制成规格为50U/瓶，共20000瓶，拟定具体的实施方案。

［拟订计划］

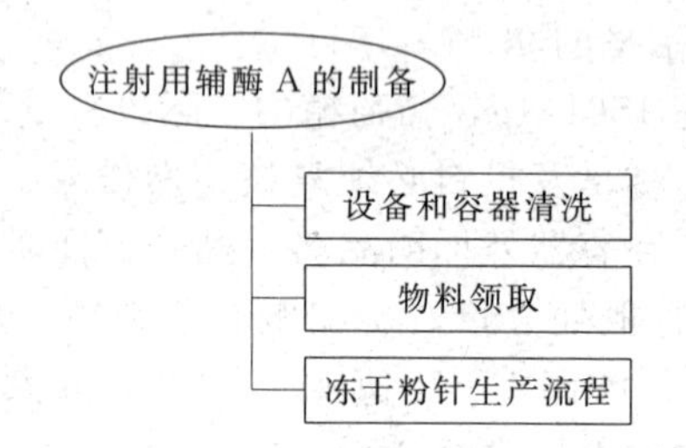

1. 设备和容器的清洗：包括房间清洗、配液罐清洗、管道清洗、滤器清洗以及西林瓶、胶塞、铝盖的处理。

2. 物料领取：领取经检验合格的注射用规格的辅酶A、甘露醇、乳糖、盐酸半胱氨酸原料。

3. 冻干粉针生产流程：配液→过滤→灌注→冷冻干燥→压胶塞→轧铝盖→灯检质检→印包。

［实施方案］

1. 各设备和内包装材料按常规方法清洗完毕待用。

2. 物料验收后领取，2mL规格西林瓶20200瓶，辅酶A、甘露醇、乳糖、盐酸半胱氨酸原料。

3. 制备流程

(1) 配液：将半胱氨酸、甘露醇、乳糖加适量注射用水溶解后，加入辅酶A完全溶解，加注射用水至全量。G6垂熔玻璃漏斗过滤，分装于安瓿中，每支0.5mL，冷冻干燥后封口，漏气检查即得。

半成品检查：快速分析，测定含量，95%～105%合格后方可进入下一步骤。根据需要补水或补料（将剩余原料封严保管好，将器具整理洁净，放归原处）。

(2) 过滤：加压过滤装置连接完毕，最后一道滤过器采用G6号无菌滤过。注射用水试验，冲洗管道。加压泵运转正常，即可过滤药液，初滤液弃去，之后的滤液可以灌装。所有药液应在一个班次用完。

(3) 灌装：在局部层流100级下进行，并调整自动灌装机的灌装速度与进瓶速度同步匹配。灌装后用戴上灭菌橡胶手套的手取出胶塞，迅速盖在瓶上（未压实）。

(4) 冷冻干燥：将未压实胶塞的西林瓶放入冻干机内。开启冻干程序，进行冷冻干燥。完成后，在冻干机内压胶塞。

(5) 轧盖：取出冻干完毕且压好胶塞的西林瓶，进入盖铝盖机位置，铝盖在电磁振动下，口朝下排列，落下时正好盖在瓶口的胶塞上。当带铝盖的西林瓶进入轧盖机位置，机器臂下降将铝盖轧平，锁口轮从斜上方落下，不断转动下，将铝盖边缘向瓶一侧压紧，固定住铝盖和胶塞。

(6) 澄明度检查：灯检法检查是否有肉眼可见混浊或异物。不溶性微粒检查仪检查不溶性微粒。

(7) 检验：样品送质检部门进行鉴别与含量测定、无菌试验、热原试验、毒性试验、溶血试验、刺激试验、半数致死量试验等检查项目。其余产品放入暂存间贮存。

(8) 印字：检验合格后，在西林瓶上贴上标签，标明名称、装量、浓度、规格、批号、有效期、用法用量、注册商标、批准文号、生产单位等。

(9) 包装：装入纸盒内，再用大纸箱包装，放入装箱单和合格证，打包封固。

复习思考题

1. 注射剂的特点和质量要求有哪些？
2. 作为注射剂容器安瓿应做哪些处理？符合哪些要求？
3. 简述液体安瓿注射剂的生产工艺流程。
4. 简述输液剂的种类及质量要求。生产过程与安瓿注射剂有何不同之处？
5. 简述粉针剂的种类及质量要求。
6. 简述注射用冻干制品的生产工艺流程。

项目八　眼用液体制剂生产技术

［知识点］

眼用液体制剂的概念、特点和质量要求

滴眼剂的生产工艺流程

［能力目标］

知道滴眼剂的基本概念、分类和质量要求

能对滴眼剂所用辅料进行初步筛选与选取

能按生产指令进行滴眼剂的一般生产操作

眼用液体制剂是指供洗眼、滴眼或眼内注射用以治疗或诊断眼部疾病的液体制剂。按其用法可分为滴眼剂、洗眼剂和眼用注射剂三类。洗眼剂是指供临床眼部冲洗、清洁用的灭菌液体制剂，如生理氯化钠溶液、2%硼酸溶液等。眼用注射剂是指直接用于眼部注射用的无菌制剂，可用于结膜下、球后、前房及玻璃体内注射等局部给药，以提高眼内的药物浓度，增加疗效。滴眼剂是最为常用的眼用液体制剂，以下重点介绍滴眼剂。

必备知识

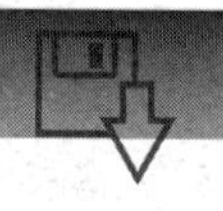

一、概述

滴眼剂是指直接用于眼部的外用液体制剂，包括水性、油性澄明溶液和水性混悬液。滴眼剂常用于消炎杀菌、散瞳缩瞳、降低眼压、麻醉或诊断，也可用于润滑或代替泪液等。

（一）滴眼剂的种类

1. 溶液型

滴眼剂的品种，大多数属于水溶性盐的灭菌澄明溶液。这种真溶液的滴眼剂便于工业化大生产。该类型的滴眼剂多采用适宜的盐制成澄明的溶液，供眼疾患者自行滴用，可减少对眼的刺激性，从而增加滴眼剂的稳定性，保证用药安全。常用的盐类有盐酸盐、硫酸盐、硝酸盐、磷酸盐、水杨酸盐、氢溴酸盐、酒石酸盐、钠盐以及二乙醇胺盐。

2. 混悬液型

混悬液型滴眼液，是将难溶性固体药物以极细的微粒混悬于适宜的液体介质中制备的滴眼剂。该类型滴眼剂也是药厂常规生产的品种。根据《中华人民共和国药典》2010年版的规定，混悬型滴眼剂适量（相当于主药10mg），大于50μm的粒子不得多于2个，且不得检出大于90μm的粒子。

3. 其他类型

将易溶的药物制成灭菌的粉针或片剂，临用时溶解于备用的灭菌溶剂中而成为一种液体滴眼剂使用。此外，尚有胶体、乳浊液等类型滴眼剂。

（二）滴眼剂的质量要求

滴眼剂虽非直接进入人体组织或血液，但是由于眼组织较为娇嫩，一旦受损，后果严重。因此对滴眼剂的要求不同于一般的外用制剂，比较严格，滴眼剂的质量要求不亚于注射剂。

（1）无菌　眼部有无外伤是无菌要求严格程度的界限。用于眼外伤的滴眼剂要求绝对无菌，包括手术后用药在内，而且不得添加抑菌剂，采用单剂量包装。滴眼剂要求无致病菌，尤其不得含有铜绿假单胞杆菌和金黄色葡萄球菌。药厂所生产的一般滴眼剂是一种多剂量剂型，患者在每次使用滴眼液时，较易染菌，故在制备一般滴眼剂时，应在无菌环境下配制，必须考虑加抑菌剂，并要求抑菌作用迅速，要在1～2h内达到无菌。

（2）pH　滴眼剂的pH调节应兼顾药物的溶解度和稳定性的要求，滴眼剂的用量较小，由于泪液的稀释和缓冲作用，一过性刺激时间较短。正常眼睛可耐受的pH为5～9，pH为6～8无不适感，pH小于5或大于11.4则对眼有明显刺激性，甚至损伤眼角膜。

（3）渗透压　除另有规定外，滴眼剂与泪液等渗。眼球能适应的渗透压范围相当于浓度为0.6%～1.5%的氯化钠溶液，超过2%时就有明显的不适感。

（4）不溶性微粒　溶液型滴眼剂应澄明，不得含有不溶性异物。混悬型滴眼剂应均匀、细腻、沉降物经振摇容易再分散，按《中华人民共和国药典》附录粒度测定法测定。

（5）黏度　适当增大滴眼剂的黏度可延长药物在眼内停留时间，从而增强药物的作用，减少刺激性。合适的黏度为4.2～5.0cPa·s。

（三）滴眼剂的处方组成

滴眼剂的处方中除主药外，还需加入滴眼剂的溶剂和附加剂。

滴眼剂的主药应无杂质、纯度高，最好用注射用原料，或在使用前进行精制，使所用原料符合注射用标准。滴眼剂的溶剂必须符合注射用要求，即选用注射用水、注射用非水溶剂等。

滴眼剂的处方应考虑达到滴眼剂的最佳疗效，同时减少滴眼剂的刺激性，因此考虑添加附加剂。可加入pH值调节剂调节至正常人眼耐受的pH5～9，同时需考虑药物的稳定性。加入等渗调节剂如氯化钠、葡萄糖、硼酸、硼砂等，调节至与泪液渗透压相等或接近。

普通滴眼剂一般为多剂量包装，经常开启易染菌，因此选用恰当而有效的抑菌剂加入滴眼剂中，使其药液具有一定的杀菌能力。但凡用于外科手术的滴眼液，必须无菌，同时不应含有抑菌剂，这类滴眼液只能用无菌操作法制备。

易氧化药物制成滴眼剂还需加入抗氧剂。

助悬剂与增黏剂是一类具有黏性的亲水性胶体物质。助悬剂在水不溶性滴眼液中能增加分散剂的黏度、减慢微粒的沉降速率，并可吸附在微粒表面或阻止微粒聚集结块，常用于混悬型滴眼液的制备。增黏剂在滴眼剂中可起到保湿作用，以及降低表面张力，增加药物在结膜囊内的滞留时间，延长药物与眼组织的接触时间，增强角膜通透性，提高生物利用度，减轻药物对眼的刺激性。常用的助悬剂和增黏剂多为纤维素衍生物，如常用的有甲基纤维素（MC）、羟丙基甲基纤维素（HPMC）、聚乙烯醇（PVA）、羧甲基纤维素钠（CMC-Na）等，作为助悬剂使用时一般采用黏度为1500～4000mPa·s的产品，使用时还需注意黏度调节剂与药物或抑菌剂之间的配伍禁忌。

知识链接：滴眼剂的pH调节

滴眼剂配制时所选取的pH值，不仅要符合药典的规定范围，同时要考虑对药物的稳定性和疗效的影响。每种药物都有其稳定的pH值。如氯霉素滴眼液在偏碱性条件下容易氧化分解而失效，配制时常加入缓冲液使其pH值控制在5.8～6.5，保持稳定；再如硫酸锌滴眼液pH值5.0时较稳定，而在pH值6.0时疗效最佳，但在pH值7.4时则易产生沉淀。每种滴眼液的最佳pH值控制范围，应是刺激性最小、疗效最好以及稳定性最好。为此，滴眼剂的pH值不一定要调到与泪液同样的pH值。根据药物性质与质量要求，通常应用缓冲溶液调节到使药液稳定的最佳pH值范围，依据制备工艺要求，可用缓冲溶液溶解药物或直接将所需的pH值调节剂与主药在溶剂中同时溶解而制备滴眼剂。

二、滴眼剂的生产技术

滴眼剂的制备与注射剂基本相同，分为以下两种情况。①用于眼部手术或眼外伤的滴眼剂，按小容量注射剂生产工艺进行，制成单剂量剂型，保证完全无菌，不加抑菌剂。洗眼液按输液生产工艺制备，用输液瓶包装。②一般滴眼剂，在无菌环境中配制、滤过除菌，无菌分装，可加抑菌剂。包装容器为直接滴药的滴眼瓶。若药物性质稳定，可在分装前大瓶装后灭菌，再在无菌条件下分装。因此滴眼剂的过滤、灌封应在C级的洁净环境中完成。以下主要介绍一般滴眼剂的制备。

滴眼剂生产工艺流程由配液、灌装、封口、灭菌、灯检、包装等生产工序组成，其生产工艺流程如图8-1。

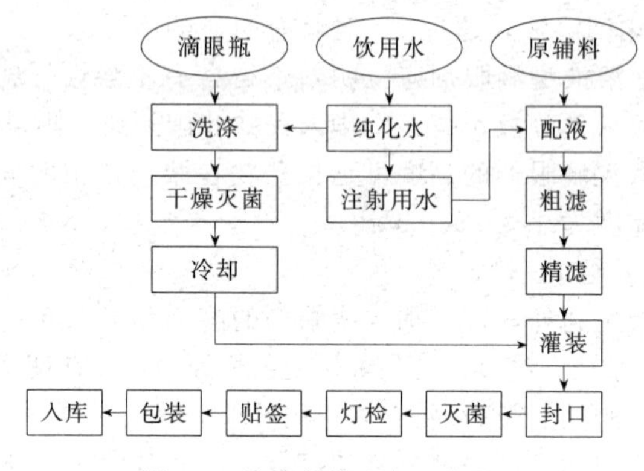

图8-1 滴眼剂的生产工艺流程

（一）容器的处理

滴眼剂的包装有塑料瓶和玻璃瓶包装。玻璃瓶包装的滴眼剂主要用于眼部手术或眼外伤，与小容量注射剂的容器的洗涤灭菌相同。大多数滴眼剂均采用塑料瓶包装。塑料滴眼瓶采用聚烯烃塑料经吹塑制成，当时封口，不易污染。

滴眼瓶的洗涤方法，通常有真空灌水洗涤法、加压倒冲洗涤法、加压喷淋洗涤法3种。

（1）真空灌水洗涤法　应用真空灌装器，将小口炮弹形的滴眼瓶倒立排列装于盘中，放于真空灌装器内，关紧器门。将滤过灭菌的蒸馏水（或去离子水）输送进入器内盘中，淹没滴眼瓶，抽真空，使水入滴眼瓶中，排气、开启灌装器门，取出并用甩水机将瓶内水甩干，如此反复3次，最后1次应用注射用水洗涤。

此法应用于不易灌水的小口滴眼瓶，要求其洁净度好、规格容积统一。

（2）加压倒冲洗涤法　是利用已滤过的蒸馏水（或去离子水）与滤过的压缩空气，经管道由针头交替喷入倒插的广口滴眼瓶中的一种加压喷射气水洗涤法。压缩空气的压力一般为392kPa左右，并需滤过处理，使压缩空气得到净化，避免其润滑油及尘粒污染滴眼瓶，保证洗瓶质量。

（3）加压喷淋洗涤法　将广口的滴眼瓶，直立排列于盘中，依次放入传送链条上，开启经过滤的蒸馏水（或去离子水），以加压喷淋灌于缓缓而行的滴眼瓶中，再用卧式甩水机将水甩干，如此反复数次（一般3次）以达到洗净的目的。

此法使用于洁净度较好的广口滴眼瓶，但其洗涤质量不如加压倒冲洗涤法。

滴眼瓶的组件如橡皮帽、塑料滴嘴、外盖等也均需要经过洗涤。玻璃滴眼瓶的橡皮帽可先用5～10g/L碳酸钠溶液煮沸15min，放冷搓揉，用饮用水冲洗，继用3g/L盐酸溶液煮沸15min，再用饮用水冲洗，最后用蒸馏水洗净。酸碱处理后，也可在洗塞机中先用饮用水、继用蒸馏水反复搅拌，搓洗后，灭菌备用。塑料滴嘴、外盖通常用饮用水浸泡掏洗，继用滤过的蒸馏水浸泡漂洗数次（一般为3次），最后放于滤过洁净的75%乙醇溶液中，淹没浸泡不少于2h后，沥尽乙醇溶液残滴，置于干燥箱中，低温（不超过50℃）进行干燥。

知识链接：滴眼瓶洗涤注意事项

① 所有滴眼瓶在洗涤过程中，最后应用滤过的注射用水进行洗涤。

② 对已洗涤好的滴眼瓶，应做洁净度检查，即用洁净的注射用水灌于瓶中，进行灯检，应澄明无杂物，否则应重新洗涤。

③ 对已洗净待用的滴眼瓶，超过 3 天者，应重新洗涤，方可使用。

④ 凡用于洗涤的设备以及用具，应经常洗涤干净，保持整洁状态。并应定期进行大清洗和用适宜的消毒剂进行彻底消毒，并定点放置，避免交叉污染。

（二）配液

眼用溶液剂的配制多采用浓配法，即将药物、附加剂依次加入适量溶剂中溶解，配成浓溶液，必要时可加 0.05%～0.3%的针用活性炭或通过有炭层的布氏漏斗或用板框、砂滤棒进行粗滤脱炭，加热过滤，然后再稀释至所需浓度。使用活性炭时应注意对药物的吸附作用，特别是对溶解度小或小剂量的药物如生物碱盐类要通过加炭吸附试验掌握加炭前后药物含量的变化情况，以此确定能否用炭或需补充的药物含量。若药物原料质量好、纯度高可采用稀配。

眼用混悬剂的配制，可先将药物微粉化处理后灭菌，另取表面活性剂（如 Tween 80）、助悬剂（如甲基纤维素）加适量注射用水配成黏稠液，再与主药用乳匀机搅匀，添加注射用水至全量。

配制完成后，要进行半成品检验，包括 pH、含量等，合格后才能过滤、灭菌、分装。

（三）滤过

滴眼剂的过滤与注射剂的过滤操作相同，经滤棒、垂熔玻璃滤器、膜滤器三级过滤至澄明。如工艺要求仅出去异物时，滤膜可选用 0.8μm 孔径，如需除菌滤过，滤膜宜选用 0.22μm 的孔径。

（四）无菌灌装

本工序包括：小口型滴眼瓶的灌药液、装橡皮帽；广口型滴眼瓶的灌药液、装滴嘴、拧外盖等。

目前生产上多采用自动灌装联合机组。该机组主要由自动传送、灌药、装滴嘴、拧盖等单机组合而成。滴眼瓶靠传动齿板往复运动向前传递，每次向前移动一定距离到达灌药部位时，灌注器完成灌药，如有空位，可自动停灌。但传动齿板仍继续前进，依次完成插滴嘴、拧外盖等程序。该机生产效率高、质量好，是滴眼剂大生产的理想设备。

（五）灭菌

滴眼剂的灭菌方法与小体积的注射剂的灭菌类似。

（六）灯检

滴眼剂的可见异物检查应参照注射剂可见异物检查的规定。

检查方法：除有规定外，检查的 20 支（瓶）供试品中，均不得检出玻璃屑、纤维、色点、色块等外来可见异物，检出不符合规定的其他可见异物不得超过 1 支（瓶）。如检出 2 支（瓶），应另取 20 支（瓶）同法复试。初、复试检出不符合规定的其他可见异物的供试品不得超过 2 支（瓶）。滴眼剂灯检结果判定见表 8-1。

表 8-1　滴眼剂灯检结果判定

其他可见异物类别	每支(瓶)装量规定	每支(瓶)检出限度
白点，细小蛋白絮状物或蛋白颗粒	≤50mL	≤3 个
	>50mL	≤5 个
少量絮状物或蛋白颗粒、微量沉积物、摇不散的沉淀	—	不得检出

（七）滴眼液处方范例

【例 8-1】 溶菌酶滴眼液

处方：			
溶菌酶	5.0g	聚乙烯醇	14.0g
氯化钠	8.0g	氯化钾	0.2g
磷酸二氢钾	2.0g	甘露醇	1.0g
注射用水	加至 1000mL		

注解：

① 溶菌酶广泛分布于软蛋白、牛奶、血浆、肝、肾等。本品是从鲜鸡蛋清中提取的一种能分解黏多糖的多肽酶。它具有多种药理作用，如抗菌、抗病毒和抗肿瘤等。溶菌酶抗菌作用机制为其能有效地水解细菌细胞壁的肽聚糖。临床可用于细菌性角膜炎或结膜炎等常见感染性眼病的治疗。

② 本品为白色结晶，溶于水，为含有 18 个氨基酸的一种多肽化合物，是一种十分稳定的蛋白酶。在酸性溶液中可以耐热至 100℃，但在碱性溶液中则随着温度升高而丧失其酶活力。抗菌和抗病毒活力与 pH 值有关，在酸性介质中，活力显著增强，如 pH6.0 时其活力最佳。

【例 8-2】 复方杆菌肽滴眼液

处方：			
杆菌肽	10×10^4 U	注射用硫酸多黏菌素	10×10^4 U
注射用硫酸新霉素	0.5g	氯化钠注射液	加至 100mL

制法：按无菌操作法，将杆菌肽、硫酸新霉素、硫酸多黏菌素依次溶于适量的氯化钠注射液中，搅拌使溶解，加至全量，分装即得。

三、滴眼剂的质量检查

滴眼剂需进行以下检查。

（1）可见异物　除另有规定外滴眼剂照可见异物检查法中滴眼剂项下的方法检查，应符合规定；眼内注射溶液照可见异物检查法中注射液项下的方法检查，应符合规定。

（2）粒度　混悬型眼用制剂照下述方法检查，粒度应符合规定。

（3）沉降体积比　混悬型滴眼剂进行该项检查，沉降体积比不低于 0.90。

（4）装量　眼用液体或半固体制剂，照最低装量检查法检查。

（5）渗透压摩尔浓度　除另有规定外，水溶液型滴眼剂、洗眼剂和眼内注射溶液按各品种项下的规定，照渗透压摩尔浓度测定法检查，应符合规定。

（6）无菌　照无菌检查法，应符合规定。

拓展知识

一、滴眼剂的缓冲溶液

滴眼剂所用的缓冲溶液应具有抵抗外来酸碱而维持 pH 值基本不变的能力，且可阻止因玻璃容器的碱性成分渗出而使药液 pH 值升高。根据各种滴眼剂主药性质，选用不同 pH 值的缓冲液，不得与主药有配伍禁忌或干扰检验等。此外，有些在生理 pH 条件下具有最大治疗活性的药物，所选用的缓冲溶液，其用量应尽可能少，以便药液滴入眼后，可被泪液迅速中和至生理 pH 范围，发挥其最大的治疗作用。常用的缓冲液包括沙氏磷酸盐缓冲溶液、巴氏硼酸盐缓冲溶液、吉斐氏缓冲溶液、硼酸缓冲液。

（1）沙氏磷酸盐缓冲溶液　此缓冲溶液适用于抗生素、阿托品、麻黄碱、毛果芸香碱等药物的盐，但与锌盐有配伍禁忌。磷酸盐缓冲溶液是由磷酸二氢钠液（含无水磷酸二氢钠

8.4g/L）和磷酸氢二钠碱性液（含无水磷酸氢二钠 9.4g/L）两种贮备液组成，在临用前将两液按不同比例混合而得的各种 pH 值（pH5.91～8.04）的缓冲溶液。必要时可加入适量的氯化钠成等渗，或加 1∶10000 苯扎溴铵为抑菌剂。

（2）巴氏硼酸盐缓冲溶液　此缓冲溶液适用于磺胺类等偏碱性药物，因为这类药物溶液为强碱性（pH9.0～10.0），在 pH 值小于 8.2 时，容易析出结晶，但此缓冲溶液中的硼酸盐可使该类药物的碱性下降到（pH8.2）安全范围之内。

硼酸盐缓冲溶液，由下列两种贮备液组成。

酸性液：含硼酸（H_3BO_3）12.4g/L；

碱性液：含硼砂（$Na_2B_4O_7 \cdot 10H_2O$）19.1g/L。

临用时，将此两液按不同比例混合而得的各种 pH 值（pH6.77～9.11）的缓冲溶液。

（3）吉斐氏缓冲溶液　此缓冲溶液适用于硫酸锌、盐酸可卡因、盐酸肾上腺素、阿托品、毛果芸香碱等药物的盐。

吉斐氏缓冲溶液有酸性与碱性两种贮备液：酸性溶液含硼酸 1.24%、氯化钾 0.74%；碱性溶液含无水碳酸钠 2.12%。临用前按比例配制，pH 在 4.66～8.47 范围内，渗透压与 1.16%～1.20%氯化钠相当，虽然本身的渗透压已稍高于泪液，但眼睛能耐受而无刺激性。适用于盐酸丁卡因、盐酸可卡因、阿托品、水杨酸毒扁豆碱、东莨菪碱等滴眼液。

（4）硼酸缓冲溶液　通常应用 1.9%的硼酸溶液，其 pH 值为 5.0，可作为滴眼剂的溶剂。许多滴眼液，除一些弱酸的碱性盐如磺胺类钠盐外，均可选用本缓冲液进行配制。于 120℃高压灭菌 15min，其疗效无明显变化且较稳定。

二、滴眼剂的抑菌剂

鉴于滴眼剂所用的药物、溶剂、附加剂的性质各不相同，故选用某一种抑菌剂不可能对所有的滴眼剂均有良好的抑菌作用。对此，需根据药物和抑菌剂的性质与质量要求加以选择，亦可选择几种抑菌剂合并使用，增强实效，从而达到理想的抑菌效果。选用抑菌剂，主要应考虑抑菌作用强、刺激性小，不影响主药的疗效及其稳定性，不与药液内其他物质有配伍禁忌，对检验不产生干扰，以及本身性能稳定等方面。作为滴眼剂的抑菌剂，不仅要求有效，还要求迅速，在 2h 内发挥作用，即在病人两次用药的间隔时间内达到抑菌。常用的有氯化苯甲烃胺、硝酸苯汞、醋酸苯汞、硫柳汞、苯扎氯铵、三氯叔丁醇、对羟基苯甲酸酯类以及山梨酸等。

复习思考题

1. 滴眼剂有何质量要求，与注射剂相比有何异同点？
2. 简述滴眼剂的处方组成。
3. 试述滴眼剂的生产工艺流程。

模块四

固体制剂生产技术

项目九　散剂、颗粒剂的生产技术

[知识点]

掌握散剂的概念、特点、种类、制备、质量控制、包装与贮藏

掌握颗粒剂的概念、特点、种类、制备、质量控制、包装与贮藏

熟悉固体制剂的特点、分类

了解固体制剂吸收的过程

[能力目标]

能生产出合格的散剂和颗粒剂，并进行质量检查

必备知识

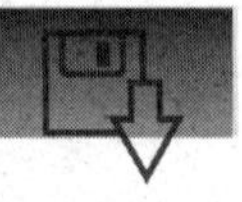

一、固体制剂的特点和分类

常用的固体剂型有散剂、颗粒剂、片剂、胶囊剂、滴丸剂、膜剂等，在药物制剂中约占70%。固体制剂的共同特点是：①与液体制剂相比，物理、化学稳定性好，生产制造成本较低，服用与携带方便；②制备过程的前处理经历相同的单元操作，以保证药物的均匀混合与准确剂量，而且剂型之间有着密切的联系；③药物在体内首先溶解后才能透过生理膜被吸收入血液循环中。固体剂型的制备工艺可用图 9-1 表示。

二、散剂的生产技术

（一）概述

散剂（powders）是指药物或与适宜的辅料经粉碎、均匀混合制成的干燥粉末状制剂，又称为“粉剂”。可供内服或外用。

1. 散剂的特点

① 散剂的比表面积大，易于分散，内服散剂药物溶出速率快，奏效迅速。外用散剂有保护和收敛等作用。

② 剂量易于调整，便于婴幼儿应用。

③ 制备工艺简单。

④ 贮存、运输、携带方便。

⑤ 散剂分散度大，药物的嗅味、刺激性、吸湿性、挥散性及化学活性也相应增大。故一些刺激性强、具挥发性或易吸潮变质的药物不宜直接制成散剂。

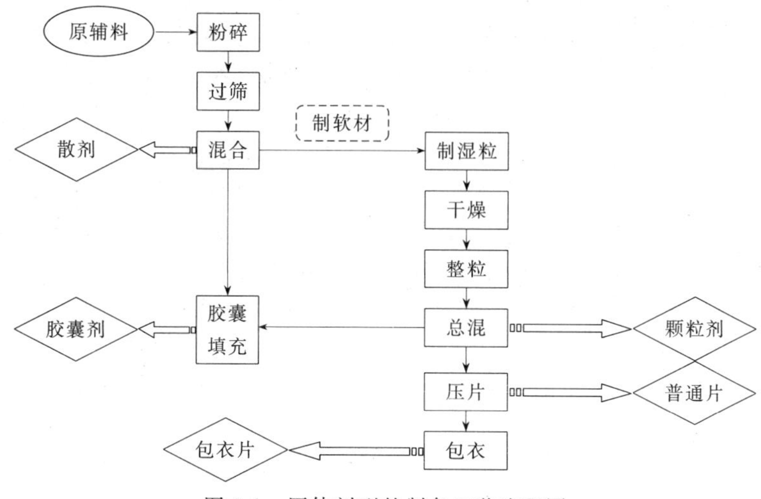

图 9-1 固体剂型的制备工艺流程图

⑥ 剂量大的散剂，不如胶囊剂、片剂等便于服用。

散剂不仅是一种常用的剂型，也是制备其他剂型如胶囊剂、颗粒剂、片剂的基础。

2. 散剂的分类

散剂有三种分类方法：①按组成多少可分为单散剂（由一种药物组成）和复方散剂（由两种或两种以上药物组成）；②按用途可分为内服散、溶液散、外用散、吹散、撒布散等；③按包装形式可分为分剂量散剂（以单剂量形式进行包装的散剂）和不分剂量散剂（以多个剂量形式进行包装的散剂）。

（二）散剂的制备

散剂的制备工艺流程如下：物料前处理→粉碎→过筛→混合→分剂量→质量检查→包装贮存。

1. 物料前处理

固体制剂中的物料包括原料和辅料。所谓物料的前处理是将物料加工成符合粉碎机所要求的程度，如粒度要求和干燥程度等。辅料应充分干燥以满足粉碎要求。

2. 粉碎、过筛、混合

（1）粉碎　供制散剂的物料均应粉碎成细粉。物料的细度与药物的性质、应用方法和医疗要求有关。散剂中，易溶于水的药物不必粉碎得太细；难溶性药物为加速其溶解和吸收，需粉碎成细粉；不溶性药物用于治疗胃溃疡时，必须制成最细粉；具不良嗅味、刺激性、易分解的药物不宜粉碎过细。

（2）过筛　粉碎后的粉末需进行过筛处理，以达到粒度的均匀性。一般药物内服散剂应为细粉，其中能通过 6 号筛的细粉含量不少于 95%；儿科或外用散剂应为最细粉，其中能通过 7 号筛的细粉含量不少于 95%。

（3）混合　混合是制备散剂的关键过程之一，因为散剂的均匀性是散剂安全有效的基础，尤其是小剂量、含剧毒药物的散剂。

散剂中可含或不含辅料，散剂的辅料主要有稀释剂、吸收剂、矫味剂、芳香剂、着色剂等。

3. 分剂量

分剂量岗位职责

① 操作人员上岗前按规定着装，做好操作前的一切准备工作。

② 严格执行《分剂量岗位操作法》、《分剂量设备标准操作规程》，保证岗位不发生差错和污染，发现问题及时上报。

③ 根据生产指令按规程程序领取原辅料，核对所分剂量物料的品名、规格、产量产品批号、数量、生产企业名称、物理外观、检验合格等，应准确无误，分剂量产品应均匀，符合要求。

④ 严格按工艺规程及分剂量标准操作规程进行原辅料处理。

⑤ 生产完毕，按规定进行物料移交，并认真填写工序记录及生产记录。

⑥ 生产过程中注意设备保养，经常检查设备运转情况，操作时发现故障及时排除，自己不能排除的通知维修人员维修正常后方可使用。

⑦ 工作结束或更换品种，严格按本岗位清场SOP进行清场，经检查合格后，挂标识牌。

分剂量操作过程

分剂量是将均匀混合的散剂，按需要的剂量进行分装的过程。分剂量常用的技术有目测法、重量法、容量法三种，机械化生产多用容量法分剂量。

(1) 目测法　是将一定重量的散剂，根据目测分成所需的若干等份。此法操作简便，但误差大，常用于药房小量调配。

(2) 重量法　是用天平准确称取每个单剂量进行分装。此法的特点是分剂量准确但操作麻烦、效率低，常用于含有细料或剧毒药物的散剂分剂量。

(3) 容量法　是将制得的散剂填入一定容积的容器中进行分剂量，容器的容积相当于一个剂量的散剂的体积。这种方法的优点是分剂量快捷，可以实现连续操作，常用于大生产。其缺点是分剂量的准确性会受到散剂的物理性质（如松密度、流动性等）、分剂量速度等的影响。

4. 包装与贮藏

散剂的分散度大，易吸湿或风化，故防湿是保证散剂质量的关键。选用适宜的包装材料与贮藏条件可延缓散剂的吸湿。

散剂的包装材料常采用塑料袋、玻璃管、玻璃瓶等。复方散剂多剂量包装时，应装满、压紧，以免运输过程中分层。

散剂包装形式有单剂量和多剂量两种，多剂量形式包装者应附有分剂量用具。散剂在贮存过程中，温度、湿度、微生物及光线等对散剂质量均有一定影响，其中防潮是关键。一般散剂应避光密闭贮存，含挥发性药物或易吸潮药物的散剂应密封贮存。

（三）质量检查

散剂的质量检查项目主要如下。

1. 混合均匀度

(1) 外观检查　散剂应干燥、疏松、混合均匀、色泽一致。

检查方法：取供试品适量，置光滑纸上，平铺约 $5cm^2$，将其表面压平，在亮处观察，应呈现均匀的色泽，无花纹与色斑等异常现象。

(2) 含量测定法　从散剂的不同部位取相同量的若干个样品对某个药物进行含量测定，与规定的含量相比较，应符合规定的要求。

2. 干燥失重

除另有规定外，取供试品在105℃干燥至恒重，减失重量不得过2.0%。

3. 装量差异

单剂量包装的散剂，装量差异限度应符合下列规定，见表9-1。

表9-1 散剂的装量差异限度要求

平均重量或标示装量	装量差异限度	平均重量或标示装量	装量差异限度
0.1g及0.1g以下	±15%	1.5g以上至6.0g	±7%
0.1g以上至0.5g	±10%	6.0g以上	±5%
0.5g以上至1.5g	±8%		

检查法：取散剂10包（瓶），除去包装，分别精密称定每包（瓶）内容物的重量，求出内容物的装量与平均装量。每包装量与平均装量（凡无含量测定的散剂，每包装量应与标示装量比较）相比应符合规定，超出装量差异限度的散剂不得多于2包（瓶），并不得有1包（瓶）超出装量差异限度1倍。

凡规定检查含量均匀度的散剂，不再检查装量差异限度。

4. 粒度

粉末粒度的测定依颗粒大小而采用不同的方法，粗大颗粒用过筛法，微小颗粒则用光学显微镜法。

5. 微生物限度

除另有规定外，照微生物限度检查法检查，应符合规定。

6. 主药含量

按主药含量测定法测定，应符合规定。

（四）举例

【例9-1】 儿童蛋白粉

处方：			
大豆分离蛋白	99.5kg	粉末油脂	60kg
甜菊糖苷	0.4kg	叶酸	0.96g
维生素B_6	16g	硒化卡拉胶	8g
维生素A	64g	维生素E	320g
乳酸亚铁	60g	乳酸锌	30g

制法：①将叶酸、维生素B_6、硒化卡拉胶8g与甜菊糖苷用等量递增法混匀；②将维生素A、维生素E、乳酸亚铁 、乳酸锌与大豆分离蛋白粉等量递增法混匀；③将两组混合粉末与大豆分离蛋白粉及粉末油脂混匀；④分装得成品。

注解：本制剂主要用于补充蛋白质及微量元素，增强抵抗力。

三、颗粒剂的生产技术

（一）概述

颗粒剂（granules）是指药物与适宜的辅料制成具有一定粒度的干燥颗粒状制剂。颗粒剂主要供内服，可直接吞服，也可分散或溶解在水中服用。

颗粒剂根据在水中溶解情况可分为可溶性颗粒剂、混悬性颗粒剂和泡腾性颗粒剂。从2005年版药典开始引入了采用缓控释技术制成的肠溶颗粒、缓释颗粒、控释颗粒。

颗粒剂是近年来发展较快的剂型之一，具有以下特点。

① 保持了液体制剂起效快的特点。

② 飞散性、附着性、聚集性、吸湿性等均较散剂小；流动性较散剂好，易分剂量。

③ 性质稳定，运输、携带、贮存方便。

④ 含有蔗糖等矫味剂，以掩盖成分的不良嗅味，便于服用。

⑤ 必要时对颗粒包衣，根据包衣材料的性质可制成缓、控释颗粒剂或肠溶颗粒剂，也可使颗粒具防潮性。

⑥ 颗粒剂因含糖较多，贮存、包装不当时，易引湿受潮，软化结块，影响质量。

⑦ 多种颗粒的颗粒剂可能因各种颗粒大小以及密度差异产生离析现象，使分剂量不易准确。

（二）制备

颗粒剂的制备方法与片剂生产中的制粒基本相同。传统的制备工艺流程（图 9-2）如下。

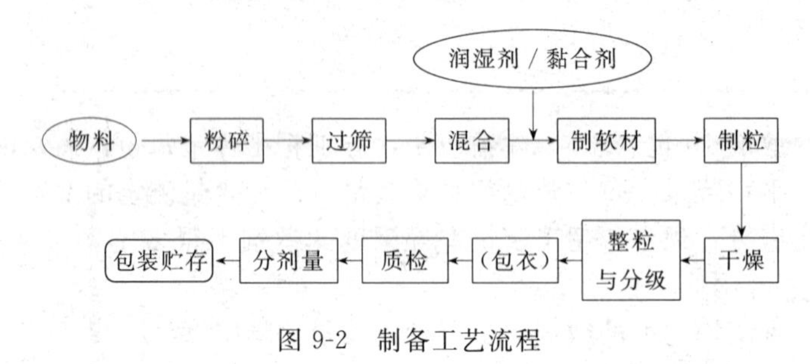

图 9-2　制备工艺流程

1．粉碎、过筛、混合

主药的辅料在混合前均需经过粉碎、过筛或干燥等处理。其细度以通过 80～100 目筛为宜。毒剧药、贵重药及有色的原辅料宜更细些，易于混匀，使含量准确。

2．制软材

是将药物与辅料（常用淀粉、乳糖、蔗糖等）、崩解剂（常用淀粉、纤维素衍生物等）混合后，加入湿润剂或黏合剂进行混合，制成软材。

3．制粒

常用挤出制粒法，即将软材挤压过筛（12～14 目）制得颗粒。由于制粒后不能再加入崩解剂，所以选用的黏合剂不应过度影响颗粒的崩解，由于淀粉和纤维素的衍生物兼有崩解和黏合作用，所以常作颗粒剂的黏合剂。

泡腾性颗粒剂含有泡腾剂（碳酸氢钠和有机酸），制备时须将泡腾剂的两种组分分别与药物制成颗粒，再混合均匀，分剂量。

近年来开发多种新的制粒方法和设备应用于生产实践，其中最典型的是流化（沸腾）制粒、喷雾制粒等。详见项目三中的制粒技术。

4．干燥

常用有箱式干燥法、流化床干燥法等。颗粒的干燥程度，以颗粒中的水分控制在 2%以内为宜。

5．整粒与分级

颗粒在干燥过程中，可能发生粘连甚至结块的现象，因此，需通过解碎或整粒以制成一定粒度的均匀颗粒。一般应按粒度规格的上限，过一号筛，把不能通过筛孔的部分进行适当解碎，然后按粒度的下限，过 5 号筛，进行分级，除去粉末部分。

芳香性成分或香料一般溶于 95%的乙醇中，雾化喷洒在干燥在颗粒上，混匀后密闭放置规定时间后再进行分装。

6．包衣

为使颗粒达到矫味、矫嗅、稳定、缓释或肠溶等目的，可对其进行包衣，一般常用薄膜包衣。

7．分剂量、包装与贮存

颗粒剂分剂量基本与散剂相同，但要注意均匀性，防止分层。颗粒剂的包装通常用复合塑料袋包装，其优点是轻便、不透湿、不透气、颗粒不易出现潮湿溶化的现象。包装可采用单剂量包装或多剂量包装。除另有规定外，颗粒剂应密封、干燥处保存，防止受潮。

（三）质量检查

颗粒剂的质量检查，除主药含量外，还应检查以下项目。

1. 外观

颗粒剂应干燥、色泽均匀一致；无吸潮、软化、结块、潮解等现象。

2. 粒度

除另有规定外，照粒度和粒度分布测定法检查，不能通过1号筛（2000μm）与能通过5号筛（180μm）的总和不得超过供试量的15%。

3. 干燥失重

除另有规定外，照干燥失重测定法测定，减失重量不得过2.0%。

4. 溶化性

除另有规定外，可溶性颗粒、泡腾性颗粒按下法检查，应符合规定。

可溶颗粒检查法：取供试品10g，加热水200mL，搅拌5min，可溶颗粒应全部溶化或轻微混浊，但不得有异物。

泡腾颗粒检查法：取单剂量包装的泡腾颗粒6袋，分别置盛有200mL水的烧杯中，水温为15～25℃，应迅速产生气体成泡腾状，5min内6袋颗粒均应完全分散或溶解在水中。

混悬性颗粒或已规定检查溶出度或释放度的颗粒剂，可不进行溶化性检查。

5. 装量差异

单剂量包装的颗粒剂的装量差异限度应符合规定。颗粒剂的重量差异限度要求见表9-2。

表9-2　颗粒剂的重量差异限度要求

平均重量	重量差异限度	平均重量	重量差异限度
1.0g及1.0g以下	±10%	1.5g以上至6.0g	±7%
1.0g以上至1.5g	±8%	6.0g以上	±5%

检查法：取供试品10袋（瓶），除去包装，分别精密称定每袋（瓶）内容物的重量，求出每袋（瓶）内容物的装量与平均装量。每袋（瓶）装量与平均装量相比较［凡无含量测定的颗粒剂，每袋（瓶）装量应与标示装量比较］，超出装量差异限度的颗粒剂不得多于2袋（瓶），并不得有1袋（瓶）超出装量差异限度1倍。

凡规定检查含量均匀度的颗粒剂，可不进行装量差异的检查。

6. 装量

多剂量包装的颗粒剂，照最低装量检查法检查，应符合规定。

检查法：取供试品5个（50g以上者3个），除去外盖和标签，容器外壁用适宜的方法清洁并干燥，分别精密称定重量，除去内容物，容器用适宜的溶剂洗净并干燥，再分别精密称定空容器的重量，求出每个容器内容物的装量与平均装量，均应符合表9-3的有关规定。如有1个容器装量不符合规定，则另取5个（或3个）复试，应全部符合规定。

表9-3　最低装量检查要求

标示装量	固体、半固体、液体	
	平均装量	每个容器装量
20g以下	不少于标示量	不少于标示装量的93%
20g至50g	不少于标示量	不少于标示装量的95%
50g至500g	不少于标示量	不少于标示装量的97%

7. 其他

含量均匀度、微生物限度等应符合要求。缓控释颗粒剂需测定释放度。必要时，薄膜包衣颗粒应检查残留溶剂。

（四）举例

【9-2】 维生素C泡腾颗粒剂

处方：维生素C 1%～2%、枸橼酸8%～10%、碳酸氢钠6%～10%、糖粉70%～90%、柠檬黄适量、甜味剂适量、食用香精适量。

制法：①将枸橼酸磨成细粉，干燥，取维生素C与枸橼酸混合均匀，加入柠檬黄稀乙醇溶液，混合均匀，制粒，干燥成酸性料；②分别取糖粉、碳酸氢钠混合均匀，加入柠檬黄、糖精钠水溶液及食用香精，混合均匀，制粒，干燥成碱性料；③将干燥的酸、碱料混合；④质检，分装。

注解：补充人体维生素C，增强抵抗力。

拓展知识

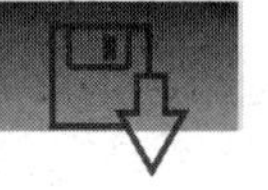

固体剂型的体内吸收

固体制剂共同的吸收路径是将固体制剂口服给药后，须经过药物的溶解过程，才能经胃肠道上皮细胞膜吸收进入血液循环中而发挥其治疗作用。特别是对一些难溶性药物来说，药物的溶出过程将成为药物吸收的限速过程。若溶出速度小，吸收慢，则血药浓度就难以达到治疗的有效浓度。不同剂型在口服后的过程有所不一，具体可见表9-4。

表9-4　不同剂型在体内的吸收路径

剂　　型	崩解或分散	溶解过程	吸　　收
片　剂	○	○	○
胶囊剂	○	○	○
颗粒剂	×	○	○
散　剂	×	○	○
混悬剂	×	○	○
溶液剂	×	×	○

注：○表示需要此过程；×表示不需要此过程。

如片剂和胶囊剂口服后首先崩解成细颗粒状，然后药物分子从颗粒中溶出，药物通过胃肠黏膜吸收进入血液循环中。颗粒剂或散剂口服后没有崩解过程，迅速分散后具有较大的比表面积，因此药物的溶出、吸收和奏效较快。混悬剂的颗粒较小，因此药物的溶解与吸收过程更快，而溶液剂口服后没有崩解与溶解过程，药物可直接被吸收入血液循环当中，从而使药物的起效时间更短。口服制剂吸收的快慢顺序一般是：溶液剂＞混悬剂＞散剂＞颗粒剂＞胶囊剂＞片剂＞丸剂。

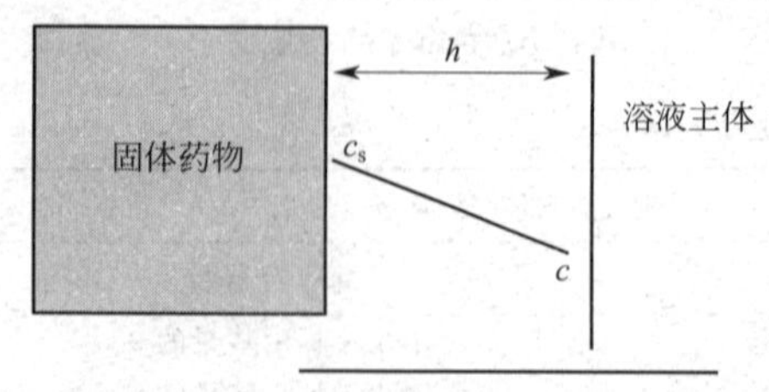

图9-3　固体表面边界层示意图

固体制剂在体内首先分散成细颗粒是提高溶解速率，以加快吸收速率的有效措施之一。

对于多数固体剂型来说，药物的溶出速率直接影响药物的吸收速率。假设固体表面药物的浓度为饱和浓度 c_s，溶液主体中药物的浓度为 c，药物从固体表面通过边界层扩散进入溶液主体（图 9-3）。

此时药物的溶出速率（dc/dt）可用 Noyes-Whitney 方程描述：

$$dc/dt = KS(c_s - c) \tag{9-1}$$

其中

$$K = \frac{D}{V\delta}$$

式中，K 为溶出速率常数；D 为药物的扩散系数；δ 为扩散边界层厚；V 为溶出介质的量；S 为溶出界面积。

在漏槽条件下，$c \to 0$：

$$dc/dt = KSc_s \tag{9-2}$$

Noyes-Whitney 方程解释影响药物溶出速率的诸因素，表明药物从固体剂型中的溶出速率与溶出速率常数 K、药物粒子的表面积 S、药物的溶解度 c_s 成正比。故可采取以下措施来加以改善药物的溶出速率：①增大药物的溶出面积——通过粉碎减小粒径，崩解等措施；②增大溶解速率常数——加强搅拌，以减少药物扩散边界层厚度或提高药物的扩散系数；③提高药物的溶解度——提高温度，改变晶形，制成固体分散物等。

对于固体制剂在体内的吸收，提高溶出速率的有效方法是增大药物的溶出表面积或提高药物的溶解度。粉碎技术、药物的固体分散技术、药物的包合技术等可以有效地提高药物的溶解度或溶出表面积。

实践项目

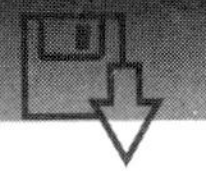

复合维生素 B 颗粒

【实践目的】

1. 能熟练操作粉碎、制粒、混合及干燥等仪器，并按处方生产出合格的颗粒剂产品。

2. 识记颗粒剂的工艺流程。

3. 学会解决颗粒剂制备过程中的常见问题。

4. 识记《中华人民共和国药典》2010 年版中颗粒剂的质量检查项目并会在实际操作中应用。

5. 严格按照现行版《药品生产质量管理规范》（GMP）的要求规范操作。

【实践场地】实训车间。

【实践内容】

[处方]

盐酸硫胺	1.20g	维生素 B_2	0.24g
盐酸吡多辛	0.36g	烟酰胺	1.20g
泛酸钙	0.24g	枸橼酸	2.0g
蔗糖粉	995g	共制成	1000g

需制成规格：2g/袋。

[拟订计划]

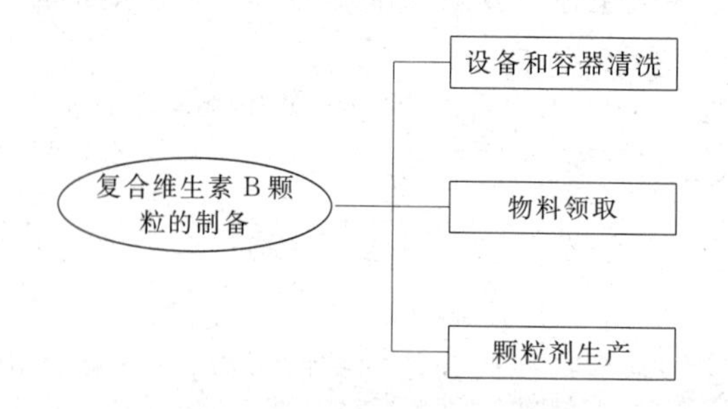

[实施方案]

1. 生产准备阶段

① 生产指令下达。

② 领料。凭生产指令领取经检验合格的维生素 B_2、盐酸硫胺、枸橼酸等原料及辅料。

③ 存放。确认合格的原辅料按物料清洁程序从物料通道进入生产区配料室。

2. 生产操作阶段

(1) 生产操作前须做好生产场地、仪器、设备的准备和物料的准备。

(2) 生产操作：按颗粒剂的生产工艺流程来进行操作，物料→粉碎→筛分→混合→制软材→制湿颗粒→干燥→整粒、分级→质检→分剂量→包装。

① 物料的前处理：将物料经万能粉碎机进行粉碎后过100目筛，按处方量准确称量各成分。将核黄素分次用蔗糖粉稀释后混合，再加入盐酸硫胺、烟酰胺混合均匀。

② 制软材：将盐酸吡多辛、泛酸钙、枸橼酸溶于适量蒸馏水中，加入上述混合药粉中制软材，使其达到“握之成团，轻压即散”。

③ 制颗粒：将制成的软材经K-160摇摆式颗粒机制粒，具体的操作过程如下。

a. 将清洁干燥的刮粉轴装入机器，装上刮粉轴前端固定压盖，拧紧螺母。

b. 将卷网轴装到机器上，装上16目筛网。

c. 检查机器润滑油，油位不得低于前侧油位视板的红线，过低则需补充。

d. 接通电源，打开开关，观察机器的运转情况，无异常声音，刮粉轴转动平稳则可投入使用。

e. 将物料均匀倒入料斗内，根据物料性质控制加料速度，物料在料斗中应保持一定的高度。

f. 制粒完成后，清理颗粒机和筛网上的余料，并注意余料中有无异物，经适当处理后加入颗粒中。

g. 按《YK-160型摇摆式颗粒机清洁规程》对设备进行清洁保养。

④ 干燥：将制得的湿颗粒转移至热风循环烘箱中，于60～65℃干燥。

⑤ 整粒、分级：将干燥好的颗粒进行整粒与分级，剔除过粗和过细的颗粒，使不能通过一号筛和能通过五号筛的颗粒总和不超过供试量的15%。

⑥ 质量检查：根据颗粒剂项下的各项检查项目进行检查。

⑦ 分剂量与包装：将各项质量检查符合要求的颗粒按剂量装入适宜的分装材料中进行包装，颗粒剂的分装材料为复合条形膜，经颗粒包装机完成制袋、计量、填充、封合、分切、计数、热压批号等过程。

复习思考题

1. 影响药物吸收的主要因素有哪些？
2. 生物技术药物口服吸收的主要特点？
3. 散剂中药物的细度有何要求？
4. 颗粒剂有何特点？按溶解性能分为哪几类？

项目十　胶囊剂生产技术

［知识点］

掌握胶囊剂的概念、特点、种类、制备、质量控制、包装与贮藏

［能力目标］

能够制备合格的硬胶囊和软胶囊，并进行质量检查

必备知识

一、概述

胶囊剂是指药物或加有辅料充填于空心胶囊或密封于软质囊材中而制成的固体制剂。胶囊剂多为口服给药，也有供腔道用胶囊剂、吸入用胶囊剂等。

胶囊剂是从改善药剂用药方法而发展起来的。我国明代已有类似面囊的应用。19世纪中叶，先后提出使用硬胶囊剂和软胶囊剂。随着电子及机械工业的发展，自动胶囊填充机的问世，使胶囊剂的生产有了很大的发展，在世界各国药典收载的品种仅次于片剂和注射剂居于第三位。

（一）胶囊剂特点

① 可掩盖药物的苦味及臭味，减少药物的刺激性。

② 药物的生物利用度优于片剂。胶囊剂与片剂相比，在制备时多不加黏合剂和加压，故在胃肠道中分散、溶出快，一般口服后3～10min即可崩解释药，有较高的生物利用度。

③ 提高药物的稳定性。对光敏感或遇湿、热不稳定的药物，如维生素可装入不透光的胶囊中，保护药物不受湿气、氧气、光线的作用。

④ 弥补其他固体制剂的不足。含油量高或液态的药物难以制成丸、片剂时，可制成胶囊剂，如鱼肝油胶丸；服用剂量小、难溶于水、胃肠道内不易吸收的药物，可使其溶于适当的油中，再制成胶囊剂，以利吸收。

⑤ 可延缓药物释放。将药物制成颗粒或小丸，用不同释药速度的材料包衣，按需要比例混合装入空胶囊中，而起缓释长效作用。

⑥ 可定位释药。可在胶囊外面涂上肠溶性材料或将肠溶性材料包衣的颗粒或小丸装入胶囊，使其在肠道起作用。

⑦ 外表整洁、美观，较散剂易吞服，携带、使用方便。

但下列情况不宜制成胶囊剂。

① 药物的水溶液或稀乙醇溶液，因可使胶囊壁溶化。

② 易溶性刺激性强的药物，因在胃中极易溶解，溶解后局部药物浓度过高而刺激胃黏膜。

③ 风化性药物，可使囊壁软化。

④ 吸湿性药物，可使囊壁干燥而变脆。

此外，小儿不宜服用胶囊剂。

（二）分类

胶囊剂按外观特性分为硬胶囊剂（通称为胶囊）、软胶囊剂（胶丸）两大类。按作用特性分为胃溶胶囊剂、肠溶胶囊剂、缓释胶囊剂、泡腾胶囊剂等。

（1）硬胶囊剂　是将药物或加适宜的辅料制成粉末、颗粒、小片或小丸等充填于空心胶

囊中制成的胶囊剂。外形呈圆筒状。

（2）软胶囊剂　是将一定量的液体药物或将固体药物和适宜的辅料溶解或分散在适宜的液体介质中制成的溶液、混悬液密封于软质胶皮中的胶囊剂。外形呈圆球状或椭圆状。

（3）缓释胶囊剂　是指将药物与缓释材料制成骨架型的颗粒或小丸，或将药物制成包有缓释材料，在胃肠液中能缓慢释药的微孔型包衣小丸，再装入空心胶囊中所成的胶囊剂。具有缓释长效的特点。

（4）肠溶胶囊剂　是指硬胶囊或软胶囊用适宜的肠溶材料制备而得，或经肠溶材料包衣的颗粒或小丸充填于胶囊而制成的胶囊剂。适用于一些具辛嗅味、对胃有刺激性、遇酸不稳定或需在肠中释药的药物制备。

（5）泡腾胶囊剂　是将药物与辅料混合后制成泡腾颗粒，应用时胶壳迅速溶解，药物经泡腾作用而溶出和吸收，具有快速吸收特点的胶囊剂。

二、硬胶囊剂的制备

硬胶囊剂的制备一般分空胶囊和囊心物的制备、填充、封口等工序。

（一）空胶囊的组成与制备

1. 空胶囊的组成

空胶囊组成有成囊材料和辅料两类，成囊材料多用明胶，也可采用甲基纤维素（MC）、海藻酸盐类、聚乙烯醇（PVA）等高分子化合物。

空胶囊可以根据需要加入适宜的辅料。为增加囊壳的坚韧性和可塑性，一般加入增塑剂，如甘油、山梨醇等；为减少流动性、增加胶冻力，可加入增稠剂琼脂等；对光敏感的药物，可加入遮光剂二氧化钛（2%～3%）；为产品美观，便于鉴别，加食用色素等着色剂；为防止霉变，可加防腐剂尼泊金酯类等；为改善囊壳的机械强度、抗湿性、抗酶作用，可加入硅油；此外，加入适量表面活性剂，可作为模柱的润滑剂，使胶液表面张力降低，制得的囊壳较厚，增加囊壳的光泽。

知识链接：胶囊主材的介绍

明胶来源于动物的皮、骨、腱与韧带。以骨骼为原料的明胶，质地坚硬，性脆且透明度较差；以猪皮为原料的明胶，可塑性与透明度好。以酸法水解制得的为 A 型明胶，等电点为 pH7～9；以碱法水解制得的为 B 型明胶，等电点 pH4.7～5.2。

冻力强度和黏度是影响胶囊壳质量的两个重要指标。明胶分子量越大，黏度越大。黏度过大，囊壳厚薄不匀，表面不光洁；黏度过小，囊壳过薄易破损。一般控制在 4.3～4.7mPa·s。冻力强度反映囊壳的拉力和弹性。明胶的质量越纯、分子量越大，冻力强度越高，黏度越大。冻力强度一般要求不小于 240 勃鲁姆克（Bloom gram）。

2. 空胶囊的制备工艺

空胶囊由囊体和囊帽组成，其制备流程如下：溶胶→蘸胶（制坯）→干燥→拔壳→截割→整理。

一般由自动化生产线完成。生产环境洁净度应达 1 万级，温度 10～25℃，相对湿度 35%～45%，为便于识别，空胶囊上还可用食用油墨印字，在食用油墨中添加 8%～12% PEG 等高分子材料，能防止所印字迹磨损。

按照国家的生产标准，将空心胶囊划分为 3 个等级，即优等品（指机制空胶囊）、一等品（指适用于机装的空胶囊）、合格品（指仅适用于手工填充的空胶囊）。每个级别均有相应的标准及允许偏差值。

3. 空胶囊的种类、规格与质量

市售空胶囊有普通型和锁口型两类。空胶囊由囊帽和囊体组成。普通型为平口胶囊，套合后易松开或出现漏粉；锁口型的囊帽和囊体有闭合用的槽圈，套合后不易松开，运输、贮存时不易漏粉。

空胶囊有八种规格，即000号、00号、0号、1号、2号、3号、4号、5号共8种，其容积（mL±10%）依次为1.42、0.95、0.67、0.48、0.37、0.27、0.20、0.13 。常用0～3号。

空胶囊的质量检查项目主要有：①外观、弹性（手压胶囊口不碎）；②溶解时间（37℃/10min）；③水分（12%～15%）；④厚度（0.1mm）、均匀度、微生物等。

（二）囊心物的制备

硬胶囊剂的囊心物通常是固态，形式有粉末、颗粒、小片或小丸三种。

若纯药物能满足填充要求，一般将药物粉碎至适宜细度即可；小剂量药物应先用适宜的稀释剂稀释；流动性差的针晶或引湿性粉末，可加适量辅料如稀释剂、润滑剂、助流剂等或加入辅料制成颗粒后填充。常用稀释剂有淀粉、微晶纤维素（MCC）、蔗糖、乳糖等，常用润滑剂有硬脂酸、硬脂酸镁、滑石粉、微粉硅胶等；疏水性药物应加惰性亲水性辅料，改善其分散性与润湿性，也可将药物制成包合物、固体分散体、微囊或微球等。

有时为了延缓或控制的药物释放速度，可将药物制成小片或小丸后再填充。常将普通小丸、速释小丸、缓释小丸、控释小丸或肠溶小丸单独填充或混合填充，必要时加入适量空白小丸作填充剂。

（三）胶囊的填充

1. 空胶囊的选择

应根据药物的填充量来选择空胶囊的规格，一般按药物的规定剂量所占的容积来选用最小的空胶囊。可凭经验试装后决定，但常用方法是先测定其堆密度，再根据应装剂量计算该物料的容积。

2. 填充方法

分为手工填充和机械填充。手工填充常用于小量制备，仅用于药粉；机械填充用于大量生产，常用胶囊自动填充机，此时要求粉末有良好的流动性或将粉末制成颗粒或微丸。

3. 填充设备

胶囊填充机型号很多，具体应根据物料的性质而定。填充方式有四种类型，如图10-1所示，（a）型是由螺旋钻压进物料；（b）型是用柱塞上下往复压进物料；（c）型是自由流入物料；（d）型是在填充管内先将药物压成单位量粉块，再填充于胶囊中。（a）、（b）型对物

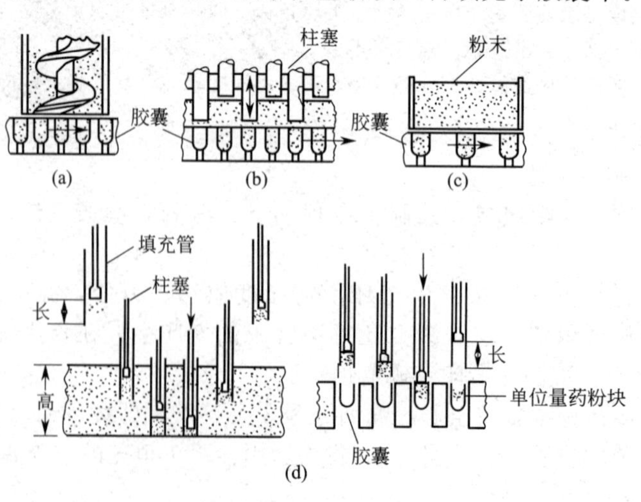

图10-1　硬胶囊剂填充机的类型

料要求不高，只要物料不易分层即可；(c) 型适用于自由流动的物料；(d) 型适用于流动性差的但混合均匀的物料，如聚集性强的针状结晶或易吸湿的药物。

4. 胶囊填充操作

胶囊填充岗位职责

① 进岗前按规定着装，进岗后做好厂房、设备清洁卫生，并做好操作前的一切准备工作。

② 根据生产指令按规定程序领取物料及胶囊壳。

③ 严格按工艺规程和胶囊填充标准操作程序进行胶囊填充。

④ 按规定时间严格检查胶囊装量差异及锁囊情况，确保产品质量。

⑤ 胶囊填充完毕按规定进行抛光、打蜡，并检查外观质量，挑出不合格品。

⑥ 生产完毕，按规定办理物料移交，余料按规定退中间站。

⑦ 按要求认真填写各项记录。

⑧ 工作期间严禁脱岗、串岗，不做与岗位工作无关之事。

⑨ 工作结束或更换品种时，严格按本岗位清场 SOP 清场，经质监员检查合格后，挂标示牌。

⑩ 经常检查设备运转情况，注意设备保养，操作时发现故障应及时上报。

填充的操作过程

对于胶囊填充岗位，在填充前应按生产指令认真复核需填充物料的品名、规格、批号、数量、检查所选用的模具是否符合生产要求。胶囊填充岗位基本操作如下。

(1) 生产前准备

① 关紫外线灯（车间工艺员生产前一天下班时开紫外线灯）。

② 检查工房、设备的清洁状况，检查清场合格证，核对其有效期，取下标示牌，按生产部门标识管理规定定置管理。

③ 配制班长按生产指令填写工作状态，挂生产标示牌于指定位置。

④ 按工艺要求安装好模具，用 75%乙醇对胶囊填充机的加料斗、上下模板、设备内外表面、所用容器具进行清洁、消毒，并擦干。

⑤ 将胶囊填充机各零附件逐个装好，检查机上不得遗留工具和零件，检查正常无误，方可开机，运转部位适量加油。

⑥ 调整电子天平零点，检查其灵敏度。

⑦ 由中间站领取需填充的中间产品及空胶囊，按产品递交单逐桶核对填充物品名、规格、批号和重量等，检查空胶囊型号及外观质量等，确认无误后，按程序办理交接。

(2) 胶囊填充　严格按产品工艺规程和半自动胶囊填充机标准操作规程进行操作。正式填充前需进行机器的调试，试填充合格后方可进入正式填充。填充过程如下。

① 装空胶囊：从内包材贮料区取出装有空胶囊的包装箱，检查包装箱是否贴好标签，标明产品名称、批号、数量。在机房内打开包装箱，用清洁的专用塑料铲将空胶囊加入胶囊料斗中。使用电动，使空胶囊充满下料管，并进入模块中，运行几圈，检查胶囊的开启和闭合动作是否良好。

② 试填充：从贮料区领取装有充填物的周转桶，检查周转桶是否贴好标签，标明产品的名成功、批号、重量、桶数、打开物料桶，用清洁的专用勺子将颗粒或细粉加入到料斗中。设定机器的转速，开动机器转动 1～2 圈，按生产指令的要求，调整胶囊的装量，取大约 50 粒样品送到中间控制室，由质检员或工段长进行装量测试，认可后方可开机。若生产指令上指明填充速度，则要调整转速至规定的范围。

③ 开始生产：检查接收胶囊的容器是否贴有标签，并已标明有关产品的名称、批号。按颗粒桶顺序号的先后取料，料桶运入填充室之前先检查产品品名、批号及封签号。随时注意料斗内的物料量，及时补充物料，并定期检查机器的运转情况。QA人员应随时检查胶囊的外观质量、胶囊重量差异等，使符合要求。每20min应检查一次囊重，每小时检查一次装量差异。

④ 生产结束：生产完毕，将抛光好的胶囊装入内衬塑料袋的洁净周转桶中，扎好内袋，称重记录，桶内外各附在产物标签一张，盖好桶盖，按中间站产品交接标准操作程序办理产品移交。中间站管理员填写请检单，送质监科请检。

⑤ 记录、清场：填写生产记录，取下生产状态标示牌，挂清场牌，按清场标准操作程序，胶囊填充机清洁标准操作程序进行清场、清洁，清场完毕，填写清场记录，报质监员检查，合格后，发清场合格证，挂已清场牌。

5. 封口

填充后的胶囊，为防止物料泄漏，应将囊帽和囊体套合并封口。使用普通胶囊时需封口，封口材料常用不同浓度的明胶液，如明胶20%、水40%、乙醇40%的混合液等。目前多使用锁口胶囊，封闭性良好，不必封口。

知识链接：全自动胶囊填充机的工作过程

胶囊填充机填充胶囊的工作周期如下。①胶囊的供给、整理与分离：由进料斗送入的胶囊，在定向整理排列后被送进套筒内，在此处利用真空把囊帽和囊体分开；②在囊体中填充药料：装有囊体的套筒向外移动，接受药粉、小丸、片剂的填充；③胶囊的筛选：损坏或不能分离的胶囊，在筛选工位被排除，由一个特制的推杆把它们送回收容器中；④帽体重新套合：装有囊体的套筒向内移动，与囊体对准，顶杆顶住囊体上移，使帽体闭合并紧扣；⑤胶囊成品排出机外：相应的推杆把套合好的胶囊顶出，经滑槽送至成品桶；⑥套桶的清洁：用压缩空气喷头，吹出胶囊帽套筒和囊体套筒里残余的药粉，这些药粉由吸气管收集。

（四）举例

【例10-1】 糖蛋白胶囊

处方：			
糖蛋白Ⅱa/Ⅱb	0.23g	无水乳糖	53.77g
交联聚维酮	2.70g	聚维酮	1.20g
柠檬酸钠	1.50g	硬脂酸镁	0.60g
纯化水	适量	共制成	1000粒

制法：采用等量递加法将糖蛋白和少量的无水乳糖于研钵中混合均匀，取剩余无水乳糖，加入2/3量的交联聚维酮和已混合均匀的糖蛋白，高速搅拌，混合，再加入聚维酮和柠檬酸钠的水溶液（用1mol/L的盐酸调节pH至4）制软材，过14目筛，真空干燥至含水量0.7%，加入剩余的交联聚维酮和硬脂酸镁后混合均匀，装于3号胶囊中即得。

【例10-2】 乙酰半胱氨酸胶囊

处方：			
乙酰半胱氨酸	200g	聚维酮K30乙醇溶液	适量
预胶化淀粉	30g	共制成	1000粒
微粉硅胶	2g		

制法：取乙酰半胱氨酸原料药，研细，过四号筛，与预胶化淀粉混合均匀，喷加聚维酮K30乙醇溶液制成软材，过二号筛制粒、干燥，过三号筛整粒。取微粉硅胶，过四号筛，加至上述颗粒中，混合均匀。填充胶囊，包装，检验。

三、软胶囊的制备

软胶囊剂俗称胶丸，是指将一定量的液体药物直接包封，或将固体药物溶解或分散在适宜的赋形剂中制备成溶液、混悬液、乳浊液或半固体，密封于软质胶囊中的胶囊剂，外形呈圆球形或椭圆形，其空胶囊柔软、有弹性，故又称弹性胶囊剂。

(一) 胶皮和囊心物的组成

软胶囊的胶皮通常由明胶、甘油、水［1∶(0.4～0.6)∶1］组成。也可根据需要加入其他的辅料，如防腐剂、香料、遮光剂、色素等。

软胶囊剂的囊心物通常为液体，如各种油类或油溶液；不溶解明胶的液体药物（pH 2.5～7.0），油混悬液或非油性液体介质（PEG400 等）混悬液（小于 100μm）；也可以是固体药物（过五号筛）。但填充乳剂时会使乳剂失水破坏；含水量超过 5%的溶液或水溶性、挥发性、小分子有机物（乙醇、酸、胺、酯等），均能使囊材软化或溶解；醛类可使明胶变性等，这些均不宜制成软胶囊。

(二) 软胶囊的制备技术

要制备出合格的软胶囊，首先必须对软胶囊的处方工艺、生产设备、制备方法和生产条件全面了解，通过处方筛选、设备和工艺验证以及生产环境的验证确定一个完整的生产工艺流程。常用的制备方法有滴制法和压制法。滴制法制备的软胶囊呈球形且无缝；压制法制备的软胶囊有压缝，可根据模具的形状来确定软胶囊的外形，常见的有橄榄形、椭圆形、球形、鱼形等。软胶囊的生产工艺流程如图 10-2 所示。

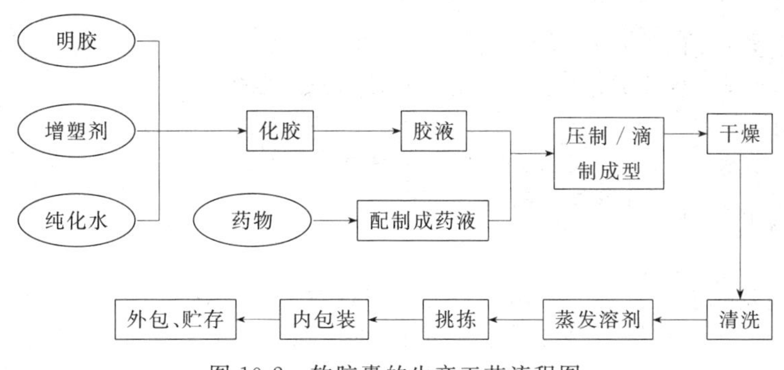

图 10-2　软胶囊的生产工艺流程图

1. 滴制法

由具双层滴头的滴丸机（图 10-3）完成。将胶液和囊心物溶液分别在双层滴头的外层和内层以不同的速度从双层滴头流出，使定量的胶液将定量的囊心物溶液包裹后，滴入与胶液不相混溶的冷却液中，由于表面张力作用使之收缩成球形，并冷凝而成软胶囊。

滴制法制备软胶囊剂的生产工艺流程如下。

① 胶液的制备　取明胶量 1.2 倍量的水及胶水总量 25%～30%的甘油，加热至 70～80℃，混匀，加入明胶搅拌，熔融，保温，滤过待用。

② 囊心物溶液制备　按原料不同采用不同方法提炼制油，或将药物溶于或混悬于油或非油性液体介质（PEG400）中。

③ 制丸　将胶液和囊心物溶液经滴丸机制丸。

④ 整丸与干燥　将制得的胶丸先用纱布拭去附着的冷却液，在室温（20～30℃）冷风干燥，再经石油醚洗涤 2 次，95%乙醇洗涤一次后于 30～35℃烘干，直至水分达到 12%～15%为止。

⑤ 检查与包装　检查剔除废品后包装。

软胶囊（胶丸）滴制法示意图见图 10-4。

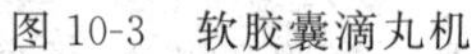

图 10-3　软胶囊滴丸机

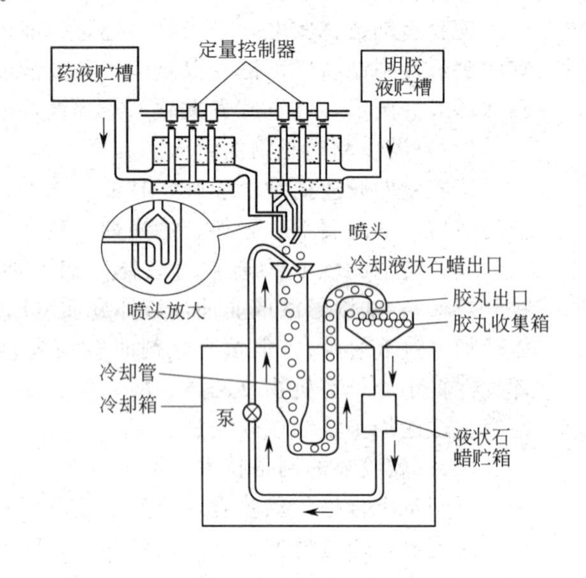

图 10-4　软胶囊（胶丸）滴制法示意图

知识链接：影响软胶囊质量的因素

① 胶皮的处方比例　以明胶：甘油：水＝1：(0.4～0.6)：1 为宜，否则胶丸壁过软或过硬。

② 药液、胶液、冷却液三者的密度　以既能保证胶囊在冷却液中有一定的沉降速率，又有足够时间使之成型为宜。

③ 温度　胶液与囊心物溶液应保持 60℃，喷头处应为 75～80℃，冷却液应为 13～17℃，软胶囊干燥温度应为 20～30℃，并加以通风条件。

2. 压制法

压制法是将明胶、甘油、水溶解后制成厚薄均匀、半透明的胶片，再将囊心物溶液置于两块胶片之间，用钢板模（图 10-5）或旋转模（图 10-6）压制而成软胶囊的方法。目前生产上常用旋转模压法，生产设备为自动旋转轧囊机，其生产过程示意图见图 10-7。

图 10-5　软胶囊平模压丸机

图 10-6　滚模式软胶囊机

此法特点是可连续化自动生产，产量高，成品率高，成品重量差异小。

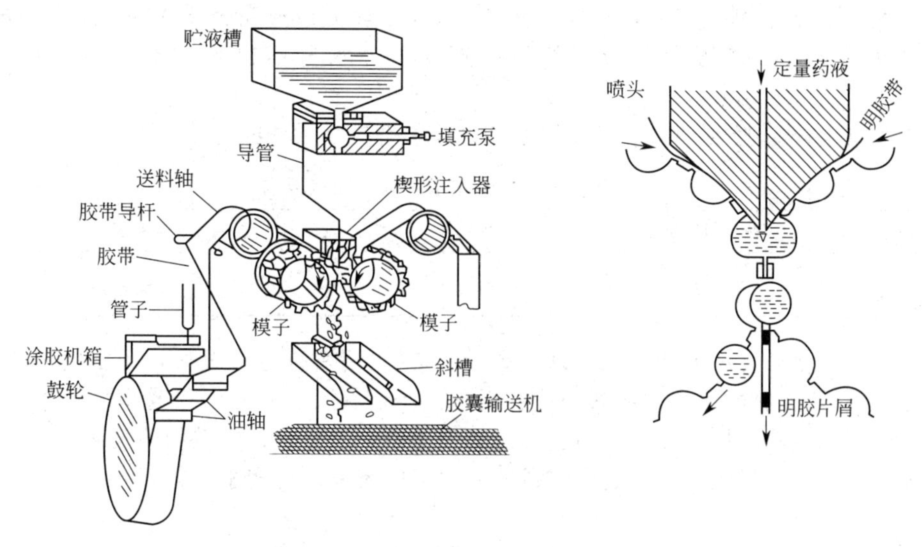

图 10-7　自动旋转轧囊机旋转模压示意图

模压法制备软胶囊剂的生产工艺流程如下。

① 配制囊材胶液　根据囊材配方，将明胶放入蒸馏水中浸泡使其膨胀，待明胶溶化后把其他物料一并加入，搅拌混合均匀。

② 制胶片　取出配制好的囊材胶液，涂在平板表面上，使厚薄均匀，然后用 90℃左右的温度加热，使部分水分蒸发，成为有一定韧性、有一定弹性的软胶片。

③ 压制软胶囊　小批量生产时，用压丸模手工压制；大批量生产时，采用自动旋转轧囊机进行生产。

④ 整丸与干燥。用石油醚洗去胶丸外油质后，在 20～30℃、相对湿度 40%条件下干燥。

⑤ 检查与包装　同滴制法。

（三）举例

【例 10-3】　维生素 AD 胶囊

处方：				
	维生素 A	3000U	甘油	55～66 份
	维生素 D	300U	水	120 份
	明胶	100 份	鱼肝油或精制食用植物油	适量

制法：①取维生素 A 与维生素 D，加鱼肝油或精制食用植物油（在 0℃左右脱去固体脂肪）溶解，并调整浓度至每丸含维生素 A 为标示量的 90.0%～120.0%，含维生素 D 为标示量的 85.0%以上，作为药液。②取甘油及水加热至 70～80℃，加入明胶搅拌溶化，保温 1～2h，等泡沫上浮，除去、滤过，维持温度。③用滴制法制备，以液体石蜡为冷却剂。④收集冷凝胶丸，用纱布拭去黏附的冷凝剂，室温下冷风吹 4h 后，于 25～35℃下烘 4h，再经石油醚洗两次（每次 3～5min）除去胶丸外层液体石蜡，用 95%乙醇洗一次，最后经30～35℃烘约 2h，筛选，检查质量，包装，即得。

注解：①本品主要用于防治夜色盲、角膜软化、眼干燥、表皮角化等以及佝偻病的软骨病。②用药典规定的维生素 A、维生素 D 混合药液，取代了传统的从鲨鱼肝中提取的鱼肝油，从而使维生素 A、维生素 D 含量易控制。

四、胶囊剂的质量检查与包装、贮存

（一）质量检查

① 外观：胶囊剂应整洁，不得有黏结、变形、渗漏或囊壳破裂现象，并应无异臭。

硬胶囊剂的内容物应干燥（除另有规定外，水分不得超过 9.0%）、松散、混合均匀。

② 装量差异：胶囊剂的装量差异限度，应符合表 10-1 规定。

表 10-1　胶囊剂装量差异限度要求

平均装量	装量差异限度
0.30g 以下	±10%
0.30g 及 0.30g 以上	±7.5%

检查法：除另有规定外，取供试品 20 粒，分别精密称定重量后，倾出内容物（不得损失囊壳）；硬胶囊囊壳用小刷或其他适宜用具拭净，软胶囊用乙醚等易挥发性溶剂洗净，置通风处使溶剂自然挥尽；再分别精密称定囊壳重量，求出每粒内容物的装量与平均装量。每粒的装量与平均装量相比较，超出装量差异限度的胶囊不得多于 2 粒，并不得有 1 粒超出限度 1 倍。

规定检查含量均匀度的胶囊剂可不进行装量差异检查。

③ 崩解时限

a. 硬胶囊剂或软胶囊剂：除另有规定外，取供试品 6 粒，按片剂的装置与方法检查（如胶囊漂浮于液面，可加挡板）。硬胶囊应在 30min 内全部崩解，软胶囊应在 1h 内全部崩解。软胶囊可改在人工胃液中进行检查。如有 1 粒不能完全崩解，应另取 6 粒，按上述方法复试，均应符合规定。

b. 肠溶胶囊剂：取供试品 6 粒，先在盐酸溶液（9→1000）中检查 2h，每粒的囊壳均不得有裂缝或崩解现象；继将吊篮取出，用少量水洗涤后，每管各加入挡板，再按上述方法，改在人工肠液中进行检查，1h 内应全部崩解。如有 1 粒不能完全崩解，应另取 6 粒，均应符合规定。

凡规定检查溶出度或释放度的胶囊剂，不再进行崩解时限的检查。

④ 溶出度、释放度、含量均匀度、微生物限度等均应符合规定要求。

内容物包衣的胶囊剂应检查残留溶剂。

（二）包装与贮藏

胶囊剂易受温度与湿度的影响，包装宜用密封玻璃容器或铝塑包装，最佳贮存条件为 25℃，相对湿度不大于 45%。相对湿度过高环境下，包装不良的胶囊剂易吸湿、变软、粘连，并易滋长微生物。过分干燥的贮存环境可使胶囊水分失去而脆裂，在高温、高湿条件下贮存的胶囊其崩解时限会延长，药物溶出和吸收受影响。

拓展知识

肠溶胶囊剂

凡是药物具有刺激性或嗅味，或遇酸不稳定及需要在肠内溶解而发挥药效的，均可制成在胃内不溶而在肠道内崩解、溶化的肠溶胶囊。

（一）囊壳的肠溶处理

囊壳的肠溶处理主要有以下几种方法。

1. 甲醛浸渍法

即利用明胶与甲醛发生胺缩醛反应，生成甲醛明胶。经处理后的甲醛明胶已无氨基，失去与酸结合的能力，故不溶于胃酸，但由于仍有羧基，能在肠液的碱性介质中溶解并释放出药物。此种肠溶胶囊的肠溶性与甲醛的浓度、甲醛与胶囊接触的时间、成品贮存的时间等因素有关。贮存较久可发生聚合作用而改变溶解性能，甚至在肠液中也不崩解、溶化，因此这类产品应经常做崩解时限的检查。因此法制备的肠溶胶囊剂肠溶性不稳定，现已不用。

2. 以肠溶材料制成空心胶囊

国内已有将褐藻胶作为肠溶材料制成的肠溶软胶囊，具有较好的肠溶性能。褐藻胶肠溶胶丸的制备，是将褐藻酸钠与碱土金属离子作用，在一定的条件下转变成褐藻酸碱土金属盐 $M(Alg)_2$。其反应式如下：$2NaAlg + M^{+} \longrightarrow M(Alg)_2 + 2Na^{+}$。褐藻酸碱土金属盐不溶于水，也不会受消化酶的影响，所以口服后不会被唾液和胃酸所溶解。当胶丸进入小肠后，在肠液（肠液中含有 OH^{-} 和 CO_3^{2-}）的作用下，转变为可溶性的褐藻酸盐，胶丸溶解，药物释放出来。

3. 用肠溶材料作外层包衣

即先制成普通胶囊剂，再在胶壳表面涂上肠溶材料，如邻苯二甲酸醋酸纤维素(CAP)、丙烯酸树脂Ⅱ号等。

【例 10-4】 在胃溶胶囊外面包肠溶衣

材料：丙烯酸Ⅱ号树脂，吐温 80，苯二甲酸二乙酯，药用乙醇、蓖麻油。

设备：GBJ-150 型高效包衣机

操作：包衣液的配制，于适宜容器中，按处方投料，一次加入 85%乙醇、吐温 80、苯二甲酸二乙酯及蓖麻油，充分搅拌均匀，加入丙烯酸Ⅱ号树脂，搅匀，使树脂全部湿润，放置 24h，待完全溶解后变成稀稠透明的乙醇树脂液。用时过滤去除杂质。

选择机制 1 号（胃溶空胶囊），使用胶囊填充剂装入药料后，密封，将此胶囊适量置高效包衣锅中，旋转（3～5r/min）吹入 45～50℃的热风约 20min，待胶囊升温至 40℃以上时，经高压无气泵喷入雾状丙烯酸Ⅱ号树脂乙醇液，并调节树脂喷入量至无胶囊黏结为度，升高转速（5～6r/min），喷完定量树脂乙醇液，吹入热风 20min，使胶囊表面干透，关闭喷雾阀门，改为吹常温冷风，至胶囊冷却至室温即可。经崩解时限等检查，应符合《中华人民共和国药典》附录肠溶片项下规定。

本法与片剂薄膜包衣基本相同，但因硬胶囊粗细不一，囊帽直径大于囊体，在工艺上不宜掌握，且胶囊表面光亮较喷涂前稍差，有待于进一步改进。

（二）囊心物的肠溶处理处理

将药物制成适宜的颗粒或小丸，包上肠溶衣，再填充于普通空胶囊。包衣通常可采用喷雾流化床颗粒包衣。流化床制粒已在制粒技术中进行介绍，通常采取的是顶喷的方式，而流化床底喷工艺，被广泛应用于微丸、颗粒，甚至粒径小于 50μm 粉末的包衣。

底喷装置的物料槽中央有一个隔圈，底部有一块开有很多圆形小孔的空气分配盘，由于隔圈内/外对应部分的底盘开孔率不同，因此形成隔圈内/外的不同进风气流强度，使颗粒形成在隔圈内外有规则地循环运动。喷枪安装在隔圈内部，喷液方向与物料的运动方向相同，因此隔圈内是主要包衣区域，隔圈外则是主要干燥区域。颗粒每隔几秒钟通过一次包衣区域，完成一次包衣-干燥循环。所有颗粒经过包衣区域的概率相似，因此形成的衣膜均匀致密。此法肠溶性好，重现性好，操作简便，目前应用较普遍。

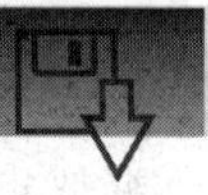

实践项目

维生素E软胶囊的制备

【实践目的】熟悉压制法制备软胶囊的工艺流程。

【实践内容】

[处方]

维生素E	50g	制成1000粒
大豆油	100g	

本品每粒含合成型或天然型维生素E($C_{31}H_{52}O_3$)应为标示量的90.0%～110.0%。

[工艺流程图]

工艺流程图见图10-8。

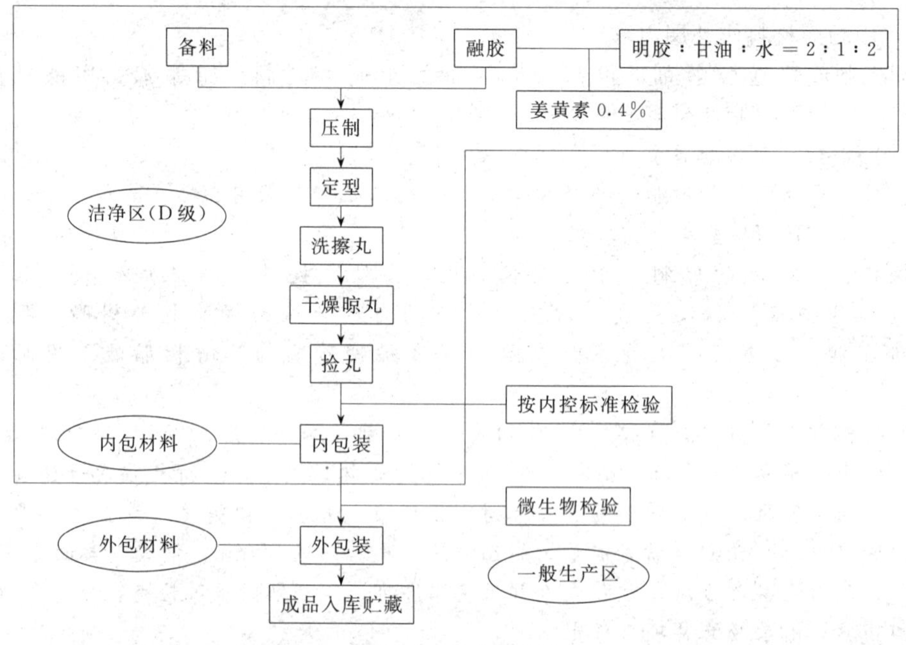

图10-8 工艺流程图

[操作过程及条件]

(1) 配料 称量处方量的维生素E溶于等量的大豆油中，搅拌使其充分混匀，加入剩余的处方量的大豆油混合均匀，通过胶体磨研磨三次，真空脱气泡；在真空度－0.10MPa以下和温度90～100℃进行2h脱气。

配料间保持室温18～25℃，相对湿度50%以下。

(2) 融胶 按明胶∶甘油∶水＝2∶1∶2的量称取明胶、甘油、水，以及是甘油、明胶、水总量的0.4%的姜黄素；明胶先用约80%水浸泡使其充分溶胀后，将剩余水与甘油混合，置煮胶锅中加热至70℃，加入明胶液，搅拌使之完全熔融均匀(1～1.5h)，加入姜黄色素，搅拌使混合均匀，放冷，保温60℃静置，除去上浮的泡沫，滤过，测定胶液黏度，试验方法依据《中华人民共和国药典》2010年版二部附录Ⅵ G，使胶液黏度约为40mPa·s。

(3) 制片压丸 将上述胶液放入保温箱内，温度保持在80～90℃机压制胶片；将制成合格的胶片及内容物药液通过自动旋转制囊机压制成软胶囊。自动旋转制囊机生产过程中，控制压丸温度 35～40℃，滚模转速 3r/min 左右；控制室内温度在 20～25℃，空气相对湿度 40%以下。

（4）定型及整形　将压制成的软胶囊在网机内 20℃下吹风定型，待定型 4h 后，整形。

（5）洗擦丸　用乙醇在洗擦丸机中洗去胶囊表面油层，吹干洗液。

（6）干燥晾丸　将已经乙醇洗涤后的软胶囊于网机内吹干约 6h。

复习思考题

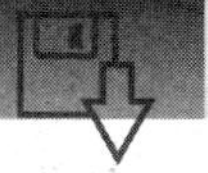

1. 胶囊剂有何特点，哪些药物不适合做成胶囊剂？
2. 简述胶囊剂的制备过程。
3. 简述常用的胶囊填充方法。
4. 简述压制法制备软胶囊的过程。
5. 肠溶胶囊的制备方法有哪些？

项目十一　片剂的生产技术

[知识点]

掌握片剂的概念、特点、种类、质量要求

熟悉片剂的处方组成

掌握片剂的制备方法，熟悉片剂生产中质量问题

熟悉片剂包衣的目的、种类、衣料、包衣方法、质量问题

[能力目标]

能生产出不同类型的片剂，并进行质检

必备知识

一、概述

片剂（tablets）是指药物与适宜的辅料混合均匀，通过制剂技术压制而成的圆片状或异形片状的固体制剂。

片剂是在丸剂基础上发展的，已有悠久的历史，在10世纪后叶的阿拉伯人手抄本中就有模印片的记载。1872年有了压片机，并出现了压制片。20世纪50年代初，Higuchi等人研究并科学地阐明了片剂制备过程中的规律和机制。20世纪60年代创立的生物药剂学，对片剂及其他固体制剂提出了更科学的标准，保证了片剂应用的安全性与有效性。同时片剂的生产技术、机械设备也有很大发展，片剂现已成为临床上应用最为广泛的剂型之一。

（一）特点

① 片剂给药途径广泛，能适应医疗预防的多种要求。

② 剂量准确，只要处方设计、工艺合理，片剂的药物含量差异较小。

③ 片剂为固体制剂，经过压制，片面孔隙小，受外界空气、光线、水分等因素影响小，质量稳定。

④ 机械化程度高，产量大，成本低。

⑤ 运输、携带、贮存、使用方便。

⑥ 片面上可压出药物的名称或使具有不同颜色，便于识别。

⑦ 片剂中加辅料较多，并经压制成型，生物利用度较低。

⑧ 婴幼儿、昏迷病人不易服用。

⑨ 挥发性药物的片剂贮存较久时含量可能下降。

⑩ 缓释、控释片剂不能分开服用，剂量不易控制。

（二）分类

按制备特点结合给药途径，片剂可分为以下几类。

1. 口服片

口服片是指通过口腔吞咽，经胃肠道吸收而发挥全身作用或在胃肠道发挥局部作用的片剂。

（1）普通压制片　药物与辅料直接混合，经制粒或不经制粒再用压片机压制而成的片剂。一般未包衣的片剂多属此类，应用广泛。

(2) 包衣片　包衣片是指在片芯（压制片）外包衣膜的片剂，具有保护、美观或控制药物释放等作用。根据包衣物料不同，包衣片又可分为糖衣片、薄膜衣片、肠溶衣片等。

(3) 多层片　多层片是指由两层或多层组成的片剂。分为上、下两层或内外两层。各层可含不同的药物，也可含相同的药物不同的辅料。

多层片可以避免复方制剂中不同药物之间的配伍变化或使片剂兼有长效、速效作用。

(4) 咀嚼片　咀嚼片是指于口腔中咀嚼或吮服使片剂溶化后吞服，在胃肠道中发挥作用或经胃肠道吸收发挥全身作用的片剂。特别适合于小儿或吞咽困难者应用。多用于治疗胃部疾病和补钙制剂。咀嚼片要求口感、外观均应良好，按需要可加入矫味剂、芳香剂和着色剂，但不需加入崩解剂，硬度宜小于普通片。

(5) 泡腾片　泡腾片是指含有泡腾崩解剂（碳酸氢钠和有机酸）的片剂，遇水可产生气体而呈泡腾状的片剂。

泡腾片可供口服或外用，多用于可溶性药物。

(6) 分散片　分散片是指在水中能迅速崩解并均匀分散的片剂。

分散片可加水分散后口服，也可将分散片含于口中吮服或吞服。特点是吸收快、生物利用度高。应用于难溶性药物。分散片分散后得到均匀的混悬液，制备时可按需要可加入矫味剂、芳香剂和着色剂。分散片按崩解时限检查法检查，应在3min内全部崩解分散。

(7) 缓释片　缓释片是指在水中或规定的释放介质中缓慢地非恒速释放药物的片剂。如复合维生素C缓释片。缓释片能使药物缓慢释放、吸收而延长药效。

(8) 控释片

控释片是指在水中或规定的释放介质中缓慢地恒速或接近恒速释放药物的片剂。控释片能控制药物从片剂中的释放速率并延长药效。

2. 口腔片

(1) 含片　含片是指含于口腔中，药物缓慢溶解产生持久局部作用的片剂。含片要求药物是易溶性的，片重、直径和硬度均大于普通片。按需要，含片可加入矫味剂、芳香剂和着色剂。

(2) 舌下片　舌下片是指置于舌下能迅速溶化，药物经舌下黏膜吸收发挥全身作用的片剂。舌下片的特点是药物不经胃肠道吸收，直接经黏膜快速吸收而呈速效，并可避免肝脏的首过作用。舌下片要求药物和辅料应是易溶性的。

(3) 口腔贴片　口腔贴片是指粘贴于口腔，经黏膜吸收后起局部或全身作用的速释或缓释片剂。按需要可加入矫味剂、芳香剂和着色剂。口腔贴片应进行释放度检查。

3. 外用片

(1) 阴道片　阴道片是指供置于阴道内产生局部作用的片剂。起杀菌、消炎、杀精子及收敛等局部作用。常制成泡腾片应用。

(2) 溶液片　溶液片又称调剂用片，是指临用前加水溶解形成一定浓度溶液的非包衣片或薄膜包衣片剂。可溶片所用药物与辅料均应可溶性的。可供外用、含漱、口服等。

(3) 植入片　植入片是指为灭菌的、用特殊注射器或手术埋植于皮下产生持久药效的片剂。适用于剂量小并需长期应用的药物，如激素类避孕药。制备时，一般由纯净的药物结晶，在无菌条件下压制成或对制成片剂进行灭菌而得。

近年来还有具有速效作用特点的口服速崩片、速溶片，药物经微囊化处理的微囊片等新型片剂。

(三) 质量要求

片剂应符合下列要求。

① 含量准确，重量差异小。

② 外观完整光洁，色泽均匀。

③ 有适宜的硬度和耐磨性，对于非包衣片，应符合片剂脆碎度检查法的要求，防止包装贮运过程中发生磨损或碎片。

④ 崩解时限、溶出度、释放度等应符合规定。

⑤ 小剂量药物片剂应符合含量均匀度检查要求。

⑥ 微生物限度应符合要求。

⑦ 必要时，薄膜衣片应检查残留溶剂，并符合要求。

⑧ 分散片应检查分散均匀性，并符合要求。

（四）片剂的处方组成

片剂是由药物和辅料两部分组成，片剂的辅料亦称赋形剂，是指片剂中除药物外的一切物质。片剂中的辅料根据其作用不同主要有填充剂、润湿剂或黏合剂、崩解剂、润滑剂、矫味矫嗅剂、着色剂等。辅料的选用应从主药的性质、用药目的及应用的经济性等多方面综合考虑（详见项目二）。

二、片剂的制备

（一）概述

物料压片通常需要三个基本条件，即流动性、可压性和润滑性。流动性指的是在压片过程中，物料能顺利流入模孔，保证片剂片重一致。可压性是指物料在受压过程中可塑性的大小，可塑性大即可压性好，亦即易于成型，在适度的压力下，即可压成硬度符合要求的片剂；润滑性是保证在压片过程中片剂不黏冲，使制得片剂完整、光洁。片剂应按物料的性能不同选用不同的制法。

片剂的制法有直接压片法和制粒压片法两大类，其中前者根据物料特性不同又分为结晶直接压片法和粉末直接压片法；后者根据制粒方法不同分为湿法制粒压片法和干法制粒压片法。生产中以湿法制粒压片法最常用。

（二）湿法制粒压片流程

1. 制粒的目的

① 改善物料流动性，减少片重差异。

② 改善物料的可压性，便于成型，减少裂片现象。

③ 对小剂量药物，通过制粒易于达到含量准确、分散良好、色泽均匀。

④ 防止由于粒度、密度的差异而引起的分离现象；避免粉尘飞扬和细粉黏冲现象。

2. 湿法制粒压片工艺流程

（1）原辅料处理　包括粉碎、过筛和混合。供压片的原辅料细度要求一般为80～100目，贵重及有色药物则宜更细些，以便于混合均匀，含量准确；对难溶性药物，必要时经微粉化处理（$<5\mu m$）。处方中各组分量差异大时或药物含量小的片剂，适宜等量递增法使药物分散均匀；挥发性或对光、热不稳定的药物应避光、避热，以避免药物损失或失效。湿法制粒压片工艺流程见图11-1。

（2）制粒　湿法制粒方法有挤出制粒、流化制粒、喷雾制粒和高速搅拌制粒等（详见项目三中的制粒技术）。

（3）干燥　除了流化或喷雾制粒制得的为干颗粒外，其他方法制得的颗粒必须再用适宜方法加以干燥，以除去水分，防止结块或受压变形。干燥温度应视药物性质而定，一般为50～60℃，一些对热稳定的药物可适当放宽到70～80℃，甚至提高到80～100℃。干燥程度应根据具体品种而不同，一般含水量3%左右。

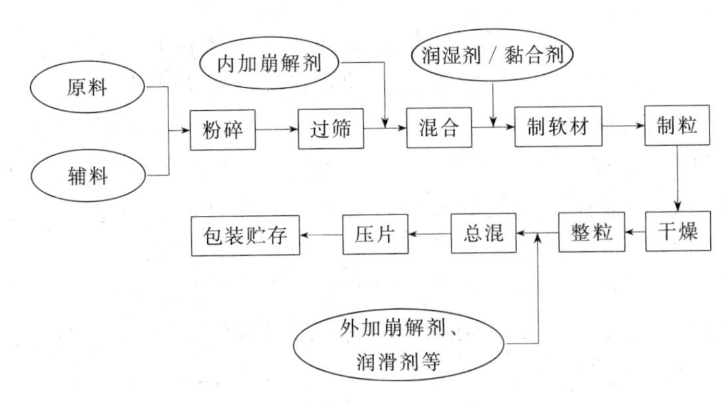

图 11-1　湿法制粒压片工艺流程

知识链接：湿颗粒干燥的影响因素

湿颗粒干燥的影响因素主要有：湿粒层的厚度，一般不宜超过 2cm。升温速度应逐渐提高，以免湿粒中淀粉或糖类等物质糊化或融化，或干燥过快导致颗粒表面形成硬膜，造成外干内湿现象。翻动的时间，一般宜在颗粒基本干燥时进行，否则会破坏颗粒结构，过迟则易结块。

常用的干燥方法详见项目三中的干燥技术。

干颗粒的质量要求：①良好的流动性和可压性；②药物含量符合规定；③细粉含量控制在 20%～40%；④含水量控制在 1%～3%；⑤硬度适中。

（4）整粒与总混　由于湿颗粒干燥过程中受挤压和黏结等因素影响，可使部分颗粒结块（流化干燥则可能产生细粉），所以在压片前必须过筛（摇摆式颗粒机）整粒，使颗粒大小一致，以利压片。由于干燥后体积缩小，故整粒用的筛网孔径比制粒时用的筛小些，选用时应根据颗粒特性灵活掌握，如颗粒较松时宜用较粗筛网，反之，则用较细筛网。整粒用筛网一般为 12～20 目。

整粒后的颗粒加入外加崩解剂、润滑剂、不耐热的药物及挥发油等置混合筒内进行“总混”，挥发油可先溶于乙醇中用喷雾法加入，混匀后密闭数小时，以利充分渗入颗粒中，或先用整粒出的细粉吸收，再与干粒混匀。近年来有将挥发油微囊化后或制成 β-环糊精包合物加入，不仅可将挥发油包合成粉，便于制粒压片，也可减少挥发油在贮存中的挥散损失。

（5）压片　压片前需经片重计算，然后选择适宜冲模安装于压片机中进行压片。片重、筛目和冲头直径的关系见表 11-1。

表 11-1　片重、筛目和冲头直径的关系

片重/mg	筛目数		冲头直径/mm
	湿粒	干粒	
50	18	16～20	5～5.5
100	16	14～20	6～6.5
150	16	14～20	7～8
200	14	12～16	8～8.5
300	12	10～16	9～10.5
500	10	10～12	12

① 片重的计算　经一系列处理的颗粒，原辅料有一定损失，故压片时应对其中的主要药物进行含量测定，再计算片重。

每片颗粒重＝每片药物含量/测得颗粒中药物百分含量

$$片重=每片颗粒重+压片前加入的辅料重$$

大生产时，由于投料时已计入损耗量，片重可用下式计算：

$$片重=(干颗粒重+压片前加入的辅料重)/应压片数$$

② 压片机和压片过程　压片机类型甚多，按其工作原理不同可分为单冲撞击式压片机和多冲旋转式压片机，根据不同的要求尚有二次或三次压片机、多层压片机、压缩包衣机和半自动压片机（可根据压力变化，自动剔除片重不合格的片剂）。

a. 单冲撞击式压片机　本机外形结构如图 11-2。主要由转动轮、冲模冲头及其调节装置、饲料器三个部分组成。转动轮是压片机的动力部分，可以手动也可以电动；冲头冲模指的是上冲、下冲和模圈，是直接实施压片的部分，并决定片剂的大小、形状和硬度；调节装置调节的是上下冲的位移幅度，其中压力调节器负责调节上冲下降到模孔的深度，深度越大，压力越大；片重调节器调节下冲下降的位置，位置越低，模孔容纳的颗粒越多，片重越大；出片调节器调节下冲抬起的高度，使之恰好与模圈的上缘齐平，从而把压成的片剂顺利地顶出模孔。

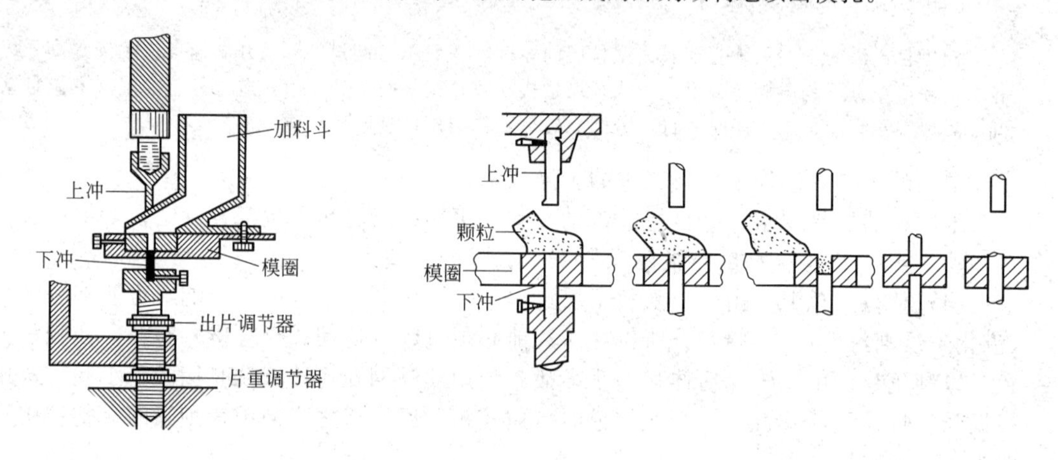

图 11-2　单冲撞击式压片机主要构造示意图　　　图 11-3　单冲撞击式压片机压片过程

单冲撞击压片机的特点是：生产能力较小，80～100 片/min，多用于新产品的试制；单侧加压，受力不均匀；饲料不合理（来回移动），片重差异大；噪声大。

单冲撞击式压片机压片过程（图 11-3）：上冲抬起来，饲粉器移动到模孔之上；上冲下降到适宜的深度（根据片重调节，使容纳的颗粒重恰等于片重），饲粉器在模上面摆动，颗粒填满模孔；饲粉器由模孔上移开，使模孔中的颗粒与模孔的上缘相平；上冲下降并将颗粒压缩成片；上冲抬起，下冲随之上升到模孔缘相平时，饲粉器再移到模孔之上，将压成之片剂推开，并进行第二次饲粉，如此反复进行。

b. 多冲旋转式压片机　多冲旋转式压片机是目前生产中广泛应用的一类压片机，有多种型号，按冲数不同分为 16 冲、19 冲、27 冲、33 冲、55 冲等多种。其主要由动力部分、传动部分、工作部分三大部分构成（图 11-4）。工作部分有机台（上层装上冲，中层装模圈，下层装下冲）；上、下压轮；片重调节器、压力调节器、出片调节器；饲料器、刮粉器；吸尘器、防护等装置。

压力调节器是通过调节下压轮的高度，从而调节压缩时下冲升起的高度，高则两冲间距离近，压力大。片重调节器是装于下冲轨道上，用调节下冲经过刮粉器时高度以调节模孔的容积。出片调节器同单冲压片机。

多冲旋转式压片机压片过程与单冲压片机相同，亦为饲料、压片、出片三个步骤。

多冲旋转式压片机的特点是饲粉方式合理（不移动），片重差异小；上、下两侧加压，压力分布均匀；生产率高，十几万片/h；噪声小，封闭式，减少粉尘污染。

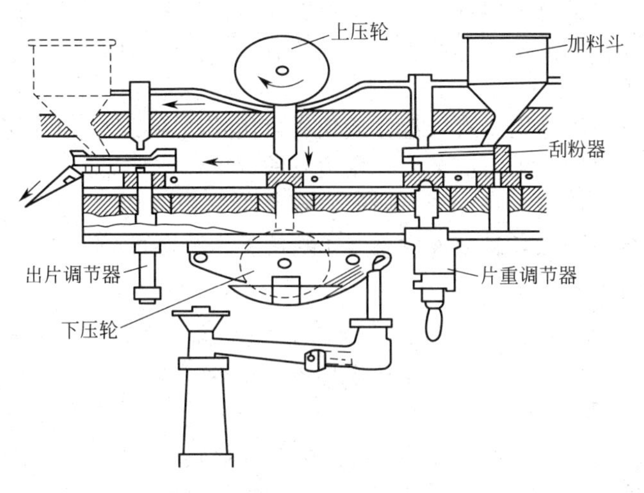

图 11-4　多冲旋转式压片机

（三）干法制片法

干法制片法包括结晶直接压片法、粉末直接压片法和干法制粒压片法。其优点是生产工序少、设备简单，有利于自动化连续生产，适用于对湿、热不稳定的药物。

知识链接：实现粉末直接压片可采取的措施

由于粉末的流动性和可压性较差，压片将有一定困难，改善的措施如下。

1. 改善压片物料的性能

（1）大剂量片剂，主要由药物本身的性状影响压片过程和片剂的质量，一般可用重结晶法、喷雾干燥法改变药物粒子大小及分布或改变粒子形态来改善药物的流动性和可压性。

（2）小剂量片剂（药物含量小于 25mg），则可选用流动性、可压性好的辅料，以弥补药物性能的不足。

粉末直压片的辅料应具有良好的流动性和可压性，并需要对药物有较大的容纳量。填充剂常用微晶纤维素、喷雾干燥乳糖、可压性淀粉、磷酸氢钙二水物；黏合剂均为干燥黏合剂，常用蔗糖粉、微晶纤维素；助流剂常用微粉硅胶和氢氧化铝凝胶干粉。

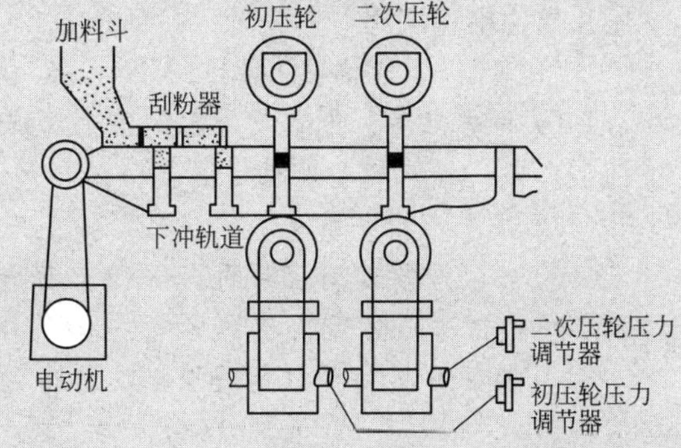

图 11-5　二次压缩压片机示意图

2. 压片机械的改进

为适应粉末直接压片的需要，对压片机可从三个方面加以改进。

（1）改善饲粉装置：加振荡装置或强制饲粉装置。

（2）增加预压机构：第一次先初步压缩，第二步最终压成片。增加压缩时间，有利于排出空气，减少裂片，增加硬度。如二次压缩压片机（图 11-5）。

（3）改善除尘机构：由于粉末直接压片时产生粉尘较多，要求刮粉器与模台紧密接合，严防漏粉，并安装除尘装置，以减少粉尘飞扬。

1. 结晶直接压片法

结晶性药物如无机盐、维生素 C 等具有较好的流动性和可压性，只需经过适当筛选成适宜大小颗粒，加入适宜的辅料混匀后即可直接压片。

2. 粉末直接压片法

是指药物细粉与适宜辅料混合后，不经制粒直接压片的方法。粉末直接压片法有工艺简单、节能省时、崩解和溶出快等特点，国外约有40%的片剂采用此种工艺。

3. 干法制粒压片法

在药物对水、热不稳定，有吸湿性或用直接压片法流动性差的情况下，多采用干法制粒压片，即将药物与适宜的辅料混合后，用适宜的设备压成块或大片，再将其粉碎成适宜大小的颗粒进行压片。此法特点是片剂易崩解（颗粒中的粉末粘结力弱）；片剂润湿时可溶性药物易溶解；但粉尘飞扬大，易交叉污染。干法制粒压片法可分为重压法和滚压法。

（四）压片操作

压片岗位职责

① 进岗前按规定着装，进岗后做好厂房、设备清洁卫生，按工艺要求装好压片机冲模，并做好其他一切生产前准备工作。

② 根据生产指令，按规定程序从中间站领取物料。

③ 严格按工艺规程和压片标准操作程序进行压片，并按规定时间检查片子的质量（包括片重、硬度和外观等）。

④ 压片过程中发现质量问题必须向工序负责人、工艺员及时反映。

⑤ 压片结束，按规定进行物料衡算，偏差必须符合规定限度，否则，按偏差处理程序处理。

⑥ 按规定办理物料移交，余料按规定退中间站。按要求认真填写各项记录。

⑦ 工作期间严禁脱岗、串岗，不做与岗位工作无关之事。

⑧ 工作结束或更换品种时，严格按本岗位清场SOP清场，经质监员检查合格后，挂标示牌。

⑨ 经常检查设备运转情况，注意设备保养，操作时发现故障应及时上报。

压片岗位操作流程

（1）压片前准备

① 检查工房、设备及容器的清洁状况，检查清场合格证，核对有效期，取下标示牌，按生产部门标识管理规程定置管理。

② 按生产指令填写工作状态，挂生产标示牌于指定位置。

③ 作业前再次对压片机台进行全面清洁，将压片机与物料接触部分及所用的盛片容器、模具、洁具用75%乙醇擦拭、消毒。

④ 将压片机安装好所需规格的洁净的冲模以及粉格、粉斗和吸尘装置，并进行空转试机。

⑤ 按照生产指令，从中间站领取颗粒，并与中间站管理员按中间产品交接程序进行交接，填写交接记录。

⑥ 调节好测片重用的天平零点。

（2）压片操作（以ZPS008旋转式压片机为例）

① 准备过程　a. 检查生产现场、设备、容器的清洁状态，检查“清场合格证”，并核对其有效期。取下“已清洁”标示牌，挂上“生产状态标志”，按岗位工艺指令填写工作状态。b. 检查设备各部件、配件及模具是否齐全，紧固件有无松动，如发现异常，及时排除或报告有关人员。c. 检查机器润滑情况是否良好。d. 检查电器控制面板各仪表及按钮、开关是否完好。e. 按岗位工艺指令核对物料品名、规格、批号、数量等。

② 操作过程

a. 冲模的安装与调整

ⅰ. 在使用前须重复检查冲模的质量，冲模需经严格探伤试验和外形检查，要求无裂缝、无变形、无缺边、硬度适宜和尺寸准确，如不合格切勿使用，以免机器遭受严重损坏。冲模安装前，首先拆下下冲装卸轨，拆下料斗，出料嘴，加料器，打开右下侧门把手轮柄扳出，然后将转台工作面，模孔和安装用的冲模逐件擦干净，将片厚调至5mm以上位置（操作面板有显示），预压也调至6mm以上位置（操作面板有显示）。

ⅱ. 中模的安装。将转台上中模紧定螺钉逐件旋出转台外圆2mm左右，勿使中模安装入时与紧定螺钉的头部碰为宜。中模放置时要平稳，将打棒穿入上冲孔，上下锤击中模轻轻打入。中模进入模孔后，其平面不高出转台平面为合格，然后将紧定螺钉固紧。

ⅲ. 上冲的安装。首先将上平行盖板Ⅱ和嵌边拆下，然后将上冲杆插入孔内，用大拇指和食指旋转冲杆，检验头部进入中模，上下滑动灵活，无卡阻现象为合格。再转动手轮至冲杆颈部接触平行轨。上冲杆全部装毕，将嵌轨、平行盖板Ⅱ装上。

ⅳ. 下冲的安装。按上冲安装的方法安装，装毕将下冲装卸轨装上。

ⅴ. 全套冲模装毕，装好防护罩、安全盖等。转动手轮，使转台旋转2周，观察上下冲杆进入中模孔及在轨道上的运行情况。无碰撞和卡阻现象为合格。把手轮柄扳入，关闭右下侧门。

b. 安装好加料器、出料嘴、料斗。

c. 转动手轮，使转台转动1～2圈，确认无异常后，合上手柄，关闭玻璃门，将适量颗粒送入料斗，手动试压，试压过程中调节充填调节按钮，片厚调节旋钮，检查片重及片重差异、崩解时限、硬度、检查结果符合要求，并经QA人员确认合格。

d. 开机正常压片，在出片槽下方放置洁净中转桶接收片剂。压片过程中每隔15分钟测一次片重，确保片重差异在规定范围内，并随时观察片剂外观，做好记录。

e. 料斗内所剩颗粒较少时，应降低压片速度，及时调整充填装置，以保证压出合格的片子。料斗内接近无颗粒时，把变频电位器调至零位，然后关闭主电机。待机器完全停下后，把料斗内余料放出，盛入规定容器内。

f. 压片完毕，关闭总电源，关闭吸尘器，并清理吸尘器内的粉尘。

g. 按《压片机清洁标准操作程序》进行清洁，经实训员检查合格后，挂上“已清洁”状态标志。按《压片机维护与保养标准操作程序》保养压片机。

（五）举例

【例 11-1】 维生素 B_2 片

处方：			
维生素 B_2	5.0g	50%（体积分数）乙醇	适量
淀粉	32.5g	硬脂酸镁	1.0g
糊精	50.0g	共制	1000片
干淀粉	2.5g		

制法：取维生素 B_2 与淀粉（1∶5）过筛，混匀，然后按等量递加法分次加入淀粉混合，过筛混合均匀，再加入糊精混合均匀，加体积分数50%乙醇适量制软材，过16目尼龙筛，在55℃以下干燥，干粒再过16目筛整粒，加入硬脂酸镁，混匀后压片。

三、片剂制备中的质量问题及影响因素

在片剂制备过程中常出现的质量问题有松片、裂片、黏冲、崩解迟缓、片重差异超限、花斑等多种情况，必须及时找出问题的原因，并采取措施得以解决，以保证片剂的质量。

（一）松片

松片是由于片剂硬度不够，受振动易松散成粉末的现象。

检查方法：将片剂置中指和食指之间，用拇指轻轻加压看其是否碎裂。

松片的主要原因是药物弹性回复大，可压性差。为克服药物弹性，增加可塑性，可加入易塑性形变的成分，如黏性强的辅料，特别是一些渗透性的黏性强的液体如糖浆。原料粒子大小及分布也与松片有关。粒子小，比表面积大，接触面大，所以结合力强，压出的片剂硬度较大。压力大小与硬度密切相关，压力过小易产生松片，压缩的时间也有重要意义，塑性变形需要一定时间，如压缩过快，也易于松片。其他影响松片原因尚有润滑剂和黏合剂、水分等，在片剂成型因素中已述。

（二）裂片

裂片是指片剂受到振动或经放置后，从腰间开裂或顶部脱落一层的现象。

检查方法：取数片置小瓶中振摇，应不产生裂片；或取 20～30 片放在手掌中，两手相合，用力振摇数次，检查是否有裂片。

裂片的重要原因是片剂的弹性回复以及压力分布不均匀或压力过大（弹性回复率大）。调整处方中辅料用量或品种，适当减少压力，增加压缩时间可增大塑性变形的趋势，颗粒含有适量的水分可增强颗粒的塑性，加入优质的润滑剂和助流剂以改善压力分布均是克服裂片的有效手段。

此外，冲模磨损而变形、颗粒中细粉过多而压片时来不及排除等，有时也引起裂片，但不是主要的原因。

（三）黏冲

黏冲是指片剂的表面被冲头黏去一薄层或一小部分，造成片面粗糙不平或有凹陷，或片剂边缘粗糙的现象。刻有文字或横线的冲头更易发生黏冲现象。

黏冲的原因主要有：①物料性质因素如颗粒干燥不够，药物易吸湿，原、辅料熔点低等；②机械方面因素如冲模表面不光滑，空气中湿度高使冲模受潮等。

（四）崩解迟缓或溶出度不合格

崩解迟缓是指片剂崩解时限超过药典规定的要求，影响片剂溶出、吸收。溶出度不合格是指片剂在规定时间内未能溶出规定量的药物，影响药物吸收，使之不能充分发挥药效。

影响崩解和溶出的因素主要如下。

① 原辅料的性质：原辅料的亲水性或疏水性及它们在水中的溶解度，与片剂的崩解与溶出关系很大，疏水性原辅料表面与水性介质间的接触角大，毛细管作用力反向，不易使水分渗入片剂内部，使难以发生崩解溶出。疏水性物料中以疏水性润滑剂最为常见。若药物疏水或难溶而辅料亲水或可溶，则可改善片剂的崩解或溶出。表面活性剂的加入改善片剂的润湿性，某些表面活性剂对药物的增溶作用等，均有助于片剂的崩解和溶出。

原辅料在压缩过程中，塑性变形的强弱和粒子的大小，对崩解溶出也有影响。塑性变形的强和原辅粒子小的，在相同压力下，孔隙率和孔径均小，从而影响水分渗入，致使不易崩解和溶出。

崩解剂的品种、用量和加入方法等的影响也显而易见。崩解剂的用量越多，崩解越快；崩解剂在颗粒内外同时加入则崩解效果好，且有利于溶出。

② 制剂工艺：包括压力、药物与辅料混合方法等。压力愈大，孔隙率和孔径变小，崩解时间延长，溶出变慢。但压力与溶出的关系并不总是随压力的增大而变慢。

药物与辅料的混合方法影响药物在辅料中分散面积而影响其溶出。如量小的药物溶于适宜的溶剂中再与辅料混匀，然后挥去溶剂，干燥后药物形成微小的结晶；难溶性药物可采用与亲水性辅料研磨粉碎的方法以减小粉碎过程中药物小粒子重新聚结或将药物制成固体分散体等均可改善药物的溶出。

（五）片重差异超限

片重差异超限是指片剂超出药典规定的片重差异限度的允许范围。

引起片重差异超限颗粒方面的因素主要是颗粒相差悬殊或颗粒流动性差。机械和操作方面的因素有下冲上下不灵活；饲料器与平台未贴紧；多冲模时，冲模精度不够；加料斗内颗粒时多时少影响颗粒流速等。

（六）含量均匀度超限

含量均匀度超限是指片剂含量偏离标示量的程度超出规定要求的限度范围。对小剂量药物片剂来说，药物与辅料间分散的均匀性比片重差异要求更严格，因为重量合格并非等于含量合格，而含量合格才是保证制剂剂量的根本。

影响片剂含量均匀度的因素主要是混合不匀或可溶性成分的迁移两个方面。

造成混合不匀的因素主要是成分重量比对混合均匀度的影响，小量药物与其他药物或辅料混合时，宜用等量递增法或用溶剂分散法。

影响可溶性成分迁移的因素主要有干燥的方法，当用固定床干燥时，水分由表层颗粒的表面汽化，因而下层颗粒中的可溶性成分可迁移到上层的颗粒中，造成成分在颗粒之间的差异，而使片剂的均匀度变差。采用微波干燥，水分可能从颗粒内汽化，有可能减少成分的迁移；流化床干燥时，颗粒被流化，颗粒处于相互脱离状态，因此不发生粒子间的成分迁移，从而减少含量不均匀的可能性。

（七）色斑

色斑是指片剂表面出现色泽不一的斑点。引起的原因主要是有色成分的迁移，物料混合不匀，颗粒干湿不匀，颗粒松紧不匀或颗粒过硬，机械部分如饲粉器与台面太紧，冲头与模圈摩擦而引起金属屑混入，压片机机油污染等。

四、片剂的包衣技术

（一）概述

1. 包衣目的

片剂的包衣是指在片芯（或素片）的外周均匀地包上一定厚度的衣膜的操作。包上的衣膜物料称为包衣材料或衣料，包衣后的片剂称包衣片。

包衣的目的如下。

① 掩盖药物的不良嗅味。

② 防潮、避光、隔绝空气等，以增加药物的稳定性。

③ 改善片剂的外观，便于识别和服用。

④ 防止药物对胃黏膜的刺激性；防止胃液对药物的破坏。

⑤ 可将有配伍变化的药物成分分别置于片芯和衣层，以免发生化学变化。

⑥ 控制药物在胃肠道一定部位释放或缓慢释放。

2. 包衣类型

根据衣料的组成特性、溶出特性和包衣材料不同，常见的包衣类型有糖衣、薄膜衣和肠溶衣三种。

3. 包衣的要求

包衣质量要求：衣层厚薄均匀，牢固；“衣料”与“片芯”不起任何作用；崩解时限符合要求；在长期保存过程中，仍保持光洁、美观、色泽一致和无裂片。

片芯要求：应有适宜的弧度，常用深弧度片芯；硬度比一般片剂稍大（脆碎压力 6～

7kg)；吸湿性小、脆性小，不含细粉。

（二）包衣方法与设备

包衣方法有滚转包衣法（锅包衣法）、流化包衣法、压制包衣法（干法包衣）。片剂包衣最常用的方法是滚转包衣法。

1. 滚转包衣法

此法包衣过程在包衣锅内完成，故也称锅包衣法。锅包衣机（图 11-6）主要结构包括包衣锅、动力部分、加热鼓风及吸粉装置三大部分。包衣锅的中轴与水平面一般呈 30°～45°夹角，以便片剂在锅内呈最大程度的翻动，能与包衣物料充分混合。包衣锅的转速应适宜，以能使片剂在锅中能随着锅的转动而上升到一定高度，随后作弧线运动而落下为度，使包衣材料能在片剂表面均匀地分布，片与片之间又有适宜的摩擦力。在生产实践中也常加挡板的方法来改善片剂的运动状态，以达最佳的包衣效果。

动力部分主要由电机和调速装置组成，通过皮带轮驱动包衣锅的转动。

加热鼓风及吸粉装置中的加热方式有两种，一种是采用鼓风机鼓热风，另一种是采用对锅体直接电加热，后者加热快，但不均匀，可能对片剂包衣产生不利影响。鼓风机也可鼓冷风以调节锅内物料的干燥速度。吸粉装置在锅的上方，用于防止粉尘飞扬。

锅包衣法的改进方法有埋管包衣法和高效包衣法，可以加速包衣、干燥过程，减轻劳动强度，提高生产效率。

埋管包衣法（图 11-7）是在普通包衣锅底部装有通入包衣溶液、压缩空气和热空气的埋管。包衣时，该管插入包衣锅中翻动着的片床内，包衣材料的浆液由泵打出经气流式喷头连续地雾化、直接喷洒在片剂上，干热压缩空气也伴随雾化过程同时从埋管吹出，穿透整个片床进行干燥，湿空气从排出口引出，经集尘滤过器滤过后排出。此法既可包薄膜衣也可包糖衣，可用有机溶剂溶解衣料，也可用水性混悬浆液的衣料。由于雾化过程是连续进行的，故可缩短包衣时间，且可避免包衣时粉尘飞扬，适用于大生产。

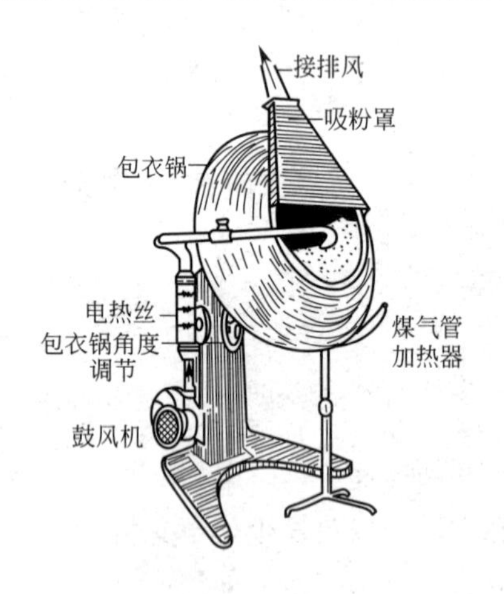

图 11-6　锅包衣机

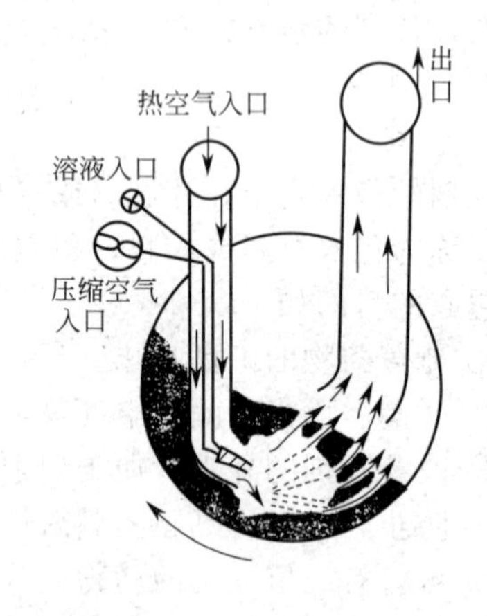

图 11-7　埋管包衣锅

高效包衣法具有密闭、防爆、防尘、热交换效率高的特点，并可根据不同类型片剂的不同包衣工艺，将参数一次性地输入微机，实现包衣过程的程序化、自动化、科学化，特别适合于薄膜包衣。YBJ 系统片剂包衣机见图 11-8。

2. 流化包衣法

流化包衣法（图 11-9）与流化制粒相似，即将片芯置于流化床中，通入气流，借急速上升的空气流使片剂悬浮于包衣室的空间上下翻动处于流化（沸腾）状态时，另将包衣材料

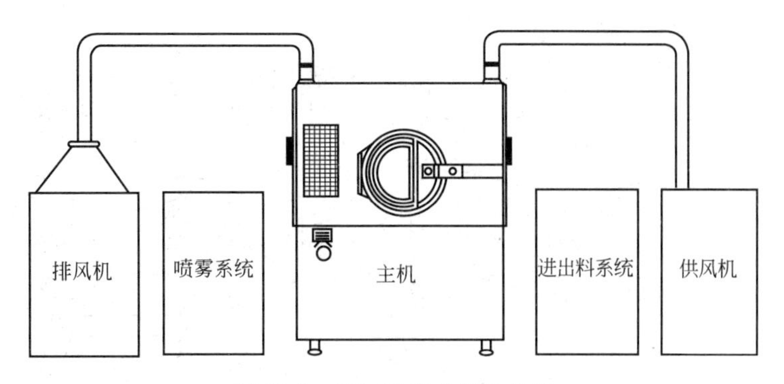

图 11-8　YBJ 系统片剂包衣机

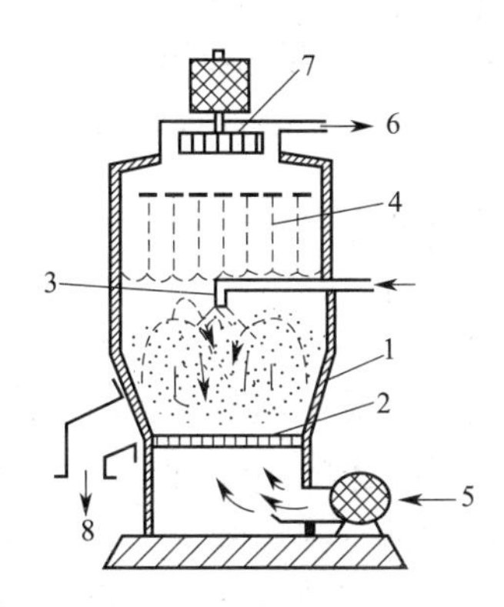

图 11-9　流化床包衣示意图

1—容器；2—筛板；3—喷嘴；4—袋滤器；5—空气进口；
6—空气排除口；7—排风机；8—物料出口

的溶液或混悬液输入流化床并雾化，使片芯的表面黏附一层包衣材料，继续通入热空气使干燥，包若干层，至达到规定要求。

流化包衣法的特点是粒子的运动主要靠气流运动，因此干燥能力强，包衣时间短；装置为密闭容器，卫生安全可靠。缺点是依靠气流的粒子运动较缓慢，因此较大粒子运动较难，小颗粒包衣易产生粘连。

3. 压制包衣法

常用的压制包衣机（图 11-10）是将两台旋转式压片机用单传动轴配成一套。包衣时，先用压片机压成片芯后，由一专门设计的传递机构将片芯传递到另一台压片机的模孔中，在传递过程中需用吸气泵将片外的细粉除去，在片芯到达第二台压片机之前，模孔中已填入部分包衣物料作为底层，然后片芯置于其上，再加入包衣物料填满模孔并第二次压制成包衣片。该设备还采用了一种自动控制装置，可以检查出不含片芯的空白片并自动将其抛出，如果片芯在传递过程中被粘住不能置于模孔中时，则装置也可将它抛出。另外，还附有一种分路装置，能将不符合要求的片子与大量合格的片子分开。

本法的特点是可以避免水分、高温对药物的不良影响，生产流程短、自动化程度高、劳动条件好，但对压片机械的精度要求高，目前在国内尚未广泛使用。

（三）包衣材料与工艺

无论何种包衣均离不开包衣材料，而包衣材料的不同又决定了包衣工艺的不同。

1. 糖衣材料与工艺

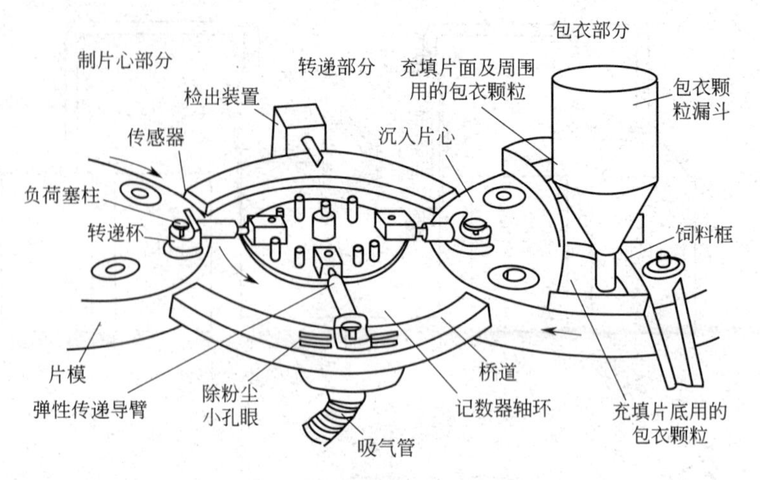

图 11-10　压制包衣机的主要结构

糖衣以糖浆为主要包衣材料。特点是有比较好的口感；对片剂崩解影响小；包糖衣层次多、工艺流程长，片重增加多（增加 50%～100%），辅料用量大。包糖衣的工艺如下：片芯→包隔离层→包粉衣层→包糖衣层→包色衣层→打光。

（1）包隔离层　其目的是为了形成一层不透水的屏障，防止糖浆中的水分渗入片芯。可选用的包衣材料有：10%玉米蛋白乙醇溶液、15%～20%的虫胶乙醇溶液、10%CAP 等。选用 CAP 时，应注意厚度，以免影响崩解和溶出。

操作方法是将隔离层溶液加入滚转的片剂中，吹风，加适量撒粉（滑石粉）到恰好不粘连为止，充分干燥，再重复上述操作，一般包 3～5 层。

（2）包粉衣层　其目的是消除片剂的棱角，使片面平整。材料有填充粉料如滑石粉、蔗糖粉、白陶土（100 目）等；润湿黏合剂如高浓度（65%～75%）(g/g) 的糖浆、明胶浆或其混合物。

操作方法是先洒润湿黏合剂于片剂中，再撒粉适量，吹风干燥，重复上述操作 15～18 次，直到片剂棱角消失。

操作时应注意开始时撒粉量大，到基本包平后，撒粉量逐渐减少，最后全用糖浆。

（3）包糖衣层　包糖衣层的目的是增加衣层牢固性和甜味，使片面光洁平整、细腻坚实。衣料只用糖浆而不用滑石粉等撒粉。具体操作与包粉衣层基本相同。一般包 10～15 层。

（4）包色衣层　目的是为了增加片剂的美观，便于识别，并有一定的遮光作用。具体操作与包糖衣层完全相同。区别在于包衣物料为有色糖浆。每次加入的有色糖浆中色素的浓度应由浅到深，以免产生花斑，一般需包 8～15 层。

为防止色素在干燥过程中迁移致花斑，可选用不溶性食用色素——色淀（由吸附剂吸附色素制成的不溶性着色剂）。

（5）打光　其目的是使糖衣片表面光亮美观，兼有防潮作用。材料一般用四川产的米心蜡（川蜡）。川蜡用前需精制，即加热 80～100℃熔化后过 100 目筛，并掺入 2%硅油（称保光剂）混匀，冷却后粉碎成 80 目细粉使用，每万片用量约 3～5kg。

打光操作在室温下进行，将川蜡细粉加入包完色衣的片剂中，转动包衣锅，由于片剂间和片剂与锅壁间的摩擦作用，使糖衣表面产生光泽。

打光后将片剂取出，移至石灰干燥橱放置 12～24h，或于硅胶干燥器干燥 10h（图 11-11），除去衣层中少量水分。硅胶干燥器使用时，先启动电动机使硅胶盘转动，将包衣片置室内进行干燥，硅胶盘内硅胶吸湿后，随时由电热器烘干，湿气由排风机排出室外。调节控制阀，使热风在室内循环。

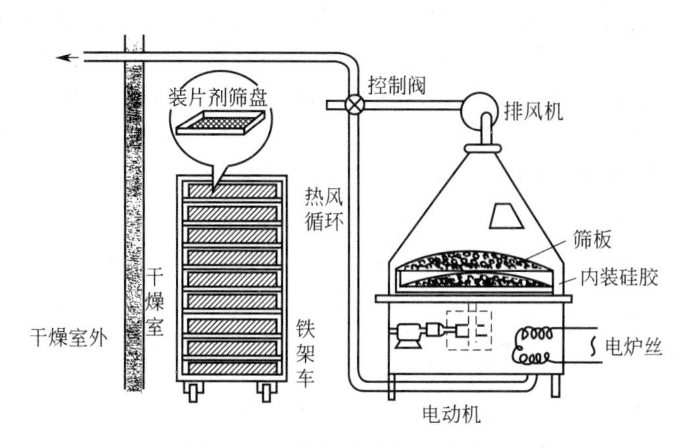

图 11-11　糖衣硅胶干燥示意图

目前包糖衣主要存在的质量问题如下。

① 吸潮　主要原因是隔离层，应适当选择隔离层材料；控制适宜包制条件。

② 龟裂　原因是衣层脆性太大，过分干燥，低温等。可通过加入适宜增塑剂，控制干燥温度，北方严寒地区适当升高贮存温度。

③ 色斑　原因是可溶性色素迁移；色素分布不均匀；功效成分影响色素稳定性，使色素变色。可选用不溶性色素，确保加料均匀，严格配方等。

2. 薄膜包衣材料与工艺

薄膜包衣是指在片芯之外包一层薄的高分子聚合物衣，形成薄膜。薄膜衣的特点是可防止水分、空气、潮气的侵入；操作简便，节约材料；片重增加少（2%～4%）；对崩解及溶出影响小；片面上的标志（名称、剂量等）仍清晰可见。但其外观不如糖衣片。

（1）薄膜衣材料　薄膜包衣材料通常由成膜材料、增塑剂、释放速度调节剂、填充物料、色料和溶剂等组成。

成膜材料按溶解特性不同分为胃溶型、肠溶型和不溶型三大类。①胃溶型成膜材料主要用于改善吸潮和防止粉尘污染，如 HPMC、HPC、CMC-Na、PVP、丙烯酸树脂Ⅳ号、PEG 等，其中 HPMC 应用最广泛，可溶于有机溶剂和水；胃中易溶，对崩解和溶出影响小；形成的膜强度适宜，不易脆裂；低黏度者用于薄膜包衣。②缓释型成膜材料常用中性的甲基丙烯酸酯共聚物和 EC，甲基丙烯酸酯共聚物具有溶胀性，对水及水溶性物质有通透性，因此可作为调节释放速度的包衣材料。EC 通常与 HPMC 和 PEG 混合使用，产生致孔作用，使成分容易扩散。③肠溶型成膜材料常用 CAP、丙烯酸树脂Ⅱ号、丙烯酸树脂Ⅲ号、聚乙烯醇酞酸酯（PVAP）、羟丙基甲基纤维素酞酸酯（HPMCP）、醋酸羟丙基甲基纤维素琥珀酸酯（HPMCAS）等。

增塑剂改变高分子薄膜的物理机械性质，使其更具柔韧性，避免衣膜在低温下脆裂。聚合物与增塑剂应具有化学相似性，如甘油、丙二醇、PEG 等含羟基，可作为某些水溶性纤维素衣材的增塑剂；蓖麻油、乙酰单甘油酸酯等可作脂肪族非极性聚合物的增塑剂。

释放速度调节剂又称释放速度促进剂或致孔剂。常用有蔗糖、氯化钠、表面活性剂、PEG 等水溶性物质。

在包衣过程中有时由于聚合物黏度过大，适当加入填充物料（固体粉末）以防止颗粒或片剂粘连。常用的填充物料有滑石粉、硬脂酸镁、二氧化硅等。色料的应用主要是为了便于鉴别，满足产品美观要求，也有遮光作用，但色料的加入可能降低薄膜的拉伸强度、柔韧性。

溶剂的作用是溶解成膜材料和增塑剂并将其均匀地分散到片剂的表面。溶剂的蒸发和干燥速度对衣膜的质量有很大影响，速度太快，成膜材料在片面上不能均匀分布，致使片面粗糙。干燥太慢可能使已包在片面的衣层再被溶解或脱落。溶剂与成膜材料的亲和力对溶剂的除净有影响。两者亲和力强，不利于溶剂的除净。此外，还应注意溶剂的毒性、易燃性和价格等。常用的溶剂有乙醇、甲醇、异丙醇、丙酮、氯仿等。必要时可用混合溶剂，对有毒性的溶剂产品应作残留量检查。

(2) 薄膜包衣工艺　薄膜包衣可以用锅包衣法，也可用流化包衣法。锅包衣法包薄膜衣的工艺如下：

片芯→喷包衣液→缓慢干燥→固化→缓慢干燥→薄膜衣片

①片芯放入包衣锅内，喷入一定量有薄膜衣料的溶液，使片面均匀湿润。②吹入缓和的热风使溶剂挥发（温度不超过40℃，以免蒸发过快，出现“皱皮”或“起泡”现象；也不能过慢，否则出现“粘连”或“剥落”现象）。重复操作数次，至达厚度要求为止。③在室温下或略高于室温下自然放置6～8h使之固化完全。④在50℃下干燥12～24h，除尽残余有机溶剂。

知识链接：成膜材料的发展

有机溶剂多有生理作用和易燃性且回收麻烦，故力求用水做成膜材料的溶剂，如HPC可溶于水，可用其水溶液包薄膜衣。为了减少水对片芯的不良影响并加快干燥速度，宜用高浓度的水溶液。此外，还可利用高分子材料在水中的分散体（成膜材料以小于1μm粒子分散于水中）进行包衣。国外开发的CAP水分散体与其有机溶液相比，可避免有毒蒸气的损害；黏度比同浓度的有机溶液低，喷雾包衣时在片面上分布快而均匀；片剂有更好的抗胃酸及在小肠上端被吸收的作用；片面美观。

为使衣料分布均匀，可在包衣锅中加挡板，包衣液用喷雾法加入。为改善薄膜衣不能掩盖片剂原有外观的缺点，或为避免衣层磨损而失去应有效果（如肠衣片），可采用包半薄膜衣的方法，即先在片芯上包几层粉衣层和糖衣层，再包肠溶衣，或在肠溶衣外包几层包糖衣层。

(3) 包衣的操作

片剂包衣岗位职责

① 进岗前按规定着装，进岗后做好厂房、设备清洁卫生，并做好操作前的一切准备工作。

② 根据生产指令，按规定程序领取物料及包衣材料。

③ 严格按薄膜衣配制工艺处方及其标准操作程序配制包衣液。

④ 按处方工艺要求和高效包衣标准操作程序进行包衣。

⑤ 包衣过程中严格检查包衣片外观、色泽及片子增重，确保包衣片符合质量要求。

⑥ 包衣完毕，按规定进行干燥处理。

⑦ 认真填写各种原始操作记录。

⑧ 工作期间严禁脱岗、串岗，不做与岗位工作无关之事。

⑨ 工作结束或更换品种时，严格按本岗位清场SOP清场，经质监员检查合格后，挂标识牌。

⑩ 经常检查设备运转情况，注意设备保养，操作时发现故障应及时上报。

片剂包衣岗位操作流程

① 包衣液配制　a. 根据产品工艺规程中包衣液配制处方工艺配制包衣液。b. 按处方用量，称取包衣液应用的包衣材料、溶剂（两人核对），并按工艺规程配制要求将各包衣材料置不同配制桶内分别配制。c. 将溶剂加入各配制桶内，搅拌使包衣材料溶解，混匀。难溶的包衣材料应用溶剂浸泡过夜，以使彻底溶解、混匀。d. 按工艺规程要求，将各配制好包衣液依次加入恒温搅拌桶内，开搅拌混匀，并保温备包衣之用。e. 配制完毕，填写生产记录。f. 操作完毕，按清场标准操作程序、30万级洁净区容器具清洁标准操作程序进行清洁、清场。

② 生产前准备

a. 检查工序、设备及容器的清洁状况，检查清场合格证，核对有效期，取下标示牌，按生产部门标识管理规定定置管理。

b. 按生产指令填写工作状态，挂生产标示牌于指定位置。

c. 按照生产指令，从中间站领取片芯，按中间产品交接程序办理交接。

d. 将所需用到的设备、容器具用75%乙醇清洁消毒。

③ 包衣

a. 打开电源开关，开启压缩空气总阀及各压缩空气分阀，确定PLC显示正常。

b. 在显示屏上关闭PLC信息框，点击“系统监控”，进入“系统监控”画面。点击“手动”，进入手动生产画面。

c. 打开视灯；点击“温控”，设定温度，并开启。返回原画面；打开“热风”，热风机运转；再打开“匀浆”，主机运转。

d. 确认正常后，打开“排风”，负压显示表指针偏向负压。接着打开“喷浆”，确定运转后立即关闭。然后关闭“热风”，观察热风温度是否已有下降倾向。

e. 待温度冷却后，关闭“匀浆”，关闭“排风”，打开包衣滚筒门，加入片芯。

f. 开启“热风”，让片芯预热，同时打开“匀浆”，转一圈后关闭。（若片芯质量较好，可低转速一直转动主机，并开着“排风”。）预热完毕，关闭“热风”，关闭“匀浆”，开启“排风”。

g. 开启喷枪减压阀，打开包衣滚筒门移出喷枪，一手捏紧喷枪气管，时放时捏，打开喷枪气开关，同时，检测喷枪通气情况，再开启“喷浆”。待包衣液快流至喷枪口处，捏紧包衣液管，时松时捏，看流出情况是否顺畅。确认喷枪喷雾，流畅后，关闭喷枪气开关，关闭“喷浆”，关上包衣滚筒门，并将喷枪外调节旋钮调小。

h. 调整主机转速10.0后，打开“主机”、“热风”、“排风”，开启喷枪气阀门，打开“喷浆”，调节喷枪外调节旋钮，逐渐加大（调节时要左右旋转，逐渐增大），至适宜喷雾度。包衣过程中不断调整喷枪喷量，并注意控制片芯受热温度，直至片芯包衣完成。

i. 包衣结束，首先关闭“温控”开关，返回，再关闭喷浆，等喷枪喷出量减少了，降低主机转速，然后，关闭喷枪气开关，待冷却后关闭“热风”、“排风”、“匀浆”。

j. 打开喷枪滚筒；移出喷枪，将内外出料斗固定在滚筒上，连接好盛装药片容器，开启“匀浆”开关，筒内药片将自动落入外接容器中。

k. 包衣操作完毕，取出包好的薄膜衣片，置托盘中平铺，放晾片架上晾片，待温度降至室温，装入内衬布袋的带盖周转桶中，称量、记录，桶内外各附在产物品标签一张，送中间站，按中间产品交接程序办理交接。中间站管理员填写请检单，送质监科请检。

④ 生产完毕，填写生产记录。

⑤ 清场　取下生产标示牌，挂清场牌，按清场标准操作程序、30万级洁净区清洁标准操作程序、高效包衣清洁标准操作程序及生产用容器具清洁标准操作程序进行清场、清洁。清场结束，填写清场记录。经QA检查合格后挂已清场牌。

⑥ 记录　操作完工后填写原始记录、批记录。

（4）薄膜包衣存在的主要质量问题

① 起泡　即衣膜或片芯间有气泡，主要原因是固化不恰当，干燥过快等。可以改进成膜条件，降低干燥温度与速度。

② 表面粗糙　主要原因是喷浆不当，包衣溶液在片面分布不均匀；干燥温度高，溶剂蒸发快；或包衣混入杂质等。应改正喷浆方式；降低干燥温度，防止液滴未到片剂表面或刚到片面还未铺展即干燥的现象；使用合格的包衣膜材料。

③ 衣层剥落　主要原因是衣层与片芯表面黏附力不足；两次包衣时间的间隔太短。可采取更换衣料、延长包衣间隔时间、调节干燥温度、降低包衣液浓度。

④ 肠衣在胃液中溶解或在肠液中仍不溶解　选择衣料不当或衣层太薄（胃内溶解）、衣层太厚（肠内不溶解）或贮存时变质，应针对原因解决。

（四）举例

【例 11-2】 多酶片

处方：			
胰酶	120g	胃蛋白酶	120g
糖粉	20g	30%（体积分数）乙醇	30g
250g/L 虫胶乙醇液	4g	硬脂酸镁	2g
淀粉酶	1g	共制	1000片

制法：

① 片芯的制备。取胰酶和糖粉混匀后，加入虫胶乙醇液搅拌均匀，制成软材，迅速过40目筛（尼龙筛）二次制粒，湿粒在50℃以下通风快速干燥，干粒过20目筛整粒，再加入硬脂酸镁混合，称重后，计算片重，压片即得。

② 外层片的制备。取淀粉酶加稀乙醇润湿后制成软材，过20目尼龙筛二次制粒，湿粒在50℃以下烘干，干粒过20目筛整粒，在干粒中加入胃蛋白酶和硬脂酸镁混合后，称重、计算片重，用层压压片机进行压片，最后包糖衣即得。

注解：本品为双层糖衣片，内层为肠溶衣，外层为糖衣。

胰酶、淀粉酶和胃蛋白酶发挥最大作用的部位和条件各不相同，所以不能混合压片。胰酶需在肠道中碱性条件下才能起作用，且易被胃液中的胃蛋白酶分解失效，因而宜制成肠溶性片芯。而胃蛋白酶受湿热易破坏，同时和淀粉酶一样需要在胃液中酸性条件下才起作用，故宜在压片前加入到外层片中。又因为有引湿性，故需包糖衣层，以利服用和贮存。糖粉为干黏合剂，虫胶为肠溶材料，稀乙醇为润湿剂，硬脂酸镁为润滑剂。

本品中所含三种消化酶多数易吸湿，特别在润湿情况下容易使活力降低。为保证质量与疗效，生产时应注意以下几个方面。

① 投料时可按处方酌量增加三种消化酶的用量。

② 胃蛋白酶在潮湿环境中效价降低较快，所以采用混入淀粉酶干粒中的方法。颗粒贮存于密闭容器中，上面覆以装有硅凝胶干燥剂的布袋。

③ 包糖衣时为了避免吸水后降低效价，故先包粉衣层2～3层，虫胶隔离层2层。

五、片剂的质量评价与包装、贮存

（一）片剂的质量评价

片剂的质量评价主要有物理、化学和微生物三个方面。

1. 物理方面

(1) 外观　应片形一致、表面完整光洁，色泽均匀，字迹清晰。

检查法：一般抽取 100 片平铺于白底板上，置于 75W 光源下 60cm 处，在距离片剂 30cm 处用肉眼观察 30s。检查结果应符合下列规定：完整光洁，色泽均匀，0.15～0.18mm 杂色点应<5%；麻面<5%；并不得有严重花斑及特殊异物；包衣片有畸形不得>0.3%。

(2) 重量差异　应符合现行药典对片重差异限度的要求（表 11-2）。

表 11-2　片重差异限度要求

平均重量	重量差异限度
0.30g 以下	±7.5%
0.30g 及 0.30g 以上	±5%

检查法：取药片 20 片，精密称定总重量，求得平均重后，再分别精密称定各片的重量。每片重量与平均片重比较（凡无含量测定的片剂，每片重量应与标示量片重比较），超出重量差异限度的药片不得多于 2 片，并不得有 1 片超出限度 1 倍。

糖衣片的片芯应检查重量差异并符合规定，包糖衣后不再检查重量差异。

薄膜衣片应在包薄膜衣后检查重量差异并符合规定。

凡规定检查含量均匀度的片剂，可不进行重量差异的检查。

(3) 硬度与脆碎度　片剂应有适宜的硬度和耐磨性，以免在包装、运输等过程中破碎或磨损。另外，片剂的硬度与片剂的崩解和溶出有密切关系。

硬度是指破碎强度。常用的测定仪有孟山都硬度计（图 11-12），通过螺旋对弹簧加压，由弹簧推动压板并对片剂加压，由弹簧的长度变化反映压力的大小。一般片剂能承受29.4～39.2N 即为合格。

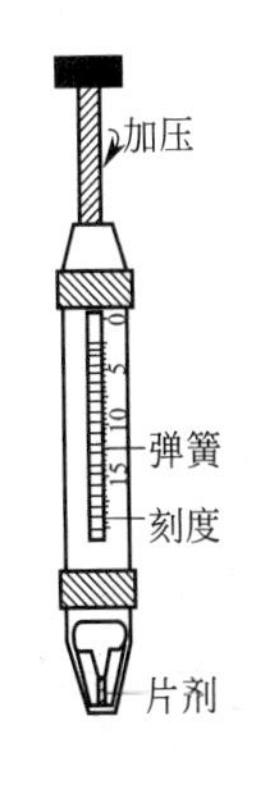

图 11-12　孟山都硬度计

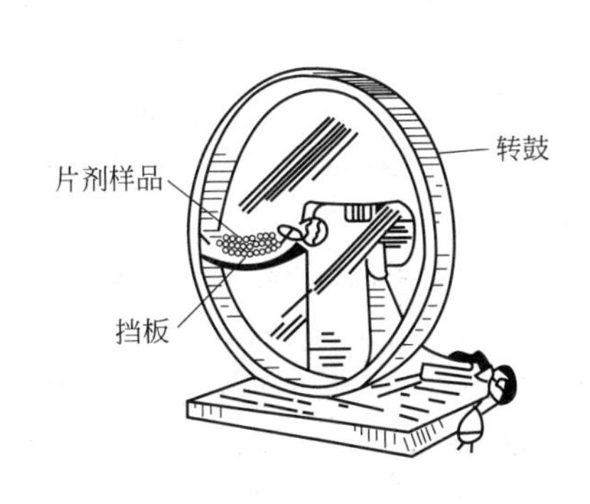

图 11-13　罗许氏脆碎仪

生产中经常将药片置于食指与中指之间，用拇指加压使拆断来估计片剂的硬度。也可用片剂四用测定仪测定硬度。

脆碎度是指磨损或破碎程度。片剂因磨损和震动常引起碎片、细粉、顶裂或破裂等，称为脆碎。用于检查非包衣片的脆碎情况及其他物理强度，如压碎强度等。脆碎度可用罗许氏脆碎仪（图 11-13）测定。

检查法：片重为 0.65g 或以下者取若干片，使其总重约为 6.5g；片重大于 0.65g 者取 10 片。用吹风机吹去脱落的粉末，精密称重，置圆筒中，转动 100 次（转速为 25r/min±1r/min）。取出，同法除去粉末，精密称重，减失重量不得过 1%，且不得检出断裂、龟裂及粉碎的片剂。

对易吸水的片剂，测定环境相对湿度应小于40%。

对于形状或大小在圆筒中形成严重不规则滚动或特殊工艺生产的片剂，不适于本法检查，可不进行脆碎度检查。

（4）崩解时限　崩解时限是指口服固体制剂在规定的条件下全部崩解溶散或成碎粒，除不溶性包衣材料或破碎的胶囊壳外，并全部通过筛网所需的时间。如有少量不能通过筛网，但已软化或轻质上漂且无硬心者，可作符合规定论。

检查法：将吊篮通过上端的不锈钢轴悬挂于金属支架上，浸入1000mL烧杯中，并调节吊篮位置使其下降时筛网距烧杯底部25mm，烧杯内盛有温度为37℃±1℃的水，调节水位高度使吊篮上升时筛网在水面下15mm处。

除另有规定外，取药片6片，分别置吊篮各各玻璃管内，启动崩解仪进行检查，各片应在规定时间内全部崩解；如有1片崩解不完全，应另取6片复试，均应符合规定。

各类片剂崩解时限要求如下。

普通压制片：15min。

薄膜衣片：30min［在盐酸溶液（9→1000）中］。

糖衣片：1h。

肠溶衣片：先在盐酸溶液（9→1000）中检查2h，每片均不得有裂缝、崩解或软化现象；继将吊篮取出，用少量水洗涤后，每管各加入挡板一块，在磷酸盐缓冲液（pH6.8）中进行检查，1h内应全部崩解。

口含片：30min。

舌下片：5min。

溶液片：3min（水温为15～25℃）。

结肠定位肠溶片：各片在盐酸溶液（9→1000）及pH6.8以下的磷酸盐缓冲液中均应不释放或不崩解，而在pH6.8～8.0的磷酸盐缓冲液中1h内应全部释放或崩解，片芯也应崩解。

泡腾片：取1片，置250mL烧杯中（200mL、15～25℃），有许多气泡放出，当片剂或碎片周围的气体停止逸出时，片剂应崩解或分散在水中，无聚集的颗粒剩留。各片均应在5min内崩解。

咀嚼片不需作崩解时限检查。凡规定检查溶出度、释放度的片剂，可不进行崩解时限检查。

（5）分散均匀性　分散片应检查分散均匀性，并符合规定。

检查法：取供试品2片，置20℃±1℃的100mL水中，振摇3min，应全部崩解并通过二号筛。

2. 化学方面

（1）定性检查　取一定数量片剂，按所含药物的特殊反应进行检查，以确定片剂的品种。

（2）含量测定　取10～20片，混合研细，精密称取一定量测定，算出主药含量，与标示量比较，求得含量百分率，应符合规定。

（3）含量均匀度　含量均匀度是指小剂量药物在每片中的含量偏离标示量的程度。

检查法：取供试品10片，分别测定每片以标示量为100的相对含量X，求其均值和标准差S及标示量与均值之差的绝对值A：如$A+1.80S\leqslant 15.0$，则供试品的含量均匀度符合规定；若$A+S>15.0$，则不符合规定；若$A+1.80S>15.0$，且$A+S\leqslant 15.0$，则应另取20

片复试。根据初、复试结果，计算30片的均值和标准差S及标示量与均值之差的绝对值A：如$A+1.45S\leqslant 15.0$，则符合规定；若$A+1.45S>15.0$，则不符合规定。

（4）溶出度　是指药物从片剂、胶囊剂或颗粒剂等固体制剂在规定的条件（规定的介质和温度）下溶出的速率和程度。

片剂等固体制剂口服后需经崩解，药物溶出后才能被吸收而发挥药效。片剂的崩解与体内吸收并不都存在平行关系，而生物利用度的测定又不可能作为质量检查的常规方法。实验证明，很多药物的片剂体外溶出与体内吸收有相关性，因此溶出度的测定可作为反映或模拟体内吸收情况的一种试验方法。

通常在片剂中除规定崩解时限外，以下几种情况必须测定溶出度控制其质量：在消化液中难溶的药物；与其他成分容易发生相互作用的药物；久贮后溶解度下降的药物；剂量小，作用强的药物。

（5）释放度　缓释片、控释片应检查释放度，并符合要求。凡规定检查溶出度、释放度的片剂，不再进行崩解时限的检查。

知识链接：溶出度检查方法

第一法：转篮法

转篮由不锈钢材料制成，操作容器为1000mL的圆底烧杯，有机玻璃盖上有两孔，中心孔为篮轴的位置，另一孔供取样或测温度用。外套水浴的温度应能使容器内溶剂的温度保持在37℃±0.5℃，转速可任意调节在每分钟50～200转，稳速误差不超过±4转。

测定方法：量取经脱气处理（常用有超声、加热）的溶剂900mL，注入每个操作容器内，加温使溶剂温度保持在37℃±0.5℃，调整转速使其稳定。取供试品6片，分别投入6个转篮内，将转篮放入容器中，开始转动，并开始计时。除另有规定外，到45min时，在规定取样点吸取溶液适量，立即经不大于0.8μm的微孔滤膜滤过（现有集过滤和取样于一体的吸取装置），取滤液测定（自取样至滤过应在30s内完成），算出每片的溶出量。均应不低于规定限度Q。

注意：转篮底部距溶出杯内底部25mm±2mm；取样位置应在转篮顶端至液面中点，距溶出杯内壁10mm处；多次取样时，所量取溶出介质体积之和应在溶出介质±1%之内，如超过总体积的1%时，应及时补充溶出介质，或在计算时加以校正。

结果判断：符合下列条件之一者，可判为符合规定。①6片中，每片溶出量按标示量计算，均不低于规定限度（Q）；②6片中如有1～2片低于Q，但不低于$Q-10\%$，且其平均溶出量不低于Q；③6片中，有1～2片低于Q，其中仅有1片低于$Q-10\%$，但不低于$Q-20\%$，且其平均溶出量不低于Q时，应另取6片复试；初、复试的12片中有1～3片低于Q，其中仅有1片低于$Q-10\%$，但不低于$Q-20\%$，且其平均溶出量不低于Q。

判断中所示的10%、20%是指相对于标示量的百分率。

第二法：桨法

除将转篮换成搅拌桨外，其他装置和要求与转篮法相同。搅拌桨由不锈钢材料制成。旋转时摆动幅度不得超过±0.5mm。取样点应在桨叶上端距液面中间，离烧杯壁10mm处。具体操作与结果判断方法同转篮法。

第三法：小杯法

搅拌桨由不锈钢材料制成，旋转时摆动幅度不得超过±0.5mm，操作容器为250mL的圆底烧杯，转速可任意调节在每分钟25～100转，稳速误差不超过每分钟±1转。测定时，量取经脱气处理的溶剂100～250mL，注入每个操作容器内，其他操作及结果判断方法同。

3．微生物方面

片剂不得检出大肠杆菌、致病菌、活螨及螨卵；细菌数每克不得超过1000个；真菌数每克不得超过100个。

（二）包衣片的质量评价

包衣片在质量评价方面较压制片至少补充考虑三个方面：衣膜的物理性质、包衣片的稳定性及作用效果评价。

1. 衣膜的物理性质评价

（1）测定直径、厚度、重量及硬度　在包衣前后进行对比，以检查包衣操作的均匀性。

（2）残存溶剂检查　包衣时采用非水溶剂，必须进行有机溶剂残留量检查；以水为分散介质，应检查水分含量。

（3）冲击强度实验　即衣膜对冲击的抵抗程度，可用测定片剂脆碎度和硬度的方法来测定。

（4）衣膜强度　即衣膜耐受来自片剂内部压力的程度。借压入计将压缩空气通入片内，以片剂破碎时的压力表示衣膜强度。

（5）耐湿耐水性实验　将包衣片置恒温、恒湿装置中，经一定时间后，以片剂增重为指标表示其耐湿性。将包衣片放入蒸馏水中浸渍 5min 后，比较它们干燥后的失重，或测定由浸渍后增加水分的方法，比较其耐水性。

（6）外观检查　检查包衣片面的外形圆整、表面缺陷、表面粗度、光泽度等。一般用肉眼检查，有条件时，可用片剂粗度记录仪和反射光度计等来测定。

2. 稳定性实验

可将包衣片于室温长期保存或进行加热（40～60℃）、加湿（相对湿度 40%、80%）、热冷（－5～45℃）及光照实验等，观察片剂内部、外观变化，测定主要药物含量及崩解、溶出性质的改变，以作为包衣片的稳定性、预测包衣片质量及操作优劣的依据。

3. 药物作用效果评价

由于包衣片增加了一层衣膜，且片芯较硬，崩解时间一般较素片延长，如果包衣不当会严重影响其药物的作用效果，甚至造成排片现象。因此必须重视崩解时限和溶出度测定。

（三）片剂的包装与贮存

适宜的包装与贮存是保证片剂质量的重要措施。片剂的包装不仅应讲究美观、使用方便，更应注意防潮、遮光、密封和卫生等条件。

片剂的包装通常采用两种形式，即多剂量包装和单剂量包装。

多剂量包装即将几十片或几百片包装在一个容器内，容器多为玻璃瓶和塑料瓶，瓶口一般用金属盖或胶木盖，盖内软木塞烫蜡，内加纸片、药棉等。对吸湿性特别强的片剂，往往在瓶内加硅胶防潮。

单剂量包装即将片剂单个分开包装，每片处于密封状态，有利于片剂的稳定，且易于携带，目前应用广泛。单剂量包装通常采用泡罩式包装和窄条式包装两种形式。单剂量包装均用机械化操作，包装效率较高，但片剂的包装尚有许多问题有待改进。首先应从密封、防潮、轻便及美观等方面着手，这不仅利于提高片剂质量，且对片剂产品的销售与国际市场接轨有关。其次是要从机械自动化和联动化方面着手，加快包装速度、减轻劳动强度，提高包装质量。

片剂的贮存，按药典规定宜密封贮存，防止受潮、发霉、变质。故包装好的片剂应放在阴凉、通风、干燥处贮存。对光敏感的药物片剂，应避光保存（采用棕色瓶包装）。受潮后易分解变质的药物片剂，应在包装容器内放干燥剂。

拓展知识

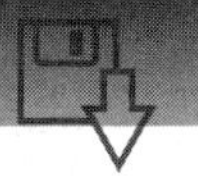

一、影响片剂成型的因素

1. 药物性状

药物的可压性和结晶形状对片剂的成型难易有直接影响。所谓可压性是指药物颗粒在受压过程中可塑性的大小。一般塑性形变大的物料，受压后能形成稳固的片剂，不需要加辅助黏合剂即可成型。药物弹性形变较大时，当解除压力时，有时会发生弹性回复现象，因而产生裂片或松片。为克服弹性回复，则必须加黏合剂。

药物的结晶形状决定能否直接压片，属立方晶系者，对称性较高，表面积较大，压缩较易排列紧密；树状结晶系者，压缩时可相互嵌合等较易压片；鳞片状、针状或球状的晶系不易直接压片。

2. 结晶水及含水量

适量结晶水或颗粒粉末中含水，是片剂成型不可缺少的因素，它可使药物粒子增加可塑性，减少弹性，同时，在压缩过程中挤压出的水分，能在粉粒外面形成薄层，便于粒子间相互接近，产生足够的内聚力。颗粒中的水分一般为3%左右，过多过少会影响片剂成型后的硬度。但有时由于药物稳定性或其他特殊需要而有不同的含水量要求。如维生素C片，颗粒的含水量宜低于2%；四环素片则宜较高的含水量，控制在10%～14%，如水分太低，则崩解时限超过规定。

3. 黏合剂与润滑剂

可压性差的药物难以成型，必须加入黏合剂以增加颗粒间的内聚力促进片剂成型。

润滑剂可减少摩擦和增加颗粒的流动性，使片剂压紧。但在压片过程中，润滑剂覆盖于粉粒表面，使粉粒间的结合强度减弱，若润滑剂使用过多过少，压片时均不易成型。

二、生物药物口服给药制剂学手段

口服给药是最易被患者接受的给药方式。但现在市场上用于全身作用的口服多肽、蛋白质类药物仅有环孢菌等少数药物。多肽、蛋白质类药物，很少或不能经胃肠道吸收，其原因主要有：①多肽分子分子量大，脂溶性差，难以通过生物膜屏障；②胃肠道中存在着大量水解酶可降解多肽，即酶屏障；③吸收后易被肝脏消除，即首过效应；④存在化学和构象不稳定问题。提高多肽、蛋白质类药物胃肠道吸收的方式已有很多报道，主要包括使用酶抑制剂，用PEG修饰多肽以抵抗酶解，应用生物黏附性制剂以及制备多肽、蛋白质类药物的脂质体、微球、纳米粒、微乳或肠溶制剂等。酶抑制剂价格较贵而且效果比较有限，PEG修饰难度较大，因此，以制剂学手段制备适宜的给药系统更为可行。本节主要介绍生物技术药物各种口服给药剂型。

（一）骨架片

骨架片是指药物和一种或多种惰性固体骨架材料通过压制或融合技术制成的片剂。使用不同的骨架材料或采用不同的工艺制成的骨架片，可以使之具有定时、定速、定位等功能，从而达到不同药物的临床治疗需要。

其中具有定位释放效果的骨架片可增加药物胃肠道局部治疗作用或增加药物在特定部位的吸收。由于结肠腔内存在的消化酶很少，常作为蛋白和多肽药物吸收的部位，将生物药物制成结肠定位释药系统将增加其吸收。现已有将生物黏附功能的亲水骨架材料果胶、壳聚糖、海藻酸盐及卡波姆用于结肠靶向制剂的尝试。

骨架片按采用骨架材料性质的不同分为不溶性骨架片、亲水凝胶骨架片和生物溶蚀性骨架片。

1. 不溶性骨架片

是指用不溶于水或水溶性极小的高分子聚合物与药物混合制成的骨架形片剂。胃肠液渗入骨架孔隙后，药物溶解并通过骨架中错综复杂的极细孔径的通道，缓缓向外扩散而释放，在药物的整个释放过程中，骨架几乎没有改变，随大便排出。不溶性骨架材料最常用的是乙基纤维素，其他如聚丙烯、聚硅氧烷、乙烯-醋酸乙烯共聚物、甲基丙烯酸-丙烯酸甲酯共聚物等也有应用。

此类骨架片的制备方法如下。①药物与不溶性聚合物混合均匀后，可直接粉末压片。②湿法制粒压片：将药物粉末与不溶性聚合物混匀，加入有机溶剂作润湿剂，制成软材，制粒压片。③将药物溶于含聚合物的有机溶剂中，待溶剂蒸发后成为药物在聚合物中的固体溶液或药物颗粒外层留一层聚合物层，再制粒，压片。

2. 凝胶骨架片

是指用药物与凝胶骨架材料制成的片剂。凝胶骨架材料遇水后形成凝胶，水溶性药物的释放速度取决于药物通过凝胶层的扩散速度，而水中溶解度小的药物，释放速度由凝胶层的逐步溶蚀速度所决定，不管哪种释放机制，凝胶骨架最后完全溶解，药物全部释放，故生物利用度高。研究表明在此类骨架片中加入致孔剂（如PVP、PEG或低黏度的HPMC），则释药速率随其加入量增大而加快。

凝胶骨架片材料可分为四类：①天然凝胶，如果胶、海藻酸盐、西黄蓍胶、明胶等；②纤维素衍生物，如羟丙基甲基纤维素（HPMC）、羟丙基纤维素（HPC）、羟乙基纤维素（HEC）、羧甲基纤维素钠（CMC-Na）等；③乙烯聚合物和丙烯酸类聚合物，如聚乙烯醇和卡波姆（Carbomer）等；④非纤维素多糖，如壳多糖、半乳糖、甘露聚糖和脱乙酰壳多糖。其中羟丙基甲基纤维素（HPMC）和脱乙酰壳多糖（Chitosan）是最常用也是最为适用的成型材料。

凝胶骨架片多数可用常规的生产设备和工艺制备，机械化程度高、生产成本低、重现性好，适合工业大生产，因此具有实用性。制备工艺主要有直接压片或湿法制粒压片。

3. 生物溶蚀性骨架片

是指将药物与蜡质、脂肪酸及其酯（如巴西棕榈蜡、硬脂醇、硬脂酸、氢化蓖麻油、聚乙二醇单硬脂酸酯、甘油三酯）等物质混合制备的缓释片。骨架片中的生物溶蚀性材料在消化道中逐渐溶蚀，药物随着释放。因此用可水解的酯作骨架，则药物的释放速率与酯水解速率呈平行关系，胃肠道的pH 、消化酶能明显影响脂肪酸酯的水解，从而影响药物的释放。另外表面活性剂对药物的释放也有一定影响，各种表面活性因其水中溶解度不同，影响大小也不同。

此类骨架片的制备工艺有三种。①溶剂蒸发技术：将药物与辅料或分散体加入熔融的蜡质相中，然后将溶剂蒸发除去，干燥混合制成团块，再制成颗粒，然后制备成片剂。②熔融技术：将药物与辅料直接加入熔融的蜡质中，温度控制在略高于蜡质熔点，熔融的物料铺开冷却、再固化、粉碎，或者倒入一旋转的盘中使成薄片，再研磨过筛制成颗粒。若加入聚维酮（PVP）或聚乙烯月桂醇醚，则其体外释放呈零级过程。③混合技术：将药物与十六醇在60℃混合，团块用玉米蛋白乙醇溶液制粒，此法得到的片剂释放性能稳定。

除上述不溶性、生物溶蚀性和亲水凝胶三大类骨架片外，还有利用这三类材料混合物与药物制粒、压片的混合材料骨架片；用生物降解聚合物如聚乳酸、聚谷氨酸、聚氰基丙烯酸己酯等与药物混合制粒压片，成为生物降解骨架缓释片；含药的微球或微囊骨架，加其他辅料制成的微囊骨架片；其他尚有利用不同工艺制成的包衣小丸骨架片和薄膜骨架片等。

（二）胃内漂浮滞留片

胃内漂浮滞留片是指一类由药物和一种或多种亲水胶体及其他辅助材料制成的能滞留于胃液中，延长药物在消化道内的释放时间，改善药物吸收的骨架片。与胃液接触时，亲水胶体便开始产生水化作用，在片剂的表面形成一水不透性胶体屏障膜，控制了片内药物与溶剂的扩散速率。为提高滞留或漂浮能力，可加入疏水性而相对密度小的酯类、脂肪醇类、脂肪酸类或蜡类，并滞留于胃内，直至所有的负荷剂量药物释放完为止。药物的释放速率受亲水性骨架材料种类和浓度的影响。

胃内漂浮滞留片应具有如下特性：①有一定的强度以抵抗胃肠蠕动的压力；②片剂与胃液接触时，在体温下能在表面水化形成凝胶屏障膜，并膨胀保持片剂原有形状；③处方的漂浮辅料相对密度小于1，并使片剂在胃内滞留时间较长；④主药的性质、用量、赋形剂的选择都能符合胃内滞留片要求的体内外释药特性，能缓慢溶解、扩散，能维持胃内较长给药时间，一般可在胃内滞留达5～6h。

目前研究常用的亲水胶体材料有羟丙基甲基纤维素（HPMC）、羟丙基纤维素（HPC）、羟乙基纤维素（HEC）、甲基纤维素（MC）、乙基纤维素（EC）和羧甲基纤维素钠（CMC-Na）等。国内外制备胃内漂浮片的研究报道中采用HPMC的居多。此外，为提高制剂在胃的滞留能力，添加疏水性而相对密度小的酯类、脂肪醇类、脂肪酸类或蜡类，如单硬脂酸甘油酯、鲸蜡醇、硬脂醇、硬脂酸、蜂蜡等；为调节释药速率，如添加可压性好的乳糖、甘露醇等则可加快释药速率；如添加聚丙烯酸树脂Ⅱ、Ⅲ等，可减缓释出，使药物在肠道pH下才释出。为了增强亲水性，还可加入十二烷基硫酸钠等表面活性剂。

胃内漂浮滞留片最突出的一点是胃内滞留效应，所以要围绕如何达到该功能来设计处方工艺。

（1）工艺选择　直接压片工艺为首选，因为湿法制粒压片工艺不利于片剂的水化滞留。所以在赋形剂的选择上要重点考虑辅料的干黏合性和流动性。

（2）压片压力　压片压力对于片剂成型后的滞留作用影响很大。在制备过程中既要使片剂有合适的硬度，又要使片剂内部具有适当的空隙，使成型的片剂相对密度小于1，且片剂表面的亲水性高分子颗粒间留有一定的孔隙利于水化。

总之，不同的片形大小、亲水胶体等漂浮材料和选择的工艺过程以及压力对成型片剂的漂浮作用的影响各不相同，另外，胃内漂浮滞留片的基本制备过程同一般压制片，所以一般压制片需要注意的工艺成型要点适合于胃内漂浮滞留片。

【例11-3】 呋喃唑酮胃漂浮片

制法：将100g呋喃唑酮、70g十六烷醇、40g丙烯酸树脂、适量十二烷基硫酸钠等辅料充分混合，用2%HPMC水溶液制软材，制粒，40℃干燥，整粒，加入硬脂酸镁混匀后压片。每片含主药100mg。

实验证明，本品以零级速率及Higuchi方程规律体外释药。在人胃内滞留时间为4～6h，明显长于普通片（1～2h）。

（三）生物黏附片

生物黏附片是药物以具有黏附性的聚合物为载体，通过载体的生物作用，长时间黏附于黏膜而发挥疗效的片剂。生物黏附片给药部位可以是口腔、鼻腔、眼部、阴道、消化道及特定区段等。

生物黏附片是借助于机体组织黏膜表面的良好润湿条件使可溶胀的聚合物材料与之产生紧密接触，黏附材料的分子链嵌入细胞间隙或与黏液中的黏性链段互相穿透，通过机械嵌合、共价键、静电吸引力、范德华力、氢键、疏水键等综合作用，聚合物与黏膜紧密结合在一起，从而产生生物黏附现象，并可维持相当长的时间。

由于该剂型加强了药物与黏膜接触的紧密性及持续性，因而有利于药物的吸收，而且容易控制药物吸收的速率及吸收量。生物黏附片既可安全有效地用于局部治疗，也可作用于全身，有些还可以根据需要随时终止给药。生物黏附片具有可避免药物首过效应，血药浓度平稳，作用时间长，应用方便，并且由于黏膜不存在皮肤角质化的影响，黏膜下毛细血管丰富，因此还具有给药剂量小、生物利用度高及起效时间快等特点。与其他技术结合，可以满足特定的治疗需求，尤其对那些不能口服而又需持续作用的药物是一种较为理想的给药形式。

生物黏附片通常是由生物黏附性聚合物与药物混合组成片芯，然后由此聚合物围成外周，再加覆盖层而成。

生物黏附性材料通常有天然生物黏附材料、半合成生物黏附材料和合成生物黏附材料三大类，其中常用的有卡波姆（Carbopol，CP）、脱乙酰壳多糖、纤维素类衍生物、聚乙烯吡咯烷酮、聚乙二醇等。

生物黏附片结构通常为单层黏附片和多层黏附片两种类型。单层黏附片即将主药和黏附材料混合后压制成片，使用时聚合物遇水溶胀黏附于黏膜组织上，药物便可持续释放。多层黏附片一般有两层或三层结构，由非黏附层和黏附层组成，前者可防止唾液对药层的溶解，药物仅向黏膜处单向释放，或者黏附层和非黏附层均含药物，药物又向外周环境释放，呈现双向释药，同时具有局部治疗作用。

【例 11-4】 硫酸吗啡颊黏附片

处方：硫酸吗啡 3g，卡波姆-934 16.8g，羟丙基甲基纤维素 4.2g，硬脂酸镁 0.24g。

制法：将 HPMC 与卡波姆-934 的混合物，加硫酸吗啡和硬脂酸镁混匀，直接压片，在药片一面涂上聚丙烯酸树脂包衣液，室温干燥。

注解：本片为麻醉性强效镇痛药，用于缓解瘤疼痛、术后等各种疼痛。

（四）微丸剂

微丸剂是指药物与阻滞剂等混合或先制成普通丸芯后包控释膜衣而制备的口服小球状缓、控释小丸。直径通常小于 2.5mm。微丸可直接分装成为剂量分散型小丸应有用，也可填装于空心胶囊中或压成片剂使用。

由于微丸属剂量分散型制剂，一次剂量由多个单元组成，与单剂量剂型相比，具有许多优点：①能提高与胃肠道的接触面积，药物吸收完全，从而提高生物利用度；②通过几种不同释药速率的微丸组合，可获得理想的释药速率并维持较持久的作用时间，药物均匀分散在每个小丸中，增大药物在胃肠表面的分布面积，因而可避免对胃肠的刺激等不良反应；③其释药行为是组成一个剂量的多个微丸的释药行为总和，个别微丸制备上缺陷不至于对整个制剂的释药行为产生严重影响，因此其释药规律具有重现性；④药物在体内很少受到胃排空功能的影响，在体内的吸收具有良好的重现性；⑤可将不同药物分别制成微丸组成复方制剂，可增加药物稳定性；⑥制成微丸可以掩盖药物的不良味道，也可改变药物的某些性质如成丸后流动性好，分剂量准确，可为制备片剂、胶囊剂等的基础。

微丸的类型根据处方组成、结构及释药机制不同，一般有骨架型微丸、膜控释微丸以及采用骨架和膜控释相结合制成的微丸三种。

① 骨架型微丸　是选用水不溶性辅料如乙基纤维素、微晶纤维素等；或加热熔融的蜡质辅料如单硬脂酸甘油酯、硬脂酸、硬脂醇、氢化蓖麻油、巴西棕榈蜡等；或热塑性聚合物如乙酸丁酸纤维、聚乙烯-醋酸乙烯共聚物和聚甲基丙烯酸酯的衍生物等；或吸水溶胀形成凝胶骨架的亲水性聚合物如羟丙基甲基纤维素等与药物混合，再加入一些其他成型辅料如乳

糖或调节释药速率的辅料如PEG类、表面活性剂等，通过适当的方法而制成。起定时、定速或定位的作用。

② 膜控释微丸　是通过薄膜包衣来实现特定功能的给药系统，由丸芯与外包薄膜衣两部分组成，丸芯起载药的作用，薄膜衣起控制药物释放的作用。丸芯除含药物外，尚含稀释剂、胶黏剂等与片剂辅料大致相同的成型辅料，如蔗糖、乳糖、淀粉、微晶纤维素、甲基纤维素、聚乙烯醇、聚乙烯吡咯烷酮、羟丙基纤维素、羟丙基甲基纤维素等。包衣材料及包衣组成因不同的给药特点而异，由于膜控微丸是通过包衣膜来控制药物在体内外的释放速率，因此成膜材料的选择、包衣膜的处方组成在很大程度上决定了这种制剂的定位或控释作用的效果。包衣材料都要配制成溶液或分散体才能使用，包衣溶液或分散液的基本处方大致由包衣成膜材料、增塑剂和溶剂组成，有时尚需加致孔剂、着色剂、抗黏剂和避光剂等。

根据膜控微丸的给药特性，膜控微丸可为两大类。a. 亲水凝胶薄膜衣控制释药的微丸。微丸的包衣膜为亲水性聚合物，如海藻酸钠。口服后亲水聚合物遇消化液吸水溶胀，形成凝胶屏障控制药物的释放。药物释放速率很少受胃肠道生理因素和消化液变化的影响。b. 不溶性薄膜衣渗透和扩散控制给药的微丸。包衣材料为在水和胃肠液中不溶解的聚合物，如聚丙烯酸树脂类（Eudragit RL，Eudragit RS）、醋酸纤维素、乙基纤维素等。这种膜控微丸剂的薄膜衣是一种整体式的膜，水溶性药物制备在丸芯内，内服后水分渗入衣膜，进入丸内，使药物溶解成饱和溶液，溶解的药物通过连续的高分子膜向胃肠道内扩散和渗透。为了更好地控制药物释放，往往在包衣液中加入水溶性的致孔剂，口服后致孔剂遇消化液溶解或脱落，在微丸衣膜上形成许多微孔，通过这些微孔调节衣膜厚度控制药物的释放。

③ 骨架和膜控释相结合制成的微丸　是在骨架型微丸的基础上，进一步包衣制成的，从而获得更好的缓控释效果。

骨架型微丸的制备方法较多，可采用旋转滚动制丸法（泛丸法）、挤压-滚圆制丸法和离心-流化制丸法制备。此外还有喷雾冻凝法、喷雾干燥法和液中制丸法。可根据处方性质、制丸的数量和条件选择合适的方法制丸。微丸膜包衣可采用锅滚转包衣法、空气悬浮流床包衣法和压制包衣法等方法进行。其中最常用的是空气悬浮流床包衣法。

【例 11-5】 美沙芬缓释微丸

处方：乙基纤维素 100mg，羟丙基甲基纤维素 100mg，蜂蜡 20mg，聚乙烯吡咯烷酮 5mg。

制法：将蜂蜡在水浴中熔化，将药物粉末倒入熔融的蜂蜡中混匀，室温干燥后，用研钵将其研碎，过 40 目筛，然后将药粉倒入无水乙醇溶解的乙基纤维素中，将混匀好的羟丙基甲基纤维素和聚乙烯吡咯烷酮倒入其中，过 14 目筛制粒，在 50℃ 干燥箱中干燥，过 40 目筛整粒。

注解：美沙芬是水溶性药物，制备缓释微丸时，采用疏水性辅料，乙基纤维素为不溶性骨架材料，蜂蜡为溶蚀性阻滞剂，羟丙基甲基纤维素为亲水性凝胶，聚乙烯吡咯烷酮为致孔剂。

（五）口服微粒给药系统

多肽、蛋白质类生物技术药物的口服给药必须克服胃肠道降解、促进肠道吸收和避免肝代谢三大技术问题。避免胃肠道降解可采取如肠溶包衣、结肠定位等技术措施。而采用各种微粒给药系统如微球、纳米粒、脂质体等，由于其独特的微粒结构，不仅能保护药物，提高药物在体内的稳定性，而且研究表明也可以提高其肠道的吸收，提高生物利用度。

1. 微粒在胃肠道的吸收

（1）吸收机制　通常认为口服后微粒在胃肠道存在 3 种吸收机制。①跨膜通道转运。研究发现肠道上皮细胞间对微粒可以产生“捏合”作用，使得微粒间产生跨膜通道，这种现象允许肠道摄取微米级微粒。②上皮细胞的胞饮作用。有人发现口服给药 1h 后，大鼠胃肠道上皮细胞中可以观察到 220nm 的聚苯乙烯微粒，这说明微粒可能是通过胞吞转运作用由肠道囊肿吸收。③派尔淋巴结 M 细胞的吞噬作用。目前多数学者认为微粒的吸收主要发生在肠道淋巴组织（即派尔淋巴结）。附于派尔淋巴结上的上皮细胞层包含特殊的 M 细胞，它被认为是跨胞的。肠道内腔的微粒定位于 M 细胞顶膜表面，能通过胞饮作用被 M 细胞吞噬。

（2）影响因素　研究证明胃肠道的微粒吸收途径和吸收效率主要受限于微粒的粒径大小。亚微型的胶质微粒可通过胞囊肿在胞间通道被吸收和转运。而微米级（$<10\mu m$）的微粒几乎全由派尔淋巴结 M 细胞吸收。据研究发现微粒在小鼠肠道的吸收程度具有粒径依赖性，100nm 左右的微粒吸收明显高于微米级（$<10\mu m$）的微粒，大于 $10\mu m$ 的微粒不能被吸收。除了粒径，微粒的性质和表面特性也影响微粒的吸收。口服后存在于派尔淋巴结中微粒的数量与微粒聚合物材料相对疏水性有关，疏水微粒比亲水微粒更容易吸收。

2. 提高微粒吸收效率的方法

通常情况下，各种微粒口服后，其生物利用度约为 1%，为提高微粒的口服吸收率，通常的方法是对微粒结构进行修饰。

（1）靶向给药系统　将微粒修饰成能定位于派尔淋巴结 M 细胞的靶向给药系统，如将能识别派尔淋巴结 M 细胞的单克隆抗体吸附于荧光聚苯乙烯微球上，给药后可以特异定位于派尔淋巴结上皮细胞。与未包抗体的微粒相比，包抗体的微粒在派尔淋巴结中的数量有 3 倍以上。以番茄凝集素对聚苯乙烯微粒表面进行修饰。将修饰后的聚苯乙烯微粒口服于大鼠，结果表明番茄凝集素的吸附作用对于微粒的吸收有明显的效果。与未修饰的微粒相比，修饰后的微粒吸收效率提高近 2 倍。并且，番茄凝集素的存在也增加非伊尔淋巴结上皮细胞对微粒的摄取达 10 倍以上。采用凝集素分子（UEA-I）对脂质体表面进行修饰，可提高口服给药聚合膜脂质体的吸收效率。

（2）黏附给药体系　使用黏附性聚合物制成的微粒可以黏附于肠道黏液层，由于微粒和黏膜层相互作用导致胃肠道聚合物载体递送速度降低，因此延长口服微粒在肠道的滞留时间，可用于提高微粒递送效率。如用聚反丁烯二酸酐-癸二酸酐组成的聚合物微球对于肠道上皮细胞显示出很好的黏附性，体内肠道转运研究表明，相比海藻酸盐的微球而言，能明显减慢在肠道的转运，从而增加在肠道的吸收。

总之，治疗性蛋白和多肽的口服微粒给药系统的成功与否将很大程度上取决于是否能达到足够的吸收水平。由于疫苗通常小剂量就可起效，因此口服微粒对于疫苗是很有希望的给药途径。另外口服疫苗还将会诱导黏膜发生免疫效应，而且患者用药的方便性和依从性大大增加，这将使疫苗的口服微粒制剂非常具有发展前景。

实践项目

一、空白片的制备

【实践目的】

1. 掌握湿法制粒压片的过程和技术。
2. 初步学会单冲压片机的调试，能正确使用单冲压片机。
3. 会分析片剂处方的组成和各种辅料在压片过程中的作用。
4. 熟悉片剂重量差异、崩解时限、硬度和脆碎度的检查方法。

【实践内容】

1. 空白片的制备

[处方]

蓝淀粉(代主药)	40.0g	50%乙醇	88.0mL
糖粉	132.0g	硬脂酸镁	2.3g
糊精	92.0g	共制	4000片
淀粉	200.0g		

[制法]

(1) 制颗粒

① 备料：按处方量称取物料，物料要求能通过80筛。称量时，应注意核对品名、规格、数量，并做好记录。

② 混合：取蓝淀粉与糖粉、糊精和淀粉以等量递加法混匀，然后过60目筛2次，使其色泽均匀。

③ 制软材：在迅速搅拌状态下用喷雾法加入乙醇，迅速搅拌并制成软材，以“手握成团、轻压即散”为度。

④ 制湿颗粒：将软材手工挤压过14目筛制粒。

⑤ 干燥：将湿颗粒置于瓷盘中，分摊均匀，放入烘箱内600C干燥2h。在干燥过程中应隔一定的时间将颗粒翻动一次，以保证干燥均匀。

⑥ 整粒和总混：干粒过10目筛整粒，加入硬脂酸镁混匀。

⑦ 将颗粒称重，计算片重。

(2) 压片操作

① 单冲压片机的安装：

a. 首先装好下冲头，旋紧固定螺丝，旋转片重调节器，使下冲头在较低的部位。

b. 将模圈装入冲模平台，旋紧固定螺丝，然后小心地将模板装在机座上，注意不要损坏下冲头。调节出片调节器，使下冲头上升到恰与模圈齐平。

c. 装上冲头并旋紧固定螺丝，转动压力调节器，使上冲头处在压力较低的部位，用手缓慢地转动压片机的转轮，使上冲头逐渐下降，观察其是否在冲模的中心位置，如果不在中心位置，应上升上冲头，稍微转动平台固定螺丝，移动平台位置直至上冲头恰好在冲模的中心位置，旋紧平台固定螺丝。

d. 装好饲料靴、加料斗，用手转动压片机转轮，如上下冲移动自如，则安装正确。

② 将颗粒加入加料斗进行试压片，试压时先调节片重调节片重调节器至片重符合要求，再调节压力调节器至硬度符合要求。

③ 试压后，进行正式压片。

④ 压片结束，停机。

2. 片剂的质量检查

(1) 片剂外观　应完整光洁、色泽均匀。

(2) 片重差异　取20片精密称重总重量，求得平均片重。再分别精密称定各片片重，每片片重与平均片重比较，超出重量差异限度的药片不得多于2片，并不得有1片超出重量差异限度的1倍。

(3) 崩解时限　吊篮法。取6片，分别置于崩解仪吊篮的6个玻璃管中，开动仪器使吊篮进入37℃±0.1℃的水中，并按一定的频率和幅度往复运动（30～32次/min）。从片剂置于玻璃管时开始计时，至片剂全部崩解成碎片并全部通过玻璃管底部的筛网（ϕ2mm）为止，该时间即为片剂的崩解时间，应符合规定崩解时限（普通片为15min）。如有1片不符合要求，应另取6片复试，均应符合规定。

（4）硬度测定　开启电源开关，拨选择开关至硬度挡，检查硬度指针是否零位，若不在零位，则将倒顺开关置于“倒”的位置。指针回到零位后，将硬度盒盖打开，夹住被测药片。将倒顺开关置于“顺”的位置，硬度指针左移，压力逐渐增加。药片碎裂自动停机，读出此时的刻度即为硬度值（kg），随后将倒顺开关拨至“倒”的位置，指针推倒零位。测定3～6片，取平均值。

（5）脆碎度测定　取20片，精密称定总重量后放入片剂四用测定仪脆碎盒中。选择开关拨至脆碎位置，振动4min，除去细粉和碎粒，称重后与原药片总重量比较，其减重率不得超过1.0%。

【实践结果】 将实践所得结果填入表11-3中，并判断所制备的片剂是否符合质量要求。

表 11-3

项　目	数据与结论	项　目	数据与结论
片重差异	平均片重： 超出重量差异限度片数： 最大超限者为差限的倍数： 结论：	崩解时限	结论：
		硬度	方法： 结论：
崩解时限	不加挡板：	脆碎度	方法： 结论：

【附注】

① 蓝淀粉为主药，其含量约仅占片重的10%，因此可代表含微量药物的片剂。

② 糖粉和糊精为干燥黏合剂，淀粉为稀释剂和崩解剂，乙醇为润湿剂，硬脂酸镁为润滑剂。

③ 蓝淀粉与赋形剂必须充分混匀，否则压成的片剂可出现色斑等现象。

④ 因季节、地区不同，所加乙醇量应相应变化，也就是温度高可稍增加一些，温度低则用醇量可稍减一些。

二、红霉素肠溶片的制备

【实践目的】

1. 掌握片剂包衣岗位操作方法。
2. 掌握片剂包衣的生产工艺操作要点及其质量控制要点。
3. 掌握BGB-10C高效包衣机的操作规范、标准及其要点。
4. 掌握BGB-10C高效包衣机的清洁、保养的操作规范。
5. 熟悉BGB-10C高效包衣机的使用。

【实践内容】

［处方］

片芯：

红霉素	145.2g	淀粉浆	19g
淀粉	34g	硬脂酸镁	3.9g
硫酸钙	37g	共制	1000片

包衣材料：

95%乙醇	28g	蓖麻油	0.65L
去离子水	适量	苯二甲酸二乙酯	0.3L
丙烯酸树脂Ⅱ号	适量	滑石粉	适量
丙烯酸树脂Ⅲ号	适量		

[制法]

1. 将红霉素、淀粉、硫酸钙置混合机中混合5min，加入淀粉浆制成软材，经14～16目筛网制粒，置烘干机中70～80℃强风干燥，干颗粒经14目筛整粒，加入硬脂酸镁混匀，采用凹面冲模，片重0.18～0.19g。

2. 配制包衣液

将丙烯酸树脂Ⅱ号和丙烯酸树脂Ⅲ号溶解在75%乙醇中，在搅拌状态下加入蓖麻油、苯二甲酸二乙酯，分次均匀撒入滑石粉适量，加入完毕后开继续搅拌。包衣液不应有结块，必要时过100目筛2次，滤出块状物，待包衣液混合均匀后即可用。

3. 包衣操作

取制备好的红霉素片芯投入包衣机内，按BGB-10C高效包衣机的操作规程进行操作。见正文片剂制备中的包衣操作。

4. 质量检查

(1) 外观检查：取样品100片，平铺于白底板上，置于75W光源下60cm处，距离片剂30cm，用肉眼观察30s。检查结果应符合下列规定：完整光洁，色泽一致；80～120目色点应<5%，麻面<5%，中药粉末片除个别外应<10%，并不得有严重花斑及特殊异物；包衣中的畸形片不得超过0.3%。

(2) 增重：取20片薄膜衣片，精密称定总重量，求平均片重与片芯平均片重比较。

(3) 被覆强度检查：将包衣片50片置于250W红外线灯下15cm处，加热4h进行检查。根据实验结果，判断是否合格。

(4) 崩解度：见本章实践项目“一、空白片的制备”的质量检查。

【操作注意】

① 要求素片硬度足够、耐磨，包衣前筛去细粉，以防包衣片片面不光洁。

② 包衣操作时，包衣液的喷速与吹风速度应适宜，使片面略带润湿，而且不使片面粘连。温度不宜过高或过低。温度高则干燥过快，成膜不均匀；温度低则干燥太久，造成粘连。

复习思考题

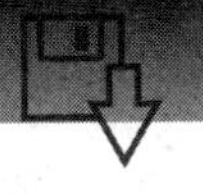

1. 片剂处方的一般组成是什么？
2. 片剂的赋形剂按其作用不同分为哪几类？
3. 片剂常用的制备方法是什么？简述其工艺过程。各工序质量评价方法是什么？
4. 制片物料制粒的目的是什么？
5. 粉末直接压片存在哪些主要问题？如何解决？
6. 片剂包衣的目的是什么？
7. 片剂包衣种类材料及方法有哪些？
8. 片剂包薄膜衣与包糖衣比较有何优点？
9. 试述片剂的成型机理。有哪些因素影响片剂的成型？
10. 如何评价片剂的质量？
11. 生物技术药物口服给药的剂型主要有哪些？各有何特点？

模 块 五

半固体制剂及其他制剂生产技术

- 项目十二　半固体制剂生产技术
- 项目十三　其他制剂生产技术

项目十二　半固体制剂生产技术

[知识点]

熟悉软膏剂的概念、特点

掌握软膏剂、凝胶剂、眼膏剂的常用基质分类及其制备方法

[能力目标]

能够根据不同的工艺要求选用不同类型的软膏剂基质

能够生产并通过质检合格的软膏剂、眼膏剂

必备知识

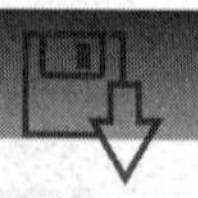

一、软膏剂生产技术

(一) 概述

软膏剂（ointments）指药物与适宜基质均匀混合制成的具有一定稠度的半固体外用制剂。软膏剂主要有保护创面、润滑皮肤等作用，但主要用于局部疾病的治疗，如抗感染、消毒、止痒、止痛和麻醉等。随着药物头皮吸收途径与机制研究的逐步深入，生产工艺和包装工程的机械化和自动化程度的不断提高，为软膏剂的进一步发展提供了广阔的天地。

知识链接：软膏剂的质量要求

① 软膏剂应均匀、细腻（混悬微粒至少应为细粉），涂于皮肤上无粗糙感。

② 黏稠度适宜，易涂布，不融化流失。

③ 性质稳定，无酸败变质现象，能保持药物固有疗效。

④ 无刺激性、过敏性及其他不良反应。

⑤ 用于创伤面（如大面积烧伤、严重损伤等）的软膏，应预先进行灭菌。眼用软膏剂的配制需在无菌条件下进行。

软膏剂的类型按照分散系统分为三类：溶液型、混悬型和乳剂型；按基质的性质和特殊用途分为软膏剂（狭义的，油脂性或水溶性基质）、乳膏剂（乳状液型基质）、凝胶剂（可形

成凝胶的辅料为基质)、糊剂(含有25%以上的固体粉末)和眼膏剂等，其中凝胶剂是近年来研究较多、较新的半固体制剂。

近年来，对一些新的载体，如脂质体的研制发现，其能够加强药物进入角质层和增加药物在皮肤局部累积的作用，可持续释放。新基质和新型高效皮肤渗透促进剂的出现促进了新制剂的发展，提高了软膏剂的疗效，并把半固体制剂的研究、应用和生产推向了一个更高的水平。

(二) 基质

软膏剂由药物和基质两部分组成，基质不仅是赋形剂，也是药物载体，在软膏剂中所占比例大，对软膏剂质量、药物释放、吸收均有重要影响。

知识链接：软膏基质要求

① 具有适宜的稠度、黏着性和涂展性，无刺激性。

② 能与药物的水溶液或油溶液互相混合，并能吸收分泌液。

③ 能作为药物的良好载体，有利于药物的稀释和吸收。不与药物发生配伍禁忌。久贮稳定。

④ 不妨碍皮肤的正常功能和伤口的愈合。

⑤ 易洗除，不污染衣服。常用基质分为油脂性基质、乳剂型基质和亲水或水溶性基质三大类。

1. 油脂性基质

油脂性基质属于强疏水性物质，主要包括动植物油脂、类脂及烃类等。此类基质涂在皮肤上能形成封闭油膜，促进皮肤水合，对皮肤有保护、软化的作用，主要适用于表皮增厚、角化、皲裂等慢性皮损，可治疗某些早期感染性皮肤病。由于其释药性差，不易洗除，一般不单独使用，主要用于遇水不稳定的药物制备软膏剂。为克服其疏水性，常加入表面活性剂或者制成乳剂型基质。

(1) 烃类　此类基质是指从石油中得到的各种烃的混合物，大部分属于饱和烃。

① 凡士林：又称软石蜡，是由多种分子量烃类组成的半固体状物。由于其是混合物，故有较长的熔程，有黄、白两种，后者由前者漂白而成。化学性质稳定，刺激性小，特别适合遇水不稳定的药物如抗生素等。凡士林吸水量较少，约5%，故只适用于有少量渗出液的患处。若在其中加入适量的羊毛脂、胆固醇或者某些高级醇类等则可提高其吸水性。

② 石蜡与液体石蜡：二者均为从石油中得到的烃类混合物，前者为固体饱和烃，熔程为50～65℃，后者为液体饱和烃，能与多种脂肪油或者挥发油混合。这两种基质与凡士林同类，最宜用于调节凡士林基质的稠度。

(2) 类脂类　多为高级脂肪酸与高级脂肪醇化合而成的酯及其混合物，具有类似与脂肪物理性质，但是化学性质较其稳定，有一定的表面活性作用及吸水性能。多数与油脂类基质合用，常用的为羊毛脂、蜂蜡及鲸蜡等。

① 羊毛脂：一般是指无水羊毛脂，为淡黄色黏稠膏状物，微臭，熔程36～42℃。主要成分是胆固醇类的棕榈酸酯及游离的胆固醇类。吸水性强，能吸水150%而成油包水型乳剂。为取用方便常吸收30%的水分以改善黏稠度，称为含水羊毛脂。由于羊毛脂性质接近皮脂，故有利于药物透入皮肤。由于其黏性较大而较少单独使用，常与凡士林合用，以改善凡士林的吸水性与穿透性。

② 蜂蜡与鲸蜡：蜂蜡的主要成分为棕榈酸蜂蜡醇酯，有少量游离高级醇类，有较弱吸水性。熔程为62～67℃。主要用于调节软膏剂的硬度和做辅助乳化剂。鲸蜡的主要成分为棕榈酸鲸蜡醇酯，并含有其他少量脂肪酸酯。熔程为42～50℃。常用于调节基质的稠度。

③ 二甲基硅油：简称硅油或者硅酮，是一系列不同分子量的聚二甲基硅氧烷的总称，

为无色或者淡黄色液体，无臭，无味，黏度随分子量的增大而增大，化学性质稳定，疏水性强。对皮肤无刺激性，润滑，易涂布，不妨碍皮肤的正常功能，不污染衣物，对药物的释放与穿透性能较好，是一种较为理想的疏水性基质。常用于乳膏中做润滑剂，最大用量可达10%～30%，也常与其他油脂性原料合用制成防护性软膏。

(3) 油脂类　是指从动、植物中取得的高级脂肪酸甘油酯及其混合物。这类基质来源丰富，润滑性、黏稠度适宜，具有良好的涂展性与穿透性。但是由于其分子结构中不饱和键的存在，容易受到外界因素影响而氧化或者酸败。氢化植物油为植物油在催化作用下加氢制成饱和或近饱和的脂肪酸甘油酯。常温下为固态或者半固态，较植物油稳定，不易酸败，也可做基质，但熔点高，价贵。

2. 乳剂型基质

乳剂型基质与乳剂相仿，由水相、油相及乳化剂三部分组成。油相与水相借乳化剂的作用在一定温度下混合乳化，最后在室温下形成半固体基质。乳剂型基质分为W/O型和O/W型两类。W/O型乳剂基质较不含水的油脂性基质容易涂布，能吸收部分水分，油腻性小，且水分从皮肤表面蒸发时有缓和的冷却作用，被称之为“冷霜”。O/W型乳剂基质能与大量水混合，无油腻性，易于涂布和用水洗除，色白如雪，故有“雪花膏”之称。

乳剂型基质常用的油相多数为半固体或固体，如硬脂酸、蜂蜡、石蜡、高级脂肪醇（如十八醇）等，有时为调节稠度而加入液状石蜡、凡士林或植物油等。常用的水相一般为蒸馏水或者去离子水。常用的乳化剂有肥皂类（脂肪酸的钠、钾、铵盐，新生皂反应）、高级脂肪醇（十六醇、十八醇）、脂肪醇硫酸酯钠（SDS）、多元醇酯类（脂肪酸甘油酯、土温和斯盘类、聚氧乙烯醇醚类）、乳化剂OP等。

乳剂型基质对皮肤表面的分泌物和水分的蒸发无影响，对皮肤的正常功能影响较小。一般乳剂型基质特别是O/W型基质软膏中药物的释放和透皮吸收较快，润滑性好，易于涂布。但是此类基质也有一些不足之处，如O/W型基质含水量高，易发霉，常需要加入防腐剂，同时，为防止水分的挥发导致软膏变硬，常需要加入甘油、丙二醇、山梨醇等做保湿剂，一般用量为5%～20%。遇水不稳定的药物不宜用乳剂型基质制备软膏。另外，当O/W型基质制成的软膏用于分泌物较多的皮肤病，如湿疹时，其吸收的分泌物可被反向吸收，重新透过皮肤而使炎症恶化，故要正确选择适应证。

一般，乳剂型基质适用于亚急性、慢性、无渗出液的皮损和皮肤瘙痒症，忌用于糜烂、溃疡、水疱及脓肿症。

3. 水溶性基质

水溶性基质是由天然或者合成的水溶性高分子物质组成。其优点是释放药物较快，无油腻性，易涂展，对皮肤及黏膜无刺激性，能与水溶液混合并吸收组织渗出液，多用于润湿糜烂创伤，有利于分泌物的排除；常用作腔道黏膜或保护性软膏的基质。此类基质溶解后形成水凝胶，因此也属于凝胶基质。使用较多的是高分子量和低分子量聚乙二醇（PEG）的混合物、甘油明胶、纤维素衍生物（CMC-Na、MC等）等。

固体PEG与液体PEG适当比例混合可得半固体的软膏基质，且较常用，可随时调节稠度。易溶于水，能与渗出液混合且易洗除，能耐高温不易霉变。对季铵盐类、山梨糖醇及羟苯酯类等有配伍变化。不适用于遇水不稳定的药物软膏的制备。

(三) 软膏剂的制备

软膏剂的制备方法分为三种：研和法、熔和法和乳化法。溶液型或混悬型软膏采用研和法和熔和法，乳剂型软膏剂采用乳化法。

1. 研和法

主要用于半固体油脂性基质的软膏制备。此法适用于小量软膏的制备，可在软膏板上或乳钵中进行。混入基质中的药物常是不溶于基质的。方法是先取药物与部分基质或适宜液体研磨成细腻糊状，再递加其余基质研匀，直到制成的软膏涂于皮肤上无颗粒感。

2. 熔和法

主要用于由熔点较高的组分组成、常温下不能均匀混合的软膏基质。此法适用于大量软膏的制备。方法是先将熔点最高的基质加热熔化，然后将其余基质依熔点高低顺序逐一加入，待全部基质熔化后，再加入药物（能溶者），搅匀并至冷凝，可用电动搅拌机混合。含不溶性药物粉末的软膏经一般搅拌、混合后尚难制成均匀细腻的产品，可通过研磨机进一步研磨使之细腻均匀。

3. 乳化法

乳化法是专门用于制备乳剂型基质软膏剂的方法。将处方中油脂性和油溶性组分一并加热熔化，作为油相，保持油相温度在80℃左右；另将水溶性组分溶于水，并加热至与油相相同温度，或略高于油相温度，油、水两相混合，不断搅拌，直至乳化完成并冷凝。乳化法中油、水两相的混合方法有3种。

① 两相同时掺和，适用于连续的或大批量的操作。

② 分散相加到连续相中，适用于含小体积分散相的乳剂系统。

③ 连续相加到分散相中，适用于多数乳剂系统，在混合过程中可引起乳剂的转型，从而产生更为细小的分散相粒子。如制备O/W型乳剂基质时，水相在搅拌下缓缓加到油相中，开始时水相的浓度低于油相，形成W/O型乳剂，当更多的水加入时，乳剂黏度继续增加，W/O型乳剂的体积也扩大到最大限度，超过此限，乳剂黏度降低，发生乳剂转型而成O/W型乳剂，使油相得以更细地分散。

（四）软膏剂的质量评价

《中华人民共和国药典》2010年版在“制剂通则”项下规定，软膏剂应作粒度、装量、微生物和无菌等项目检查。另外，软膏剂的质量评价还包括软膏剂的主药含量、物理性质、刺激性、稳定性的检测和软膏剂中药物的释放、穿透及吸收等项目的评定。

（1）粒度　除另有规定外，混悬型软膏剂取适量的供试品，涂成薄层，其面积相当于盖玻片的大小，共涂3片，均不得检出大于180μm的粒子。

（2）装量　按照最低装量检查法检查，应该符合规定。

（3）微生物限度　除另有规定，按照微生物限度检查法检查，应符合规定。

（4）无菌　除另有规定外，软膏剂用于大面积烧伤及严重损伤的皮肤时，照无菌检查法项下的方法检查，应符合规定。

（5）主药含量　测定方法多采用适宜溶媒将药物从基质中溶解提取，再进行含量测定。

（6）物理性质

① 熔程：一般以接近凡士林的熔程为宜。测定方法可采用药典法或显微熔点测定仪测定，由于熔点的测定不易观察清楚，须取数次平均值来评定。

② 黏度与稠度：属牛顿流体的液体石蜡、硅油，测定其黏度可控制质量。软膏剂多属非牛顿流体，除黏度外，常需测定塑变值、塑性黏度、触变指数等流变性指标，这些因素总和称为稠度，可用插度计测定。

③ 酸碱度：软膏酸碱度一般近似中性。

④ 物理外观。软膏和基质的物理外观要求色泽均匀一致，质地细腻，无粗糙感，无污物。

（7）刺激性　考察软膏对皮肤、黏膜有无刺激性或致敏作用。

(8) 稳定性　乳膏剂应进行耐热、耐寒试验，将供试品分别置于55℃恒温6h及−15℃放置24h，应无油水分离。一般W/O型乳剂基质耐热性差，油水易分层；O/W型乳剂基质耐寒性差，质地易变粗。

(9) 药物释放、穿透及吸收的测定方法

① 释放度检查法：主要有表玻片法、渗析池法、圆盘法等。

② 体外试验法：有离体皮肤法、半透膜扩散法、凝胶扩散法和微生物扩散法等，其中以离体试验法较为接近实际情况。

③ 体内试验法：有体液与组织器官中的药物含量测定法、生理反应法、放射性示踪原子法。

二、凝胶剂的生产技术

(一) 概述

(1) 凝胶剂的概念　凝胶剂是指药物与适宜的辅料制成的均一、混悬或乳剂型的乳胶稠厚液体或半固体制剂。

(2) 凝胶剂的分类　凝胶剂有单相分散系统和双相分散系统之分，属双相分散系统的凝胶剂是小分子无机药物胶体微粒，以网状结构存在于液体中，具有触变性，也称混悬凝胶剂，如氢氧化铝凝胶。局部应用的凝胶剂是单相分散系统，又分为水性凝胶剂和油性凝胶剂。

(二) 基质

常用的多为水性凝胶基质，包括天然树胶、海藻酸钠、纤维素的衍生物（如甲基纤维素、羧甲基纤维素钠、羟乙基纤维素、羟丙基甲基纤维素）及合成的聚合物如卡波沫（又称卡波普、卡波姆）等。

卡波沫是新型的凝胶基质，卡波沫在水中分散形成混浊的酸性混悬溶液，加入碱性物质可中和卡波沫的酸性，诱发出其黏性形成凝胶剂。制剂中常用的碱性物质有NaOH、KOH、胺类物质（如三乙醇胺）或弱无机碱（如氨水）。

(三) 水凝胶剂的制备及质量评价

1. 制备方法

药物溶于水者，先溶于部分水或甘油中，必要时加热，其余处方成分按基质配制方法制成水凝胶基质，再与药物溶液混合加水至足量即得。药物不溶于水者，可先用少量水或甘油研细、分散，再混入基质中搅匀即得。

【例12-1】 外用润滑凝胶

处方：				
	羟丙基甲基纤维素	0.8%	尼泊金甲酯	0.015%
	卡波姆940	0.24%	氢氧化钠	适量
	丙二醇	16.7%	纯化水	加至100%

制法：首先将羟丙基甲基纤维素分散于80～90℃热水中，置冰箱中过夜冷却使成澄明溶液；其次将卡波姆940置于20mL水中，加氢氧化钠适量，调节pH值至7，加入纯化水至40mL；再次将尼泊金甲酯溶于丙二醇中。最后将各种溶液混合在一起，搅拌，即成为外用凝胶，在此过程中注意避免混入气泡。

2. 质量检查

《中华人民共和国药典》2010年版二部规定，凝胶剂应该进行如下检查。

(1) 粒度　除另有规定外，混悬型凝胶剂取适量的供试品，涂成薄层，薄层面积相当于盖玻片面积，共涂3片，照粒度和粒度分布测定法检查，均不得检出大于

180μm的粒子。

（2）装量　照最低装量检查法检查，应该符合规定。

（3）无菌　用于烧伤或严重创伤的凝胶剂，照无菌检查法检查，应该符合规定。

（4）微生物检查　除另有规定外，照微生物限度检查法检查，应该符合规定。

拓展知识

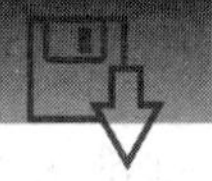

眼膏剂的生产技术

1．概述

眼膏剂指供眼用的灭菌软膏。由于用于眼部，与软膏剂相比，眼膏剂中的药物必须极细，基质必须纯净。

眼膏剂应均匀、细腻，易涂布于眼部，对眼部无刺激性，无细菌污染。为保证药效持久，常用凡士林与羊毛脂等混合油性基质，因此，剂量较小且不稳定的抗生素等药物则更适于用此类基质制备眼膏剂。

2．常用基质

眼膏剂常用的基质为黄凡士林、液状石蜡和羊毛脂的混合物，其用量比例为8∶1∶1，可根据气温适当增减液体石蜡的用量。基质中羊毛脂有表面活性作用、较强的吸水性和黏附性，使眼膏与泪液容易混合，并易附着于眼黏膜上，基质中药物容易穿透眼膜。基质加热熔合后用绢布等适当滤材保温滤过，并在150℃干热灭菌1～2h，备用。也可将各组分分别灭菌供配制用。

3．眼膏剂的制备

眼膏剂的制备与一般软膏剂制法基本相同，但必须在清洁、灭菌的条件下进行，严防微生物的污染。一般可在净化操作室或净化操作台中配制。所用基质、药物、器械与包装容器等均应严格灭菌，以避免污染微生物而致眼睛感染的危险。配制用具经70%乙醇擦洗，或用水洗净后150℃干热灭菌1h。包装用软膏管。洗净后用70%乙醇或1%～2%苯酚溶液浸泡，用时再用注射用水冲洗干净，烘干即可。也可用紫外线灯照射进行灭菌。

眼膏配制时，如主药易溶于水而且性质稳定，可先配成少量水溶液，用适量基质研和吸尽水液后，再逐渐递加其余基质制成眼膏剂，但挥发性成分则应在40℃以下加入，以免受热损失。主药不溶于水或不宜用水溶解又不溶于基质时，可用适宜方法研制成极细粉末，再加少量灭菌基质或灭菌液状石蜡研成糊状，然后分次加入剩余灭菌基质研匀，灌装于灭菌容器中，严封。

复习思考题

1．简述软膏剂的质量要求。

2．软膏剂通常分为哪几类？常用的基质有哪些？

3．软膏剂的制备方法有哪些？

4．常用的凝胶基质有哪些？

项目十三　其他制剂生产技术

[知识点]

掌握栓剂、气雾剂的概念、特点

熟悉栓剂、膜剂的常用基质，气雾剂常用的附加剂和抛射剂的制备方法

[能力目标]

能够进行栓剂置换价的计算

能够熟练进行栓剂、气雾剂的制备

必备知识

一、栓剂的生产技术

（一）概述

1. 栓剂的定义

栓剂是指药物与适宜基质制成的具有一定形状的供人体腔道内给药的固体制剂。

栓剂在常温下为固体，塞入腔道后，在体温下能迅速软化熔融或溶解于分泌液，逐渐释放药物而产生局部或全身作用。

2. 栓剂的分类

栓剂按给药途径不同分为直肠用、阴道用、尿道用栓剂等，其中最常用的是肛门栓和阴道栓。

（1）肛门栓　肛门栓有圆锥形、圆柱形、鱼雷形等形状。每颗重量约 2g，儿童用约 1g。其中以鱼雷形较好，塞入肛门后，因括约肌收缩容易压入直肠内。

（2）阴道栓　阴道栓有球形、卵形、鸭嘴形等形状，每颗重量 2～5g。其中以鸭嘴形的表面积最大。

（3）尿道栓　有男女之分，男用的重约 4g，长 1.0～1.5cm；女用的重约 2g，长 0.60～0.75cm。

知识链接：栓剂中药物的吸收

（1）局部作用　通常将润滑剂、收敛剂、局部麻醉剂、甾体、激素以及抗菌药物制成栓剂，可在局部起通便、止痛、止痒、抗菌消炎等作用。

（2）全身作用　栓剂的全身作用主要是通过直肠给药，并吸收进入血循环而达到治疗作用。直肠吸收药物有 3 条途径：①不通过门肝系统，塞入距肛门 2cm 处，药物经中下直肠静脉进入下腔静脉，绕过肝脏直接进入血循环；②通过门肝系统，塞入距肛门 6cm 处，药物经上直肠静脉入门静脉，经肝脏代谢后，再进入血循环；③药物经直肠黏膜进入淋巴系统，其吸收情况类似于经血液的吸收。

3. 栓剂的特点

与口服制剂比较，全身作用的栓剂有下列特点：①药物不受胃肠 pH 或酶的破坏而失去活性；②对胃有刺激的药物可用直肠给药；③用药方法得当，可以避免肝脏的首关消除效应；④直肠吸收比口服干扰因素少；⑤对不能或者不愿吞服药物的成人或小儿患者用此法给药较方便；⑥给药不如口服方便。

4. 栓剂的一般质量要求

① 药物与基质应混合均匀，栓剂外形应完整光滑，无刺激性。

② 塞入腔道后，应能融化、软化或溶化，并与分泌液混合，逐渐释放出药物，产生局部或全身作用。

③ 有适宜的硬度，以免在包装、贮存或使用时变形。

（二）栓剂的基质

栓剂由药物和基质组成，而基质对于栓剂尤其重要。

常用的栓剂基质可分为油脂性基质和水溶性基质两大类。

1. 油脂性基质

（1）可可豆脂　在常温下为黄白色固体，无刺激性，可塑性好，能与多种药物配伍而不发生禁忌。熔点为30～35℃，加热至25℃时开始软化，在体温下可迅速融化。在10～20℃时易粉碎成粉末。能与多种药物混合制成可塑性团快，含10℃以下羊毛脂时其可塑性增加。与药物的水溶液不能混合，但可加适量乳化剂制成乳剂基质。

（2）半合成脂肪酸甘油酯　具有适宜的熔点，不易酸败，为目前取代天然油脂的较理想的栓剂基质。包括椰油脂、山苍子油脂及棕榈酸酯。

知识链接：栓剂基质的要求

① 室温时有适宜的硬度与韧性，塞入腔道时不变形或碎裂。在体温时易软化、熔化或溶解。

② 与药物混合后不起反应，亦不妨碍主药的作用与含量测定。

③ 对黏膜无刺激性、无毒性、无过敏性。欲产生局部作用的栓剂，基质释药应缓慢而持久；欲起全身作用者，则要求引入腔道后能迅速释药。

④ 基质本身稳定，在贮藏过程中不发生理化性质变化，不易生霉变质等。

⑤ 具有润湿或乳化的性质。水值较高，即能容纳较多的水。

⑥ 适用于热熔法和冷压法制备栓剂，且易于脱模。

⑦ 油性基质的酸价在0.2以下，皂化价应在200～245，碘价低于7，熔点与凝固点之差要小。

（3）合成脂肪酸酯　乳白色或微黄色蜡状固体，略有脂肪臭，遇热水可膨胀，熔点为36～38℃，对腔道黏膜无明显刺激性。

2. 水溶性基质

（1）甘油明胶　水、明胶、甘油按10∶20∶70的比例在水浴上加热融合，蒸去大部分水，放冷后凝固而成。多用作阴道栓剂基质，在局部起作用。其优点是有弹性、不易折断，且在体温下不熔化，但塞入腔道后能软化并缓慢地溶于分泌液中，使药效缓和而持久。

（2）聚乙二醇类　无生理作用，遇体温不熔化，但能缓缓溶于体液中而释放水溶性药物，亦能释放脂溶性药物。吸湿性较强，受潮容易变形，所以PEG基质栓应贮存于干燥处。

（3）非离子型表面活性剂类　包括吐温61（可与多数药物配伍，且无毒性、无刺激性，贮藏时亦不易变质）、聚氧乙烯40（单硬脂酸酯类，商品代号“S-40”，为表面活性剂类基质）、泊洛沙姆（是聚氧乙烯、聚氧丙烯的聚合物，为表面活性剂类基质，较常用的型号为188型，能促进药物的吸收）。

（三）栓剂的制备

1. 栓剂的制备方法

（1）热熔法　应用最广泛。将计算量的基质在水浴上加热熔化，然后将药物粉末与等重已熔融的基质研磨混合均匀，最后再将全部基质加入并混匀，倾入冷却并涂有润滑剂的模孔中至稍溢出模口为度，冷却，待完全凝固后，用刀切去溢出部分。开启模具，将栓剂推出，包装即得。小量生产热熔后采用手工灌模方法，大量生产则用机器操作。

知识链接：栓剂的添加剂

在制备栓剂时，往往需要根据不同的目的加入一些添加剂。

1. 硬化剂　若制得的栓剂在贮藏或者使用时过软，可考虑加入一些硬化剂，常用的有白蜡、鲸蜡醇、硬脂酸、巴西棕榈蜡等。

2. 增稠剂　当药物与基质混合时，因机械搅拌情况不良或者生理上需要时，可考虑加入增稠剂，常用的增稠剂有氢化蓖麻油、单硬脂酸甘油酯、硬脂酸铝等。

3. 乳化剂　当栓剂处方中含有与基质不能相混合的液相，特别是此相含量较高时，可以加入适量的乳化剂。

4. 吸收促进剂　为了增加起全身治疗作用栓剂中药物被直肠黏膜的吸收，可加入吸收促进剂。常用的为表面活性剂、Azone等。

5. 着色剂　可以根据实际情况，选择脂溶性或者水溶性的着色剂。

6. 抗氧剂　对于易氧化的药物应该加入抗氧剂，常用的有BHA、BHT及没食子酸酯类等。

7. 防腐剂　当栓剂中含有植物浸膏或者水性溶液时，可考虑加入防腐剂，如对羟基苯甲酸酯类等。

（2）冷压法　主要用于油脂性基质栓剂。方法是先将基质磨碎或挫成粉末，再与主药混合均匀，装于压栓机中，在配有栓剂模型的圆桶内，通过水压机或手动螺旋活塞挤压成型。冷压法避免了加热对主药或基质稳定性的影响，不溶性药物也不会在基质中沉降，但生产效率不高，成品中往往夹带空气而不易控制栓重。

（3）捏搓法　取药物的细粉置乳钵中加入约等量的基质挫成粉末研匀后，缓缓加入剩余的基质制成均匀的可塑性团块，必要时可加入适量的植物油或羊毛脂以增加可塑性。再置瓷板上，用手隔纸搓擦，轻轻加压转动滚成圆柱体并按需要量分割成若干等份，搓捏成适宜的形状。此法适用于小量临时制备，所得制品的外形往往不一致，不美观。

2. 栓剂制备中基质用量的确定

通常情况下，栓剂模型的容量是一定的，但是会因为基质或者药物的种类不同而容纳不同的重量。加入药物会占有一定的体积，特别是不溶于基质的药物。为了保持栓剂的体积，需要引入置换价（displacement value，DV）的概念。药物的重量与同体积基质的重量之比成为该药物对基质的置换价。置换价（DV）的计算公式为：

$$\mathrm{DV}=W/[G-(M-W)]$$

式中，W为每个含药栓平均含药重量；G为纯基质平均栓重；M为含药栓的平均重量。

置换价的测定方法：取基质作空白栓，称得平均重量G；另取基质与药物混合制成含药栓，称得含药栓平均重量为M；每粒栓剂的平均含药量为W；将这些数据代入上式，即可求得某一药物对某一基质的置换价。

用测定的置换价可以方便地计算出制备这种含药栓需要基质的重量x：

$$x=(G-y/\mathrm{DV})n$$

式中，n为已制备的栓剂枚数；y为处方中药物的剂量。

（四）栓剂的质量评价

《中华人民共和国药典》2010年版规定，栓剂的一般质量要求是：药物与基质应混合均匀，栓剂外形应完整光滑；塞入腔道后应无刺激性，应能融化、软化或溶化，并与分泌液混合，逐步释放出药物，产生局部或全身作用；并应有适宜的硬度，以免在包装、贮藏或用时变形。并应做重量差异和融变时限等多项检查。

① 重量差异：取栓剂10粒，精密称出总重量，求得平均粒重后，再分别精密称定各粒的重量。取每粒重量与平均粒重相比较（凡标示粒重的栓剂，每粒重与标示粒重相比较），

超出限度的药粒不得多出一粒，并不得超出限度1倍。

② 融变时限：此项是测定栓剂在体温（37℃±1℃）下熔化、软化或溶解的时间。油脂性基质的栓剂应在30min内全部融化或软化或无硬心；水溶性基质栓剂应在60min内全部溶解。如有1粒不合格应另取3粒复试，应符合规定。

③ 熔点范围测定：应与体温接近（约37℃），熔点范围测定是为筛选基质和了解药物对基质熔距的影响程度。

④ 体外溶出试验与体内吸收试验。

知识链接：栓剂的包装与贮存

（1）栓剂的包装　包装材料应无毒性，并不得与药物和基质发生理化作用。为了防止栓剂在运输和贮存过程中因撞击而破碎，或因受热而黏着、熔化，造成变形、污染，原则上要求每个栓剂都要包裹，不得外露；栓剂之间要有间隔，不得互相接触。

（2）栓剂的贮存　一般的栓剂应贮存于30℃以下，油脂性基质的栓剂应格外注意避热，最好在冰箱中（+2～-2℃）保存。甘油明胶类水溶性基质的栓剂，既要防止受潮软化、变形或发霉、变质，又要避免干燥失水、变硬或收缩，所以应密闭、低温贮存。

二、膜剂生产技术

（一）概述

膜剂是指药物溶解或分散于成膜材料中，或包裹于成膜材料隔室内加工成型的单层或复合层膜状制剂。可供内服、外用、腔道给药、植入及眼下给药等。膜剂的优点：工艺简单，没有粉末飞扬，成型材料用量少，含量准确，稳定性好，配伍变化少，分析干扰少，吸收起效快，亦可缓控释药。膜剂的缺点主要是：载药量小，只适合小剂量的药物。另外膜剂的重量差异不易控制，收率不高。

（二）膜剂的成膜材料

膜剂一般由主药、成膜材料和附加剂三部分组成。膜剂的成膜材料要具有以下特点。

① 生理惰性，无毒无刺激。

② 化学性质稳定，不降低主药药效，不干扰含量测定，无异味。

③ 成膜脱膜性能好，成膜后有足够的强度和柔韧性。

④ 根据使用目的的不同，用于口服、腔道、眼用膜剂等应有较好的水溶性，能逐渐降解、吸收或排泄；外用膜剂应能迅速、完全释放药物。

⑤ 来源丰富，价格低廉。

常用的成膜材料主要有：①天然或合成的高分子化合物，如明胶、阿拉伯胶、琼脂、海藻酸及其盐、淀粉、糊精、玉米蛋白、纤维素衍生物等，此类成膜材料多数可以降解或者溶解，但是成膜性能较差，一般不单独使用，而与其他成膜材料合用；②合成高分子多聚物，如聚乙烯醇（PVA）、乙烯-醋酸乙烯共聚物（EVA）、聚乙烯吡咯烷酮（PVP）、聚乙烯醇缩乙醛、甲基丙烯酸酯-甲基丙烯酸共聚物等。

知识链接：膜剂的一般组成

主药 0～70%

成膜材料（PVA等）30%～100%

增塑剂（甘油、山梨醇等）0～20%

表面活性剂（聚山梨酯80，十二烷基硫酸钠，豆磷脂等）1%～2%

填充剂（$CaCO_3$、SiO_2、淀粉等）0～20%

脱膜剂（液体石蜡）适量

（三）膜剂的制备

1. 匀浆制膜法

又称流延法、涂膜法。将成膜材料溶于适当的溶剂中滤过，与药物溶液或细粉及附加剂充分混合成药浆，然后用涂膜机涂膜成所需要的厚度，烘干后根据主药含量计算出单位剂量膜的面积，剪切成单剂量的小格，包装即得。小量制备时，可将药浆倾于洁净的平板玻璃上涂成宽厚一致的涂层即可。流延机涂膜示意图见图 13-1。

2. 热塑制膜法

是将药物细粉和成膜材料如 EVA 颗粒相混合，用橡皮滚筒混炼，热压成膜，随即冷却，脱膜即得。或将热熔的成膜材料如聚乳酸等，在热熔状态下加入药物细粉，使其溶解或均匀混合，在冷却过程中成膜。本法的特点是可以不用或少用溶剂，机械生产效率高。

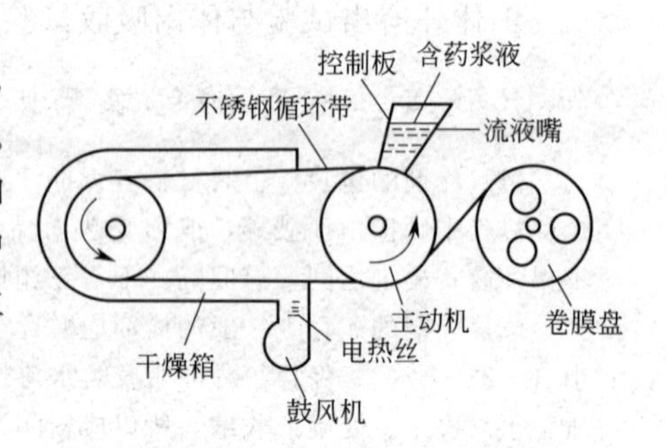

图 13-1 流延机涂膜示意图

3. 复合制膜法

以不溶性的热塑性成膜材料如 EVA 为外膜，分别制成具有凹穴的膜带，另将水溶性的成膜材料如 PVA 用匀浆制膜法制成含药的内膜，剪切成单位剂量大小的小块，置于 EVA 的两层膜带中，热封即得。此法一般用来制备缓控释膜剂。

（四）膜剂的质量评价

膜剂可供口服或者黏膜外用，在质量要求上，除了要求主药含量合格外，还要符合下列要求。

① 膜剂外观应该完整光洁，厚度一致，色泽均匀，无明显气泡。多剂量膜剂，分格压痕应均匀清晰，并能按压痕撕开。

② 膜剂所用的包装材料应该无毒性、易于防止污染、方便使用，并且不能与主药或者成膜发生反应。

③ 除了另有规定外，膜剂宜密封保存，防止受潮、发霉、变质，并应符合微生物限度检查要求。

④ 膜剂的重量差异应该符合要求。

三、气雾剂生产技术

（一）概述

1. 气雾剂的定义

气雾剂是指将药物与适宜的抛射剂装于具有特制阀门系统的耐压密闭容器中制成的澄明液体、混悬液或乳浊液，使用时借抛射剂的压力将内容物呈雾粒喷出的制剂。

气雾剂是 20 世纪 50 年代迅速发展起来的新剂型，大多数经肺吸收发挥全身作用或者供皮肤、腔道等局部应用。目前气雾剂在医疗上已用于治疗哮喘、烫伤、耳鼻喉疾病以及祛痰、血管扩张、强心、利尿等，均收到了显著的效果。

2. 气雾剂的分类

（1）按分散系统分类　气雾剂可分为溶液型、混悬型、乳浊液型三类。

① 溶液型气雾剂：药物溶解在抛射剂中，形成均匀溶液，喷出来以后，抛射剂挥发，药物以固体或者液体微粒状态达到作用部位。

② 混悬型气雾剂：药物以固体微粒状态分散于溶剂中，形成混悬液，喷出来以后，抛射剂挥发，药物以固体微粒状态达到作用部位。

③ 乳浊液型气雾剂：药物水溶液和抛射剂按照一定比例混合，形成 O/W 或者 W/O 型乳剂。前者喷出时形成液流，后者则以泡沫状态喷出。

（2）按医疗用途分类

① 呼吸道吸入用气雾剂：药物分散成微粒或者雾滴，经过呼吸道吸入发挥局部或者全身治疗作用。我国目前生产的气雾剂大多为此类。

② 皮肤和黏膜用气雾剂：皮肤用气雾剂有保护创面、清洁消毒、局麻止血等作用；黏膜用气雾剂则用于阴道部位较多，常用 O/W 型气雾剂，主要用于治疗阴道炎及避孕等。鼻腔黏膜用气雾剂主要是一些肽类和蛋白质类药物，用于发挥全身作用，避免肝脏的首过效应。

③ 空间消毒和杀虫用气雾剂：主要用于杀虫、驱蚊及室内空气消毒，喷出的粒子极细，一般在 10μm 以下，能在空气中悬浮较长时间。

（3）按照相的组成分类

① 二相气雾剂：一般指溶液型气雾剂，由气液两相组成。气相是抛射剂所产生的蒸气，液相是药物与抛射剂形成的均相溶液。

② 三相气雾剂：一般是指混悬型气雾剂与乳剂型气雾剂。乳剂型气雾剂中包括气-液-液三相，气相为抛射剂的蒸气，液相为水相和油相，即 O/W 型或者 W/O 型。而混悬型气雾剂中包括气-液-固三相，气相为抛射剂的蒸气，液相是抛射剂，固相是不溶性药粉。

3. 气雾剂的特点

优点如下。

① 具有速效和定位的作用，并能降低药物的毒副作用。如治疗哮喘的气雾剂可使药物直接进入肺部，吸入 2min 即能显效。

② 药物密闭于容器内部，能保持药物清洁无菌，且由于容器不透明，避免了药物与光、水、空气的接触、增加了稳定性。

③ 使用方便，药物可避免胃肠道的破坏和肝脏的首过效应。

④ 可以用定量阀门准确控制剂量。

缺点如下。

① 由于使用耐压容器及阀门系统等，因此成本高。

② 抛射剂有高度挥发性，因而具有制冷效应，多次使用于受伤皮肤，可引起不适与刺激。

③ 氟氯烷烃在动物或人体内到达一定程度可致敏心脏，造成心律失常，故治疗用的气雾剂对心脏病患者不适宜。

（二）气雾剂的组成

气雾剂是由抛射剂、药物与附加剂、耐压容器和阀门系统组成的。抛射剂与药物一同封装在耐压容器中，器内产生压力（抛射剂汽化），若打开阀门，则药物、抛射剂一起喷出而形成雾滴。离开喷嘴后抛射剂和药物的雾滴进一步汽化，雾滴变得更细。雾滴的大小决定于抛射剂的类型、用量、阀门和揿钮的类型，以及药液的黏度等。

1. 药物与附加剂

① 药物　液体、固体药物均可制备气雾剂，目前应用较多的药物有呼吸道系统用药、心血管系统用药、解痉药及烧伤用药等，近年来多肽类药物的气雾剂给药系统的研究越来越多。

② 附加剂　为制备质量稳定的溶液型、混悬型或乳剂型气雾剂应加入附加剂，如潜溶剂、润湿剂、乳化剂、稳定剂，必要时还添加矫味剂、防腐剂等。

2. 抛射剂

抛射剂是喷射药物的动力，有时兼有药物的溶剂作用。抛射剂多为液化气体，在常压下沸点低于室温。因此，需装入耐压容器内，由阀门系统控制。在阀门开启时，借抛射剂的压力将容器内药液以雾状喷出达到用药部位。抛射剂的喷射能力的大小直接受其种类和用量的影响，同时也要根据气雾剂用药目的和要求加以合理的选择。对抛射剂的要求是：①在常温下的蒸气压大于大气压；②无毒、无致敏反应和刺激性；③惰性，不与药物等发生反应；④不易燃、不易爆炸；⑤无色、无臭、无味；⑥价廉易得。但一个抛射剂不可能同时满足以上各个要求，应根据用药目的适当选择。抛射剂的分类抛射剂一般可分为氟氯烷烃、碳氢化合物及压缩气体三类。

(1) 氟氯烷烃类　又称氟里昂，其特点是沸点低，常温下蒸气压略高于大气压，易控制，性质稳定，不易燃烧，液化后密度大，无味，基本无臭，毒性较小，不溶于水，可作脂溶性药物的溶剂，但是有破坏臭氧层的缺点。常用氟里昂有F11、F12和F114，将这些不同性质的氟里昂按不同比例混合可得到不同性质的抛射剂，以满足制备气雾剂的需要。

(2) 碳氢化合物　作抛射剂的主要品种有丙烷、正丁烷和异丁烷。此类抛射剂虽然稳定，毒性不大，密度低，沸点较低，但易燃、易爆，不易单独应用，常与氟氯烷烃类抛射剂合用。

(3) 压缩气体　用做抛射剂的主要有二氧化碳、氮气和一氧化氮等。

气雾剂的喷射能力的强弱决定于抛射剂的用量及自身蒸气压。一般来说，用量大，蒸气压高，喷射能力强，反之则弱。根据医疗要求选择适宜抛射剂的组分及用量。一般多采用混合抛射剂，并通过调整用量和蒸气压来达到调整喷射能力的目的。抛射剂用量与气雾剂种类、用途有关。

(1) 溶液型气雾剂　抛射剂在处方中用量比一般为20%～70% (g/g)。

(2) 混悬型气雾剂　除主药必须微粉化 (<2μm) 外，抛射剂的用量较高，用于腔道给药，抛射剂用量为30%～45% (g/g)，用于吸入给药时，抛射剂用量高达99%，以确保喷雾时药物微粉能均匀地分散。

(3) 乳剂型气雾剂　其抛射剂的用量一般为8%～10% (g/g)，有的高达25%以上，产生泡沫的性状取决于抛射剂的性质和用量，抛射剂蒸气压高且用量大时，产生有黏稠性和弹性的干泡沫；若抛射剂的蒸气压低而用量少时，则产生柔软的湿泡沫。

3. 耐压容器

气雾剂的容器必须不与药物和抛射剂起作用、耐压（有一定的耐压安全系数）、轻便、价廉等。耐压容器有金属容器和玻璃容器两大类，现在比较常用的主要是外包塑料的玻璃瓶、铝制容器、马口铁容器等。

4. 阀门系统

气雾剂的阀门系统，是控制药物和抛射剂从容器喷出的主要部件，其中设有供吸入用的定量阀门，或供腔道或皮肤等外用的泡沫阀门等特殊阀门系统。阀门系统坚固、耐用和结构稳定与否，直接影响到制剂的质量。阀门材料必须对内容物为惰性，其加工应精密。定量型的吸入气雾剂阀门系统由封帽、阀杆（轴芯）、橡胶封圈、弹簧、定量杯（室）、浸入管和推动钮等部件组成。

(三) 气雾剂的制备

1. 气雾剂的处方类型

气雾剂的处方类型　设计气雾剂的处方时，除选择适宜的抛射剂外，主要根据药物的理化性质，选择某些潜溶剂和附加剂，配制成一定类型的气雾剂，以满足临床用药的要求。

（1）溶液型气雾剂　药物可溶于抛射剂及潜溶剂者，常配制成溶液型气雾剂。一般可加入适量乙醇或丙二醇作潜溶剂，使药物和抛射剂混溶成均相溶液。喷射后，抛射剂汽化，药物成为极细的雾滴，形成气雾，许多药物不溶于氟氯烷烃类抛射剂中，需加潜溶剂才能制得澄明溶液。

（2）混悬型气雾剂　药物不溶于抛射剂或潜溶剂者，常以细微颗粒分散于抛射剂中，为使药物分散均匀并稳定，常需加入表面活性剂作为润湿剂、分散剂和助悬剂。

（3）乳剂型气雾剂　这类气雾剂在容器内呈乳剂，抛射剂是内相，药液为外相，中间相为乳化剂。使用时喷出物呈泡沫状，故又称为泡沫气雾剂。

2. 气雾剂的制备工艺

气雾剂在生产的整个过程中，都要注意避免微生物的污染。其生产过程主要包括容器阀门系统的处理与装配、药物的配制与分装、抛射剂的填充三个部分，最后经过质检合格后成为气雾剂成品。

（1）容器阀门系统的处理与装配

① 玻璃搪塑　先要将玻璃瓶洗净烘干，预热到120～130℃，趁热浸入塑料黏浆中，使瓶颈以下黏附一层塑料液，倒置，在150～170℃烘干15min，备用。对塑料涂层的要求是：能均匀地紧密包裹玻璃瓶，万一爆瓶不至于玻璃片飞溅伤人，外表平整美观。

② 阀门系统的处理与装配　将阀门的各种零件分别处理：橡胶制品可在75％乙醇中浸泡24h，以除去色泽并消毒，干燥备用；塑料、尼龙零件洗净再浸在95％乙醇中备用；不锈钢弹簧在1％～3％碱液中煮沸10～30min，用水洗涤数次，然后用蒸馏水洗干净，浸泡在95％的乙醇中备用。然后将各个处理好的零件按照阀门的结构装配。

（2）药物的配制、分装　按照处方的组成及所要求的气雾剂类型进行装配。溶液型气雾剂应该制成澄明溶液，混悬型气雾剂应该将药物微粉化并保持干燥状态，乳剂型气雾剂应该制成稳定的乳剂。

（3）充填抛射剂

① 压灌法　先将配好的药液在室温下灌入容器内，再将阀门装上并轧紧，然后通过压装机压入定量的抛射剂（最好先将容器内空气抽去）。液化抛射剂经砂棒滤过后进入压装机。此法设备要求简单，不需要低温操作，抛射剂损耗量少，目前国内多用此法生产。但是生产效率较低，国外则多采用生产效率高且产品质量稳定的高速旋转压装抛射剂的工艺制备气雾剂。

② 冷灌法　药液借助冷灌装置中热交换器冷却至－20℃左右，抛射剂冷却至沸点以下至少5℃。先将冷却的药液灌入容器中，随后加入已冷却的抛射剂（也可两者同时进入）。立即将阀门装上并且轧紧。此法在操作过程中，需要快速，以减少抛射剂的损失。此法的优点在于速度快，对阀门无影响，成品压力稳定。但是抛射剂损耗大，且需要低温操作和制冷设备，含水制品不宜用此法。

（四）气雾剂的质量评价

气雾剂的质量评价，首先对气雾剂的内在质量进行检测评定以确定其是否符合规定要求，如《中华人民共和国药典》2010年版附录规定，二相气雾剂应为澄清、均匀的溶液；三相气雾剂药物粒度大小应控制在10μm以下，其中大多数应为5μm左右；非吸入气雾剂，每揿压一次，必须喷出均匀的细雾状雾滴或者雾粒，并且释放出准确的剂量；外用气雾剂喷射时，应能持续释放细雾状物质；所有气雾剂都应该进行泄漏和爆破，以确保安全。

《中华人民共和国药典》2010年版主要有如下检查项目。

（1）安全、漏气检查　安全检查主要进行爆破实验。漏气检查，可加温后目测确定，必要时候用称重方法测定。

（2）装量与异物检查　在灯光下照明检查装量是否合格，剔除不足者。同时剔除色泽异常或者有异物、黑点者。

（3）喷射速率和喷出总量检查　对于非定量气雾剂，即用于皮肤和黏膜及空间消毒用气雾剂检查此项目。

① 喷射速率：取供试品 4 瓶，依法操作，重复操作 3 次。计算每瓶的平均喷射速率，应符合规定。

② 喷出总量：取供试品 4 瓶，依法操作，每瓶喷出量不得少于其标示量的 85%。

（4）每瓶总揿次与每揿主药含量检查　定量气雾剂需进行检查。

每瓶总揿次检查，要求取样 4 瓶，分别依法操作，每瓶的总揿次不得少于标示揿次；每揿主药含量检查，取样 1 瓶，依法操作，平均含量应该为每揿喷出主药含量标示量的 80%～120%。

（5）雾滴（粒）分布　吸入气雾剂应进行检查。除另有规定外，雾滴（粒）药物量应不少于每揿主药含量标示量的 15%。取样 1 瓶，依法操作，检查 25 个视野，多数药物粒子应该在 5μm 左右，大于 10μm 的粒子不应该超过 10 粒。

（6）微生物限度　应符合规定。

（7）无菌检查　烧伤、创伤、溃疡用的气雾剂无菌检查，应符合规定。

复习思考题

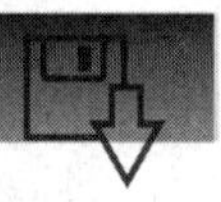

1. 软膏剂的基质种类有哪些？制备方法如何？
2. 常用的眼膏剂的基质有哪些？
3. 凝胶剂与软膏剂的关系如何？
4. 栓剂的基质种类有哪些？置换价的计算方法是什么？
5. 气雾剂的处方组成是什么？抛射剂在其中起何作用？

模 块 六

微粒给药载体和其他给药系统

- 项目十四　微粒给药载体在生物药物制剂上的应用
- 项目十五　生物药物制剂的其他给药系统

项目十四　微粒给药载体在生物药物制剂上的应用

[知识点]

微粒给药系统的概念、释药原理
脂质体的概念、作用特点、组成及其制备技术
微囊的概念、特点、组成及其制备技术
纳米给药系统的概念、种类、组成、制备及其应用
微乳给药系统的组成、制备及其应用

[能力目标]

知道什么是微粒给药系统，微粒给药系统有何突出优点
知道什么是脂质体，有何特点
知道什么是微囊和微球，有何特点
能选择适合的方法进行脂质体和微囊的制备

必备知识

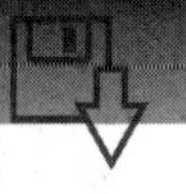

一、微粒给药系统概述

（一）微粒给药系统定义和分类

微粒给药系统（particulate drug delivery systems，PDDS）是指药物分散或包埋于高分子聚合物中形成的粒径在 1nm～1mm 的分散系统。

按 PDDS 粒子大小的不同，可分为微粒（粒径在 1～1000μm，包括微球、微囊、多室脂质体等）、毫微粒（粒径在 1nm～1μm，包括纳米球、纳米囊、固体脂质纳米粒、微乳、单室脂质体等）。按 PDDS 制备工艺与材料的不同，可分为微球、微囊、纳米球、纳米囊、脂质体、固体脂质纳米粒、微乳等。

（二）微粒给药系统的特点

一般的药物剂型（如片剂、注射剂等）不能调整药物在体内的分布和消除，药物是根据其化学结构，决定其理化性质，从而影响其生物特性。生物技术药物主要为多肽、蛋白、激素、酶、疫苗、生物化学因子等，其中的大多数在体内的半衰期短，需要频繁给药，而将生物技术药物与微粒给药系统的载体结合后，可隐藏生物技术药物的理化特性，因此整个微粒给药系统的体内过程依赖于其载体的理化特性。

微粒给药系统具有以下特点：①可通过各种方式，改变药物的体内分布，从而具有靶向性；②能提高大分子类难溶性药物的溶解度、溶解速度；③可控制（增加或降低）所荷药物的释放速度；④可改善药物在体内外的稳定性，提高生物利用度；⑤可逆转肿瘤细胞的交叉耐药性；⑥可减少药物的刺激，降低毒性和副作用等。

二、微囊化技术

（一）概念和特点

微囊化技术又称微型包囊技术（microencapsulation），简称微囊化，是利用天然或合成的高分子材料将固体或液体药物包裹成直径1～5000μm（通常为5～250μm）的微小胶囊的技术。这种由囊材包裹囊心物形成的微小贮库型结构称为微囊（microcapsule）。如果囊心物溶解或均匀分散在高分子材料基质中，形成骨架型的微小球状实体，则称为微球（microsphere）。微球和微囊实际上很难区分，一般通称为微粒（micaoparticle）。囊膜具有透膜或半透膜性质，囊心物可借压力、pH值、温度或提取等方法释出。囊心物是被包裹的特定物质，它可以是固体，也可以是液体，除主药外还可以包括提高微囊化质量而加入的附加剂，如稳定剂、稀释剂以及控制释放速度的阻滞剂、促进剂和改善囊膜可塑性的增塑剂等。近年来微囊化技术在制剂领域被广泛应用，解热镇痛药、抗生素、多肽、避孕药、维生素、抗癌药以及疫苗等很多药物采用微囊作为载体，已上市的有几十种之多，如能缓释1～3个月的促黄体生成激素释放激素（LHRH）类似物微球注射剂。

微囊和微球是目前生物技术药物缓控释制剂最常用的载体，主要具有以下几个显著特点。

（1）靶向性　可在体内特定区域分布，使药物在靶器官、靶组织、靶细胞释放，提高药物局部有效浓度，更好地发挥药效，同时其他非靶部位药物浓度降低，从而使药物毒性和不良反应减小。

（2）缓释性　可通过调节包裹材料的组成和分子量来控制药物的释放，减少给药次数，消除药物峰谷现象等。

知识链接：多肽微球注射剂和疫苗微球注射剂

微球微囊给药载体目前的研究热点主要是多肽微球注射剂和疫苗微球注射剂。

（1）多肽微球注射剂　采用生物可降解聚合物，特别是乳酸-羟基乙酸共聚物（PLGA）为骨架材料，包裹多肽、蛋白质对药物制成可注射微球，使其在体内达到缓释目的。在诸多多肽缓释注射剂中，促黄体生成激素释放激素（LHRH）类似物微球是研究最为成功的品种。1988年Ipsen生物技术公司生产的LHRH类似物曲普瑞林是第一个上市的缓释多肽微球制剂，可以缓释达1个月，之后亮丙瑞林、干扰素、促红细胞生成素等缓释微球注射剂也纷纷上市。

（2）疫苗微球注射剂　传统的免疫手段是将疫苗初次注射后，在一定时间内，再进行多次加强，使人体获得尽可能高的抗体水平，以发挥可靠的免疫作用。采用微囊化技术将疫苗或佐剂包裹在可生物降解的聚合物中，一次注射后，抗原在体内连续释放数周甚至数月，由此产生持续的高抗体水平，甚至可相当于疫苗多次注射的脉冲模式释药。第一个被WHO批准的一次性注射疫苗是破伤风类毒素微球注射剂。它采用PLGA为载体材料，制备成直径大小不同的两种微球，试验说明这种脉冲给药模式与用破伤风类毒素水溶液相比，前者可使小鼠获得更高的抗毒素抗体水平。

(3) 良好的生物相容性和稳定性　可将活性细胞或生物活性物质包裹，使在体内发挥生物活性作用，且载体材料多为生物可降解，具有良好的生物相容性和稳定性。如酶、胰岛素、血红蛋白等。

(二) 囊心物与囊材

1. 囊心物

被包在微型胶囊中的物质称为囊心物（core material）。微囊的囊心物除主药外还可以包括提高微囊化质量而加入的附加剂，如稳定剂、稀释剂、控制释放速率的阻滞剂、促进剂以及改善囊膜可塑性的增塑剂等。囊心物可以是固体，也可以是液体。通常将主药与附加剂混匀后微囊化；亦可先将主药单独微囊化，再加入附加剂。微囊化的技术应根据囊心物的性质而定。囊心物的性质不同，采用工艺条件也不同。

2. 囊材

用于包囊所需的材料称为囊材。常用的囊材可分为下述三大类。

(1) 天然高分子囊材　天然高分子材料是最常用的囊材，因其稳定、无毒、成膜性好。

① 明胶：明胶是氨基酸与肽交联形成的直链聚合物，聚合度不同的明胶具有不同的分子量，其平均相对分子质量 M_{av} 在 15000～25000。因制备时水解方法的不同，明胶分酸法明胶（A 型）和碱法明胶（B 型）。A 型明胶的等电点为 7～9，10g/L 溶液 25℃时的 pH 值为 3.8～6.0；B 型明胶稳定而不易长菌，等电点为 4.7～5.0，10g/L 溶液 25℃的 pH 值为 5.0～7.4。两者的成囊性无明显差别，溶液的黏度均在 0.2～0.75cPa·s,可生物降解，几乎无抗原性。通常可根据药物对酸碱性的要求选用 A 型或 B 型。

② 阿拉伯胶：一般常与明胶等量配合使用，亦可与白蛋白配合作复合材料。

③ 海藻酸盐：是多糖类化合物，常用稀碱从褐藻中提取而得。海藻酸钠可溶于不同温度的水中，不溶于乙醇、乙醚及其他有机溶剂；藻酸钙不溶于水，故海藻酸钠可用 $CaCl_2$ 固化成囊。

④ 壳聚糖：壳聚糖是一种天然聚阳离子多糖，可溶于酸或酸性水溶液，无毒、无抗原性，在体内能被溶菌酶等酶解，具有优良的生物降解性和成膜性，在体内可溶胀成水凝胶。

知识链接：微囊囊材的要求

选择囊材应该考虑产品或剂型、包囊材料自身的性质和包囊方法的要求以及囊心物的粒度、囊心物与包囊材料的比例等。一般要求如下。

① 可以和药物配伍，不影响药物的疗效，不与药物发生反应。

② 理化性质稳定。

③ 无毒、无刺激性。

④ 有合适的释放药物的速率。

⑤ 有一定的强度及可塑性，能完全包封囊心物。

⑥ 具有合适的黏度、溶解性、渗透性等。

(2) 半合成高分子囊材　作囊材的半合成高分子材料多是纤维素衍生物，其特点是毒性小、黏度大、成盐后溶解度增大。

① 羧甲基纤维素盐：羧甲基纤维素盐属阴离子型的高分子电解质，如羧甲基纤维素钠（CMC-Na）常与明胶配合作复合囊材。

② 醋酸纤维素酞酸酯（CAP）：在强酸中不溶解，可溶于 pH＞6 的水溶液，分子中含

游离羧基，其相对含量决定其水溶液的 pH 值及能溶解 CAP 的溶液最低 pH 值。用作囊材时可单独使用，也可与明胶配合使用。

③ 乙基纤维素：乙基纤维素（EC）化学稳定性高，适用于多种药物的微囊化，不溶于水、甘油和丙二醇，可溶于乙醇，遇强酸易水解，故对强酸性药物不适宜。

④ 甲基纤维素：甲基纤维素（MC）用作微囊囊材，可与明胶、CMC-Na、聚维酮（PVP）等配合作复合囊材。

⑤ 羟丙基甲基纤维素：羟丙基甲基纤维素（HPMC）能溶于冷水成为黏性溶液，不溶于热水，长期贮存稳定。

(3) 合成高分子囊材　作囊材用的合成高分子材料有生物不降解的和生物可降解的两类。近年来，生物可降解的材料得到了广泛的应用，如聚碳酯、聚氨基酸、聚乳酸（PLA）、丙交酯乙交酯共聚物（PLGA）、聚乳酸-聚乙二醇嵌断共聚物（PLA-PEG）、ε-己内酯与丙交酯嵌段共聚物等，其特点是无毒、成膜性好、化学稳定性高，可用于注射。

（三）微囊的制备技术

按照制备微囊工艺的原理，可分为物理化学法、化学法和物理机械法三类。见表 14-1。

表 14-1　微囊制备方法

分　类	制　备　方　法
物理化学法	相分离法(单凝聚法、复凝聚法、溶剂-非溶剂法、改变温度法)、液中干燥法
化学法	界面凝合法、单体聚合法、辐射法、液中硬化包衣法
物理机械法	喷雾干燥法、喷雾冷凝法、空气悬浮包衣法、多乳离心法、锅包法

1. 物理化学法

(1) 相分离法　相分离法是在药物和辅料的混合溶液中，加入另一种物质或溶剂，或采用其他手段使辅料的溶解度降低，自溶液中产生一个新凝聚相，这种制备微粒的方法称为相分离法。可分为单凝聚法、复凝聚法、溶剂－非溶剂法以及改变温度法。

相分离法制得的微囊粒径范围为 1～5000μm，主要决定于囊心物的粒径及其分布情况和所用的工艺。相分离法主要分三步进行：第一，将囊心物质乳化或混悬在包囊材料溶液中；第二，主要依靠加入脱水剂、非溶液等凝聚剂、调节 pH、降低温度等方法使包囊材料浓缩液滴沉积在囊心物质微粒的周围形成囊膜；第三，囊膜的固化。

相分离工艺是药物微囊化的主要工艺之一。其主要优势表现为设备简单，高分子材料来源广泛，适用于多种药物的微囊化。缺点是微囊粘连、聚集的问题，工艺过程中条件很难控制等。

① 单凝聚法　单凝聚法是将可溶性无机盐加至某种水溶性包囊材料的水溶液中（其中有已乳化或混悬的囊心物质）造成相分离，使包囊材料凝聚成囊膜而制成微囊，再用甲醛溶液固化。

a. 基本原理：如将药物分散在明胶材料溶液中，然后加入凝聚剂（可以是强亲水性电解质硫酸钠水溶液，或强亲水性的非电解质如乙醇），由于明胶分子水合膜的水分子与凝聚剂结合，使明胶的溶解度降低，分子间形成氢键，最后从溶液中析出而凝聚形成凝聚囊。这种凝聚是可逆的，一旦解除凝聚的条件（如加水稀释），就可发生解凝聚，凝聚囊很快消失。这种可逆性在制备过程中可加以利用，经过几次凝聚与解凝聚，直到凝聚囊形成满意的形状为止（可用显微镜观察）。最后再采取措施加以交联，使之成为不凝结、不粘连、不可逆的球形微囊。

b. 工艺：单凝聚法制备微囊的工艺过程如图 14-1 所示。

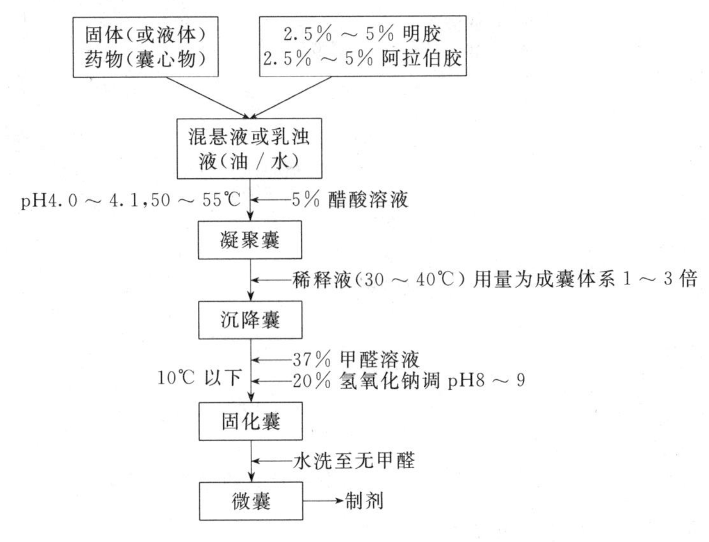

图 14-1　单凝聚法制备微囊的工艺过程

【例 14-1】 左炔诺孕酮-雌二醇微囊的制备

将左炔诺孕酮与雌二醇混匀，加到明胶溶液中混悬均匀，加入硫酸钠溶液（凝聚剂），形成微囊，再加入稀释液，即 Na_2SO_4 溶液，其浓度由凝聚囊系统中已有的 Na_2SO_4 浓度（如为 a%）加 1.5%［即（a+1.5)%］，稀释液体积为凝聚囊系统总体积的 3 倍，稀释液温度为 15℃。所用稀释液浓度过高或过低，可使凝聚囊粘连成团或溶解。得粒径在 10～40μm 的微囊占总重量 95%以上，平均体积径为 20.7μm。

② 复凝聚法　利用两种高分子聚合物在不同 pH 值时电荷的变化（产生相反的电荷）引起相分离凝聚，称为复凝聚法。常选用的包囊材料有：明胶-阿拉伯胶、明胶-桃胶-杏胶等天然植物胶等。若用明胶和阿拉伯胶为材料，介质水、明胶、阿拉伯胶三者组成与凝聚现象的关系，用图 14-2 示意，其中 K 代表复凝聚的区域，也就是能形成微囊的低浓度的明胶和阿拉伯胶混合溶液，P 代表曲线以下明胶和阿拉伯胶溶液既不能混溶也不能形成微囊的区域，H 代表曲线以上明胶和阿拉伯胶溶液可以混溶成均相的区域，A 点代表 10%明胶、10%阿拉伯胶和 80%水的混合溶液。必须加水稀释，沿着 A→B 方向到 K 区域才能产生凝聚。

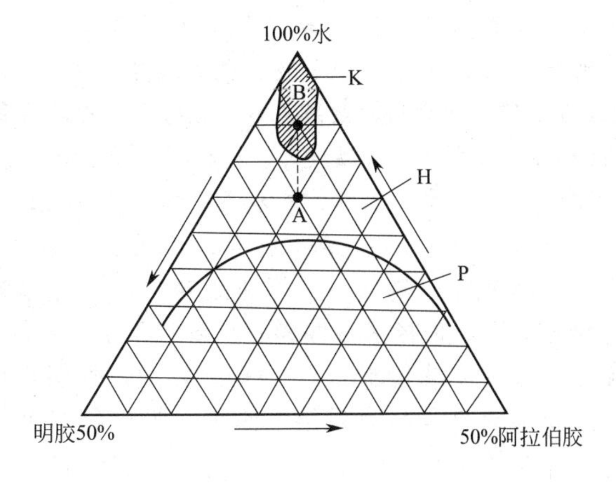

图 14-2　明胶和阿拉伯胶在 pH2.5 条件下用水稀释的三元相图

复凝聚法制备微囊的工艺过程如图 14-3 所示。

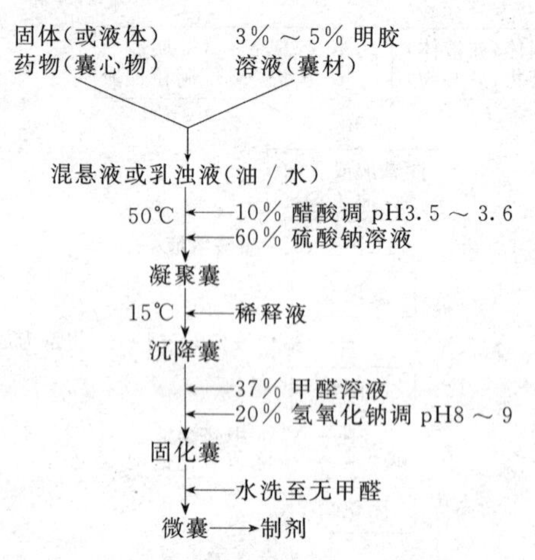

图 14-3　复凝聚法制备微囊的工艺过程

【例 14-2】 复方炔诺孕酮缓释微囊注射液

按重量比 5∶3 称量左旋炔诺孕酮（LNG）和雌二醇戊酸酯（EV），混匀后加入明胶和阿拉伯胶的溶液中（必要时过滤），用醋酸调 pH 至明胶溶液的等电点以下时，明胶带正电荷，阿拉伯胶带负电荷，二者结合形成复合物使溶解度降低。在 50℃和搅拌的情况下，复合物包裹囊心物自体系中凝聚成囊，加入甲醛调 pH 值至 8～9，使微囊固化。过滤，用水洗多余的甲醛至席夫试剂检查不变红色。

③ 溶剂-非溶剂法　将某种聚合物的非溶剂的液体加至该聚合物的溶液中可以引起相分离，从而将囊心物质包裹成微囊。囊心物可以是水溶性物质、亲水性物质、固体粉末或微晶、油状物等，但必须是在系统中对聚合物的溶剂与非溶剂均不溶解、混合或反应的物质。下面列出了可发生相分离的三成分组成（次序为聚合物-溶剂-非溶剂）：乙基纤维素-苯或四氯化碳-石油醚或玉米油、苄基纤维素-三氯乙烯-丙醇、聚乙烯-二甲苯-正己烷、橡胶-苯-丙醇。

④ 改变温度法　本方法不用加凝聚剂，通过控制温度成囊。如用白蛋白作囊材时，先制成 W/O 型乳状液，再升高温度将其固化；用乙基纤维素作囊材时可先在高温溶解，后降温成囊。

【例 14-3】 维生素 C 乙基纤维素微囊的制备

乙基纤维素可溶于 80℃的环己烷，当环己烷冷却时即呈小液滴析出。如果将维生素 C 混悬在环己烷溶液中则析出的乙基纤维素小液滴包裹在维生素 C 晶体的表面上形成维生素 C 微囊。同时加入包囊促进剂使其相分离的效果更好并且防止析出的微囊相互黏结或黏附于容器壁上。包装的具体方法：包装时首先在装有温度计、搅拌器、回流冷凝管的三颈烧瓶中加入乙基纤维素、环己烷、包囊促进剂及维生素 C 晶体。在水浴中加热至 80℃，使乙基纤维素溶解，然后搅拌至室温。滤出包囊维生素 C，用环己烷洗涤 2～3 次，经真空干燥即得包囊维生素 C 晶体。

（2）液中干燥法　又称复乳包囊法。根据所用介质不同可分为水中干燥法和油中干燥法。其中水中干燥法较为常用，是将水溶性囊心物溶解于水，然后在适宜的有机溶剂中溶入包囊材料。二者混合经乳化制成油包水（W/O）型乳剂，外层再以水为连续相制成 W/O/W 型的复乳。在减压、低温条件下将有机溶剂除去，膜材料即沉积于囊心物相的周围而成囊（球）。

液中干燥法中的干燥工艺包括两个基本过程：溶剂萃取过程和除去溶剂过程。按照操作可以分为连续干燥法、间歇干燥法及复乳法，前两种方法应用O/W型、W/O型和O/O型乳状液，而复乳法则用W/O/W型和O/W/O型复乳。

连续干燥法的工艺流程主要有：将成囊材料溶解在易挥发的溶剂中，然后将药物溶解或分散在成囊材料溶剂中，加连续相和乳化剂制成乳状液，连续蒸发除去成囊材料的溶剂，分离得到微囊。如果成囊材料的溶剂与水不混溶，则一般用水做连续相，加入亲水性的乳化剂，制成O/W型乳状液；如果成囊材料的溶剂与水混溶，则一般可用液状石蜡做连续相，加入油溶性的乳化剂，制成W/O型乳状液。但O/W型乳状液连续干燥后微囊（球）表面常含有微晶体，需要控制干燥时的速度，这样才能得到较好的微囊（球）。

间歇干燥法的工艺流程主要有：将成囊材料溶解在易挥发的溶剂中，然后将药物溶解或分散在成囊材料溶剂中，加连续相和乳化剂制成乳状液，当连续相为水时，首先蒸发除去部分成囊材料的溶剂，用水代替乳状液中的连续相以进一步去除成囊材料的溶剂，分离得到微囊。这种干燥法可以明显地减少微囊表面含有微晶体的出现。

复乳法的工艺流程（以W/O/W型为例）：将成囊材料的油溶液（含亲油性的乳化剂）和药物水溶液（含增稠剂）混合成W/O型乳状液，冷却至15℃左右，再加入含亲水性乳化剂的水作连续相制备W/O/W型复乳，最后蒸发掉成囊材料中的溶剂，通过分离干燥得到微囊。复乳法也适用于水溶性成囊材料和油溶性药物的制备。复乳法能克服连续干燥法和间歇干燥法所具有的缺点：在微囊表面形成微晶体、药物进入连续相、微囊的微粒流动性欠佳等。

影响液中干燥法工艺的主要因素是成囊过程中物质转移的速度和程度。主要需考虑的因素如表14-2所示。

表14-2　液中干燥法影响成囊的因素

影响因素	控制条件
挥发性溶剂	用量，在连续相中的溶解度，与药物及聚合物相互作用的强弱
连续相	组成（浓度及成分）与用量
连续相的乳化剂	类型、浓度及组成
药物	在连续相及分散相中的溶解度，结构，用量，与材料及挥发性溶剂相互作用的强弱
材料	用量，在连续相及分散相中的溶解度，与药物及挥发性溶剂相互作用的强弱，结晶度的高低

【例14-4】

① 亮丙瑞林PLA微球的制备　将亮丙瑞林甲醇溶液加入到34%（质量分数）PLA/二氯甲烷溶液中，在匀浆器搅拌下形成W/O一级乳。然后在7000r/min搅拌速率下，将之缓慢注入0.35%PVA溶液中，接着在38～40℃下挥发溶剂1h。过滤收集固化的微球，室温下真空干燥48h即得。

② 胰岛素聚酯微球的制备　200mg聚乳酸己内酯（PCLA）溶于1.0mL二氯甲烷中，加入15.62mg/mL胰岛素（INS）溶液（0.01mol/L稀盐酸溶液配制）0.1mL，超声乳化60s，转入2mL 5.0% PVA水溶液中，1000r/min搅拌60s，将制得的复乳转移至50mL pH5.0的蒸馏水中，于300r/min搅拌至二氯甲烷挥发完全，得到乳白色混悬液，定容后，于10000r/min离心30min，沉淀自然干燥后，即得INS-PCLA微球。

2. 化学法

(1) 界面缩聚法　当亲水性的单体和亲脂性单体在囊心物的界面处由于引发剂和表面活性剂的作用瞬间发生聚合反应而生成聚合物包裹在囊心物的表层周围，形成了半透性膜层的微囊。

(2) 辐射交联法　是用明胶或PVA为囊材，用γ射线照射使囊材在乳剂状态下发生交联，再经过处理得到球型镶嵌型的微囊，然后将微囊浸泡于药物的水溶液中，使其吸收，干燥水分即得含有药物的微囊。

3. 物理机械法

(1) 喷雾干燥法　喷雾干燥法是将囊心物分散在囊材溶液中，在惰性的热气流中喷雾，干燥，使溶解在囊材中的溶液迅速蒸发，囊材收缩成壳，将囊心物包裹。喷雾干燥包括流化床喷雾干燥法和液滴喷雾干燥法。

当流化床喷雾室有孔底板上的囊心物层受到向上气流的推动并且单位面积上囊心物的质量与气体的压力差相等，囊心物层则膨胀而呈可流动状。若囊心物之间有黏附力，则形成流动状时必须克服黏附力，这时就需要给一个外力，但当开始流动时，囊心物之间的黏附力就消失了，这时就无须外力了。但当囊心物粘连或含水过多时流动状态需要很大的外力才能实现。另外，囊心物的粒径也能影响流动态的实现，因此流化床喷雾干燥法制备的粒径范围在35～5000μm。影响液滴喷雾干燥法工艺的主要因素是混合液的黏度、均匀性、药物和成囊材料的浓度、喷雾的方法和速度、干燥速率等，产生的微囊粒径在600μm以下。

囊心物最好是球形的或规则的立方体、柱状体组成的光滑晶体，这样可以得到很好的包囊效果。囊心物的脆性、多孔性及其密度都会影响囊形。

【例 14-5】 伐普肽微球的制备

将伐普肽（一种生长激素抑制素的类似物）分散到5%（质量分数）聚合物/二氯甲烷溶液中。把此含有聚合物及药物的溶液通过实验室喷雾干燥器以3mL/min的速率喷出。压缩空气的流速为450m^3/h，干燥空气的流速为40m^3/h，进口气及出口气温度分别为50℃和40℃。接着将得到的微球分别用0.1% Poloxamer188溶液和蒸馏水洗涤，然后用0.2mm醋酸纤维素滤膜过滤收集。室温下真空干燥24h后，最后将微球分散在正己烷中以分散聚集的微粒，再真空干燥12h，即得。

(2) 喷雾冷凝法　喷雾冷凝法是将囊心物分散于熔融的囊材中，在冷气流中喷雾，凝固而成微囊。在室温下为固体而在较高温度能熔融的囊材均适用于本法，如蜡类、脂肪酸和脂肪醇。

(3) 锅包衣法　锅包衣法是将囊材配成溶液，加入或喷入包衣锅内的固体囊心物上，形成微囊。在成囊过程中要将热空气导入包衣锅内除去溶剂。

(四) 微粒的质量评价

微粒的质量评定，除了制剂本身应符合药典规定的要求外，微囊质量的评定主要有以下几方面。

1. 微粒的形态、粒径大小及其分布

微粒粒径的大小影响其在体内的分布，不同粒径的微粒具有不同的体内分布特征，一般粒径在1～7μm微粒的主靶器官是肝和脾，大于12μm主要蓄积于肺。粒径越均匀越好，因此粒径大小及其分布是此类制剂的一项极为重要的考察指标。其主要标准为：形态球形、外形圆整、表面光滑、粒径分布较窄。微粒的粒径及其分布的测定方法有筛析法、电子显微镜法、光学显微镜法、超速离心法、沉降法、库尔特计数法、吸附法及空气透过法。这些方法测定的粒子的粒径范围各不相同，适用对象也不一样，常用的是光学显微镜法、电子显微镜法和库尔特计数法。

2. 微粒中药物的释放速率的测定

微粒中药物的释放速率，可用以比较各种微粒制剂的性能，确定药物作用时间及作用部位。常用的微粒释药测定技术有如下几种。

(1) 膜扩散技术　将微囊（球）混悬于少量介质中，经一透析膜将其与释放介质分开，药物扩散至释放介质中，定时测定介质中的药物量。

（2）动态透析技术　在膜扩散技术基础上，在透析膜内外加以搅拌，使溶出介质处于动态，保证微囊（球）在透析膜内的药物浓度与释放体系中的药物浓度趋于平衡。

（3）连续流动测定技术　将微囊（球）置于装有少量释放介质的滤池中，滤池底部装有大面积滤器。新的释放介质不断补充进入滤池，释放介质连续滤过后，流经监测系统，测定药物浓度。

（4）定时取样技术　将微囊（球）置于大体积释放介质中，定时取样，经过滤或离心方法使微囊（球）与释放介质分离，测定介质中药物浓度。

（5）桨法　有些微囊或微球可用桨法测定，也可采用第三法，具体装置及操作按最新《中华人民共和国药典》规定进行。此外国内也有转篮法测定的，为了防止药物从转篮中漏出，转篮外包一层尼龙布袋。

3. 含量测定

微囊（球）含量测定一般采用溶剂提取法。微球中药物为包埋分散形式，应将微球消解或溶解后进行测定。

① 易降解的微粒，如白蛋白微球、明胶微球等，取一定体积或质量的微球置于0.1mol/L氢氧化钠溶液或含蛋白酶的水溶液中，进行碱或酶消化至澄明，即可用于含量测定。

② 难降解的微粒且所载药物水溶性较低时，可用适宜的有机溶剂（乙醇、异丙醇、乙醚、氯仿等）进行回流提取或溶解微粒，再取样用HPLC、UV等方法对药物进行定量分析，含量测定时需做空白对照。

4. 药物的载药量与包封率

对于粉末装微囊（球），先测定其含药量后计算载药量；对于混悬于液态介质中的微囊（球），先将其分离，分别测定液体介质和微囊（球）的含药量后计算其载药量。

$$载药量=\frac{微囊（球）中含药量}{微囊（球）的总质量}\times 100\%$$

$$包封率=\frac{微囊（球）中含药量}{微囊（球）和介质中的总药量}\times 100\%$$

$$包封产率=\frac{微囊（球）中含药量}{投药总量}\times 100\%$$

5. 有机溶剂残留量

凡工艺中采用有机溶剂者，应测定有机溶剂残留量，并不得超过《中华人民共和国药典》规定的限量。《中华人民共和国药典》中未规定的有机溶剂，其残留量的限度可参考人用药物注册技术要求国际协调会议（ICH）的规定。

三、脂质体

（一）概述

1. 含义

脂质体（liposome）是指将药物包封于类脂质双分子层内而形成的微型泡囊体。具有类细胞膜结构，在体内可被网状内皮系统视为异物识别、吞噬主要分布在肝脾、肺和骨髓等组织器官，从而提高药物的治疗指数。

自从1965年，Bangham和Standish发现脂质体以来，脂质体作为一种新型药物载体，在医药领域的研究得到了迅速的发展，并取得可喜成果，在医药界得到了日益广泛的关注。

近年来，随着生物技术的不断发展，脂质体制备工艺逐步完善；脂质体作用机制进一步阐明，加上脂质体适合体内降解、无毒性和无免疫原性，特别是大量实验数据证明脂质体作为药物载体可以提高药物治疗指数、降低药物毒性和减少药物副作用，并减少药物剂量等优点，脂质体作为生物药物载体的研究愈来愈受到重视，这方面的研究进展非常迅速。

2. 脂质体的作用特点

脂质体既可包封脂溶性药物，也可包封水溶性药物。由于独特的结构特征，作为药物载体，使其具有许多作用特点。生物技术药物被脂质体包封后其主要特点如下。

（1）脂质体的靶向性　靶向性是脂质体作为药物载体最突出的特点。脂质体进入体内可被巨噬细胞作为外界异物而吞噬，主要被单核-巨噬细胞系统的巨噬细胞所吞噬而摄取，形成肝、脾等网状内皮系统的被动靶向性。脂质体经肌内、皮下或腹腔注射后，可首先进入局部淋巴结中。

脂质体的靶向性有四种类型。

① 天然靶向性：是脂质体的基本特征。一般脂质体进入体内主要被网状内皮系统的巨噬细胞摄取，使脂质体主要分布在肝、脾和骨髓等网状内皮细胞较丰富的器官中，对这些器官具有天然靶向的性质。脂质体是治疗肝寄生虫病、利什曼病等网状内皮系统疾病理想的药物载体，脂质体也广泛用于肝肿瘤等的治疗和防止淋巴系统肿瘤等的扩散和转移。

② 隔室靶向性：指脂质体由不同的给药方式进入体内后，产生对不同部位的靶向性。通过不同的给药途径，脂质体可以进入不同的隔室位置，从而产生不同的靶向性和作用特点。

③ 物理靶向性：这种靶向性是在脂质体的设计中，应用某种物理因素的改变，例如，用药局部的 pH、病变部位的温度等的改变而明显改变脂质体膜的通透性，引起脂质体选择性地释放药物。

④ 配体专一靶向性：是在某种脂质体上连接一种识别分子，即所谓的配体。通过配体分子的特异性专一地与靶细胞表面的互补分子相互作用，而使脂质体在靶区释放药物。

（2）细胞亲和性与组织相容性　脂质体是类似生物膜结构的结构，对正常细胞和组织无损害和抑制作用，有细胞亲和性与组织相容性，并可长时间吸附于靶细胞周围，使药物能充分向靶细胞靶组织渗透，脂质体也可通过融合进入细胞内，经溶酶体消化释放药物。

（3）长效作用　许多生物药物在体内由于迅速代谢或排泄，故作用时间短。将生物药物包封成脂质体，可减少肾排泄和代谢，延长药物在血液中的滞留时间，使药物在体内缓慢释放，从而延长了药物的作用时间。

（4）降低药物毒性　药物被脂质体包封后，主要被网状内皮系统的吞噬细胞摄取，故在肝、脾和骨髓等器官有较高浓度，而在心脏和肾脏中的累积量比给予游离药物时低得多。对心、肾有毒性的药物或对正常细胞有毒性的抗癌药包封脂质体后，可明显降低药物的毒性。

（5）保护药物，提高稳定性　一些不稳定的生物药物被脂质体包封后，在体外时，即受到脂质体双层膜的保护。同时，脂质体也增加生物药物在体内的稳定性。

3. 脂质体的给药途径

（1）静脉注射　脂质体静脉注射后迅速从血液循环中消除，其消除率与脂质体的大小及表面所带电荷有关。通常大脂质体比小的消除快。

（2）肌内和皮下注射　脂质体经肌内或皮下注射后，从注射部位吸收进入淋巴管，最后进入血液循环并广泛分布于肝、脾的单核-巨噬细胞系统中。淋巴管可以很快清除小于 0.1μm 的微粒；皮下注射的多室脂质体不易被淋巴结摄取，且很慢地从注射部位消除，包封于脂质体的药物以恒定速率进入循环系统。而电中性及带正电荷的小单室脂质体易被局部淋巴结所摄取，通过淋巴管从注射部位进入全身循环。

（3）口服给药　有些药物以游离形式通过胃肠道时，不能被吸收或遭到破坏，但包封于脂质体后即可通过胃肠道吸收。根据脂质体缓释和保护药物的作用，可应用脂质体延长水溶性药物的作用或用以包封胃肠道不吸收或不稳定的药物。

（4）眼部给药　脂质体对外眼组织、结膜和巩膜具有更强的亲和力。滴眼后可迅速分散，增强药物对角膜的穿透性。激素类药物在眼部应用时由于脂质体的包封可减少对循环系统的副作用。

（5）肺部给药　脂质体静脉注射后，只有少量分布到肺，因而不能在肺中达到治疗的有效浓度。采用雾化吸入脂质体气雾剂可达到肺部给药的目的。

（6）经皮给药　脂质体能够使亲脂性、难渗透皮肤的大分子药物以治疗量透入皮肤，并可维持恒定的释放。也可使药物滞留在表皮-真皮之间起局部效应，提高生物利用度，而无全身的副作用。

（7）鼻腔给药　脂质体经鼻腔滴入给药后很快转移到支气管处。如粒径太大则给药后沉积在无纤毛的鼻腔前部，影响吸收。

（二）脂质体的组成、性质与分类

1. 脂质体的组成

脂质体主要由磷脂及胆固醇组成。磷脂在脂质体中形成双分子层，胆固醇则起到提高脂质体的稳定性或提高脂质体的靶向性等作用。水溶性药物包封于泡囊的亲水基团夹层中，而脂溶性药物则分散于泡囊的疏水基团的夹层中。

磷脂分子形成脂质体时，具有两条疏水链指向内部，亲水基在膜的内外两个表面上，磷脂双层构成一个封闭小室，内部包含水溶液，小室中水溶液被磷脂双层包围而独立，磷脂双室形成泡囊又被水相介质分开。脂质体可以是单层的封闭双层结构，也可以是多层的封闭双层结构。在电镜下，脂质体的外形常见有球形、椭圆形等，直径从几十纳米到几微米。如图14-4所示。

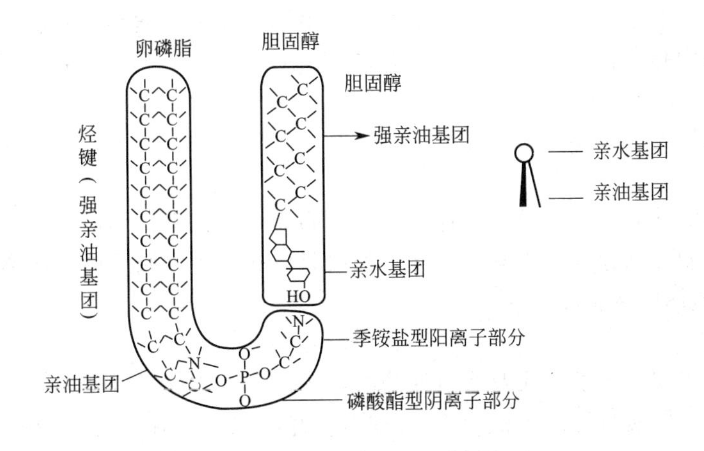

图 14-4　卵磷脂与胆固醇在脂质体中的排列形式

知识链接：脂质体的作用机理

脂质体的组成与细胞膜的相似，能增强细胞摄取，延缓耐药性。脂质体在体内细胞水平上的作用机制有吸附、脂交换、内吞和融合等。

（1）吸附　在接近或低于脂质体脂质双层相转变温度时，流动性低的脂质体可以稳定地吸附到培养细胞的表面。吸附是脂质体作用的开始，是普通物理吸附，受粒子大小、密度和表面电荷等因素影响。如脂粒与细胞表面电荷相反，则吸附作用大。

（2）脂交换　指脂质体的脂类与细胞膜上的脂质类相互交换。此过程包括吸附和交换两个过程，即脂质体先被细胞吸附，然后在细胞表面蛋白的介导下，特异性交换脂类的极性基团或非特异性地交换酚基链。交换仅发生在脂质体双分子层中外部单分子层和细胞质膜外部的单分子层之间，而脂质体内药物并未进入细胞。

（3）内吞　脂质体被单核-巨噬细胞系统识别，特别是被网状内皮系统的巨噬细胞作为外来异物吞噬，称内吞作用。然后脂质体被溶酶体水解释放药物，作用于溶酶体或其他细胞器。通过内吞，脂质体能特异地将药物浓集于特定的细胞内，也可使药物进入溶酶体内，故内吞作用是脂质体的主要作用机制。

（4）融合　指脂质体的膜材与细胞膜的构成物相似而融合进入细胞内，然后经溶酶体消化释放药物。脂质体可以将生物活性大分子，如酶、DNA、mRNA或毒素，以细胞融合方式传递到培养细胞内。因此对产生耐药的菌株或癌细胞群，用脂质体载药可显著提高抗菌或抗癌效果；大分子药物被包封于脂质体往往可以提高口服给药的药效。

2. 脂质体的理化性质

（1）相变温度　脂质体的物理性质与介质温度有密切关系。当升高温度时，脂质体双分子层中疏水链可从有序排列变为无序排列，由此引起一系列变化，如膜的厚度减小、流动性增加等。转变时的温度称为相变温度（phase transition temperature），它取决于磷脂的种类。脂质体膜可以由两种以上磷脂组成，它们各有特定的相变温度，在一定条件下它们可同时存在不同的相。

（2）带电性　酸性脂质，如磷脂酸（PA）和磷脂酰丝氨酸（PS）等的脂质体荷负电；含碱基（氨基）脂质，如十八胺等的脂质体荷正电。不含离子的脂质体则显中性。脂质体表面电性与其包封率、稳定性、靶器官分布及对靶细胞作用有关。

3. 脂质体的分类

根据脂质体的不同结构大小、荷电性质及不同性能和用途等，脂质体有不同分类。

（1）按结构和粒径分　单室脂质体、多室脂质体。含有单个双分子层的泡囊称为单室脂质体，粒径0.02～0.08μm；大单室脂质体为单层大泡囊，粒径在0.1～1μm。大单室脂质体包封的药物量比单室多10倍。甚至数十倍。含有多层双分子层的泡囊称为多室脂质体，粒径在1～5μm。

（2）按荷电性质分　中性脂质体、负电性脂质体、正电性脂质体。

（3）按性能和用途分　常规脂质体、长效脂质体、免疫脂质体、阳离子脂质体等。

（三）脂质体的制备

1. 注入法

将磷脂与胆固醇等类脂质及脂溶性药物，共溶于有机溶剂中（一般多采用乙醚），然后将此药液经注射器缓缓注入加热至50～60℃（并用磁力搅拌）的磷酸盐缓冲液（可含有水溶性药物）中，加完后，不断搅拌至乙醚除尽为止，即制得脂质体，其粒径较大，不适宜静脉注射。再将脂质体混悬液通过高压乳匀机两次，所得的成品，大为单室脂质体，少数为多室脂质体，粒径绝大多数在2μm以下。

2. 薄膜分散法

将磷脂、胆固醇等类脂质及脂溶性药物溶于氯仿（或其他有机溶剂）中，然后将氯仿溶液在玻璃瓶中旋转蒸发，使在烧瓶内壁上形成薄膜；将水溶性药物溶于磷酸盐缓冲液中，加入烧瓶中不断搅拌，即得脂质体。

3. 超声波分散法

将水溶性药物溶于磷酸盐缓冲液，加入磷脂、胆固醇与脂溶性药物共溶于有机溶剂的溶液，搅拌蒸发除去有机溶剂，残液经超声波处理，然后分离出脂质体，再混悬于磷酸盐缓冲液中，制成脂质体混悬型注射剂。凡经超声波分散的脂质体混悬液，绝大部分为单室脂质体。多室脂质体只要经超声处理后亦能得到相当均匀的单室脂质体。

4. 逆相蒸发法

系将磷脂等膜材溶于有机溶剂，如氯仿、乙醚中，加入待包封药物的水溶液（有机溶剂的用量是水溶液的 3～6 倍）进行短时间超声处理，直到形成稳定的 W/O 型乳剂，然后减压蒸发除去有机溶剂，达到胶态后，滴加缓冲液，旋转使器壁上的凝胶脱落，在减压下继续蒸发，制得水性混悬液，通过凝胶色谱法或超速离心法，除去未包入的药物，即得大单室脂质体。本法特点是包封的药物量大，体积包封率可大于超声波分散法 30 倍，它适合于包封水溶性药物及大分子生物活性物质，如各种抗生素、胰岛素、免疫球蛋白、碱性磷脂酶、核酸等。

5. 冷冻干燥法

药物高度分散于缓冲盐溶液中，加入冻结保护剂（如甘露醇、右旋糖酐、海藻酸等）冷冻干燥后，再将干燥物分散到含药物的缓冲盐溶液或其他水性介质中，即可形成脂质体。此法适合包封对热敏感的药物。

（四）脂质体作为生物技术药物载体的特点

脂质体作为生物技术药物的载体，具有以下优点。

① 药物包裹于脂质体中，有利于药物的稳定、减少胃肠道酶的破坏，而使其半衰期延长。

② 降低毒副作用，尤其可降低生物技术药物污染源及异性蛋白引起的急性过敏反应，如发热、皮疹，甚至过敏性休克、死亡等。

③ 提高机体免疫功能与药物产生协同作用。

④ 脂质体进入体内后，易于与肠黏膜细胞发生融合、吸附及脂质交换等作用，使药物较易进入体内。脂质体表面用生物黏附聚合物修饰后，能增加所包裹的多肽或蛋白质类药物的胃肠道吸收。

⑤ 脂质体可在温和条件（避免加热、有机溶剂等）下形成，这样将药物包封时的变性减小到最小。

⑥ 改变体内的分布，使药物具器官靶向性。

然而普通脂质体不能直接用于口服给药，因为它们对肠道的净化作用敏感，如胆盐和肠道的磷脂酶降解。胃肠道内脂质膜的破坏使包裹的药物暴露从而失去保护功能。为使脂质体用于口服给药，通常将其制成聚合膜脂质体。通过在脂质膜中形成相互连接的网状结构，提高其在胃肠道中稳定性。如 1，2-双（2，4-十八烷二烯）-sn-甘油-3-胆碱（DODPC）用于制成聚合膜脂质体，修饰后的聚合膜脂质体在胃肠道中的稳定性已被大鼠的生物分布试验证实。

（五）脂质体的质量评价

1. 形态、粒径及其分布

脂质体的形态为封闭的多层囊状或多层圆球。其粒径大小可用显微镜法测定，小于 2μm 时须用扫描电镜或透射电镜。也可用电感应法（如库尔特计数器）、光感应法（如粒度分布光度测定仪）、激光散射法等测定脂质体的粒径及其分布。

2. 包封率的测定

包封于脂质体内的药物与体系中总药量之比称为包封率。根据计算单位不同可分为质量包封率和体积包封率。可采用葡聚糖凝胶法、超速离心法或透析法等进行分离，然后用适当方法进行含量测定，计算包封率。

影响包封率的因素有：①类脂质材料的比例，处方中增加胆固醇含量时可提高水溶性药物的载药量；②脂质体电荷的影响，当相同电荷的药物包封于脂质体双层膜中，同电相斥致使双层膜之间的距离增大，可包封更多亲水性药物；③脂质体粒径大小的影响，当类脂质的量不变，类脂质双分子层的空间体积愈大，所载药物量就愈多，但是粒径的大小应控制在适当范围内，以确保药物的靶向特性；④药物溶解度的影响，极性药物在水中溶解度愈大，在脂质体水层中的浓度愈高。水层空间愈大，能包封极性药物愈多。通常多室脂质体的体积包封率远比单室的大。非极性药物的脂溶性愈大，体积包封率愈高，水溶性与脂溶性均小的体积包封率也低。

3. 脂质体的稳定性

由于脂质体膜有一定的通透性，放置一定时间后包封的药物可渗漏到膜外，导致包封率下降，故渗漏率是衡量脂质体稳定性的重要指标。

渗漏率的计算，一般是将脂质体贮存在特定介质中，一定温度放置，于不同时间用透析或离心等方法分离，测定介质中的药量，放置前后介质中药量差值占体系药物总量的百分率即为样品的渗漏率。

利用渗漏率指标可比较不同工艺、不同配方的脂质体包封药物的稳定性，在制剂处方工艺筛选中有较为广泛的应用价值。通常在膜材中加一定量的胆固醇以加固脂质双分子层膜，降低膜流动，可减小渗漏率。

拓展知识

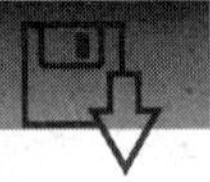

一、纳米给药系统

（一）纳米给药系统概述

1. 含义

纳米给药系统（NDDS）是粒径1～1000nm的给药系统，也叫纳米粒。纳米粒是指以高分子材料为载体，将药物溶解、包裹或包埋在载体聚合物中形成的微型药物载体。纳米粒按制备过程的不同，可分为骨架实体型的纳米球和膜壳药库型的纳米囊。

纳米技术主要是在纳米尺度对物质进行研究。20世纪70年代后期，Narty首先将纳米囊与纳米球作为药物载体。30多年来，纳米药物载体在药物制剂的领域得到广泛的推广，近年来，更多的目光投向了纳米给药系统对生物大分子药物传递的作用。

以前认为，粒径在1～1000nm的药物给药系统均可视为纳米给药系统，但是在动物试验及临床应用过程中发现，纳米尺度在10～250nm的粒子与250～1000nm尺度的粒子，表现仍有所不同。

2. 特点

（1）具有靶向性　由于纳米粒比一般粒子具有更小的体积，因此纳米给药系统对肝、脾或骨髓等部位具有特殊的靶向性。聚合物纳米囊有利于淋巴系统靶向给药；作为抗癌药的载体，纳米球易聚集在一些肿瘤中，提高疗效，降低毒副作用。

（2）增强疗效　在保证作用的情况下，比一般制剂的给药剂量要小，可减少或避免毒副反应。

（3）提高生物大分子的体内稳定性　纳米粒作为生物大分子的特殊载体，有利于生物大分子药物的吸收、体内稳定和靶向性。纳米粒可用于口服、注射、吸入等多种途径给药。

(4) 改善多肽蛋白类药物的口服吸收　作为口服制剂可防止多肽、疫苗类和一些药物在消化道的破坏，提高药物口服的稳定性及生物利用度。

(5) 可作为黏膜给药的载体　如一般滴眼剂的生物半衰期仅1～3min，而纳米粒滴眼剂会黏附于结膜和角膜，使药物缓慢释放，可延长作用时间；还可制成鼻黏膜、经皮吸收等各种给药途径的制剂，均可延长作用时间或提高疗效。

(6) 改善难溶性药物的口服吸收　在表面活性剂和水等存在下，直接将药物粉碎成纳米混悬剂，适合口服、注射等途径给药以提高生物利用度。

(7) 可定位释药　肠溶材料，如丙烯酸树脂制备的口服纳米粒，可以达到结肠定位释药的效果。

总之，纳米粒具有特殊的医疗价值，具有缓释、靶向、保护药物、提高疗效和降低毒副作用等特点。

3. 纳米粒的组成

纳米粒主要由主药、载体材料和附加剂组成。

用于制备纳米粒的载体材料主要是高分子材料，包括天然的、半合成的和合成的高分子材料。常用的天然高分子材料有：明胶、阿拉伯胶、淀粉及其衍生物、海藻酸盐、蛋白类等。常用的半合成高分子材料有：纤维素类的衍生物，如甲基纤维素、乙基纤维素、羧甲基纤维素、羟丙基甲基纤维素、邻苯二甲酸醋酸纤维素等。常用的合成高分子材料有：可生物降解的高分子（如聚乳酸，PLA）和不可生物降解的高分子材料两类。

纳米粒中的附加剂主要有：稀释剂、稳定剂、控制释药速率的一些促进剂或阻滞剂等。

(二) 纳米粒的制备

制备纳米粒的方法有聚合反应法、聚合物材料分散法、液中干燥法、自动乳化溶剂扩散法等。

1. 聚合反应法

聚合反应法制备的纳米粒由聚合反应生成，主要采用乳化聚合法和界面缩聚法。前法制得的纳米粒粒径一般在200nm左右，加入非离子型表面活性剂后，可减少粒径至30～40nm。这类方法制备工艺简单，有利于规模化生产。后者比较适合于包封脂溶性的药物，载药量高。

以水作连续相的乳化聚合法，是目前制备聚合物纳米粒的重要方法之一。此法是先将单体分散于含乳化剂的水相中的胶束内或乳滴中，单体遇引发剂分子或经高能辐射，发生聚合，胶束及乳滴可作为提供单体的仓库；乳化剂对相分离以后的聚合物微粒也起防止聚集的稳定作用。有的系统也可进行无乳化剂聚合。在聚合反应终止前后，经相分离形成固态。一个固态纳米粒有若干聚合物分子组成。药物被包裹于聚合物颗粒内或结合于颗粒表面，形成药物纳米粒。

例如，米托蒽醌聚氰基丙烯酸丁酯纳米粒制备的具体工艺为：按处方称取米托蒽醌、Dextran-70、焦亚硫酸钠，置容量瓶中，用蒸馏水溶解后，用稀盐酸调至pH 2.2，定容后转入具塞锥形瓶中，电磁搅拌下，缓缓加入氰基丙烯酸丁酯材料，室温下搅拌4h，用稀氢氧化钠调至pH 5～7，0.22μm微孔滤膜过滤，得乳蓝色的纳米粒胶体溶液。聚氰基丙烯酸丁酯纳米粒的形成机制见图14-5。

2. 聚合物材料分散法

此法制备的纳米粒是由大分子或聚合物分散制得。对纳米粒进行表面修饰用于制得长循环纳米粒时，多采用聚合材料分散法。此法适合于聚乳酸、聚乳酸-羟基乙酸共聚物

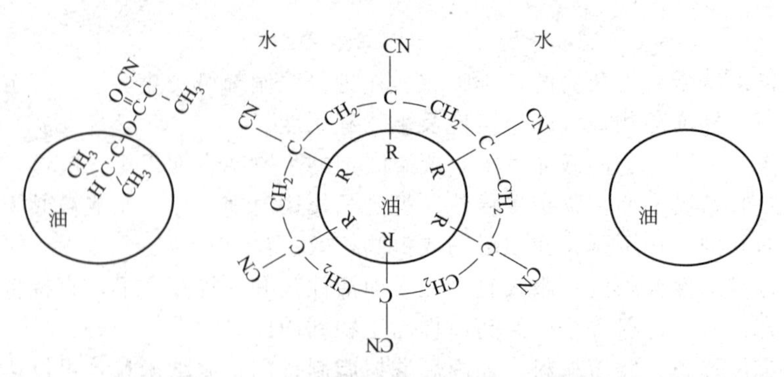

图 14-5　聚氰基丙烯酸丁酯纳米粒的形成机制

(PLGA)等 α-烃基酸类纳米粒的制备。即将材料单体溶解于可以挥发且在水中可以适当溶解的有机溶剂中，制成 O/W 型乳剂，再挥发除去有机溶剂，制得所需纳米粒。研究发现，用此法制备时，药物是被吸附或包埋于纳米粒表面，因此，随着粒径的减少，比表面积增大，包封率可有所增大。

(1) 明胶纳米球　先将明胶与油形成 W/O 型乳状液，然后将明胶乳滴冷却至胶疑点以下，再用甲醛交联固化即得。此种方法避免了加热，可用于对热敏感的药物。

(2) 白蛋白纳米球　将定量的白蛋白与药物溶入或分散入水中，作水相，在 40～80 倍体积的油相中搅拌或超声乳化得 W/O 型乳状液，将该乳状液快速滴加到 100～200mL，100～180℃的热油中，并保持 10min，白蛋白变性形成含有水溶性药物的纳米球，再搅拌并冷至室温，加醚分离纳米球，离心，洗涤，即得。其中固化对白蛋白纳米球的粒径及其分布影响最大，快速滴加时粒径较小，反之则粒径大且分布很宽。提高固化温度可降低释药速率。该法不适合对热不稳定的药物，而且得到的纳米粒粒径通常大于 200nm。

(3) 凝聚高分子纳米球　高分子材料经盐析脱水，而凝聚成纳米球。通过改变 pH 值、加入盐析剂引起高分子材料盐析，使高分子脱水形成沉淀或凝聚。制备工艺的原理，是将高分子材料在稀溶液中吸水膨胀，此阶段加入药物，再加入盐析剂脱水，结合有药物的高分子凝聚收缩成团，最后用醛固化制备纳米球。开始阶段浊度较低，加入盐析剂后浊度会因新相形成而突然大增。通常，采用明胶、人血浆白蛋白、牛血清白蛋白和乙基纤维素等高分子材料，用乙醇或硫酸钠脱水，戊二醛固化，其中也可加入适量表面活性剂。乙醇的优点是易于在冻干时除去。有时加入山梨醇、乳糖或少量表面活性剂等作支架剂，它们也对冻干的产品的再分散有利。

3. 液中干燥法

详见微粒制备的有关内容。纳米球的粒径取决于溶剂蒸发之前形成的乳滴的粒径，可通过搅拌速率、分散剂的种类和用量、有机相及水相的量和黏度、容器及搅拌器的形状和温度等因素来控制纳米球的粒径。

4. 自动乳化溶剂扩散法

自动乳化溶剂扩散法即可包封水溶性药物，也可包封水不溶性药物。

知识链接：纳米粒的表面修饰

对纳米粒进行表面修饰，可以改变纳米粒的表面性质和作用。

纳米粒表面亲水、亲脂的性能，直接影响着纳米粒与调理蛋白吸附结合力的大小，从而影响其被巨噬细胞吞噬的快慢。一般，纳米粒表面亲脂性越大，则对调理蛋白的结合力越强。因此，如需要延长纳米粒在体内的循环时间，应增加其表面的亲水性。

纳米粒的表面电荷，则影响着纳米粒与体内物质，如调理素等的静电作用力。纳米粒表面带负电荷，往往使其在体内比带正电荷或中性的纳米粒更易被清除。中性的表面一般较适于延长纳米粒在体内的循环停留时间。因此，在对纳米粒进行表面修饰时，应考虑多方面的因素。一般，纳米粒表面修饰用的材料有以下三类。

1. 以聚乙二醇（PEG）、氧化聚乙烯（PEO）、泊洛沙姆（Poloxamer）为表面修饰材料

PEG是应用最广泛的微粒表面修饰材料。PEG实现修饰的方法多是先将PEG与PLA等化学结合，然后再制备纳米粒。但也有采用疏水键吸附、电性结合等方法。PEG的相对分子量、包衣的厚度以及包衣的密度，对长循环的效果有明显的影响。例如，以PEG5000修饰的PLA纳米粒，包衣层厚度约4.3nm，以PEG2000修饰的PLA纳米粒，包衣层厚度约7. 8nm，而前者可以更有效的避免肝脏巨噬细胞的吞噬，且二者的效果都比Poloxamer188修饰的纳米粒好。

2. 以壳聚糖、环糊精等多糖为表面修饰材料

这类材料的亲水性能延长纳米粒在体内的循环时间、减少巨噬细胞的捕获。其中，两亲性的环糊精用于纳米粒表面修饰时，还可增加药物的包封率和载药量。阴离子多糖聚合物肝素，也可作为亲水性部分与聚甲基丙烯酸甲酯形成两亲性共聚物纳米粒，肝素的抗凝活性作用可阻止血液成分对纳米粒的黏附，以及对抗血浆蛋白对药物的竞争，从而起到延长循环时间的效果。

3. 以聚山梨醇酯（Tween）等表面活性剂为表面修饰材料

大多数药物难以通过血脑屏障，但当药物载于纳米粒时，可因脑内皮细胞的内吞作用而进入血脑屏障，而将纳米粒用吐温80等表面活性剂进行修饰，则可进一步增加药物对血脑屏障的渗透，显著提高脑内药物的浓度，起到靶向作用。

（三）纳米粒的质量评价

1. 外观形态与粒径

纳米给药系统的质量评价，最直接的方法就是观察纳米粒子的外观形态和测量粒子的大小。粒径的大小是区分纳米药物载体与传统药物载体主要依据。

NDDS的一些生物学性质与粒径密切相关，如体内分布、口服吸收生物利用度、跨细胞膜转运等。因此，在纳米给药系统的评价中，外观形态与粒径测定具有重要的意义。

常用的方法有透视电子显微镜、扫描电子显微镜等对待测粒子进行摄影。通过所获得的透射电镜（TEM）、扫描电镜（SEM）图像，可以计算出粒子的平均粒径和粒径分布。也可采用光子相关光谱技术或激光散射技术对纳米粒子进行测定。

2. zeta电位

测量zeta电位可以预测NDDS所组成的胶体分散体系的稳定性。通常纳米粒所带zeta电位的绝对值越大，纳米粒间的相互排斥力也越大，体系越稳定。

此外，zeta电位还与纳米粒的载药性能有关，尤其对以吸附法制备的载药纳米粒影响更大，通过修饰改变纳米粒的表面电性，可以提高吸附法制备载药纳米粒的载药量。

因此，zeta电位是考察NDDS主要性质的项目之一。NDDS胶体溶液的zeta电位通过采用电泳法和zeta测定仪测定。

3. 包封率和载药量

包封率（enbedding ratio，ER）和载药量（loading capacity，LC）分别反映药物被包封于纳米粒的百分率和药物与载体材料之间量的关系。

测定ER、LC的关键在于测定包封于纳米粒或未被包封药物量的测定，根据测得的包封于纳米粒或未被包封药物的量、投药量以及载体材料用量计算ER和LC。

药物包载于纳米粒方式主要有三种：包埋（球式）、包封（囊式）和表面吸附。

不同的NDDS载药方式各异，ER、LC测定方法也不同，主要方法如下。

（1）离心法　此法是分离未被纳米粒包载药物常用方法，经高速离心后，纳米粒沉于底部，取上清液可测得未被纳米粒包载药物的量。

(2) 葡聚糖凝胶柱法　此法也常用于分离胶体溶液中纳米粒部分，然后将收集到的纳米粒用有机溶剂溶解，测定包载于纳米粒中药物的量。

(3) 超滤法　通过超滤过滤后的溶液可测定未被包封的药物的量。

二、微乳给药系统

(一) 微乳给药系统概述

1. 含义

微乳（microemulsion，ME）是水相、油相、表面活性剂和辅助表面活性剂按适当的比例混合，自发形成的分散体系，粒径在1～100nm，也被称为纳米乳。微乳外观澄明，低黏度，各向同性，热力学、动力学都很稳定，是一类理想的新型给药系统，目前已被广泛用于透皮、口服、注射、黏膜等多种给药途径的研究。生物技术药物的口服微乳制剂，近年来研究的如胰岛素口服微乳胶囊，是由卵磷脂、胆固醇、油酸单甘油酯、乙醇、吐温80、抗氧化剂等组成。其他如干扰素、降钙素、低分子肝素都有制成口服微乳胶囊的报道。目前已成商品的有环孢素A口服微乳胶囊，环孢素为一种水不溶性的环状多肽药物，由11个氨基酸组成，是一种强效的选择性免疫抑制剂，由于其脂溶性强，亲水性差，吸收很差，制成微乳胶囊可明显改善其生物利用度。

2. 特点

近年微乳愈来愈受到重视，主要用作药物的胶体性载体。其主要优点有：①毒性小、安全性高、不需特殊设备即可大量生产；②热力学稳定，且可过滤灭菌，易于制备和保存；③可增加难溶性药物的溶解度、提高易水解药物的稳定性；④分散性好，吸收迅速，可提高蛋白类药物口服制剂的生物利用度；⑤可作为靶向给药系统。还可制成稳定性高、生物利用度好、可经皮、口服或注射的微乳。微乳的一般缺点是释药难以控制，多数为快速释放。

(二) 微乳的制备

在药剂学中应用较多的是单相微乳。微乳除含油、水两相和乳化剂外，还含有助乳化剂。乳化剂和助乳化剂应占乳剂的12%～25%。乳化剂主要是表面活性剂，不同的油对乳化剂的HLB值有不同的要求。制备W/O型微乳时，大体要求其HLB值在3～6；制备O/W型微乳时，则其HLB值在15～18。助乳化剂一般选择链长为乳化剂的1/2的烷烃或醇等，如正丁烷、正戊烷、正己烷、5～8个碳原子的直链醇。助乳化剂的作用，可能是和乳化剂形成复合界面膜，还可调节乳化剂的HLB值。

知识链接：微乳的形成机理

关于微乳的本质及形成机理，至今看法还不一致。尚没有一种理论能完整地解释微乳的形成。目前影响较大的理论有：界面张力理论、增溶理论、热力学理论等。

1. 界面张力理论

该理论认为，在微乳形成过程中，界面张力起着重要的作用。由于乳化剂和助乳化剂的加入，可以使O/W的界面张力下降，甚至达到负值，从而使油水界面自动扩大，微乳形成。但这种负的界面张力难以测定，所以在解释微乳的自动乳化现象时缺乏有力的实证。

2. 增溶理论

该理论认为微乳是胀大的胶团。在浓度大于临界胶团浓度的表面活性剂溶液中，如果加入油，就被胶团增溶，随着这一过程的进行，进入胶团中的油量不断增加，使胶团溶胀而变成小油滴，即形成微乳液。因为增溶是自动进行的，故微乳化过程能自动发生也是理所当然的。

胶团和加溶胶团均为热力学稳定体系，故微乳亦是热力学稳定体系。但此理论无法解释，为何只要表面活性剂浓度大于临界胶团浓度即可发生增溶作用，而此时微乳并不一定能够形成。

3. 热力学理论

有人利用热力学方法求算出微乳形成的自由能及其相转变的条件来研究微乳的形成条件，但距指导实际工作还相差甚远。

1. 确定处方

处方的必需成分通常是油、水、乳化剂和助乳化剂。当油、乳化剂和助乳化剂被确定之后，可通过三元相图找出微乳区域，从而确定它们的用量。在油、水、乳化剂和助乳化剂 4 个组分中，一般可将乳化剂及其用量固定，水、油、助乳化剂 3 个组分占正三角形的 3 个顶点，再恒温制作相图（见图 14-6）。图 14-6 中有两个微乳区，一个靠近水的顶点，为 O/W 型微乳区，范围较小；另一个靠近助乳化剂与油的连线，为 W/O 型微乳区，范围较大，故制备 W/O 型微乳较为容易。但温度对微乳的制备影响较大，研究相图时需要恒温。

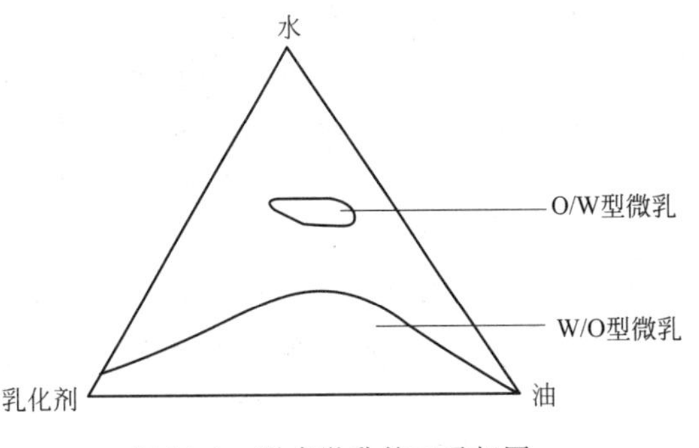

图 14-6　形成微乳的三元相图

可以在 4 个组分中固定一个组分的量，其余 3 个纯组分作为三角形的 3 个顶点（或以一定比例的乳化剂/助乳化剂为一个顶点，其余两个顶点为纯组分）组成三元相图。由于微乳需要较大量的乳化剂而带来毒性，当研究如何制备含乳化剂量较少而且稳定的微乳时，先制作经典的三元相图（油相的量作 50%，乳化剂、助乳化剂、水三组分作 50%的相图），以确定乳化剂/助乳化剂（磷脂/乙醇）比例，再固定此比例作一个顶点，水、油为另两个顶点作三元相图，求得水/乙醇的最佳比例为 0.6，再以比例为 0.6 的水/乙醇为一个组分，乳化剂和油各作一个组分，制作三组分相图，计算得其微乳范围内的乳化剂（磷脂）量分别为 6%～28%，较经典三元相图中微乳区所需的乳化剂量（28%～29.6%）大为减少。改良的相图可获得低乳化剂含量的稳定微乳。特别是当助乳化剂乙醇含量高（靠近水/乙醇的顶点），或油量很大（靠近油的顶点）时，乳化剂的用量很低，有利于降低毒性。

2. 制备微乳

从相图确定了处方后，将各成分按比例混合即可制得微乳（无需作大的功），且与各成分加入的次序无关。通常制备 W/O 型微乳比 O/W 型微乳容易。如先将亲水性乳化剂和助乳化剂，按要求的比例混合，在一定温度下搅拌，再加一定量的油相，混合搅拌后，用水滴定此浑浊液至透明即得。微乳中的油、水仅在一定比例范围内混溶，在水较多的某一范围内形成 O/W 型微乳，在油较多的某一范围内形成 W/O 型微乳。配制 O/W 型微乳的基本步骤是：①选择油相、亲油性乳化剂，将该乳化剂溶于油相中；②在搅拌下将溶有乳化剂的油相加入水相中，若已知助乳化剂的用量，则可将其加入水相中；③若不知助乳化剂的用量，可用助乳化剂滴定油水混合液，至形成透明的 O/W 型微乳为止。

【例 14-6】 环孢菌素微乳

处方：环孢菌素 100mg、1,2-丙二醇 100mg、无水乙醇 100mg、精制植物油 320mg、聚氧乙烯（40）氢化蓖麻油 380mg。

制法：将主药溶液于无水乙醇后，加乳化剂聚氧乙烯（40）氢化蓖麻油和助乳化剂 1,2-丙二醇；精制植物油为油相，与乙醇混合液混匀，即得澄明黏性液体，最后制成软胶囊。口服后在胃肠道中遇体液形成 O/W 型微乳。

（三）质量评价

1. 乳滴粒径及其分布

乳滴粒径是微乳重要质量指标之一。测定乳滴粒径的方法如下。

（1）电镜法

① 透射电镜（TEM）法：用蒸馏水稀释脂肪纳米乳，再固定 15min，将固定的乳剂薄

层作 TEM 测定，小乳滴边界清楚，方法简便。

② 扫描电镜（SEM）法：用 SEM 可得乳滴的三维图像，有利于结果的解释。但类脂极难固化，故应特别注意 SEM 的固化手段，以便保持乳滴的粒径及形状。

③ TEM 冷冻碎裂法：将乳剂速冻再碎裂，可区别乳滴与极易混淆的气泡，可测出分子的尺寸及类脂等大分子的精细结构。

（2）其他方法　光子相关光谱法和计算机调控的激光衍射测定法，可有效地测定 0.05～10μm范围的乳滴。激光衍射测定法无需加入电解质，因而不会影响微乳的稳定性。

2. 药物的含量

微乳中药物含量的测定一般采用溶剂提取法。溶剂的选择原则，主要应使药物最大限度地溶解在其中，而最少溶解其他材料，溶剂本身也不应干扰测定。

微乳作为多肽和蛋白类药物载体，在黏膜和口服给药系统方面体现了强大的优势。又因强渗透性及缓释、靶向等特性，在透皮和注射给药方面的应用也迅速扩展。随着研究的不断深入，微乳制剂在药剂学领域将会有更广阔的前景。

实践项目

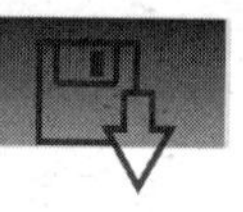

一、微囊的制备

【实践目的】

1. 学习用复凝聚法制备微囊的方法，并了解影响成囊的因素。

2. 通过制备微囊，使同学们理解微囊的特性和应用特点。

【实践地点】实验室。

【药品仪器与设备】烧杯（100mL、500mL）、量筒（10mL、100mL）、研钵、pH 精密试纸（3～4）、万用电炉（1000W）、恒温磁力搅拌器、托盘天平、显微镜、磁力搅拌器、水泵、定量滤纸、抽滤瓶、布氏漏斗。

【实践材料】液体石蜡、A 型明胶、阿拉伯胶、甲醛、氢氧化钠、稀醋酸。

【实践内容】液体石蜡微囊。

[处方]

液体石蜡	3g	5%HAc	适量
A 型明胶	3g	20%NaOH	适量
阿拉伯胶	3g	纯化水	适量
37%甲醛溶液	2.0mL		

[制法]

（1）液体石蜡乳剂的制备　取阿拉伯胶与液体石蜡在干研钵中混匀，加入纯化水 6mL，迅速沿同一方向研磨至初乳形成，再加纯化水 54mL，制得液体石蜡乳。

（2）5%的明胶溶液制备　称取 3g 明胶，用适量纯化水浸泡待膨胀后，加蒸馏水至 60mL，搅拌溶解，即得。

（3）混合　将上述液体石蜡乳和 5%明胶溶液转入 500mL 烧杯中，置于 50℃恒温水浴中，并持续搅拌。

（4）调 pH 值成囊　在不断搅拌下，用 5%（mL/mL）HAc 溶液调节混合液 pH 至 3.8～4.0（精密试纸），取样于显微镜下观察。

（5）固化　在不断搅拌下，将 30℃的 240mL 蒸馏水加至微囊液中，将微囊液自水浴中取出，不断搅拌，自然冷却降温至5～10℃，加入37%甲醛溶液搅拌15min，再用20% NaOH溶液调其pH值至8.0～9.0，继续搅拌45min，取样在显微镜下观察，并绘图记录微囊的外形及大小。

(6) 过滤　将微囊液静置，抽滤，用纯化水洗涤，抽干，收集微囊，称重（湿重）。

【实践结果】

1. 绘图说明在调节pH前后显微镜观察到的混合药液的变化情况，并说明变化原因。

2. 绘制显微镜下观察到的固化前后微囊的形状和大小。

二、氟尿嘧啶脂质体的制备

【实践目的】

1. 熟悉脂质体的制备方法和质量评价。

2. 通过制备脂质体，使同学们理解脂质体的特性和应用特点。

【实践地点】实验室。

【药品仪器与设备】梨形瓶（250mL）、烧杯（100mL、500mL）、量筒（10mL、100mL）、研钵、恒温磁力搅拌器、恒温振荡器、超声波清洗机、超速离心机、旋转蒸发仪、紫外分光光度计、显微镜、Zetasizer激光粒度仪。

【实践材料】大豆卵磷脂、胆固醇、三氯甲烷、0.01mol/L磷酸盐缓冲液（pH 6.0）、氟尿嘧啶。

【实践内容】

[处方]

氟尿嘧啶	0.5g	0.01mol/L磷酸盐缓冲液(pH 6.0)	加至50mL
卵磷脂	1.0g		
胆固醇	0.5g		

[制法]

称取处方量的磷脂、胆固醇，加入25mL三氯甲烷使之溶解，将三氯甲烷溶液转移至梨形瓶中，于旋转蒸发仪真空蒸发除去三氯甲烷，使在烧瓶内壁形成薄膜；将氟尿嘧啶溶解于适量的（pH 6.0）磷酸盐缓冲液中，再加入磷酸盐缓冲液至50mL。将该药物溶液转移至有类脂膜的梨形瓶中，加入15mL乙醚，超声10min，形成均匀乳剂，在室温下保持旋转，真空旋转蒸发除去乙醚，将所得液体超声处理15min，即得脂质体混悬液。

[脂质体的质量检查与包封率测定]

① 脂质体的形态与粒度　显微镜下观察脂质体的形态，并用激光粒度测定仪测定粒径大小和分布。

② 异物检查　在光学显微镜下观察是否存在有色斑块、棒状结晶等异物。

③ 包封率测定　取脂质体溶液适量，于超速离心机上离心，取上清液，加盐酸(9→1000)溶解并定量稀释制成1mL中约含10μg氟尿嘧啶的溶液，于紫外分光光度计，在265nm波长处测定吸收度，计算未被包入的药物量。包封率可按下式计算：

$$包封率=\frac{W_{总}-W_{游离}}{W_{总}}\times100\%$$

【实践结果】

1. 根据显微镜结果，绘制脂质体的形态图。

2. 将结果记录于表14-3。

表 14-3

项目	平均粒径	跨距	包封率
大豆磷脂脂质体 氟尿嘧啶脂质体			/

复习思考题

1. 什么是微囊化？药物微囊化有何特点？
2. 微囊和微球有何区别？
3. 简述单凝聚法和复凝聚法制备微囊的原理。
4. 什么是脂质体？有何特点？
5. 常用的脂质体的制备方法有哪些？

项目十五　生物药物制剂的其他给药系统

［知识点］

各种黏膜给药方法的特点、影响药物吸收的因素

结肠给药系统的类型和设计原理

经皮给药系统的特点、类型和制备工艺

植入给药系统的组成和制备工艺

［能力目标］

知道什么是经皮给药及其用药的优缺点

知道各种黏膜给药方法及其特点

知道什么是植入给药系统及其给药特点

目前针对生物技术药物普遍存在的生物半衰期短的问题，除了新型的微粒制剂被广泛用于生物药物的注射和口服给药研究外，其他的给药系统如经皮给药系统、黏膜给药系统、结肠给药系统、植入给药系统等已显示出良好的应用前景。

必备知识

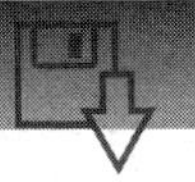

一、经皮给药系统概述

1. 经皮给药系统的定义和特点

经皮给药系统（transdermal drug delivery system，TDDS 或 transdermal therapeutic system，TTS）是将药物应用于皮肤上后，穿过角质层，以恒速（或者接近恒速）扩散通过皮肤，吸收进入体循环的一类制剂。一般称为透皮贴片（dermal patch）。

随着 1981 年第一个经皮给药系统产品东莨菪碱贴片的上市，目前美国已有超过 10 余种活性成分的经皮给药系统，包括东莨菪碱、硝酸甘油、可乐定、雌二醇、尼古丁、睾酮、雌二醇、醋炔诺酮、芬太尼、利多卡因等。国内也相继开发成功东莨菪碱、硝酸甘油、可乐定、雌二醇、尼古丁等贴片。

经皮给药系统的研究和开发的迅速发展是由于经皮给药具有其独特的优点。

① 可避免肝脏的首过效应和药物在胃肠道的降解，药物的吸收不受胃肠道因素影响，减少用药的个体差异。

② 一次给药可以长时间使药物以恒定速率进入体内，减少给药次数，延长给药间隔。

③ 可按需要的速率将药物输入体内，维持恒定的有效血药浓度，避免了口服给药等引起的血药浓度峰谷现象，降低了毒副反应。

④ 使用方便，避免了注射时的疼痛和口服给药时可能的危险与不便，易被患者接受，顺应性好。同时可以随时中断给药，去掉给药系统后，血药浓度下降，特别适合于婴儿、老人或不宜口服的病人。

2. 皮肤的结构和生理

皮肤覆盖全身，对机体具有保护、调节体温、分泌、排泄及渗透和吸收作用。它保护机体内各种器官和组织免受外部刺激和伤害，又防止组织内的各种营养物质、电解质和水分的丧失，参与维持机体的平衡与外界环境的统一。

皮肤的厚度随年龄及部位而不同，一般在0.5～4.0mm，分内外两层，外层称为表皮(epidermis)，内层称真皮（dermis)。

（1）表皮　表皮是皮肤的最外层，无血管，由淋巴循环供养。由里到外分别为基底层、有棘层、颗粒层、透明层、角质层。基底层具有增殖修复功能；有棘层可辅助细胞新陈代谢；颗粒层具有防水屏障作用；透明层可防止水和电解质透过。角质层是表皮的最外层，由死亡的角化细胞组成，角质层细胞相互重叠与吻合，可以看作亲水性成分与类脂形成的镶嵌体，可以防止体内液体外渗和化学物质的内渗，使机体与周围环境保持平衡。角质层也是药物渗透的主要屏障。

（2）真皮　表皮的下方为真皮，二者接合处呈波浪式，表皮插入真皮部分称为“表皮突”。真皮由致密结缔组织构成，毛和毛囊、皮脂腺和汗腺等附属器存在于其中，并有丰富的血管和神经。

（3）皮肤附属器　皮肤中的毛发、汗腺和皮脂腺称皮肤的附属器。除了手掌、足、指尖等部位外，毛发遍布整个身体表面。

3. 药物在皮肤内的转运

药物通过皮肤吸收进入体循环的途径：一是透过角质层（表皮）进入真皮，被毛细血管吸收进入体循环，即表皮途径，这是药物经皮吸收的主要途径；另一条途径是通过皮肤附属器吸收，即通过毛囊、皮脂腺和汗腺。药物通过皮肤附属器的穿透速率要比表皮途径快，但皮肤附属器在皮肤表面所占的面积只有0.1%左右，因此不是药物经皮吸收的主要途径。

二、经皮给药制剂的类型、组成及其常用材料

经皮给药系统基本上可分成两大类，即膜控释型与骨架扩散型。膜控释型经皮给药系统是药物或经皮吸收促进剂被控释膜或其他控释材料包裹成贮库，由控释膜或控释材料的性质控制药物的释放速率。骨架扩散型经皮给药系统是药物溶解或均匀分散在聚合物骨架中，由骨架的组成成分控制药物的释放。这两类经皮给药系统又可按其结构特点分成若干类型。见图15-1。

经皮给药系统的基本组成为背衬层、药库层、控释膜、黏胶层和保护层。见图15-2。

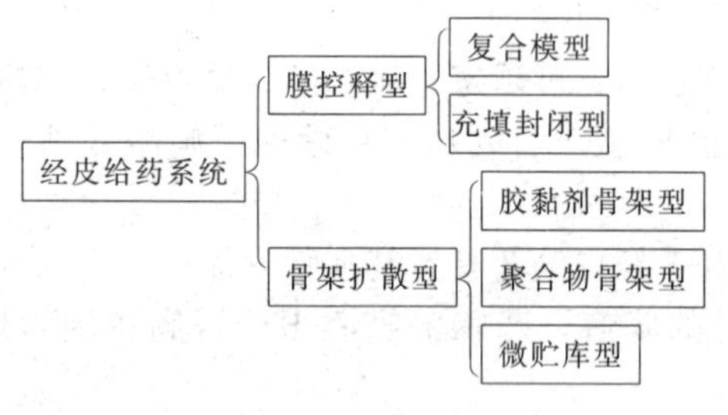

图15-1　经皮给药系统的类型

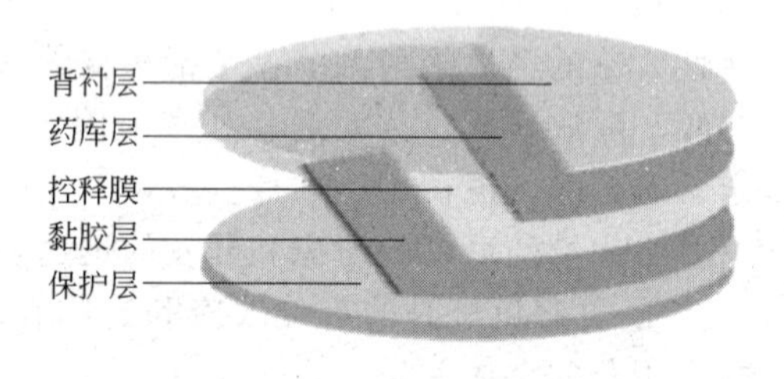

图15-2　经皮给药系统的基本组成

（1）复合膜型经皮给药系统　背衬膜常为铝塑膜，药物贮库是药物分散在压敏胶（如聚异丁烯）或聚合物膜中，控释膜是微孔膜（如聚丙烯），黏胶层为压敏胶（可加入药物作负荷剂量），保护层用复合膜（如硅化聚氯乙烯/聚丙烯等）。该系统通过膜的厚度、微孔大小、孔率等及充填微孔的介质控制药物的释放速率。

（2）充填封闭型经皮给药系统　药物贮库是液体或软膏和凝胶等半固体充填封闭于背衬层与控释膜之间，控释膜是乙烯-醋酸乙烯共聚物（EVA）膜等均质膜，压敏胶常是聚硅氧烷压敏胶和聚丙烯酸酯压敏胶。通过改变膜的组分可控制系统的药物释放速率，如EVA膜中VA的含量不同透过性不一样，贮库中的材料亦可影响药物的释放。

（3）胶黏剂骨架型经皮给药系统　由背衬层、黏胶层、保护膜组成，药物分散在胶黏剂

中。这类系统的特点是剂型薄、生产方便，与皮肤接触的表面都可输出药物。常用的胶黏剂有聚丙烯酸酯类、聚硅氧烷类和聚异丁烯类压敏胶。常采用成分不同的多层胶黏剂膜，与皮肤接触的最外层含药量低，内层含药量高，使药物释放速率接近于恒定。

（4）聚合物骨架型经皮给药系统　含药的骨架粘贴在背衬层上，在骨架周围涂上压敏胶，加保护层即成。骨架采用亲水性聚合物材料，如天然的多糖与合成的聚乙烯醇、聚乙烯吡咯烷酮、聚丙烯酸酯和聚丙烯酰胺等，还含有一些湿润剂如水、丙二醇和聚乙二醇等。该骨架能与皮肤紧密贴合，通过湿润皮肤促进药物吸收。释药速率受聚合物骨架组成与药物浓度影响。

（5）微贮库型经皮给药系统　药物分散在水溶性聚合物中形成混悬液，再分散在通过交联而成的聚硅氧烷骨架中，骨架中即存在无数微小球状贮库。将该骨架粘贴在背衬层上，外周涂上压敏胶，加保护层即成。药物的释放是先溶解在水溶性聚合物中，继而向骨架分配，扩散通过骨架达到皮肤表面，释放速度受分配过程和扩散过程控制。

透皮贴剂实物图见图 15-3。

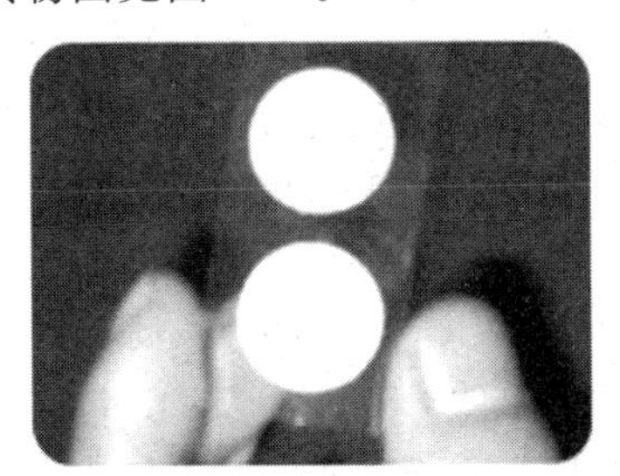
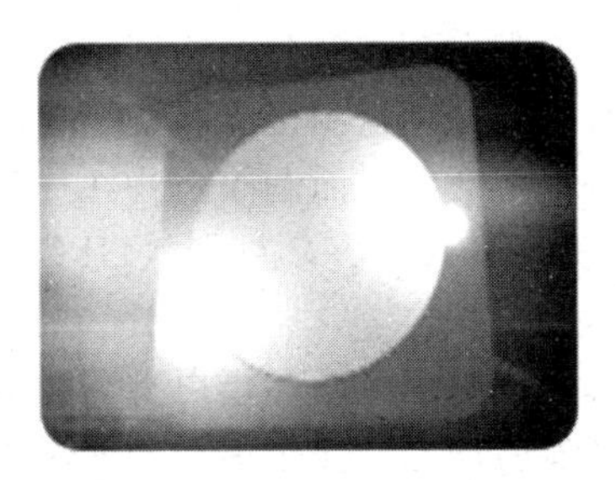

图 15-3　透皮贴剂实物图

三、经皮给药系统制备工艺

经皮给药系统根据其类型与组成有不同的制备方法，主要可分三种类型：涂膜复合工艺，充填热合工艺，骨架黏合工艺。涂膜复合工艺是将药物分散在高分子材料如压敏胶溶液中，涂布于背衬膜上，加热烘干得高分子材料膜，再与各层膜叠合或黏合。充填热合工艺是在定型机械中，于背衬膜与控释膜之间定量充填药物贮库材料，热合封闭，覆盖上涂有胶黏层的保护膜。骨架黏合工艺是在骨架材料溶液中加入药物，浇铸冷却成型，切割成小圆片，粘贴于背衬膜上，加保护膜而成。

四、促进药物经皮渗透的方法

经皮给药系统的给药剂量常与给药系统的有效释药面积有关，增加面积可以增加给药剂量。但一般经皮给药系统的面积不大于 $60cm^2$，因此要求药物有一定的透皮速率。除了少数剂量小、具适宜溶解特性的小分子药物，大部分药物的透皮速率都满足不了治疗要求，因此提高药物的透皮速率是开发经皮给药系统的关键。促进药物经皮转运主要通过提高药物通过皮肤的能力、降低皮肤的屏障性能和利用微粒载体帮助药物穿透皮肤等途径。

目前主要的方法有化学方法和物理方法。化学方法如加入吸收促进剂、酶抑制剂或对药物进行结构改造；物理方法如应用超声波、离子导入、电穿孔等。也可利用微针刺破角质层，使药物绕开角质层的机械方法。近年来采用脂质体、传递体、醇脂质、纳米粒、非离子表面活性剂泡囊、微乳等微粒载体促进药物的经皮渗透也被人们广泛研究。

1. 加入经皮吸收促进剂

经皮吸收促进剂是指能够渗透进入皮肤降低药物通过皮肤阻力，提高渗透速率的一类化合物。经皮吸收促进剂可通过以下几种机制发挥促透皮作用：改变皮肤角质层类脂排列，增加膜流动性；提高角质层水合作用；溶解皮脂腺管内皮脂，降低疏水性，促进皮脂腺通道转运；扩大汗腺和毛囊开口等。

目前常用的经皮吸收促进剂如下。

（1）有机溶剂类　如乙醇、丙二醇、醋酸乙酯、二甲基亚砜、二甲基甲酰胺等。低级醇类在经皮给药制剂中用作溶剂，它们既可增加药物的溶解度，又能促进药物的经皮吸收。

（2）有机酸、脂肪醇　如油酸、亚油酸、月桂醇、月桂酸等。脂肪酸与长链脂肪醇能作用于角质层细胞间类脂，增加脂质的流动性，药物的透皮速率增大。油酸是应用较多的促透剂。

（3）月桂氮䓬酮及其同系物　月桂氮䓬酮又称氮酮，国外商品名为 Azone。它为无臭、几乎无味、无色的澄清油状液体，是能与醇、酮、低级烃类混溶而不溶解于水的强亲脂性化合物。常用浓度为1%～10%。

（4）表面活性剂　药物的经皮渗透研究中应用得较多的是十二烷基硫酸钠；阳离子表面活性剂对皮肤的刺激性较大，非离子型表面活性剂虽对皮肤的刺激性较小，但对皮肤透过性的影响亦较小。

（5）环糊精类　环糊精包合物用于经皮给药可提高药物的溶解度、稳定性和透过性。促进药物经皮吸收的作用机制可能是，药物经过环糊精包封之后，增加了药物的溶解度和在皮肤角质层的分配系数，从而利于药物在皮肤中扩散。用于透皮促进作用的环糊精主要有：β-环糊精（β-CD）、羟丙基-β-环糊精（HPCD）、二甲基-β-环糊精、二甲氧基-β-环糊精等。

2. 加入酶抑制剂

加入酶抑制剂是对多肽和蛋白类药物透皮吸收的有效方法，蛋白酶抑制剂单独使用可增加皮肤透过。实验证明，使用离子导入法不能理想渗透的多肽和蛋白类药物，如同时使用离子导入法和蛋白酶抑制剂，就能显著增加药物的透皮速率。

3. 制备前体药物

药物通过化学修饰，主要是适当的衍生化、增加或改变官能团，从而改变药物的溶解特性等理化性质，使药物易于渗透进入皮肤；待前体药物进入体内后，经表皮及真皮中相应酶的代谢产生活性成分，而后进入体循环，从而达到治疗目的。

4. 离子导入

离子导入（iontophoresis）是用生理可接受的电流驱动离子型的药物透过皮肤或黏膜，进入组织或者血液循环的一种方法。药物离子从溶液中通过皮肤渗透进入组织，阴离子在阴极，阳离子在阳极进入皮肤。离子导入系统有 3 个基本组成部分，它们是电源、药物贮库系统和回流贮库系统。当两个电极与皮肤接触，电源的电子流到达药物贮库系统转变成离子流，离子流通过皮肤，在皮肤下面转向回流系统，回到皮肤进入回流系统，再转变成电子流。离子导入作为促进药物经皮吸收的物理方法，近来已较多地应用在多肽等大分子药物给药方法的研究上。离子导入给药除了经皮给药这些优点之外，它还能程序给药，不仅能通过恒定的给药速率消除血药浓度的峰谷现象，而且能根据时辰药理学的需要，调节电场强度满足不同时间的剂量要求，电场的调节可按时间自动进行。

5. 电穿孔

电穿孔（electroporation）是当施加高压脉冲电场于脂质双分子层或细胞膜上时，可使之产生暂时性的水性通道，从而增加脂质双分子层膜或细胞膜的通透性。目前电穿孔技术已用于促进博来霉素、顺铂等进入肿瘤组织，临床实验表明有明显效果。

6. 微针阵列贴片

微针阵列贴片表面是一片微针阵列，每 1mm^2 约有 50 针，3mm×3mm 有 400 针，每根针长约 150μm。它刚能穿破表皮而不触及神经。微针可以是硅或中空金属针，药物涂在硅微针表面或药物溶液充填在金属针中。因为微针通过角质层，药物很快被吸收。

五、经皮给药系统的质量评价

中国药典附录对透皮贴剂的要求：外观应完整光洁，有均一的应用面积，冲切口应光滑，无锋利的边缘；如药物填充入贮库中，则药物贮库中不应有气泡，密封性可靠，无泄漏；药物混悬在制剂中的必须保证混悬、分布均匀；压敏胶涂布需均匀，如含有害溶剂应检查残留量。常规的检查项目有重量差异、面积差异、释放度，主药量 2mg 或 2mg 以下的透皮贴剂应作含量均匀度检查。

（1）释放度　是指药物从该制剂在规定的溶剂中释放的速度和程度。常规定三个时间点，测定药物的累积释放量，应符合规定的限度。中国药典附录规定释放度测定的第三法用于透皮贴剂的测定。

（2）黏力测定　透皮贴剂需要粘贴于皮肤上，与皮肤紧密接触才能产生作用。因此，透皮贴剂的黏附性能是一个重要的质量指标。黏力的测定可以引用压敏胶带黏力测定方法。可采用平板牵引试验测定切向黏力，透皮贴剂揭去保护膜后粘在不锈钢板上，一端悬挂一定重量的砝码，在恒温环境中测定透皮贴剂在不锈钢板上平衡移动的时间与重量；也可以测定透皮贴剂在不锈钢板上 180°方向剥离的剥离黏力。

拓展知识

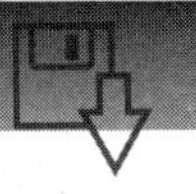

一、黏膜给药系统

黏膜给药是指药物与生物黏膜表面紧密接触，通过该处上皮细胞进入循环系统的给药方式。黏膜给药既可产生局部作用，又可产生全身作用。黏膜给药全身作用时，药物可经黏膜下血管直接进入血液循环，避免胃肠道的降解和肝脏的首过效应，起效快，生物利用度高，应用方便，依从性好，已成为很多药物新的给药途径和研究方向，尤其对胃肠道吸收屏障强，不稳定，只能注射给药的蛋白质和多肽类药物，更是一种新的选择。黏膜给药的部位可以是口腔、鼻腔、眼部、阴道、直肠等，这些不同部位黏膜的结构和特性各异，影响药物吸收的因素也不尽相同，但也存在普遍的共性。优点有：黏膜的渗透性能往往高于胃肠道黏膜，药物吸收好，即使对于大分子的物质，通过加入渗透促进剂可达到较好的吸收；给药部位酶的活性较低，对药物的降解作用较弱，有利于蛋白质和多肽类药物给药。缺点主要体现在这些腔道内药物的存留时间相对较短，药物吸收量有限。因此研究和开发具有生物黏附性能的生物黏附材料和新型的渗透促进剂，是解决黏膜给药现存问题的关键。

（一）鼻黏膜给药系统

鼻黏膜给药系统（nasal drug delivery system，NDDS）是指在鼻腔内使用，经鼻黏膜吸收而发挥局部或者全身治疗作用的一类给药系统。20 世纪 70 年代以后，随着人们对鼻腔给药的深入研究，发现其全身作用时吸收快，生物利用度高，成为具有良好前景的新型给药系统。目前已有多种鼻腔黏膜给药制剂上市，如瑞士 Novartis 公司的降钙素（Calcitonin）、德国 Ferring 公司的去氨加压素（Desmopressin）以及法国 Aventis 公司的布舍瑞林（Buserelin）等，一种采用鼻腔喷雾方式接种的流感疫苗（FluMist）也获得了 FDA 的正式批准。

鼻黏膜给药具有以下优点：①药物吸收后可直接进入体循环，避免了胃肠道的降解作用和肝首过效应，生物利用度高；②鼻黏膜面积大，黏膜下血管丰富，药物吸收迅速，某些非肽类的药物吸收速度可与静脉注射相当；③对于大分子的蛋白质和多肽类药物，可通过吸收促进剂或其他方法提高其吸收；④给药方便，顺应性好。

但是鼻黏膜给药时也存在诸多不足之处：①由于本身鼻腔容积的限制，单次用药剂量较小，所以只适合需剂量小、疗效高、起效快的药物，一般一次剂量<25 mg；②受到鼻纤毛自身运动的清除，药物在鼻腔停留的时间较短，影响了药物的吸收；③不少药物及辅料对鼻黏膜组织及纤毛有毒性作用，对于蛋白、多肽类大分子药物，为促进其吸收会在处方中加入吸收促进剂，吸收促进剂普遍存在黏膜毒性问题，严重的可能引起纤毛的不可逆毒性作用。

1. 鼻黏膜的吸收和影响因素

鼻腔存在丰富的毛细血管和淋巴管，鼻腔上皮与血管紧密相连，上皮细胞间隙较大。药物尤其是小分子药物极易被吸收进入体循环。鼻腔黏膜存在水解酶，但其活性比胃肠道低，降低了对多肽、激素、疫苗等的降解；鼻纤毛正常的节律活动有助于将进入鼻腔部位的异物粒子清除至咽喉处被吞咽而被排除，但减少了药物的吸收。

鼻黏膜吸收与药物本身的理化性质、鼻黏膜的生理病理状态以及药物剂型等方面有关。药物的理化性质如脂溶性、解离度、分子量、渗透压、浓度、黏度、颗粒大小等。颗粒大小是影响药物在鼻腔沉积的重要因素，大于 10μm 的颗粒沉积于上呼吸道；小于 5μm 的颗粒被吸入；小于 0.5μm 的颗粒被呼出。鼻黏膜有无感染、变态反应、纤毛运动障碍，鼻黏膜的血流状态，鼻腔的温度、湿度，鼻腔有无阻塞等对药物的吸收均有影响。已开发的一些新型鼻腔给药剂型（如微囊、毫微粒、脂质体、类脂质体、膜剂、凝胶剂等）与常规药物制剂（如溶液剂、气雾剂、喷雾剂、乳剂等）相比透过率较高，其原因在于药物在鼻腔中停留时间长以及与鼻黏膜的充分接触。

2. 增加药物鼻黏膜吸收的方法

对于蛋白、多肽类药物而言，采用鼻腔给药的最大障碍在于药物分子量大，亲水性强，难以穿过脂质双分子层，所以如何提高药物渗透的能力是关键，采用较多的方法是加入吸收促进剂、酶抑制剂、生物黏附剂、结构修饰以及改变药物剂型等。

（1）吸收促进剂　大分子物质鼻腔给药的生物利用度相对较差，利用吸收促进剂在一定程度上能克服这个缺点，但注意对鼻黏膜的损伤。其作用机制主要是抑制酶的活性，减小黏液黏度，降低黏膜纤毛的清除作用，打开上皮细胞间的紧密连接，增加药物的溶解度或稳定性等。

目前，研究较多的吸收促进剂主要有胆酸盐、环糊精及其衍生物、溶血卵磷脂等。胆酸盐是研究的最多的鼻黏膜吸收促进剂，常用的有胆酸钠、牛黄胆酸钠、脱氧胆酸钠等，在低浓度时即可发挥促进作用，尤其对多肽类药物的鼻腔吸收的增进作用最为明显，是目前为止较为有效的胰岛素鼻黏膜吸收促进剂之一。

（2）酶抑制剂　鼻腔上皮细胞的黏膜上和细胞间存在大量的氨肽酶和蛋白酶，可以使胰岛素等肽类物质降解，降低药物的吸收。加入酶抑制剂可抑制吸收部位的酶对药物的降解，间接增加药物的鼻腔吸收。氨肽酶抑制剂主要有抑菌肽、氨基硼酸衍生物等。

（3）生物黏附剂　由于鼻纤毛的清除作用，药液在鼻腔的滞留时间仅 15～30 min，粉末和颗粒在鼻腔的总接触时间是 20～30 min，在一定程度上影响了药物的吸收和疗效。为延长药物滞留时间而增加吸收量，可加入具有黏附能力的高分子材料，常用生物黏附剂包括明胶、壳聚糖、卡波姆、纤维素衍生物等。实验证实淀粉/卡波姆可使单次鼻腔给予胰岛素的生物利用度提高至 10%以上。

（4）开发新的鼻腔给药剂型

① 喷雾剂和粉雾剂　采用喷雾剂和粉雾剂鼻腔给药能克服普通的滴鼻剂药物停留时间短、药物吸收少的缺点，具有更高的生物利用度。普通的滴鼻剂给药后药液主要沉积在鼻咽部，大部分被吞咽进入消化道，药物消除快，利用率差；喷雾剂给药后主要以小液滴的形式

分散在鼻腔前部，清除速度相对较慢，吸收好。含有生物黏附性材料的喷雾剂或者以微球、脂质体作载体的喷雾剂能进一步延长药物的滞留时间，提高药物的生物利用度。

② 热敏凝胶　热敏凝胶可随温度变化而发生形变，低温时在水中即能溶解，大分子链因水合而伸展，当升至一定的温度时，可因急剧的脱水合作用而呈凝胶状，因此利用热敏凝胶可通过人体体温的变化或在体外局部施加热场从而实现药物的可控释放。

③ 微球　微球是发展最快的鼻腔给药新剂型，能显著延长药物的停留时间，增加药物的生物利用度，是蛋白质、多肽类药物的良好载体。其原因可能有微球具生物黏附性，能延长药物在鼻腔中的滞留时间；微球材料具有一定的溶胀能力，可吸收黏膜中的水分，暂时打开细胞间的通道，有利于水溶性大分子药物的通过；可将蛋白质、多肽类药物包裹在微球中，提高药物的稳定性。鼻腔常用的微球种类主要包括生物可降解的淀粉微球、葡聚糖微球、壳聚糖微球、白蛋白微球等。

④ 脂质体　具有细胞亲和性，适合体内降解，无毒性和免疫原性，生物相容性好，用于鼻腔给药能显著降低药物对鼻纤毛的毒性作用。阳离子脂质体还可作为基因药物的载体，经鼻腔给药后能增加转染效率。前体脂质体的出现不仅克服了普通脂质体混悬液不稳定的缺点，而且粉末经鼻腔给药，经水合后，能在长时间内维持药物的有效血药浓度水平。

（二）肺部给药系统

肺部给药系统（pulmonary drug delivery system）是指药物在肺部吸收产生全身作用的药物输送系统，涉及的剂型主要包括气雾剂、喷雾剂和粉雾剂。与其他的给药途径相比，肺部给药具有吸收表面积大（仅次于小肠），吸收部位血流丰富，能避免肝脏的首过效应，酶活性较低，上皮屏障较薄及膜通透性高等优点，尤其适用于蛋白质和多肽药物的给药。

β受体拮抗剂、抗胆碱剂、糖皮质激素、强效麻醉剂、抗偏头痛药等小分子药物以及胰岛素、生长激素、疫苗和新的生物技术产品等大分子药物均可制成肺部给药制剂，起局部或全身治疗作用。目前，胰岛素气雾剂已进入Ⅱ期临床试验阶段，亮丙瑞林气雾剂已进入Ⅲ期临床试验阶段，有望成为第一个肺部给药而发挥全身治疗作用的多肽药物。

1. 肺部给药的吸收及影响因素

肺泡是血液与气体进行交换的部位，是由单层扁平上皮细胞构成，厚度仅为0.1～0.5μm，肺泡数量巨大。人肺泡的总表面积大于100m^2，肺泡表面至毛细血管间的距离仅约1μm，是药物吸收的良好场所。巨大的吸收面积、丰富的毛细血管和极小的转运距离，决定了肺部给药的迅速吸收，而且吸收后的药物直接进入血液循环，无肝脏首过效应。

呼吸道黏膜中存在多种代谢酶。肺部存在蛋白水解酶活性比小肠内的蛋白水解酶低。研究表明与蛋白酶抑制剂联合使用是改善胰岛素肺部吸收的有效方法，由此可见蛋白水解酶是影响蛋白质药物肺部吸收的因素之一。

呼吸道的纤毛运动可使停留在该部位的异物在几小时内被排除。呼吸道越往下，纤毛运动越弱。在支气管粒子可停留几小时到24h；而在肺泡由于无纤毛，粒子被包埋，停留时间可达24h，所以药物到达肺部深处的比例越高，被纤毛清除的量越小。不被纤毛运动清除的粒子可被肺泡内的巨噬细胞通过巨噬作用有效转移。肺部表面活性剂主要参与对吸入粒子的清除，这些清除作用对药物的肺部吸收有影响。

除生理因素外，气雾剂的空气动力学性质会对药物的生物利用度产生重要的影响。目前已知的影响气雾剂吸入量和沉积部位的因素包括粒子的大小或空气动力学直径、表面形态、荷电情况、溶解度和吸湿性等。空气动力学直径介于1～3μm的粒子，主要沉积于肺泡；粒径介于5～10μm或10μm以上的大粒子，主要沉积于支气管或口咽部位；而小于1μm的粒子可随着呼气被直接排出体外。此外给药装置的性能，包括精确控制药物剂量、粒子大小及其在肺内分布的能力，以及患者操作的熟练程度也是决定治疗效果和重现性的关键因素。

2. 增加肺部给药吸收的方法

呼吸道上皮细胞为类脂膜，相对分子质量小于1000的药物、脂溶性药物容易被吸收。而肺泡具有较大的表面积以及上呼吸道对蛋白质的通透性较低，因此肺泡为蛋白质和多肽药物肺部给药的主要吸收场所。肺泡上皮细胞间紧密连接，是蛋白质和多肽吸收的主要屏障。为了提高生物利用度，一般采用以下方法：①吸收促进剂；②酶抑制剂；③对药物进行修饰或制成脂质体、微球等。

3. 肺部给药系统与给药装置

(1) 定量吸入剂（气雾剂） 定量吸入剂因其使用方便，可靠耐用，药液不易被细菌感染等优点而成为目前广泛使用的吸入给药剂型，但由于存在启动和吸入不协调，病人个体差异大，启动时抛射剂快速蒸发产生的制冷效应，抛射剂氟里昂对大气层中臭氧层的破坏以及药物在口咽部的大量沉积等缺点，使得定量吸入剂在使用上受到一定限制。尤其对活性蛋白质和多肽药物，要求给药剂量更准确，药物更易分散，病人的顺应性更好。近年对定量吸入剂做了改进，包括使用氢氟烷烃类化合物作抛射剂，改进的阀门、启动器，增加肺深部药物粒子的百分比等。但是对于蛋白质和多肽类药物来讲，由于气雾剂的处方中含有抛射剂或者溶解抛射剂的溶剂，可能对药物的稳定性产生重要影响。

(2) 喷雾剂 同定量吸入剂相比，喷雾剂能使较大剂量的药物到达肺深部，且避免了药物和抛射剂不相容以及吸入和启动不协调等问题。根据雾化原理不同，常用的喷雾剂有喷射喷雾剂和超声喷雾剂两种。

(3) 干粉吸入剂（粉雾剂） 干粉吸入剂是将微粉化药物与载体（或无）以胶囊、泡囊或多剂量贮库形式，采用特殊的干粉吸入装置，由患者主动吸入雾化药物的制剂。同定量吸入剂相比，因其为呼吸启动，克服了药物释放和吸入不协调的问题。它适用于多种药物，包括蛋白质和多肽等生物大分子药物。随着药物微粉化技术和给药装置的不断进步，干粉吸入剂的类型和数量不断增多，已上市和正在研制中的干粉吸入剂有50多种，装置多种多样。

(4) 微球 微球沉积于肺部可以延缓药物的释放，且可保护药物不受酶水解；改变制备工艺，可获得大小、形状和孔隙率等均符合要求的微球；微球不易吸湿。用于肺部给药的微球制剂常用的材料有淀粉、聚乳酸（PLA）和聚乳酸-羟基乙酸（PLGA）等。

(5) 脂质体 脂质体主要由卵磷脂组成，而磷脂是肺泡表面活性剂的重要成分，因此脂质体特别适合用于肺内控释给药，是目前研究较多的肺内给药系统。将药物包入脂质体可延长药物在肺部的滞留时间，副反应发生率低，耐受性好，安全性高。近年来，许多药物用脂质体作为肺部给药载体，包括抗癌药、肽类、酶类、基因、抗哮喘药和抗过敏药等。

（三）眼部给药系统

眼部给药系统（ocular drug delivery system，ODDS）是专供眼科用的剂型，主要起局部治疗作用。药物在眼部很少吸收，但也有报道通过眼部给药能起到全身治疗作用。所谓眼部药物吸收，主要是药物穿透眼内各种生物膜，通过眼部黏膜吸收进入体循环。

目前眼部给药系统研究和应用主要是围绕眼部局部疾病的治疗而展开的，作为药物全身给药的相对较少，用于蛋白质和多肽类药物给药的研究更为少见。

通过眼黏膜给药具有如下优点：①对有些药物而言，与注射给药同样有效且更简单、经济；②可避免肝脏的首过效应；③与其他途径给药相比，对免疫反应不敏感。

但是也存在如下问题：①眼部给药刺激性大，对眼用制剂的要求并不亚于注射剂；②眼容量体积很小，药物剂量损失多（人结膜囊的最高容量为30μL，一般滴眼剂每滴的体积为50～70μL，滴入眼内后大部分药液溢出），同时在正常情况下，泪液更新导致药液流失（滴眼 10min 后，药液只剩 17%）；③药物在眼部停留时间短，药物的生物利用度低（1%～10%）。

1. 眼部给药的吸收及影响因素

药物的眼部吸收主要可分为经角膜吸收和经结膜、巩膜等的非角膜吸收。角膜吸收主要用于眼局部疾病的治疗。药物的非角膜吸收是指除角膜吸收以外的眼部吸收，主要是经结膜吸收。结膜和巩膜的渗透性比角膜大，而且结膜内的血管丰富，药物通过结膜血管网可直接进入体循环。相对分子质量小于 300 的药物经角膜和结膜渗透的情况类似。增加药物相对分子质量，经角膜吸收的比例相对减小。肽类药物的结膜透过受分子量和酶降解两方面的影响，相对分子质量 5000 以下的多肽可经人、兔的眼吸收进入体循环，5000 以上的则应当考虑加入适当的渗透促进剂。

2. 增加眼部给药吸收的方法

20 世纪 70 年代以后发展起来的眼部给药系统，主要集中在如何改善眼部的生物利用度和更好地持续、控释给药。多采用增黏剂，但临床显示效果较小；也有采用加渗透促进剂的方法，但因可能导致视网膜损伤，现已少用；目前的研究大多集中在原位凝胶、微粒给药系统等新型给药系统等方面。

目前研究增加眼部给药吸收的方法如下。

（1）延长药物在眼部的滞留时间　利用可溶性聚合物（如 PVA、纤维素衍生物、PVP、葡聚糖衍生物等）与药物混合制成眼用溶液、乳剂、混悬液、软膏、水凝胶和脂质体、微球、纳米粒等微粒给药系统。也可利用生物黏附性材料作载体进一步提高药物的滞留时间。

（2）改变结膜上皮细胞结构　破坏结膜上皮的整体性来促进药物的眼部吸收，如加入络合剂、表面活性剂、渗透促进剂等。上述方法虽有一定的效果，但不能完全达到安全、有效。

（3）应用前体药物的设计思路　利用前体药物的相对高渗透性进入眼内，生物转化后产生治疗作用，可延长药物与角膜上皮或结膜之间的接触时间，提高药物的吸收，改善生物利用度。

（四）口腔黏膜给药系统

口腔黏膜给药系统指药物通过口腔黏膜吸收而发挥局部和全身疗效的一类给药系统。药物通过口腔黏膜特别是颊黏膜和舌下黏膜可直接吸收进入血液循环，避免胃肠道中酶的降解和肝脏首过效应，提高药物的生物利用度。

与其他黏膜给药相比较，口腔黏膜具有更强的对外界刺激的耐受性，不易损伤，修复功能强；酶的活性更低，可以更有效地避免药物的降解和代谢。

自 1874 年首次报道硝酸甘油口腔黏膜吸收以来，这种给药方式得到了迅速发展。目前口腔黏膜给药可分成舌下给药、颊黏膜给药和局部给药。前两者主要为全身给药，后者药物到达黏膜、牙组织起局部治疗作用，如口腔溃疡、牙周疾病的治疗。口腔黏膜给药的剂型从传统的局部用药剂型（如溶液剂、喷雾剂、膜剂等）发展到能全身作用的含片、舌下片、速溶片与咀嚼胶制剂以及近年来的口腔黏膜生物黏附制剂，在一定程度上克服了由于病人不自觉的吞咽以及唾液的冲洗作用造成药物滞留时间短的缺点，进一步提高了药物的吸收。

口腔黏膜给药的研究重点之一就是作为蛋白和多肽类药物的释药系统，需要解决的问题是提高蛋白类药物的透膜吸收，可采用渗透促进剂和生物黏附制剂等方法。目前已报道的这方面研究药物主要包括：胰岛素、环孢素、催产素、降钙素等。

1. 口腔黏膜的吸收及影响因素

口腔黏膜分非角质化和角质化区域，前者主要包括舌下和颊黏膜，这两个部位血流丰富，黏膜下有大量的毛细血管汇总至颈内静脉，不经肝脏直接进入心脏，可绕过肝脏的首过作用，对药物的通透性好；后者主要包括牙龈黏膜和腭黏膜，它们的上皮角质化程度高，药物的通透性差。二者均由复层扁平细胞构成，排列紧密，构成了药物经口腔黏膜吸收的主要屏障，其渗透性能介于皮肤和小肠黏膜之间。口腔黏膜作为全身给药主要指颊黏膜吸收和舌下黏膜吸收。舌下黏膜适合一些需迅速起效的脂溶性药物，由于受口腔本身运动的影响较大，药物滞留时间短。颊黏膜的渗透性比舌下黏膜差，但是由于能够避免胃肠道中酶的降解作用，受口腔中唾液冲洗作用影响小，有利于蛋白质和多肽类药物的吸收。

口腔唾液的分泌对口腔组织起保护作用，正常人每天产生 0.5～1.5L 的唾液，但也对药物的吸收产生重要影响。唾液可以溶解制剂中的生物黏附材料，降低药物在黏膜的浓度，使药物未经口腔黏膜吸收而吞咽进入胃肠道。此外，饮水、饮食和说话等运动都可以对药物的吸收造成影响。

多数药物的口腔黏膜吸收都是以被动扩散的方式进行的，适合脂溶性的药物。水溶性的药物只有小分子量才能通过细胞膜上的亲水孔道进入。在吸收促进剂的作用下，大分子的亲水性药物也可通过，但因通道空间有限，蛋白、多肽药物的渗透性能还与分子体积有关。

除脂溶性外，也需考虑药物的油/水分配系数，一般在 40～2000 之间吸收较好；超过 2000 的药物，则脂溶性过高而不能溶解于唾液中；低于 40 的药物，跨膜渗透的能力较差。蛋白质类药物的口腔黏膜吸收较为复杂，除受分子量、油水分配系数影响外，还与蛋白质的溶解度、电荷性质、与黏膜形成氢键的能力和自身的构象相关，因此，预测蛋白质药物的口腔黏膜吸收较为困难。

2. 增加口腔黏膜吸收的方法

可以通过化学修饰改变脂溶性、制剂学手段如加入渗透促进剂、加入酶抑制剂或者改变剂型采用生物黏附制剂等的方法。从目前的研究来看，通过化学修饰改变脂溶性来改善药物的吸收有限，所以多采用制剂学的方法来促进药物口腔黏膜吸收。具体方法与增加鼻黏膜吸收的方法类似，详见鼻黏膜给药系统。

3. 口腔黏膜给药系统的剂型

常见的有片剂、散剂、咀嚼胶、溶液剂、喷雾剂、贴剂、水凝胶、脂质体及微球等。

（1）口腔黏附片　口腔黏附片可制成单层黏附片和多层黏附片。单层黏附片即将药物和黏附性材料及其他辅料混合均匀，压制成片，使用时聚合物遇水溶胀黏附在黏膜组织上，药物可持续释放，而将单层片非黏膜接触面上包衣，能使药物单向释放。多层黏附片有两到三层结构，可将药物和黏附剂组成黏附层，外包不含药物的惰性层，限制药物向黏膜释放，黏附层直接与口腔黏膜接触。

（2）口腔黏附膜　将药物溶解或分散在含有生物黏附性膜材料的溶液中，制成柔软的薄膜，适合口腔内粘贴，而且溶解快，奏效快。与黏附片相比较，膜剂柔韧性好，与黏膜接触面积大，外加背衬层能增加药物的浓度梯度，并保护制剂免受唾液的冲洗。制备常用的黏附材料主要包括纤维素衍生物、聚乙烯吡咯烷酮（PVP)、聚乙烯醇（PVA）和明胶等。

（3）其他制剂　包括黏附性软膏剂、凝胶剂、散剂等，多用于口腔的局部治疗。微粒给药系统（脂质体、微球、纳米粒等）也可作为黏膜给药载体，但是用于口腔黏膜给药方面的报道较少。这些载体表面积大，有利于与黏膜的接触，通过吸附或黏附可将颗粒固定在黏膜表面，从而使口腔表面浓度提高，而且这些载体均可以达到缓释目的，同时还能有效防止唾液对易降解药物的影响。

（五）直肠黏膜给药系统

直肠黏膜给药系统是指一类专门置入肛门，在直肠释药，起到局部或者全身作用的给药系统。直肠给药有着悠久的历史，主要剂型包括直肠栓剂、灌肠剂和凝胶剂等。在欧洲国家普遍使用栓剂，栓剂已成为应用最广泛的剂型之一。目前直肠给药系统常用的药物主要集中在解热镇痛药、麻醉药、降血压药、抗心律失常和抗癫痫药等。

直肠给药主要具有以下优点：①可以避免药物对胃肠的刺激和药物在胃肠内的降解；②可绕过肝脏直接进入血液循环而发挥全身作用，避免或减少肝脏的首过效应；③控制作用的时间比一般的片剂要长，通常每天为1～2次给药，尤其适合某些慢性疾病的治疗；④口服给药困难或者不能口服给药时，如昏迷患者、婴幼儿或哮喘患者采用栓剂给药更容易、更安全。

药物从直肠吸收有两条途径转运进入体循环：药物经直肠黏膜上皮细胞吸收后，一是经过下直肠静脉和肛门静脉、髂内静脉直接进入体循环而发挥全身治疗作用，可避免肝脏首过效应的有效途径；二则经过上直肠静脉、门静脉进入肝脏，代谢后由肝脏进入体循环。因而直肠给药的吸收与给药部位关系密切。一般认为，给药部位距肛门2cm左右时，主要通过前一种途径吸收，可以避免或减少肝脏首过效应；距肛门6cm左右时，药物主要经后一条途径吸收，首过效应明显。

直肠黏膜为类脂膜结构，所以药物的直肠吸收主要是单纯扩散过程，药物的脂溶性和解离状态对药物的吸收有重要的影响，小分子的脂溶性药物直肠吸收的速率较快。相对分子质量300以上的极性分子难以透过，所以蛋白质、多肽类药物经直肠黏膜吸收较为困难，往往难以达到临床所需的有效浓度，加入吸收促进剂能得到一定的改善，仍有待于进一步改进。

（六）阴道黏膜给药系统

阴道给药系统（vaginal drug delivery system）是指药物置于阴道内，发挥局部作用或者通过阴道黏膜吸收进入血液循环系统的一类制剂。目前用于抗微生物感染、杀精避孕、引产、流产、治疗癌症以及局部止血、润滑，甚至可以实现蛋白质、多肽类药物给药。

由于阴道内丰富的毛细血管和淋巴管，对于特定的疾病和药物是有效的药物释放部位。阴道黏膜给药有以下特点：①阴道中酶的活性小，药物吸收直接进入体循环，避免首过效应，可提高生物利用度；②阴道环等用于计划生育的给药系统安全、长效、使用方便。

阴道血管分布丰富，血液流经会阴静脉，最终流向腔静脉，可绕过肝脏的首过效应，从而大大提高药物的生物利用度。经阴道黏膜吸收有细胞通道和细胞旁路通道，前者为脂溶性通道，是大多数药物吸收的主要机制；后者为水溶性通道。与鼻腔、直肠黏膜的单层上皮细胞相比，阴道黏膜为多层上皮细胞，时滞较长。其吸收受药物脂溶性及剂型有关外，还可能随月经周期而变化。

阴道黏膜黏液中存在多种肽代谢酶、过氧化酶和磷酸酯酶以及能够代谢药物的微生物群，因此对于蛋白质、多肽类药物给药造成一定的影响。

由于阴道上皮多层细胞的吸收屏障，一般药物极难以经阴道吸收发挥全身作用。目前主要还局限于一些剂量小、作用强的激素药物。但也有一些药物可以经阴道黏膜吸收或者通过改变辅料和制备方法、加入吸收促进剂增加吸收，以提高药物生物利用度。例如胰岛素的阴道黏膜转运在加入吸收促进剂如甘胆酸钠后可大大改善。

目前阴道黏膜给药常用的剂型有能局部作用的凝胶剂、片剂、膜剂、栓剂等和能全身给药的阴道环、片剂、栓剂、凝胶剂等。关于蛋白质和多肽类药物的全身给药研究相对较少，主要集中在免疫阴道环和用于免疫的凝胶剂。

1. 免疫阴道环

阴道环主要由硅橡胶制成，可将药物以适宜的高分子材料为载体，灌注到硅橡胶制成的空环中制得。阴道分泌物中的IgG、IgA等抗体能够提高人的局部免疫力，有人研究通过阴道环局部给药释放抗原或单克隆抗体，使妇女获得被动免疫，从而预防性传播疾病。

2. 水凝胶

用于阴道内给药的凝胶主要是功能水凝胶，主要材料是一些具有黏膜黏附力的聚合物，如天然阳离子高聚物、聚丙烯酸类阴离子高聚物等。有报道阴道内预防接种全细胞/β亚单位（CTB）口服霍乱疫苗比口服预防接种有更强的黏膜免疫应答。研究表明，口服疫苗的妇女只有3/7在肠道内产生IgA和IgG抗CTB抗体，而阴道内用药的妇女6/7产生肠道抗体，反应更强，宫颈黏液中含有更高的IgA，分泌成分含有更高的抗CTB滴度。但是口服免疫血清抗CTB滴度增高要比阴道免疫高，因此，对妇女进行肠道刺激免疫，结合凝胶局部阴道预防接种是一种较好的免疫方法。

二、结肠定位给药系统

（一）结肠定位给药系统概述

1. 定义和特点

口服结肠定位给药系统（oral colon-specific drug delivery system，OCDDS）是指通过适当的方法，使药物经口服后避免在胃、十二指肠、空肠和回肠前端释放，运送至回盲部后发挥局部或全身治疗作用的一种新型给药系统。

口服结肠给药系统的特点有：①大肠中pH较高且蛋白水解酶含量低，可避免药物被胃酸破坏或者被胃肠道酶代谢而失去活性，尤其对于蛋白质、多肽类药物；②有利于在夜间发作的哮喘、心绞痛、关节炎等疾病的治疗，药物在结肠释放，可发挥脉冲作用；③有利于治疗结肠疾病如溃疡性结肠炎、出血性结肠炎等，药物在病变区直接释放更有效；④靶向结肠治疗结肠癌，可提高局部药物浓度从而提高疗效，并减少化疗药物对胃肠道的刺激。

2. 结肠部位的药物吸收

结肠介于盲肠和直肠之间，可分为升结肠、横结肠、降结肠和乙状结肠四部分。乙状结肠是多种疾病的易发区，临床上极为重视，一般也是口服结肠定位给药的部位。结肠不能主动吸收糖、氨基酸和小分子肽等物质，以被动扩散为主。转运速度慢，滞留的时间较长，可增加吸收量。在结肠大量的消化酶均已失活，以及丰富的淋巴组织有利于口服大分子药物特别是多肽蛋白类药物的吸收。

结肠内有大量的微生物菌群，以类杆菌、双歧杆菌、乳酸杆菌为主。结肠菌群产生的酶可催化多种无氧条件下的代谢反应，与肝代谢有本质区别。

（二）结肠定位给药系统的主要类型、组成和常用材料

1. 时滞（lag-time）型OCDDS

该类型是采用控释技术使药物在胃、小肠不释放，而到达结肠开始释放以达到结肠定位给药的目的。一般设计药物通过胃、小肠到达结肠时滞为6 h。通过对一种特殊胶囊在胃肠的转运情况的研究表明，药物通过小肠的时间较固定，平均为224min±55min。而在胃的排空时间与胃中食物的类型、药物微粒的大小有关，变异较大，如空腹时为41min±20min，在服用标准早餐后为276min±147min。但考虑到结肠较长对药物吸收较慢，且结肠疾患的易发区在乙状结肠，所以利用时滞（lag-time）效应可以实现药物在结肠释放，但须注意控制食物的类型，做到个体化给药，否则可能影响药物的生物利用度。

时滞型的OCDDS主要有缓释的包衣片、渗透泵片和缓控释微丸。可采用低渗透性的包衣材料，如EudragitNE30D、乙基纤维素、醋酸纤维素等聚合物水分散体。

2. pH敏感型OCDDS

该类型是利用在高pH环境下才溶解的聚合物如聚丙烯酸树脂进行包衣，可使药物在较

低 pH 环境的胃、小肠部位不释放，达到结肠定位给药的目的。一般在消化道内胃的 pH 为 0.9～1.5，小肠为 6.0～6.8，结肠为 6.5～7.5。

体外研究时一般以 0.1 mol/L HCl 模拟胃环境，pH6.8 磷酸盐缓冲液模拟小肠环境，pH7.2 PBS 模拟结肠环境。常用的 pH 敏感的材料主要为丙烯酸树脂类。如 Eudragit S 在 pH＞7.0 的环境中溶解；Eudragit L 在 pH＞6.0 的环境中溶解；将 Eudragit L 和 Eudragit S混合，可得到 pH 在 6～7 之间溶解的聚合物，均可用于此类型 OCDDS 的制备。

3. pH 敏感及时滞联合型的 OCDDS

时滞型因药物的胃排空时间影响因素多而差异大，小肠通过时间相对恒定，出现药物不能到达结肠的情况；pH 敏感型虽胃液 pH 较低，而在小肠和结肠的 pH 差异较小，病理条件下结肠 pH 更低，可能出现药物不能释放的情况。该类型则综合了时滞型和 pH 敏感型二者的特点，首先用 pH 敏感型的衣层使药物顺利通过胃，再利用时滞型衣层通过小肠达到结肠定位。

如研究中的一种新型胶囊，胶囊由内向外依次包以酸溶性衣层 Eudragit E、水溶性衣层 HPMC、肠溶性衣层 Eudragit L。此胶囊在胃液中 10 h 不崩解，在 pH 6.8 的人工肠液中 2.5 h 后开始崩解，1.5 h 崩解完全，即恰好到达结肠。

4. 菌群触发型 OCDDS

该类型利用偶氮聚合物或多糖类材料为载体材料，口服后利用结肠中的偶氮还原酶和糖苷酶的催化作用降解这些材料，以达到结肠释药的目的。结肠细菌产生的独特的酶系可降解这些高分子材料，而这些材料在胃、小肠中由于相应酶的缺乏不能被降解，从而保证药物在胃和小肠不释放。偶氮类聚合物、多糖类（如果胶、瓜尔胶）和环糊精等均可成为此类结肠给药系统的载体材料。

与其他类型的 OCDDS 相比，菌群触发型释药系统在体内不受饮食、疾病、个体差异等因素的影响，只能被结肠段特有的菌酶所降解，从而具有特异性好、定位准确可靠等优点。但是，材料的亲水性使这些天然的化合物易被上消化道消化液溶解，不能顺利到达结肠，多糖类物质的相容性较好，但分子量很大，溶入水中形成亲水胶体，能明显地增大溶液的黏度，降低过滤速度。故菌群触发型在结肠降解速度较慢，有可能导致生物利用度较低的问题。

5. 压力依赖型 OCDDS

该类型是利用结肠内的压力来引发不溶性的聚合物膜发生破裂，从而使药物释放出来达到结肠定位。人体胃肠道蠕动产生压力，在胃和小肠中有大量的消化液存在，缓冲了物体受到的压力，而在结肠中，水分被大量吸收，肠蠕动对物体产生直接压力，容易使物体破裂。

有研究者制备了一种胶囊，内装主药与基质 PEG 的混合物，胶囊壳为内包一定厚度乙基纤维素（EC）的明胶胶囊。当制剂进入体内后，PEG 在体温下液化，囊壳破裂形成 EC 膜，整个制剂变成一个 EC 包裹的圆球在胃肠道中转运。到达结肠后，由于所受到的压力增大，EC 膜破裂，制剂开始释放药物。该类型可通过控制 EC 膜厚度达到结肠靶向，但受食物和胶囊大小的影响。

三、植入给药系统

（一）概述

植入给药系统（implantable drug delivery systems，IDDS）为一类经手术植入或经针头导入皮下或其他靶部位的控制释药系统。自 1975 年美国人口理事会研制了第一个用于避孕的皮下植入剂 Norplant 以来，IDDS 的应用已从当初的妇科领域扩展到抗肿瘤、骨科治疗、胰岛素给药、心血管疾病治疗、眼部用药及抗成瘾等方面。

植入给药系统的优点：①其释药期限长达数月至数年，长效作用减少了连续用药的麻烦；②药物常呈恒速释药，故可维持稳定的血药浓度，减少药物的毒副作用；③不存在表皮吸收障碍、胃肠降解和肝脏“首过效应”，生物利用度高，尤其适合多肽、蛋白等生物技术药物；④可立体定位，作用靶部位，避免对体内其他组织的副作用。因而，植入剂在一些疾病的治疗方面有其他制剂不可替代的优越性。但是，植入给药也存在一些缺点，如需经手术植入，病人不能自主给药，植入剂的存在可能引起疼痛及不适感，且在药效消失后还需二次手术取出，病人顺应性差。但生物降解和生物溶蚀性聚合物载体的出现在一定程度上克服了二次手术取出的缺点，且使得药物释放的可控性增加。因此，近年来，以可降解聚合物为载体的多肽、蛋白类药物的植入给药系统引起了人们的广泛关注，FDA 于 2004 年批准了 Valera制药公司的组氨瑞林（histrelin，Vantas）预填充式微型水凝胶长效植入剂，作为晚期前列腺癌的姑息治疗用药，使用时通过外科手术方式将本品植入患者的上臂皮下，能持续释药 12 个月。

（二）植入给药系统的类型、常用材料

植入给药系统材料可分为生物不降解材料和生物降解材料，具体类型见表 15-1。左炔诺孕酮的植入剂 Norplant 的载体材料采用硅橡胶，套管型，埋植于妇女的上臂内侧，能有效维持避孕效果 5 年左右，如图 15-4 所示。

表 15-1　植入给药系统材料分类及举例

类　别	举　例
生物不降解材料	硅橡胶、乙烯/醋酸乙烯共聚物(EVA)
生物降解材料	天然聚合物，如明胶、白蛋白、甲壳素、胶原蛋白等
	合成聚合物，如聚乳酸(PLA)、乳酸/乙醇酸共聚物(PLGA)、聚丙交酯、聚羟丁酸等

(a) 实物图

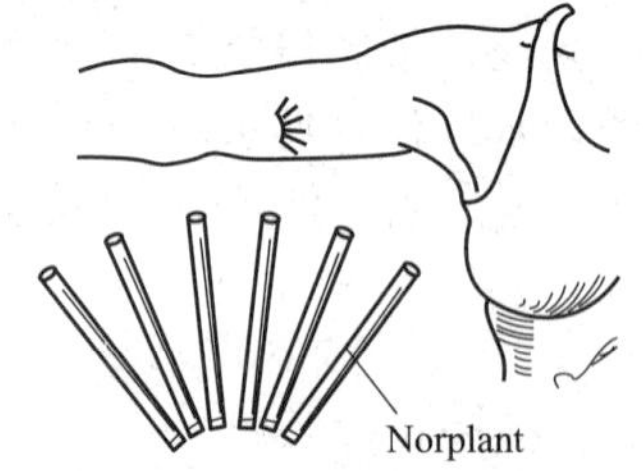

(b) 埋植部位

图 15-4　Norplant 示意图

植入给药系统根据药物在植入剂中的存在方式和植入剂的使用方式可分为以下三种。

1. 植入泵制剂

该类植入剂利用微型泵，将药物按设计好的速率自动缓慢输注从而控制药物的释放速率。按其释放动力的不同分成输注泵、蠕动泵、渗透泵等。

输注泵是利用在室温下的密闭容器的低沸点液体及其蒸气（如氟碳化合物），植入体内后，温度升高，容器中的蒸气压升高，将药液压注入血管中。其中典型的产品就是美国 Metal Bellows 公司于 20 世纪 70 年代问世的 Infusaid 输注泵，应用于临床的第一个药物便是肝素。

蠕动泵是由螺旋型电导制成，通过外部电场的力量来运行蠕动泵。其优点是可通过改变外部电场的强度来调节药物释放。目前该释药技术较高级的一种是无创伤、程序可控的植入给药器具，由一个药物贮库、电子控制微型组件、一块整体电池及一个压缩驱动泵组成。将通向给药部位的导管固定到器具上，用装配有皮下针头的注射器，通过器具的自封隔膜透皮刺入来填充或排空贮库。该器具内还有一种声频报警系统，可以在电池电力不足、贮库容量低或记忆错误时向患者和医生报警。

渗透泵的设计原理与口服渗透泵制剂相似，由高分子材料形成一外壳，内部被一可自由移动的隔膜分为两室，分别装药物和渗透剂。渗透剂一侧为半透膜，组织中的水分子可通过此膜进入渗透剂室，溶解渗透剂，使渗透压升高，推动中间的隔膜将另一室的药液从导药孔中压出。该系统能植入皮下或腹膜来控制许多生物活性物质的释放，包括胰岛素、前列腺素 E2、黄体激素释放因子、促性腺释放激素、抗原和加压素等。

2. 固体载药植入剂

该类型是将药物分散于载体材料中，以柱、棒、丸、片等形式经手术植入给药，利用载体材料控制释放。根据载体材料不同，可分为生物不降解型和生物降解型植入剂。根据其释药机制的不同又可分为膜扩散控制型、骨架扩散控制型、微贮库溶解控释型和溶蚀控释型等。

膜通透控释型的药物贮库被包封在控释聚合膜内，在稳定条件下的药物释放表现为零级动力学行为。

骨架扩散控释型是将药物粒子分散于生物相容性聚合物组成的亲水性或亲脂性基质中，通过控制药物透过基质的扩散率达到控释的目的。其释放速率并不恒定，表现为 Hihuchi 模式。

微贮库溶解控释型的药物以微粒分散于水溶性聚合物溶液，采用高能分散技术将此混悬液分散于聚合物骨架中，形成由许多微小液体药室组成的药物贮库。药物的释放由界面的分配和骨架扩散过程共同决定，一般可为零级动力学过程。

溶蚀控释型利用生物可降解型材料制备的骨架，在体内酶的作用下降解为可吸收的单体小分子，可得到零级释放速率。该系统的优点是荷药量可达到最低，且不会产生突释效应。

3. 注射给药植入剂

该类型是将高分子材料注射到体内，利用高分子材料对刺激的响应，使聚合物在生理条件下通过溶剂扩散、加热、光照、离子介导等方法进行交联，或者利用温度敏感的智能高分子材料产生分散状态或构象的可逆变化，使注射剂由液态向凝胶转化，形成半固态的药物贮库，并通过其降解过程长期稳定控制药物释放。根据体内固态化机制的不同又可分为：原位沉淀系统、原位交联系统和温敏型系统。其中温敏型原位凝胶系统由于其在体内不需要交联试剂，也无需使用有机溶剂而避免了毒性，可控性强，是注射给药植入剂中较理想的给药方式。温敏型系统又分正向温敏型和反向温敏型，正向温敏型高分子在较高温度下（一般60℃）为液态或为溶胶状态，注射后在体温 37℃下形成凝胶或半固体化。反向温敏型高分子在常温下为流体状态，注入体内后可在 37℃下形成原位凝胶。

四、基因药物给药系统

（一）概述

基因治疗即依靠人本身或外源的遗传物质来治疗疾病，包括纠正或补偿基因的缺陷，关闭或抑制异常表达的基因，阻止病变发展，杀灭病变细胞，或者抑制外源病原体遗传物质的复制从而达到治疗疾病的目的。自从 1990 年美国国立卫生院（NIH）实施了第一个基因治疗方案——针对腺苷脱氨酶（ADA）缺乏病患者进行的基因治疗以来，基因治疗便蓬勃发展起来。

1. 基因治疗的模式

（1）*ex vivo* 途径　是将含外源基因的载体在体外导入人体自身或异体细胞，经体外细胞扩增后，输回人体。特点为易于操作，易于解决安全性问题，但不易形成工业化规模，且必须有固定的临床基地。

(2) *in vivo* 途径　是将外源基因装配于特定的真核细胞表达载体，直接导入体内。这种载体可以是病毒型或非病毒型，甚至是裸 DNA。该模式有利于大规模工业生产，但基因及其载体必须证明其安全性，且导入体内后必须能进入靶细胞，有效地表达并达到治疗目的。因此，在技术上要求很高，其难度明显高于 *ex vivo* 模式的导入途径。

2. 基因药物

基因药物（gene，medicines）亦称 DNA 药物，它是将具有治疗意义的基因重组进真核表达载体，直接转移到人体的细胞，表达出具有治疗作用的多肽和蛋白质，从而达到治疗疾病的目的。它不需要在治疗者体外合成和表达蛋白质，亦不需要在体外分离和纯化，而是把重组基因直接植入体内，让细胞自行合成、分离和纯化蛋白质，并且释放入血液循环，在局部和远隔部位发挥其功能，从而达到防治疾病的目的。基因一旦植入，在细胞内接受身体内各种转录因子、调控因素和内外环境的影响，在体内不断复制、表达，一次性植入将长期有效。

如何将有治疗价值的基因安全、高效、可控、简便易行地导入人体细胞，使其长期表达和释放出蛋白质，是基因药物面临的重大问题，因此基因药物给药载体是基因治疗的核心。

（二）基因药物给药载体的类型及其特点

目前应用的载体分为两大类，即非病毒载体和病毒载体。非病毒载体包括裸 DNA、脂质体以及纳米粒等，可大量生产，毒性、免疫原性方面问题较少，但其基因转染效率低，外源基因表达短暂。病毒类载体可实现转染基因持续、高水平表达，是目前最为有效的递送基因的工具，但是具有细胞毒性大、免疫原性高、目的基因容量小等缺点。

1. 病毒型载体

病毒载体就是用治疗基因替代病毒本身的基因组，包装细胞可提供病毒必需的某些组分，使病毒载体能够被包装并将基因传输入靶细胞。但是病毒载体具有潜在的危险性，即包装细胞内编码病毒主要组分的基因和载体可重新重组产生具有感染能力的病毒从而感染机体。

用于基因治疗的病毒载体应该具备以下基本条件：①能够携带外源性基因并能包装成病毒颗粒；②能够介导外源基因的转移和表达；③要有一定的安全性，不能对机体致病。

目前应用的病毒载体可分为两种类型：重组型病毒载体和无病毒基因的病毒载体。重组型病毒载体以完整的病毒基因组为改造对象，通过同源重组的方法将外源基因表达单位插入病毒基因组中，如重组腺病毒。无病毒基因的病毒载体一般由载体质粒和辅助系统组成。

(1) 逆转录病毒　逆转录病毒（retrovirus）属于正链 RNA 病毒中的逆转录病毒科，它能够通过病毒自身基因所编码的“RNA 指导的 DNA 聚合酶”即反转录酶完成病毒基因组从 RNA 到双链 DNA 再到正链 RNA 的复制周期，并且病毒基因组以双链 DNA 的前病毒形式，高效地整合于宿主细胞的染色体上，长期存在于宿主细胞的基因组中。

运用逆转录病毒作为载体具有以下优点。①重组逆转录病毒能够高效的感染宿主细胞，可以将遗传信息传递给大量受体细胞，细胞感染率可达 100%。②逆转录病毒在感染细胞后，能够将前病毒基因组整合到宿主基因组的随机位点上，但整合的病毒 DNA 结构是已知的。③整合的前病毒基因组在宿主基因组中比较稳定，而且拷贝数目比较低。④逆转录病毒的侵染范围非常广泛，可以侵染不同的生物种系和细胞类型。⑤用逆转录病毒感染哺乳动物细胞，对宿主细胞无毒性作用，也无刺激性的蛋白，对人体是相对安全的。因在正常的人类细胞中，也存在某类逆转录病毒的前病毒基因组样序列（称为内源性逆转录病毒），且逆转录病毒如进入血液系统，则激活人类的补体系统，容易被人体的免疫防御系统所清除，不会造成全身性感染的后果。⑥逆转录病毒中包装的外源 DNA 序列可以达到 10kb。⑦利用逆转录病毒，能够将目的 DNA 传递给整个细胞群体。

利用逆转录病毒载体介导的基因转移技术进行基因治疗，取得了一系列成功的经验，但同时也存在着一些问题。其主要局限是不能感染非分裂期细胞，一些组织如脑、眼、肺、胰腺等不宜直接进行体内基因转入，且转入机体的基因其转录常常失活。虽然逆转录病毒可以自发的转染细胞，但是转染和整合的效率比较低。另外在包装细胞中引入的辅助病毒基因组与逆转录病毒载体足以重建一个野生型逆转录病毒基因组。逆转录病毒载体通过与辅助病毒基因组的同源重组可产生复制型病毒（ RCR)，RCR 有可能导致恶性肿瘤的发生。

(2) 腺病毒载体（adenovirus，AV） 腺病毒载体自 1993 年首次被应用于临床试验以来，迄今为止大约有 40%基因治疗临床试验方案采用腺病毒为载体，仅次于 RV 载体。至今 AV 载体已经发展了 3 代，第 2 代腺病毒去除 EI、E2 和 E4 编码序列，与第一代相比，有更低的免疫原性和更大的载体容量。第 3 代腺病毒仅含有反向末端重复序列（ITRs）和包装信号，载体容量达 37kb，进一步降低了免疫原性，被称为“高容量”载体。

腺病毒可将自身的基因组递送到细胞核中，并且高效率地复制，所以腺病毒成为表达和传递治疗基因的主要候选者。它具有以下几方面的优点。①腺病毒可以感染的宿主范围很大，既可以感染分裂期细胞，也可以感染非分裂期细胞，因而拓宽了靶细胞的选择范围，被广泛应用于遗传病、肿瘤以及神经系统、呼吸系统等疾病的治疗。②腺病毒感染率高，最高可达 100%，而且短期的表达水平高。③腺病毒是线性双链 DNA 病毒，通过 20 多年的试验证实，用于基因治疗研究的腺病毒是安全的，无致病、致畸和致癌的危害。④腺病毒感染细胞时，由于病毒 DNA 不整合到染色体上，所以靶基因不能长期表达，但是短期表达水平大大高于逆转录病毒载体。而且对于一些诱发肿瘤免疫排斥的基因治疗而言，只要短期表达就可以满足需要，如预防动脉狭窄和某些肿瘤的治疗。⑤腺病毒可以在呼吸道和肠道中繁殖，因此，它所介导的基因治疗既可以静脉注射，还可以通过口服、喷雾、器官内滴注等简单易行的方法进行基因治疗，使基因治疗易于推广应用。⑥腺病毒易于纯化、制备和浓缩，病毒滴度比逆转录病毒高出 10000 倍以上，能够满足基因治疗的临床需要。⑦对于腺病毒的基因结构及功能，以及生活史了解得比较清楚，腺病毒基因组比较容易操作，病毒载体易于控制。

腺病毒载体因为以上一系列的优点，被广泛应用于基因治疗研究和Ⅰ期临床试验中。治疗基因包括抑癌基因（如 *p* 53)、CFTR 基因、Ⅸ因子基因、LDL 基因等。然而 AV 腺病毒载体宿主范围广，使其缺乏靶向性，不能整合到靶细胞的基因组 DNA 中，且可诱发机体的免疫反应，故其介导的转基因表达时间短，并限制其反复应用。

(3) 腺相关病毒（adeno-associated virus，AAV） 腺病毒相关病毒（AAV）是一种缺陷型的单链 DNA 病毒，只有在辅助病毒如腺病毒、单纯疱疹病毒、痘苗病毒等存在的情况下，才能进行最佳复制，产生新的病毒颗粒，否则只能进行潜伏感染。AAV 载体既可以转染分裂细胞又可以转染非分裂细胞，在宿主体内以定向整合的方式存在，且对人体无致病性，故 AAV 重组体在细胞内能长期稳定地表达，还可避免随机整合可能引起的抑癌基因失活和原癌基因激活的危险，且在体内不引起明显的病理变化，表明 AAV 是一种很有前途的基因治疗载体。

腺相关病毒作载体具有以下独特的优越性。①腺相关病毒的反向末端重复序列中没有转录调控元件，这样可以减少利用这种载体进行基因治疗时激活原癌基因的可能性。②腺相关病毒的宿主范围较广，不仅可以转染分裂期细胞，而且可以转染静止期细胞，形成慢性感染。③腺相关病毒整合入宿主细胞染色体中时发生位点特异性整合，从而可以为转入的外源基因提供较为稳定的染色体环境，有利于外源基因的表达。利用野生型AAV可整合到人类基因组19号染色体q臂的特定位置的特点，可以研制出具有特异整合功能的AAV载体。④腺相关病毒的热稳定性较好，在60℃时不能被灭活，能抗氯仿，而作为辅助病毒的腺病毒则能在60℃被灭活。⑤腺相关病毒的安全性较好，其本身不具有致病性。重组AAV去除了野生型AAV基因组的96%，进一步保证了安全性。⑥重复注射不会引发免疫反应。

目前AAV载体的应用主要集中在治疗遗传性疾病，如血友病B、囊性纤维化、肌营养不良等。腺相关病毒载体也存在着包装容量有限、难以大量制备、包装效率较低等不足，同时大规模制备和纯化方法尚未完全成熟。目前能稳定、高滴度地生产携带目的基因的AAV载体的包装细胞还没有报道。

(4) 慢病毒(lentivirus)载体　慢病毒，如人类免疫缺陷性病毒(HIV)，是逆转录病毒的一个亚类，但具有感染非分裂期细胞的特性。该类载体对分裂期细胞和非分裂期细胞都具有感染能力，尤其是多种不同类型的非分裂期细胞，例如肝细胞、心肌细胞、神经元细胞等，此种特性对于这些组织细胞的基因治疗很有价值。

第一代慢病毒载体的产生主要依靠于病毒的包装蛋白被口角炎疱疹病毒G蛋白所替代。虽然第一代载体具有理想载体的多种特性，但存在能通过重组而产生有感染能力的HIV的可能，因而受到质疑。为了减少这方面的顾虑，一些研究组织开始有系统地尽可能减少病毒的附属基因，同时保留病毒能感染非分裂期细胞的特性。最近的慢病毒载体系统只在包装结构中保留小于25%的病毒基因，在载体结构中保留小于5%的病毒基因。对载体的其他特性也进行了改进。也有报道应用非人类慢病毒来制造可转染非分裂期细胞的载体，如猿免疫缺陷病毒、猫免疫缺陷病毒、马感染贫血病毒等。目前还没有应用慢病毒载体进行的临床试验。

(5) 单纯性疱疹病毒载体(herpes simplex virus，HSV)　单纯疱疹病毒是一种双链DNA病毒，作为基因治疗载体具有以下优点。①容纳外源基因的长度达40～50kb，是目前容量最大的病毒载体。②具嗜神经性，可在神经元中建立终生潜伏性感染，非常适用于神经系统疾病如帕金森病、Azheimer病等。③滴度高。④可感染分裂期和非分裂期细胞。由于呈潜伏性感染，HSV载体非常适用于需要基因长时间表达的基因治疗，但在介导肿瘤基因治疗等要求基因短暂高水平表达的基因转移是不合适的。此外，HSV的细胞毒性有待进一步研究改善。

目前，HSV病毒载体已经在脑基因治疗临床试验中得到应用，但要将HSV载体系统在临床推广，还需解决HSV的细胞毒性、免疫原性和同源重组过程中产生野生型HSV的可能性等问题。

2. 非病毒型载体

病毒载体由于充分利用了病毒所具有的感染和寄生的特性，得到了广泛而有效的利用。但是，目前研究和利用的病毒载体仍然存在着许多不足之处，如细胞毒性大、免疫原性高、目的基因容量小、靶向特异性差、制备复杂、费用较高等。而人工制备的非病毒载体由于具有可转载基因不受限制、安全、可操控性强等特点，近年来越来越受到重视。发展到今天，人们已经设计了多种类型并且各有其优势的非病毒载体。非病毒载体主要有以下几种类型。

(1) 裸DNA(naked DNA)　裸DNA又称自由DNA，是结构最简单的非病毒载体。裸DNA介导的基因治疗是最简单的一种治疗形式，它由编码生物活性物质的基因及作为其载体的质粒组成，需要避开细胞内外屏障才能发挥作用。裸DNA能有效转运并表达目的基因，当其用于激发免疫反应时可称为 DNA 疫苗（DNA vaccine），是一种非常有希望的疫苗方式。

裸 DNA 作为基因载体的优点是：①易于制备，可利用细菌比较廉价地大量生产带有药物基因的质粒；②宿主反应弱；③不整合到宿主的 DNA 中。缺点是裸 DNA 稳定性和转染效率都不高，表达时间短且表达量不高，缺乏靶向性，只能在局部作用，不能转染大量细胞，并且可能还需进行外科手术以暴露靶器官。对于全身用药来说，裸 DNA 需要保护以避免其在从给药部位迁移至基因表达部位的过程中被内切核酸酶降解。因此该类载体主要通过直接的物理或机械方法（如基因枪、电穿孔等）导入易及部位（如皮肤、骨骼肌、肝脏、支气管、心肌和瘤体内）。

(2) 脂质体/DNA 复合物（liposomes or lipoplexes）　脂质体作为抗癌药物的载体对癌细胞具有靶向性、无免疫原性、缓释时间长、毒副作用低及载药率高等优点。用脂质体包装 DNA 分子来达到转移基因的目的，已经发展成为一种有效的基因转移技术。脂质体用于基因转移的方法早已被美国批准用于临床实验，1992 年，美国 FDA 批准 Nabel 等将 HLA-B7 基因用脂质体包埋，治疗晚期黑色素瘤取得了一定成功。目前市面上脂质体很多，其成分在不断改造和修饰，其中以阳离子脂质体最为引人关注。

阳离子（cationic）脂质体是目前运用最广的脂质类型，它主要由带正电荷的脂类（cationic lipid）和中性辅助脂类（colipid）组成，两者通常是等物质的量混合组成。阳离子脂质体本身带有正电荷，可以与带有负电荷的质粒 DNA 通过静电作用紧密结合，形成脂质体与 DNA 的复合物，可以保护 DNA 不受 DNA 酶的降解。阳离子脂质体现已成为将外源基因导入真核细胞的常规载体。目前已有许多用于基因转染的阳离子脂质体上市，其中应用超声的方法制备而成的 3β [*N*-(*N*′, *N*′-二甲基胺乙基) -氨基甲酚基] 胆固醇（DC-Chol）与 DOPE（物质的量的比为 3∶2）脂质体转染效率较高，毒性小且稳定性好，于 4℃至少可贮存 6 个月而转染活性不变。DC-Chol/DOPE 阳离子脂体是第一个被批准用于人体的脂质体。再如 Lipofection 公司也早已有商品化的产品上市。

脂质体包裹质粒 DNA 后直接注射到体内可以使目的基因有效地到达靶细胞，该法具有基因转染效率较高、安全、无免疫原性的特点。但由于无靶向特异性、基因表达时间短，因而在临床的广泛应用受到限制。

(3) 阳离子高聚物（cationic polymer）　阳离子高聚物载体是利用带正电的高聚物静电结合浓缩 DNA，再通过静电作用结合细胞膜或通过携带的靶向配体与细胞膜上的受体结合，通过内吞、逃离内体和胞质转运的方式，使 DNA 进入细胞核，从而表达目的基因。阳离子多聚物具有易合成和改性、无免疫原性、能与 DNA 紧密结合、保护 DNA 免受核酸酶的降解、便于进行靶向性及生物适用性改性等诸多优点。常见的阳离子高聚物有聚赖氨酸、聚乙烯亚胺、聚氨基酯、聚脒、壳聚糖树枝状聚合物等。

(4) 纳米基因转移　纳米控释系统包括纳米粒子和纳米胶囊，它们直径在 10～500nm，为固体胶态的粒子，活性组分通过溶解、包裹作用进入粒子的内部，或者通过吸附作用附着于离子表面。制备纳米控释系统的载体材料通常为高分子化合物，一般对人体无毒性。用纳米给药系统输送基因药物有许多优越性。纳米颗粒与 DNA 之间的静电结合力足以保护 DNA 不受 DNase Ⅰ的降解，这对于细胞内、体内多酶的环境有重要的意义；纳米给药系统有助于核苷酸转染细胞并可起到定位作用，能够靶向输送核酸；同纳米颗粒结合的 DNA 对体内胆盐和胃内的脂肪酶也有良好的抵御性；比较病毒载体和阳离子高聚物，纳米颗粒几乎没有细胞毒性；同时纳米颗粒非常微小，可以逃避单核巨噬细胞的吞噬，因此在血管内的循环时间大大延长，从而使大量的纳米颗粒渗出血管，被细胞吞噬。如在纳米颗粒表面修饰肿瘤相对特异性的单克隆抗体或特异性配体，可使纳米颗粒大量的被肿瘤细胞吞噬。除了结合环状的DNA，纳米颗粒也可以结合线性DNA，用于检测核苷酸的突变。

对非病毒性基因药物载体的研究是基因治疗的重要方法和手段，除了研制安全有效的基因药物、靶向特异性的载体外，对载体在亚细胞的阻碍问题、载体的核定位信号问题、载体传送过程的障碍穿透问题、小分子药物和基因药物协同治疗问题、基因的免疫治疗和载体携带RNA药物的研究都是目前基因治疗领域亟待解决的问题及研究发展方向。

针对生物药物生物半衰期短的问题，通过对其分子进行化学修饰，可改变其体内清除速率或药物释放速率，以延长其生物半衰期的目的。目前，聚乙二醇（PEG）修饰最有希望。PEG与蛋白质连接，分子变大而不易被肾小球滤过，或由于蛋白质与代谢和排泄所必需的细胞受体的相互作用受到空间位阻等机制，使药物半衰期延长。研究和开发新型给药系统也是解决生物药物生物利用度、稳定性等诸多问题的重要途径。随着高分子材料学的发展及给药系统的深入研究，大量优良的高分子材料被作为生物药物的载体，提高了生物药物的稳定性和生物利用度，使得新的给药途径成为可能，使药物在治疗上更加有效和安全。目前除了新型的微粒制剂被广泛用于生物药物的注射和口服给药研究外，其他的给药系统如通过各种黏膜（如鼻腔、口腔、直肠、阴道等部位）给药，利用黏膜高的渗透性和给药部位低的酶活性，提高药物的稳定性和吸收，已显示出良好的应用前景；经皮离子导入给药系统是利用外加电场将药物离子或带电荷的蛋白质及多肽类药物由电极定位导入皮肤或黏膜，进入组织或血液循环的一种给药方法。该法较好地克服了蛋白质和多肽类药物分子带电、亲水性强、分子量大等不利于透皮吸收的缺点。目前研究并取得进展的蛋白质和多肽类药物有：人胰岛素（DNA重组）、人生长激素、凝血因子、干扰素、生长激素和组织纤维蛋白溶酶原激活剂等。此外，电致孔法、超声波法、激光皮肤导入法等经皮给药系统研究亦取得进展。结肠释药系统是近年来研究较多的定位释药技术。蛋白质、多肽类药物易被胃肠道酶系统降解，但在结肠段，酶系较少，活性较低，是蛋白质、多肽药物口服吸收较理想的部位。

复习思考题

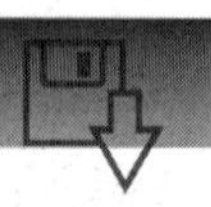

1. 多肽类药物非口服给药的途径有哪些？试简述各种给药途径的特点。
2. 多肽蛋白类药物黏膜吸收的主要影响因素是什么？可以通过哪些方法进行改善药物的吸收？
3. 简述鼻黏膜给药的优缺点。
4. 试述结肠定位给药系统的设计原理。
5. 影响经皮给药药物吸收的因素有哪些？促进药物经皮吸收的方法有哪些？
6. 植入给药系统的常见剂型有哪些？请举例说明。
7. 试述基因给药的常用载体及其优缺点。

参　考　文　献

［1］　国家药典委员会．中华人民共和国药典．北京：中国医药科技出版社，2010.
［2］　杨凤琼．实用药物制剂技术．北京：化学工业出版社，2009.
［3］　张健泓．药物制剂技术．北京：人民卫生出版社，2009.
［4］　梅兴国．生物技术药物制剂：基础与应用．北京：化学工业出版社，2009.
［5］　崔福德．药剂学．第6版．北京：人民卫生出版社，2006.
［6］　常忆凌．药剂学．北京：化学工业出版社，2009.
［7］　徐文强．工业药剂学．北京：科学出版社，2004.
［8］　梁文权．药剂学．北京：科学技术文献出版社，2005.
［9］　陆彬．药物新剂型与新技术．第2版．北京：人民卫生出版社，2005.